BAR INTERNATIONAL SERIES 3022 | 2021

La viticultura romana en el estuario del Guadalquivir

Las prácticas de cultivo, producción, distribución y modelado SIG en la colonia Hasta Regia

PEDRO TRAPERO FERNÁNDEZ

BAR
PUBLISHING

Published in 2021 by
BAR Publishing, Oxford

BAR International Series 3022

La viticultura romana en el estuario del Guadalquivir

ISBN 978 1 4073 5796 6 paperback
ISBN 978 1 4073 5797 3 e-format

DOI https://doi.org/10.30861/9781407357966

A catalogue record for this book is available from the British Library

COVER IMAGE *Ilustración de Eloísa Toscano Gracia*

BAR
PUBLISHING

BAR titles are available from:

BAR Publishing
122 Banbury Rd, Oxford, OX2 7BP, UK
EMAIL info@barpublishing.com
PHONE +44 (0)1865 310431
FAX +44 (0)1865 316916
www.barpublishing.com

Otros textos de interés

The Resilience of the Roman Empire
Regional case studies on the relationship between population and food resources
Edited by Dimitri Van Limbergen, Sadi Maréchal and Wim De Clercq

Oxford, BAR Publishing, 2020 BAR International Series **3000**

Oil and Wine Presses in Israel from the Hellenistic, Roman and Byzantine Periods
Edited by Etan Ayalon, Rafael Frankel and Amos Kloner

Oxford, BAR Publishing, 2009 BAR International Series **1972**

Wine in Ancient Egypt
A cultural and analytical study
Maria Rosa Guasch Jané

Oxford, BAR Publishing, 2008 BAR International Series **1851**

The Visibility of Imported Wine and Its Associated Accoutrements in Later Iron Age Britain
Emma Carver

Oxford, BAR Publishing, 2001 BAR British Series **325**

Índice

Lista de figuras

Lista de tablas

Resumen

La viticultura en la antigüedad fue una de las actividades económicas más importantes, siendo el vino uno de los bienes comerciales más rentables. Existieron focos de producción por todo el Imperio Romano, uno de ellos en la provincia hispana de la Bética. Esto queda atestiguado por las fuentes literarias y arqueológicas, en este último caso, especialmente por la tipología anfórica Haltern 70, que se encuentra en diversas localizaciones del occidente como en el noroeste de la Península Ibérica, Britania o las legiones acantonadas en el Rhin. En este monográfico analizamos esta producción de vino y otros derivados de la uva, en un área especialmente idónea en el suroeste de la provincia Bética en el estuario del río Guadalquivir. Este espacio fue conocido por los romanos como *Lacus Ligustinus* y en su orilla este destacaba la colonia romana *Hasta Regia.* Este es el marco de estudio que utilizamos para crear un modelo de análisis territorial a través de los Sistemas de Información Geográfica para analizar los factores e indicadores determinantes para la producción de vino. Se trata de un área de gran interés dado que en la actualidad es la región productiva del vino de Jerez Sherry. Partimos de contextualizar el paisaje antiguo y de definir históricamente el proceso colonial en *Hasta Regia.* Con ello podremos enfocarnos en caracterizar el poblamiento antiguo. Esto es necesario para reconocer los principales centros de producción y analizar los indicadores que podamos reconocer sobre la producción vitivinícola. Esto nos permite describir y analizar las prácticas de cultivo y los parámetros principales que se utilizan en la creación de un modelo espacial y económico. A partir de los Sistemas de Información Geográfica, podemos relacionar, medir y comparar los condicionantes antiguos con sus paralelos actuales. Se trata de un caso de estudio donde fundamentalmente aportamos dos grandes contribuciones. Por un lado, la confirmación, a través de las fuentes literarias, arqueológicas y otras fuentes de origen geográfico, de la producción preferente de vino y otros derivados de la uva para el Bajo Guadalquivir, como ocurre en otras zonas de la Bética con la producción de aceite y salazones. Por otro lado, aportamos un modelo de análisis que combina elementos históricos con sus paralelos actuales, haciendo posible realizar análisis territoriales y espaciales, generando nuevo conocimiento.

Abstract

Viticulture in the ancient world was one of the most important agricultural activities and its main product, wine, was one of the most profitable. There were wine producers all over the Roman Empire, one of them was in the province of Baetica in Hispania. This is attested to by literary and archaeological sources, especially an amphoric typology such as the Haltern 70, which is found in various locations throughout the Western Roman Empire, in the northwest of the Iberian Peninsula, Britannia, and the Rhine legions. In this monograph, we examine the production of wine and other grape derivatives in a particularly prolific area in the southwest of the province of Baetica, at the mouth of the Guadalquivir River. This area was known by the Romans as *Lacus Ligustinus*, with the *Hasta Regia* colony standing out on its eastern bank. This is the research framework on which a model of analysis is created, using Geographic Information Systems to analyse the determining factors and indicators of ancient wine production. This is an area of great interest due to the current production of the Jerez or Sherry region. Starting from the context of the landscape and the historical definition of the colonial process of *Hasta Regia*, we focus on the characterisation of the ancient settlement. In doing so, we recognise the main production centres and analyse indicators that show us the production of wine in the area. This enables us to recognise and describe the vine cultivation practices and the determining factors that may be the result of a spatial and economic model. The model using Geographic Information Systems consists of relating these ancient parameters to current realities that can be measured and compared. Fundamentally, this is a case study that makes two contributions: the first is the confirmation – through literary, archaeological, and other sources of geographical origin – of the preferential production of wine and other grape derivatives in the Lower Guadalquivir, as would occur with the baetic oil in the central and upper stretches of the same river. The second is a model of analysis that combines historical elements with their present-day counterparts, making it possible to measure and generate new knowledge.

1

Introducción

Abstract: In the introduction, we describe the objectives, methodology, and organisation of the monograph. It is a case study of the Hasta Regia colony, an area chosen because it had certain preconditions that led us to believe that it was responsible for important wine production. For this reason, this first chapter analyses the previous historical historiography on the main studies that have been carried out in the territory of Baetica and the Lower Guadalquivir. It also analyses the existing literature on Hasta Regia, which is one of the least known colonies in the province. The question of rural settlement in the territory is also presented; there have been few excavations and only very fragmentary archaeological surveys. Finally, an assessment is made of the state of knowledge of agriculture in Roman times for our study area, where the state of knowledge has not progressed for decades.

La viticultura antigua fue una de las actividades económicas más importantes en el mundo romano, donde la agricultura era el oficio principal y más reputado. El trabajo de la viña y su posterior producción vinícola podía ser tremendamente rentable, siempre y cuando el agricultor conociera cómo trabajar este complejo cultivo. Parte de la permanencia y difusión de las distintas obras agronómicas clásicas tiene que ver con su utilidad como manuales de buenas prácticas agrícolas. La uva y su producto principal, el vino, estuvo presente en muchas esferas de la vida romana, desde la propia producción hasta contextos de consumo.

Por las fuentes literarias y el registro arqueológico conocemos que la provincia hispana *Ulterior Baetica* fue una importante productora de vinos y otros derivados de la uva en época altoimperial. Conocidos son los estudios sobre el aceite bético, pero pocas han sido las investigaciones dentro de la provincia sobre los lugares de producción de vino. Esto es algo que contrasta con la ingente información de otros lugares del Imperio Romano, gracias a envases anfóricos como la Haltern 70 bética, que aparece en Noroeste de la Península Ibérica, el círculo Mediterráneo Occidental y las regiones fronterizas de Britania y el Rhin fruto del abastecimiento annonario a las legiones.

Dentro de la provincia *Ulterior Baetica*, hemos centrado nuestro interés en el suroeste de la Península Ibérica, el Bajo Guadalquivir, una región potencialmente óptima para una especialización vitivinícola por condicionantes geográficos, registro arqueológico, fuentes clásicas y continuidad histórica. Nuestro marco de análisis se ha centrado en el principal centro de población en la región, la colonia romana de *Hasta Regia*, cuya proyección histórica y territorial concuerda con la hipótesis de ser un centro productor vitícola y una de las colonias béticas más desconocidas. Esta ciudad se encuentra en el margen izquierdo del estuario que existió en la desembocadura del Guadalquivir, un amplio espacio navegable marismeño, denominado en la antigüedad como *Lacus Ligustinus*.

Cronológicamente, los límites del estudio se sitúan entre mediados del siglo I a.C. y finales del I d.C., coincidiendo con el momento histórico de la creación de la colonia y de la implantación del modelo productivo romano, a partir de César o Augusto y el reordenamiento de todo este territorio. El siglo I d.C. es el momento de madurez de esta potencial producción, coincidente además con nuestra principal fuente agronómica, *De re rustica* de *Lucius Junius Moderatus Columella.*

Este libro recoge los principales métodos y resultados de la tesis doctoral "La viticultura romana en *Hasta Regia* y el estuario del Guadalquivir" defendida el 29 de enero de 2020 en la Universidad de Cádiz. Se analiza la producción de esta viticultura a través de los datos disponibles, para proponer un modelo de análisis del paisaje y territorio a través de los Sistemas de Información Geográfica (SIG). Se analizarán las diversas fases del cultivo y posterior transformación del producto; la definición y reconocimiento del sistema y de los espacios productivos; la comprensión de las técnicas utilizadas y perdurables en la actualidad; la reconstrucción de los límites políticos y geográficos de la zona; la identificación de los alfares productores de ánforas vinarias; el reconocimiento de tipologías asociadas al vino y la comprensión del valor de la viticultura en la economía romana regional.

La hipótesis principal de esta investigación es que la instauración de la *deductio* colonial en *Hasta* tuvo importantes consecuencias en la organización del territorio, creando las condiciones oportunas para una importante producción vitivinícola. Esta queda atestiguada por las fuentes arqueológicas y literarias, pero aún no ha sido convenientemente analizadas. La región pudo tener una cierta especialización en la producción de vino y derivados de la uva, un sistema productivo del que desconocemos su funcionamiento, aunque en principio podamos partir de paralelos de otras actividades económicas, como es la producción oleícola

Bética[1]. Como hipótesis secundaria no hay que olvidar la problemática todavía no resuelta en torno a las ánforas vinarias béticas, pues no se ha reconocido una forma clara, sino que se trata de varias de entre las que destacan, para momentos de nuestro marco cronológico, la Dressel 1 de producción local y más concretamente la Haltern 70, que ha sido reconocida epigráficamente como un ánfora más polivalente de derivados del vino. Dado que los indicios arqueológicos parecen indicar la existencia de estos envases en la zona, se parte de una producción local de estas ánforas que atestigüen la importancia vitivinícola de la región destinada a la exportación.

El objetivo principal de este libro es el análisis de la producción vitivinícola romana a través de las fuentes de información disponibles, para proponer un modelo de producción utilizando todos los condicionantes históricos y geográficos a través de los SIG. Otros objetivos secundarios de esta investigación son: el estudio del territorio histórico y las transformaciones ocasionadas por la *deductio* colonial, así como definir el límite de la colonia y su posible *pertica*; revisión de la información arqueológica de la zona para seleccionar una propuesta de *villae* y alfares relevantes y el análisis de las fuentes históricas con respecto a los parámetros geográficos actuales, con objeto de poder relacionar estos indicadores. Los diversos capítulos de esta obra tratarán cada uno de estos aspectos, analizando para el territorio de estudio todos los que desde el estado actual del conocimiento sean posibles desarrollar, planteándose en estos casos posibles soluciones o líneas de investigación futuras.

Metodológicamente nos insertamos en un enfoque que busca la interdisciplinariedad, por la integración de diversas fuentes y métodos de otras ciencias, no solamente las históricas como las literarias y arqueológicas que serán revisadas y analizadas, sino que también, otras informaciones provenientes de la geografía, la economía, la palinología, los estudios edafológicos, etc. Esto supone el punto de partida del método, que se complementa con un profundo análisis de las fuentes literarias, especialmente agronómicas, para la comprensión de los patrones e indicadores reconocibles para este territorio. Comprendemos el paisaje como una interacción sociedad medio ambiente, por lo que será especialmente relevante en este estudio los espacios de Riparia, zonas de humedal susceptibles de cambio en el tiempo[2]. Consideramos de gran importancia conocer los datos arqueológicos de primera mano por lo que se ha revisado la información arqueológica de la región, con estudio bibliográfico, de materiales y prospección superficial con GPS de precisión. Esta visión multidisciplinar tiene su punto culminante en el análisis a través de los SIG de todos aquellos parámetros relevantes para poder inducir nuevos datos. El método específico de cada análisis se desarrollará en el apartado correspondiente.

La obra está estructurada en una serie de capítulos introductorios sobre el estudio del paisaje en la región a analizar, la contextualización histórica y delimitación del espacio de trabajo en la colonia *Hasta Regia* y el estudio del poblamiento rural. Con ello pasamos a un capítulo donde se analizan aquellos indicadores sobre la producción vitivinícola que pueden ser reconocidos en el área de estudio. Posteriormente se analizan las diversas fases de producción y transformación vitivinícola con indicación de los parámetros que pueden ser modelados. Con esta información llegamos al corazón del libro sobre el modelado de la producción vitivinícola. Finalmente, el estudio se complementa con unas conclusiones y perspectivas futuras, junto con un glosario de términos latinos y un anexo de los yacimientos arqueológicos analizados.

Este libro se inserta dentro de una línea de investigación desde el Seminario Agustín de Horozco de Estudios Económicos de Historia Antigua y Medieval, y de la Unidad de Geodetección de Patrimonio Histórico de la Universidad de Cádiz. Desde estos equipos de investigación se están realizando diversas publicaciones y proyectos que configuran el estado actual de la investigación histórica en el territorio, no solamente de la viticultura romana, sino en el modelado del poblamiento antiguo, estudios del paisaje, investigación no invasiva, etc[3].

---

[1] Remesal Rodríguez, J. *La annona militaris y la exportación de aceite bético a Germania*, Universidad Complutense de Madrid, Madrid, 1986.

[2] Hermon, E. (dir.), *L'eau comme patrimoine. De la Méditerranée à l'Amérique du Nord*, Presses Université Laval, Québec, 2006; Hermon, E. (dir.), *Riparia dans l'Empire romain. Pour la définition du concept*, British Archaeological Reoprts International Series 2066, Oxford, 2010; Hermon. E., Watelet A. (coords.), *Riparia, un patrimoine culturel. La gestión intégrée des bords de l'eau*, BAR International Series 2587, Oxford, 2014, pp. 9–21; Hermon, E. "L'empire romain: un paradigme du modele de gestión intégrée de *Riparia*?", *Riparia* 0, 2014, pp. 1–21; Cañizar Palacios, J.L. "Aproximación histórica al concepto latino de los humedales: la terminología usada en las fuentes escritas", en L. Lagóstena Barrios (coord.), *Qui lacus aquae stagna paludes sunt: Estudios históricos sobre humedales en la Bética*, Cádiz, 2015, pp. 29–60.

[3] Lagóstena Barrios, L. "El Lacus Ligustinus como agente de articulación urbana y conectividad territorial: De las riberas de Hasta Regia a Carissa Aurelia y el acceso a la serranía", *Stvdia Historica* 34, 2016; Castro García, M. *La gestión del agua en época romana. Percepción postclásica y construcción historiográfica*, Universidad de Cádiz, 2016; Pérez Marrero, J. "Route of Roman Aqueduct of Cádiz", *BABESCH Supplement* 27, 2016; Trapero Fernández, P. "Roman viticulture analysis based on latin agronomist and geographic information systems in lower Guadalquivir. Análisis de la viticultura romana a través de los agrónomos latinos y la aplicación de SIG en el bajo Guadalquivir", *Virtual Arqueology Review* 7, 2017, pp. 53–60; Lagóstena Barrios, L., Ruiz Gil, J.A. "A methodological proposals on GPR Techniques", en M.J. Mosquera, M.L. Almoraima Gil (eds.), *Conserving Cultural Heritage*, CRC Press, 2018, pp. 111–112; Ruiz Gil, J.A., Lagóstena Barrios, L. "Digital Heritage on SW Spain: The UCA Agenda", en M.J. Mosquera, M.L. Almoraima Gil (eds.) *Conserving Cultural Heritage*, CRC Press, 2018, pp. 113–115; Trapero Fernández, P. "Ways to make history and archaeology with non-invasive techniques. The application of GIS, RPA and GPR in Hasta Regia Roman city", en M.J. Mosquera, M.L. Almoraima Gil (eds.), *Conserving Cultural Heritage*, CRC Press, 2018, pp. 129–131; Martín-Arroyo Sánchez, D., Remesal Rodríguez, J. "Modelado geográfico de la agricultura romana. Vegetación de ribera y viticultura en Hasta Regia", *Spal* 27.1, 2018; Lagóstena Barrios, L., Trapero Fernández, P. "La localización de los viñedos de Marco Columela: literatura agronómica y análisis GIS en el interfluvio Guadalquivir-Guadalete", en J. Remesal Rodríguez, V. Revilla Calvo, D.J. Martín-Arroyo Sánchez, A. Martín i Oliveras (eds.), *Paisajes productivos y redes comerciales en el imperio romano*, Instrumenta, Barcelona, 2019, pp. 89–114; Ruiz Gil, J.A., Lagóstena Barrios, L., Pérez Marrero, J., Martín Mochales, D., Trapero Fernández, P., Catalán González, J. "Villae y Figlinae a orillas del Lacus Ligustinus. Análisis GIS y prospección geofísica en el territorium ribereño de Hasta Regia", en J. Remesal Rodríguez, V. Revilla Calvo, D.J. Martín-Arroyo

Partimos de una serie de antecedentes en esta investigación. Las principales investigaciones se centran en el análisis de las fuentes literarias, donde las agronómicas nos permiten un acercamiento de primera mano a las realidades de la producción romana[4]. Desde las fuentes de origen arqueológico podemos estudiar los distintos espacios productivos del territorio, *villae* y poblamiento secundario, así como los alfares y envases que se utilizaron para producir y transportar estos productos, especialmente la tipología anfórica Haltern 70, relacionada con derivados de la uva, aunque no estrictamente del vino[5]. Desde la historiografía, la viticultura ha sido tratada por numerosos investigadores y equipos de investigación, desde visiones que pasan por la lectura crítica de las fuentes agronómicas[6], la integración de estas con datos arqueológicos[7] y de arqueología experimental[8].

El método para para analizar con SIG el territorio y la agricultura cuenta en la actualidad con recientes investigaciones[9]. De hecho se han realizado diversos proyectos que muestran que este tipo de estudios tienen una enorme vigencia, especialmente por la integración de nuevas técnicas de análisis del paisaje, como son los SIG; al igual que otras formas de afrontar estas problemáticas, no solo desde la arqueología experimental, sino que también desde el potencial de análisis que implica la integración con otras disciplinas científicas[10].

Con todo ello, estamos en el momento perfecto para poder aproximarnos a un mejor análisis de esta realidad histórica. Para el caso que nos ocupa, los trabajos del profesor Sáez Fernández son el referente imprescindible principal[11]. Si bien se han realizado diversas investigaciones que de manera directa o indirecta tratan la cuestión del vino bético[12], la mayor parte de ellas se circunscriben a consideraciones generales o bien directamente enfocadas a los contenedores ánforicos.

Tras el antecedente de la tesis doctoral de Martín-Arroyo[13], se está investigando actualmente desde la Universidad de Cádiz en el territorio mediante la revisión de prospecciones previas, y realizándose nuevas campañas con metodologías novedosas, como la integración de drones o georradar.

A pesar de todo ello, el estado de la cuestión del que partimos es todavía muy precario y con información dispersa. Concretamente, *Hasta Regia* es una de las

Sánchez, A. Martín i Oliveras (eds.), *Paisajes productivos y redes comerciales en el imperio romano*, Instrumenta, Barcelona, 2019, pp. 115–138; Lagóstena Barrios, L. "Estructura de la ocupación rural romana en las campiñas Hastenses y Gaditanas: aportación de la exploración GPR a su conocimiento" *Arqueología y sociedad de los espacios agrarios: en busca de la gente invisible en la materialidad del paisaje, Anejos de AEspA*, en prensa.

[4] Los principales agrónomos latinos a considerar son Catón, Varrón, Virgilio, Columela y Paladio, a los que añadimos por su valor agronómico la *Naturalis Historia* de Plinio el Viejo y las obras botánicas de Teofrasto. Las traducciones utilizadas de estas obras son las siguientes: Catón, *De Agri Cultura*, traducido por A.M. Perales Alcalá, Instituto Histórico del Derecho, 1976; Virgilio, *Georgicas*, traducido por J.L. Vidal, editorial Gredos, 1990; Varrón, *Rerum rusticarum*, Introducción y traducción por J.I. Cubero Salmerón, Consejería de Agricultura y pesca, 2010, pp. 294; Columela, *De los trabajos del campo*, traducción y notas por A. Holgado Redondo, Ministerio de Agricultura, Pesca y Alimentación, 1988; Paladio, *Tratado de agricultura. Medicina veterinaria. Poema de los injertos*, Traducción y notas por A. Moure Casas, 1990; Plinio el viejo, *Historia Natural*, Traducción y notas por F. Manzanero Cano, I. García Arribas, M.L. Arribas Hernáez, A. Moure Casas, J.L. Sancho Bermejo, 2010; Teofrasto, *Historia de las plantas*, Introducción y traducción por J.M. Días-Regañón López, Editorial Gredos, 1988, pp. 264.

[5] Existen multitud de investigaciones, destacando: Lagóstena Barrios, L., Bernal Casasola, D. "Alfares y producciones cerámicas en la provincia de Cádiz. Balance y perspectivas", en D. Bernal, L. Lagóstena (eds.), *Figlinae Baeticae. Talleres alfareros y producciones cerámicas en la Bética romana (ss. II a.C. – VII d.C.)*, BAR International Series 1266, Oxford, 2004, pp. 39–124; Aguilera, A., Berni, P., Carreras Monfort, C. *et all.*, *Culip VIII i les àmfores Haltern 70*, monografies del Casc 5, Gerona, 2004; Carreras Monfort, C., González Fernández, E. *Ánforas romanas de Lugo*, Lugo, 2011.

[6] Tovar Lorrente, A. "Columela y el vino de Jerez", *Homenaje nacional a Lucio Junio Moderato Columela*", A.P.A.E., Cádiz, 1975; J. Kolendo, *L'agricoltura nell'italia romana*, Ed. Riuniti, Roma 1980; Celestino Pérez, S., Blánquez Pérez J. (coords.), *Patrimonio cultural de la vid y el vino*, UAM Ediciones, Madrid, 2012.

[7] Tchernia, A. *Le vin de l'italie romaine*, E. de française de Rome, Roma 1986; Revilla Calvo, V. *Producción cerámica, viticultura y propiedad rural en Hispania Tarraconensis (Siglos I a.C. – III d.C.)*, Instrumenta, Barcelona, 1995; Brun, J.P. *Le vin et l'huile dans la Méditerranée antique. Viticulture, oléiculture et procédés de transformation*, Editions Errance, Paris, 2003; Remesal Rodríguez, J. "Producción y comercio del aceite, del vino y las salazones en la España romana", en J.M. Blázquez Martínez (coord.), *Historia económica de la España en la antigüedad*, Real academia de la Historia, Madrid, 2011, pp. 193–234; Peña Cervantes, Y. *Torcularia. La producción de vino y aceite en Hispania*, Institut Català d'Arqueologia Clàssica, Tarragona, 2010; Piqueras Haba, J. *La vid y el vino en España. Edades antigua y media*, Universidad de Valencia, Valencia, 2014. Así como obras colectivas: Poux, M., Brun, J.P., Hervé-Monteil, M.P. (coords.), *La vigne et le vin dans les Trois Gaules*, CNRS, París, 2011; Ciacci, A., Rendini, P., Zifferero A. (coords.), *Archeologia della vite e del vino in Toscana e nel Lazio*, All'Insegna del Giglio, Siena, 2012; Noguera Celdrán, J.M., Antolinos Marín, J.A. (coords.), *De vino et oleo Hispaniae. Áreas de producción y procesos tecnológicos del vino y el aceite en la Hispania romana*, Anales de Prehistoria y Arqueología, Murcia, 2012.

[8] Martín Oliveras, A., Martín-Arroyo Sánchez, D., Revilla Calvo, V. "The wine economy in Roman Hispania. Archaeological data and modellization", Instrumenta, Barcelona, 2017, pp. 189–238.

[9] Martín Oliveras, A. "Nuevas vías de investigación del cultivo de la vid en época clásica. Técnicas de estudio, caracterización e identificación de variedades de uva antiguas para su plantación en viñedo romano experimental", en A. Paomo, R. Piqué, X. Terradas (eds.), *Experimentación en arqueología. Estudio y difusión del pasado*, Museo de Arqueología de Cataluña, Gerona, 2013, pp. 327–335; A. Martín Oliveras, *Arqueologia del vi a l'època romana. Del cultiu al consum. Marc teòric i epistemològic*, Sociedad Catalana de Arqueología, Barcelona, 2015.

[10] Casos de esto pueden ser los proyectos: *L'Âge du Vin. Rites de boisson, festinset libations en Gaule indépendante*, coordinado por el profesor Matthieu Poux y realizado en 2004; *Les Vinalia, reconstitutions de vendanges romaines* de 2012 por el Musee Gallo Romain; o el *Progetto "senarum vinea", Un percorso di ricerca nel paesaggio vitato della citta di Siena*, 2007–2013, acceso web: http://www.cittadelvino.it/progetto_attivita.php consultado el 18–08-2019.

[11] Sáez Fernández, P. *Agricultura romana de la Bética*, Monografías del departamento de Historia Antigua de la Universidad de Sevilla, Sevilla, 1987.

[12] Manacorda, D. "Il Kalendarium Vegetianum e le anfore della Betica", *Mélanges de l'Ecole Française de Rome. Antiquité* 89, 1, 1977, pp. 313–332; Marín, N., Prieto, A. "Observaciones sobre la forma de producción y circulación del vino en la provincia romana de la Bética", *El vi a l'antiquitat economía producción i comerç al Mediterrani Occidental*, Museo de Badalona, Barcelona, 1987, pp. 369–376; Carreras Monfort, C. "Producción de Haltern 70 y Dressel 7–11 en las inmediaciones del Lacus Ligustinus (Las Marismas, Bajo Guadalquivir)", en *Congreso Internacional Ex Baetica Amphorae. Conservas, aceite y vino de la Bética en el Imperio Romano*, Editorial Gráficas, Écija 2001, pp. 419–426; Chic García G. "El comercio de la Bética altoimperial", *Habis* 36, 2005, pp. 313–332; Carrillo Díaz-Pinés, J.R. "Evidencias del comercio en época romana en la subbética cordobesa", *Romula* 11, 2012, pp. 59–64.

[13] Martín-Arroyo Sánchez, D. *Proyección territorial y colonización romana. El caso de Hasta Regia*, Tesis doctoral Universidad de Cádiz, Cádiz, 2013.

colonias romanas Béticas referida por Plinio[14], aparece en Tito Livio en dos ocasiones: en relación con la muerte del propretor Gayo Atinio en el 186 a.C. asaltando las murallas de *Hasta*[15] y durante la campaña contra los lusitanos de Lucio Emilio Paulo[16], que debe ser puesta en relación con el Bronce de *Lascuta*[17], en el que se menciona a la ciudad. También encontramos a la colonia en las descripciones geográficas de Pomponio Mela[18] y Ptolomeo[19], así como Estrabón en dos ocasiones: la descripción de las ciudades de los esteros[20] y la reunión de los gaditanos en *Hasta*[21]. También aparece la colonia en el *Bellum Hispaniense* dos veces: una referida a tres *equites* que se pasan al bando cesariano[22], y otra, en la entrega de la ciudad a César[23]. Por último, está presente en los itinerarios de la vía Augusta en el tramo entre *Ugia* y *Portus Gaditanus*[24].

Con respecto a la epigrafía son diversos los estudios en la zona realizados en los últimos años, donde se recopilan y aportan nuevos planteamientos al análisis histórico del poblamiento antiguo[25]. La epigrafía de la región es abundante, destacando dos bronces por su importancia histórica, el Bronce de Bonanza[26] y el de *Lascuta*[27], este último no encontrado en el marco de estudio, pero con importante relación al ser la liberación de los habitantes de *turris Lascutana,* que estaban sometidos a *Hasta*.

A pesar de contar con estas importantes fuentes de información, esta es una de las colonias peor conocidas en la Bética en la actualidad, si comparamos con otros casos como por ejemplo

[14] Plin. *HN* 3.11. "…Entre los estuarios del Betis, la población de Nabrisa, apellidada Venena, y Colobana, y las colonias de Hasta, que se llama Regia, y, tierra adentro, Asido o Cesarina". *…at inter aestuaria Baetis oppida Nabrissa cognomine Veneria et Colobana, coloniae Hasta quae Regia dicitur et in mediterraneo Asido quae Caesarina.*

[15] Liv. 39.21.2–6. "Apenas se había difundido desde Liguria la noticia de lo ocurrido se dio lectura a una carta procedente de Hispania que traía tristezas mezcladas con alegrías. Gayo Atinio, que había marchado hacía dos años para aquella provincia, se había enfrentado en batalla campal contra los lusitanos en territorio de Hasta; cerca de seis mil enemigos habían muerto, siendo derrotados y puestos en fuga los demás y despojados de su campamento. A continuación, marchó al frente de las legiones al asalto de la ciudad de Hasta, cuya toma no le costó mucho más trabajo que la del campamento; pero al acercarse a las murallas sin demasiadas precauciones resultó herido y murió pocos días después a causa de la herida. Tras la lectura de la carta sobre la muerte del propretor el senado decidió enviar a alguien que diese alcance al pretor Gayo Calpurnio en el puerto de Luna y le comunicase que el senado consideraba conveniente que apresurase la salida a fin de que no estuviese sin mando la provincia. El mensajero llego a Luna en tres días; Calpurnio había partido pocos días antes". *Sub hunc nuntium ex Ligustinis uulgatum litterae ex Hispania mixtam gaudio tristitiam adferentes recitatae sunt. C. Atinius, qui biennio ante praetor in eam prouinciam profectus erat, cum Lusitanis in agro Hastensi signis collatis pugnauit: ad sex milia hostium sunt caesa, ceteri fusi et fugati castrisque exuti. ad oppidum deinde Hastam oppugnandum legiones ducit: id quoque haud multo maiore certamine cepit quam castra; sed dum incautius subit muros, ictus ex uulnere post dies paucos moritur. litteris de morte propraetoris recitatis senatus censuit mittendum, qui ad Lunae portum C. Calpurnium praetorem consequeretur, nuntiaretque senatum aequum censere, ne sine imperio prouincia esset, maturare eum proficisci. quarto die qui missus erat Lunam uenit: paucis ante diebus Calpurnius profectus erat.* Tito Livio, *historia de Roma desde su fundación*, Introducción por A. Sierra, traducción por J.A. Villar Vidal, Gredos, Madrid, 1990.

[16] Liv. 37.57.5–6. "Lucio Emilio Paulo –el que más adelante venció de forma muy gloriosa al rey Perseo-, como el año anterior no había obtenido unos buenos resultados, por movilización general reunió un ejército y libró una batalla campal contra los lusitanos. Los enemigos fueron derrotados y puestos en fuga; se dio muerte a dieciocho mil combatientes, se cogieron dos mil trescientos prisioneros y se tomó al asalto el campamento. Los ecos de esta victoria dieron mayor tranquilidad a la situación en Hispania", *L. Aemilius Paulus, qui postea regem Persea magna gloria uicit, cum priore anno haud prospere rem gessisset, tumultuario exercitu collecto signis collatis cum Lusitanis pugnauit. fusi fugatique hostes; caesa decem octo milia armatorum; duo milia trecenti capti et castra expugnata. huius uictoriae fama tranquilliores in Hispania res fecit.*

[17] *C.I.L.* II, 5041. "Lucio Emilio, hijo de Lucio, imperator, decretó que los siervos de los Hastenses que habitaban en la Torre Lascutana, fuesen libres. Ordenó que tuvieran la posesión y conservaran los campos y el núcleo urbano que hubieran poseído hasta ese momento, mientras quisieran el pueblo y el senado romano. Dado en el campamento el doce antes de las kalendas de febrero". *L(ucius) Aimilius L(ucii) f(ilius) inpeirator decreivit, utei quei Hastensium servei in turri Lascutana habitarent, liberei essent. agrum oppidumqu(e), quod ea tempestate posedisent, item possidere habereque iousit, dum poplus senatusque Romanus vellet. Ac(tum) in castreis a(nte) d(iem) XII k(alendas) Febr(uarias).*

[18] Mela 3.4 "...sigue el castillo Ebora, en la playa; y más adentro de ella la colonia Asta" *…tum castellum Ebora in litore et procul a litore Hasta colonia.* Pomponio Mela, *Corografía*, traducido por I.A González de Salas, J. Martínez, Clásicos de Historia 82, Madrid, 2015.

[19] Ptol. *Geog.* 2.4.10.

[20] Str. 3.1.9. "A continuación se halla el denominado puerto de Menesteo, y el estero de *As*ta y Nabrisa. Se llaman esteros las depresiones del terreno que son cubiertas por el mar en las pleamares y que, a modo de ríos, permiten su navegación hacia el interior y las ciudades de sus orillas". *εφεξῆς δ᾽ἐστὶν ὁ Μενεσθέως καλούμενος λιμὴν καὶ ἡ κατὰ Ἄσταν ἀνάχυσις καὶ Νάβρισσαν. λέγονται δὲ ἀναχύσεις αἱ πληρούμεναι τῇ θαλάττῃ κοιλάδες ἐν ταῖς πλημμυρίσι καὶποταμῶν δίκην ἀνάπλους εἰς τὴν μεσόγαιαν ἔχουσαι καὶ τὰς ἐπ᾽ αὐταῖς πόλεις.* Estrabón, *Geografía*, traducido por J. L. García Blanco y J. García Ramón, Gredos, 1991.

[21] Str. 3.2.2. "…y a las orillas de los esteros Asta, a la que acuden generalmente los gaditanos, por estar situada a no mucho más de cien estadios del puerto de la isla". *ἐπὶ δὲ ταῖςἀναχύσεσιν ἡ Ἄστα, εἰς ἣν οἱ* Γαδιτανοὶ *συνίασι μάλιστα, ὑπερκειμένην τοῦ ἐπινείου τῆς*νήσου σταδίους *οὐ πολὺ πλείους τῶν ἑκατόν.*

[22] *BHisp.* 26.2. "Este día, Aulo Bebio, Gayo Flavio y Aulo Trebelio, caballeros romanos de Hasta Regia, cubiertos casi totalmente de plata, se pasaron a Cesar; desvelaron que todos los caballeros romanos que se encontraban en el campo de Pompeyo se habían conjurado para pasarse; que, descubiertos por la delación de un esclavo, habían sido todos puestos bajo vigilancia; y que ellos, una vez que se les presentó la oportunidad, habían logrado escapar". *Hoc die A. Baebius et C. Flavius et A. Trebellius equites Romani Hastenses argento prope tecti [equites] ad Caesarem transfugerunt. Qui nuntiaverunt equites Romanos coniurasse omnis qui in castris Pompei essent, ut transitionem facerent. servi indicio omnes in custodiam esse coniectos. e quibus occasione capta se transfugisse. César, Guerra civil, introducción P.J. Quetblas, traducción por J. Calonge Ruiz, Gredos, 2011.*

[23] *BHisp.* 36.4 "…recuperada la ciudad gracias a esta acción, emprende César la marcha hacia Hasta, ciudad desde la que llegaron unos emisarios a ofrecerle la rendición". *Quo facto oppido recuperato Hastam iter facere coepit. Ex qua civitate legati ad deditionem venerunt.*

[24] *It. Ant.* 209.4; *Rav. Cosm.* 306.5; Marc. *Peripl.* 2.9 y Vicarell. 1.4. *C.I.L.* XI, 3281–3284.

[25] González Fernández, J. *Inscripciones romanas de la provincia de Cádiz*, Diputación provincial de Cádiz, Cádiz, 1982; González Fernández, J. "Inscripción romana del yacimiento de Gibalbín (Cádiz) con indicación de su condición de municipio", *Spal* 23, 2014, pp. 191–196; Ruiz Castellanos, A., Vega Geán, E.J., García Romero, F.A, *Inscripciones latinas de Jerez de la Frontera. Epigrafía y contexto,* Universidad de Cádiz, 2016.

[26] Bueno Delgado, J.A. "El bronce de Bonanza", *AFDUA*, 2004, pp. 154–165.

[27] Hidalgo de la Vega, J.M. "El Bronce de Lascuta, un balance historiográfico", *Stvd. Hist., Hª antig.* 7, 1989, 59–66; García Moreno, L.A. "Sobre el decreto de Paulo Emilio y la Turris Lascutana", *Epigrafía Hispánica de Época Romano-Republicana.* Zaragoza, 1986; González Fernández, J. "Hasta Regia y el edicto de Emilio Paulo", en J. González Fernández, P. Pavón Torrejón, (eds.), *Andalucía romana y visigoda. Ordenación y vertebración del territorio*, L'Erma di Bretschneider, Roma, 2009, pp. 127–134; Martínez Morcillo, J.A. "Lucio Emilio Paulo y el derecho de guerra", *SHHA Hª antig* 30, 2012, pp. 271–292.

los de la propia capital *Corduba, Astigi*[28], *Hispalis*[29] o *Urso*[30]. La historiografía sobre *Hasta* se ha desarrollado de manera desigual, centrándose en diversas cuestiones divergentes que crean un escenario fragmentado, sin continuidades en la investigación hasta momentos recientes.

Por todo lo antes descrito es relevante detenerse en exponer y analizar los antecedentes. Los primeros investigadores interesados en estudiar la historia de este importante enclave y territorio, sin menospreciar la labor de eruditos como Antonio de Nebrija[31], parte de inicios del siglo XX, con investigaciones sobre Tartesos, como es el caso de Shulten[32], Bonsor[33] y Pemán[34], en la misma ciudad de *Hasta Regia* y en el entorno del bajo Guadalquivir, o García y Bellido[35] sobre las colonias hispanas. Destacan para esta primera mitad del siglo XX las excavaciones realizadas por Esteve Guerrero en Mesas de Asta, en campañas no consecutivas en los años 1942–43, 1945–46, 1949–50 y 1955–56[36]. Estas son en la actualidad las únicas excavaciones arqueológicas en la urbe.

Tenemos que esperar hasta los años 70 para encontrar los primeros trabajos de prospecciones en el territorio. Destacan los estudios sobre la paleo-desembocadura del Guadalquivir, denominado en la obra de Avieno como *Lacus Ligustinus*[37], por Gavala y Laborde[38], Menanteau[39] y Tejera Gaspar[40]; así como Sillières[41] y Corzo[42] para el trazado de la vía Augusta y otros caminos en el territorio. En estos años tendremos las primeras investigaciones dedicadas a la viticultura antigua[43] en la región, destacando Tovar Llorente[44], que supone un antecedente directo, al plantear gran parte de las problemáticas existentes sobre el vino del bajo Guadalquivir en época romana y, sobre todo, respecto a la interpretación de las tierras de Columela[45]. También en esos años tiene lugar el descubrimiento del pecio Port-Vendres[46], en el que se pudo reconocer la tipología anfórica Haltern 70 como producción bética asociada a productos derivados de la uva como el *defrutum*[47].

Con ello, podemos ver las tres grandes vertientes que ha tenido la investigación de la viticultura en nuestro territorio hasta momentos recientes: las prospecciones y excavaciones en el territorio, los estudios históricos de la viticultura antigua, especialmente desde las fuentes literarias y la investigación de las ánforas contenedoras de estos productos. Sobre esta última cuestión, Carreras Monfort[48] propuso nuestra zona de estudio como un lugar posible de producción de estas ánforas Haltern 70. El estudio de esta tipología ha sido ampliamente investigado, aunque mayoritariamente desde contextos de llegada y de tránsito, como pecios, y no tanto de producción en el territorio, tan sólo en la zona del alto y medio Guadalquivir[49].

[28] Chic García, G. *Tres estudios sobre la Colonia Augusta Firma Astigi*, Écija, 1988; Sáez Fernández, P., Ordóñez Agulla, S., García Vargas, E., García-Dils de la Vega, S. "Aplicaciones de los S.I.G. al territorio y caso urbano de Écija (Sevilla) (proyecto AstiGIS)", *Astigi Vetus* 1, 2001, pp. 15–31; Garcia-Dils de la Vega, S. *Colonia Augusta Firma Astigi*, Universidad de Sevilla, Sevilla, 2015.

[29] Campos Carrasco, J.M. "La estructura urbana de la Colonia Iulia Romula Hispalis en Época Imperial", *Anales de arqueología cordobesa* 4, 1993, pp. 181–219; Ordóñez Agulla, S., Gónzalez Acuña, D. "*Colonia Romula Hispalis*. Líneas esenciales de su dinámica histórica y arqueológica", en J. González, J.C. Saquete, (eds.), Una lastra «campana *en la Andalucía romana*, Roma, 2011, pp. 47–98.

[30] González Fernández, J. *Urso: ¿Tribu Sergia o Galeria?*, en *Estudios sobre Urso Colonia Iulia Genetiva*, Alfar, Sevilla, 1989, pp. 133–153; Pachón Romero, J.A. "De la *Urso* tardo-republicana a la colonia *Genetiva Iulia*. Un análisis desde la historiografía y la arqueología", en J. González, J.C. Saquete, (eds.), *Colonias de César y Augusto en la Andalucía romana*, L'Erma di Bretschneider, Roma, 2011, pp. 187–222.

[31] Bonmati, V., Álvarez, V. *Nebrija historiador: estudio preliminar traducción y notas*, Lebrija, 1992.

[32] Schulten, A. "Asta Regia", *Archivo Español de Arqueología* 14, 1941, pp. 249–256.

[33] Bonsor, J. *Tartessos*, "Excavaciones practicadas en 1923 en el Cerro del Trigo, Término de Almonte (Huelva)", *Junta superior de excavaciones y antigüedades* 97, 1928, pp. 1–28; Maier, J. "Jorge Bonsor (1855–1930) un académico correspondiente de la Real Academia de la Historia y la Arqueología Española", *Real Academia de la Historia*, Madrid, 1999, pp. 296.

[34] Pemán, C. "Nuevas contribuciones al estudio del problema de Tartessos", *Archivo Español de Arqueología*, 1941, 177–87; Pemán, C."Alfares y embarcaderos romanos en la provincia de Cádiz", *AEArq* XXXII, 1959.

[35] García y Bellido, A. "Las colonias romanas de Hispania". *Sumario Año 1959*, 1959, pp. 449–515.

[36] M. Esteve Guerrero, *Excavaciones de Asta Regia (Mesas de Asta, Jerez) campaña de 1942–43*, Madrid, 1945; Esteve Guerrero, M. *Excavaciones de Asta Regia (Mesas de Asta, Jerez); campaña de 1945–46*, Madrid, 1950; Esteve Guerrero, M. *Excavaciones de Asta Regia (Mesas de Asta, Jerez), campañas de 1-49-50 y de 1955–56*, Jerez, 1962; Esteve Guerrero, M. *Miscelánea arqueológica jerezana*, Jerez, 1979.

[37] Avieno, *Fenómenos. Descripción del orbe terrestre. Costas marinas.* traducido por J. Calderón Felices, I. Moreno Ferrero, Gredos, Madrid, 2001, ver los versos 283–303.

[38] Gavala y Laborde, J. *Geología de la Costa y Bahía de Cádiz: El poema Ora marítima de Avieno*, Cádiz, 1992.

[39] Menanteau, L. "Les anciens etiers de rive gauche des marismas du Guadalquivir: un exemple d'utilisation des données archéologiques en géomophologie littorale", *Mélanges de La Casa de Velázquez* 14, 1978, pp. 35–72; Menanteau, L., Vanney, J.R. "Geohistoria de la desembocadura del Guadalquivir", en J. Rubiales Torrejón (coord.), *El río Guadalquivir, del mar a la marisma* 2, Junta de Andalucía, Sanlucar de Barrameda, 2011, pp. 17–27.

[40] Tejera Gaspar, A. "Panorama arqueológico de la marisma del Guadalquivir", *Habis* 8, 1977, pp. 207–216.

[41] Sillières, P. "La via Augusta de Cordoue à Cadix (documents su XVIII S. et photographies aériennes pour une étude de topographie historique)", *Mélanges de La Casa de Velázquez* 12, 1976, pp. 27–67; Sillières, P. "Prospections le long de la via Augusta", *Habis* 8, 1977, pp. 331–43; Sillières, P. *Les voies de communication de l'Hispanie Méridionale*, Centre Pierre Paris, Paris, 1990.

[42] Corzo, Sánchez, J.R., Toscano San Gil, M. *Las vías romanas de Andalucía*, Sevilla, 1992.

[43] González Gordon, M. *Jerez-Xerez-Sherry, Noticias sobre el origen de la ciudad, su historia y su vino*, Jerez, 1970.

[44] Tovar Llorente, A. "Columela y el vino…".

[45] Columella, *Rust.* 3.3. *nostris Ceretanis accidisse* y 3.9. *quam in Ceretano tuo possides.*

[46] Colls, D., Etienne, R., Lequément, R., Liou, B., Mayet, F. "L'épave Port-Vendres II et le commerce de la Bétique à l'époque de Claude", *Archaeonautica* 1, 1977, pp. 3–145.

[47] Oliveira, C., Morais, R. "Estudos de cromatografia aplicados à arqueologia romana: apresentação de resultados preliminares", *Revista da Facultade de Letras, ciências e técnicas do património* XIII, 2014, pp. 37–60.

[48] Carreras Monfort, C. "Producción de Haltern 70 y Dressel 7–11…".

[49] Aguilera, A. "El contenido de las Haltern 70 según los *tituli picti*", *Culip VIII i les àmfores Haltern 70. Monografies del Casc 5*, Gerona, 2004, p. 119; Aguilera, A. "Defrutum, sapa y caroenum. Tres nombres y un producto: arrope", *Culip VIII i les àmfores Haltern 70. Monografies del Casc 5*, Gerona, 2004, pp. 120–132; Carreras Monfort, C. "4. Geografía de la producción de les Haltern 70", *Culip VIII i les àmfores Haltern 70. Monografies del Casc 5*, Gerona, 2004, pp. 75–83; Carreras Monfort,

Con respecto a las prospecciones arqueológicas, durante los años 80 y 90 se realizaron diversas campañas de prospección en torno al territorio de *Hasta Regia*, con diversas metodologías y objetivos. Tenemos los casos de Lavado Florido[50] para el margen izquierdo de la desembocadura del Guadalquivir y Riesco García[51] para la propia desembocadura y costa hasta la Bahía de Cádiz, así como Ponsich[52] para toda la franja del bajo Guadalquivir. Mucho más sistemáticos fueron los trabajos desde el Museo de Jerez en los años noventa, dando lugar a cinco campañas de prospección que cubrían un área alrededor de la marisma del Guadalquivir desde el límite de Sevilla con Cádiz, hasta la desembocadura del río, durante los años 90, 91, 92, 94 y 97 y publicadas en el *Anuario Arqueológico de Andalucía*[53]. Las excavaciones en el medio rural, sin embargo, han sido escasas hasta la actualidad[54].

Desde el punto de vista territorial, se ha continuado el estudio sobre la paleo-desembocadura del Guadalquivir, destacando los trabajos del equipo de Arteaga Matute[55], estudiando por primera vez columnas sedimentarias para establecer la línea de paleo-ribera. Sobre esta misma temática, se han desarrollado recientemente investigaciones que buscan conocer mejor este medio y sus cambios en el tiempo[56]. También han sido tratados las marismas y los canales artificiales de Estrabón[57], todos ellos en un claro enfoque de conocer los cambios operados en este medio.

Respecto a cuestiones puramente históricas, como es el ordenamiento territorial del bajo Guadalquivir, más allá de obras que tratan el territorio de manera general[58], este ha sido investigado desde una doble vertiente, por un lado, por la Universidad de Sevilla[59], y por otro, desde la Universidad de Cádiz[60]. Junto con las diversas propuestas del funcionamiento de este espacio, tenemos propuestas particulares de enclaves romanos cercanos, que debemos considerar como limitadores del territorio de *Hasta,* como *Portus Gaditanus*[61], o la ciudad de *Conobaria*[62]. Tampoco se pueden dejar de mencionar las investigaciones de Chic García[63] que desde los años 70 ha dedicado diversas publicaciones al territorio de estudio.

C. "Estat de la questió sobre els continguts de les àmfores Haltern 70", *Culip VIII i les àmfores Haltern 70. Monografies del Casc 5,* Gerona, 2004, pp. 117–118; Garrote, E., Marimon, P. "Geografía del transport de les Haltern 70", *Culip VIII i les àmfores Haltern 70. Monografies del Casc 5,* Gerona, 2004, pp. 83–93; P. Berni Millet, "Tipología de las Haltern 70 bética", en C. Carreras Monfort, R. Morais, E. González Fernández (coords.), *Ánforas romanas de Lugo,* Lugo, 2011, pp. 80–107; Carreras, C., Martín, A. "Los naufragios béticos de ánforas Haltern 70", en R. Morais, H. Graja, A. Morillo (eds.), *O irado Mar Atlântico: o naufragio bético augustano de Esposende (Norte de Portugal), Braga, Braga,* 2013, pp. 283–308; Djaoui, D. "Les amphores de type Haltern 70: olives ou *defrutum?* Et que faire des *tituli picti* concernant la *sapa,* le *mulsum,* la *muria* et *l'hallex?",* en D. Djaoui (ed.), *Histoires matérielles: terre cuite, bois, métal et autres objets. Des pots et des potes: Mélanges offerts à Lucien Rivet,* MERGOIL, París, 2016, pp. 489–512.

50 Lavado Florido, M.L., *Carta arqueológica de la margen izquierda de la desembocadura del Guadalquivir, Sanlúcar: Norte y Trebujena,* Sevilla, 1986.

51 Riesco García, F. *Carta Arqueológica de la desembocadura del Guadalquivir: zona sur, Memoria de licenciatura Universidad de Sevilla,* Sevilla, 1987.

52 Ponsich, M. *Implantation rurale antique sur le Bas-Guadalquivir. Tome IV,* Casa de Velázquez, Madrid, 1991.

53 Ramos Muñoz, J., González Rodríguez, R. "Prospección arqueológica superficial en el término municipal de Jerez de la Frontera, Cádiz. Campaña 1990", *Anuario Arqueológico de Andalucía,* 1990, pp. 65–75; González Rodríguez, R., Ruiz Mata, D., Aguilar Moya, L. "Prospección arqueológica superficial en la margen izquierda de la marisma de (el Bujón) (T.M. de Jerez de la Frontera, Cádiz)", *Anuario Arqueológico de Andalucía,* 1991, pp. 83–92; González Rodríguez, R., Barrionuevo Contreras, F., Aguilar Moya, L., Ruiz Mata, D. "Prospección arqueológica superficial en el entorno de la marisma de Mesas (Jerez de la Frontera, Cádiz)", *Anuario Arqueológico de Andalucía,* 1992, pp. 71–77; Barrionuevo Contreras, F., Aguilar Moya, L., González Rodríguez, R. "Prospección arqueológica superficial del extremo noroccidental de la provincia de Cádiz. Campaña 1994", *Anuario Arqueológico de Andalucía,* 1994, pp. 33–43; Barrionuevo Contreras, F. "Prospección arqueológica superficial del extremo noroccidental de la provincia de Cádiz: campaña de 1997", *Anuario Arqueológico de Andalucía,* 1998, pp. 21–28.

54 Rambla Torralvo, J.A., Carretero Poblete, P.A., González Toraya, B. "Trabajos de arqueología sobre yacimientos romanos situados en las inmediaciones de Torre Melgarejo. AAP desarrollada durante la ejecución de la autovía A-382, tramo I: Autopista A-4 al P.K. 7+900. Jerez de la Frontera. Cádiz", *Anuario Arqueológico de Andalucía, Cádiz.",* 2005, pp. 411–421.

55 Arteaga, O., Schulz, H.D., Roos, A.M. "El problema del Lacus Ligustinus. Investigaciones geoarqueológicas en torno a las marismas del bajo Guadalquivir", *Tartessos: 25 años después, 1968–1993,* 1995, pp. 99–135; O. Arteaga, D. Barragán Mallofret, A.M. Roos, H.D. Schulz, "Primicia cartográfica del río Guadalquivir hace 6500 años", *Revista Atlántica-Mediterránea de Prehistoria y Arqueología Social* 18, 2016, pp. 139–161.

56 Borja Romero, F. "La desembocadura de Guadalquivir en la segunda mitad del Holoceno. Síntesis paleogeográfica", en L. García Sanjuán, J.M. Vargas Jiménez, V. Hurtado Pérez, T. Ruiz Moreno, R. Cruz-Auñón Briones, (eds.), *El asentamiento prehistórico de Valencina de la Concepción (Sevilla). Investigación y tutela en el 150 aniversario del descubrimiento de la Pastora,* Universidad de Sevilla, Sevilla, 2013, 93–113; Borja, F., Hunt, M., Ubera, J.L., Zazo, C., Dabrio, C.J., Goy, J.L., Barral, M.A., Llergo, Y., Borja, C. "EL registro holoceno del estuario del Guadalquivir en el área de Sevilla, aproximación geoarqueológica", *Resúmenes XII reunión nacional de Cuaternario,* 2007, pp. 101–102.

57 Str. 3.2.5. "Además en algunos lugares se han abierto canales en vista que el comercio, tanto el interior como el exterior, se efectúa entre muchos puntos. Contribuyen igualmente a la navegación sus confluencias interiores, con ocasión de las altísimas mareas que se derraman sobre los istmos que separan los cauces y los tornan navegables, de modo que puede pasarse de los ríos a los esteros y de estos a aquellos". *προσλαμβάνουσι δὲ καὶ διώρυγες ἔσθ᾽ ὅπου γεγονυῖαι τῷπολλαχόθεν εἶναι καὶ πολλαχόσε τὴν κομιδὴν καὶ πρὸς ἀλλήλους καὶ πρὸς τοὺς ἔξω. καὶ αἱσύρροιαι δὲ ὡσαύτως ὠφελοῦσι κατὰ τὰς ἐπὶ πολὺ πλήμας διαχεομένας ἐπὶ τῶν διειργόντωνἰσθμῶν τοὺς πόρους καὶ πλωτοὺς ἀπεργαζομένας, ὥστε πορθμεύεσθαι καὶ ἐκ τῶν ποταμῶνεἰς τὰς ἀναχύσεις κἀκεῖθεν δεῦρο.* Cuadrado Román, M.A. "Los canales de Jerez", *Revista historia de Jerez* 14–15, 2008–2009, pp. 67–90.

58 González Rodríguez, R., Ruiz Mata, D."Prerromano e Historia Antigua de Jerez", en D. Caro (coord.), *Historia de jerez,* Jerez. 1999; Lomas Salmonte, F.J. *Historia de Cádiz,* Cádiz, 2005.

59 García Vargas, A., Ferrer Albelda, E., García Fernández, F.J. "La romanización del bajo Guadalquivir: ciudad, territorio y economía (siglos II-I a.C.)", *Mainake* 30, 2008, pp. 247–270; Ferrer Albelda, E. "Confusiones contemporáneas sobre geografía antigua, a propósito del *sinus tartesii* y del *lacus ligustinus*", *Spal* 21, 2012, pp. 57–67.

60 Lagóstena Barrios, L. "La percepción de la ribera en la costa atlántica de la *provincia Hispania Ulterior Baetica.* El *Lacus Ligutinus*", *Riparia, un patrimoine culturel. La gestión intégrée des bords de l'eau,* BAR International Series 2587, Oxford, 2014, pp. 187–199; Lagóstena Barrios, L. "El Lacus Ligustinus…", pp. 63–86.

61 López Amador, J.J., Pérez Fernández, E. *El puerto gaditano de Balbo (El Puerto de Santa María),* El Puerto de Santa María, 2013.

62 Caro Bellido, A. "Conobaria. Contribución al estudio en torno a su localización", *Mélanges de la casa de Velázquez,* 1985, pp. 9–18; Beltrán Fortes, J. "Los tiempos romanos: La ciudad de Conobaria" en J. Beltrán Fortes, J.L. Escacena Carrasco (eds.), *Arqueología en el Bajo Guadalquivir. Prerromano y antigüedades de Las Cabezas de San Juan,* Sevilla, 2007, pp. 119–181.

63 Chic García, G. "Gades y la desembocadura del Guadalquivir", *Gades* 3, 1979, pp. 7–24; Chic García, G. "La campaña de Catón en la Ulterior. El caso de Seguntia" *Gades* 15, 1987, pp. 23–27; Chic García, G. "Lucubraciones en torno al conventus de Hasta (Estrabón, III, 2, 2. 141)" en S. M. Ordóñez Aguila, P. Sáez Fernández (coords.) *Homenaje al profesor Presedo,* Universidad de Sevilla, Sevilla, 1995; Chic García, G. "Las rutas comerciales de la zona ceretana", *Actas de las XV jornadas*

Con respecto a la colonia *Hasta Regia* su proceso colonial y contextualización histórica, debemos destacar la labor de Martín-Arroyo[64], cuya tesis doctoral ha sentado las bases sobre las que se plantea esta investigación, entre otras investigaciones menores al respecto[65]. A pesar de ello el estado de la cuestión sobre la colonia es todavía muy escaso, pues no se conoce la *pertica*, la sociedad o los límites de la misma con seguridad.

Hemos hecho un recorrido respecto al territorio, ahora nos centraremos en el estado de la cuestión de la viticultura bética[66], destacando las obras de Sáez Fernández[67] que analiza las prácticas de cultivo romanas a través de las fuentes literarias. En nuestra zona concreta de estudio, sin embargo, solo contamos con algunos trabajos muy concretos sobre el particular[68], aunque sí se ha desarrollado un estudio de la agricultura púnico-turdetana[69] y existen diversas publicaciones respecto a la producción fenicio-púnica, especialmente relacionada con el yacimiento de Doña Blanca[70]. También se han desarrollado trabajos arqueológicos en los que se han podido constatar indicadores de producción vitivinícola, como es el reconocimiento de huellas de plantación, concretamente fosas de viñas antiguas[71].

En el estado actual de la investigación se están realizando prospecciones del territorio y se analizan aspectos fundamentales como la agricultura y viticultura romana[72] con metodologías novedosas, como son las prospecciones geofísicas, con varios artículos y capítulos de libro publicados y en prensa[73]. No queremos olvidar, finalmente, las investigaciones para época medieval en el territorio de estudio[74], que aunque fuera de nuestro marco cronológico, suponen un paralelo fundamental para comprender la diacronía histórica del territorio.

de historia de Jerez. El Ager Ceretanus. De las leyendas a la realidad histórica, Jerez, 2009, pp. 14–37.

[64] Martín-Arroyo Sánchez, D. "La intervención romana sobre los medios ribereños. Aproximación al estero de Hasta Regia (Jerez de la Frontera, Cádiz)", en J. A. López-Geta, G. Ramos González, R. Fernández Rubio, D. Lorca Fernández, (eds.), *El Agua en Andalucía. Retos y avances en el inicio del milenio. SIAGA*, Madrid, 2012, pp. 761–771; Martín-Arroyo Sánchez, D. *Proyección territorial*...; Martín-Arroyo Sánchez, D. "Modelización de la ratio *riparia/vinea*: el emparrado romano entre *Hasta Regia* y *Gades*", en L. Lagóstena Barrios (ed.), *Lacus autem ídem et stagnus, ubi inmensa aqua convenit. Estudios históricos sobre humedales en la Bética II*, 2016, pp. 105–125; Martín-Arroyo Sánchez, D. "Interpretatio de la titulatura cívica de Hasta Regia a partir del culto a Juno Regina", *Dialogues d'histoire ancienne* 43, 2017, pp. 175–211; Martín-Arroyo Sánchez, D. *Colonización romana y territorio en Hispania. El caso de Hasta Regia,* Instrumenta, Barcelona, 2018.

[65] González Fernández, J. "*Colonia Hasta qvae Regia dicitvr*", en J. González, J.C. Saquete, (eds.), *Colonias de César y Augusto en la Andalucía romana,* L'Erma di Bretschneider, Roma, 2011, pp. 223–247; Montero Vítores, J. "La Colonización romana en Hasta Regia en época de César", *Anuario de Investigaciones Hespérides* 5, 1998, 43–52; Montero Vítores, J. "Asta Regia. Desarrollo y caída de un reino turdetano", *Centro de estudios históricos Jerezanos,* 2011; Montero Vítores, J. "Hasta Regia. La ciudad en el contexto de la colonización romana", *Suplemento digital de la revista de historia de Jerez,* 2012, pp. 22.

[66] Marín, N., Prieto, A. "Observaciones sobre la forma... ", pp. 369–376; Silvino, T., Poux, M., Garnier N. "¿Où est passé le vin de Bétique?...", pp. 501–514.

[67] Sáez Fernández, P. *Agricultura romana*...; Sáez Fernández, P. "Sobre algunos tipos de tierras vitícolas de la Bética", *Actas I congreso peninsular de Historia Antigua,* 1988, pp. 521–531; Sáez Fernández, P. "El vino en la Bética romana", en J.J. Iglesias rodríguez, (ed.), *Historia y cultura del vino en Andalucía,* Universidad de Sevilla, Sevilla, 1995, pp. 13–32.

[68] Borrego Soto, M.A. "El vino y el cultivo de la vid en Al-Andalus y jerez", *Jerez, cultura y vino*, 2015, pp. 177–193; Roldán Gómez, L. "La presencia del vino en el entorno de Jerez en época romana. Elementos arqueológicos e iconográficos", *II simposio de arqueología del vino, Varia* 4, 1996, pp. 201–224.

[69] Carretero Poblete. P.A. "Las *villae* agrícolas púnico-turdetanas de la campiña gaditana (Cádiz-España)", *CEFYP* III, Adra, 2004; Carretero Poblete, P.A. *Agricultura y comercio púnico-turdetano en el Bajo Guadalquivir*, Bar. Series 1703, Oxford, 2007.

[70] Vallejo Sánchez, J., Castro Páez, E., Niveau de Villedary y Mariñas, A.M. "Los orígenes del vino en la Bahía de Cádiz: Testimonios arqueológicos y literarios", *Duoro* Vol. VII 1, 2002, pp. 47–63; Jiménez Flores, A., García Fernández, J. "Vino y cultura en la turdetania prerromana", *Habis* 37, 2006, pp. 125–144; Ruiz Mata, D. "Varios aspectos sobre el vino y la bodega turdetana-púnica de la sierra de San Cristóbal, en El Puerto de Santa María (Cádiz), *Revista de historia de El Puerto* 60, 2018, pp. 9–131.

[71] López Amador, J.J., Ruiz Gil, J.A. "Arqueología de los vegetales y la agricultura en El Puerto de Santa María", *Revista de Historia de El Puerto* 39, 2007, pp. 11–39; López Amador, J.J., Ruiz Gil, J.A. "Arqueología de la vid y el vino en El Puerto de Santa María", *Revista de Historia del Puerto* 38, 2007, pp. 11–36.

[72] Trapero Fernández, P. "Roman viticulture analysis..."; Trapero Fernández, P. "Perspectives about the analysis of Roman viticulture in Guadalquivir estuary river", *Riparia* 2, 2016, pp. 55–74; Martín-Arroyo Sánchez, D., Remesal Rodríguez, J. "Modelado GIS de la agricultura romana...; Lagóstena Barrios, L., Trapero Fernández, P. "La localización de los viñedos...".

[73] Lagóstena Barrios, L., Ruiz Gil, J.A. "A methodological proposal..."; Trapero Fernández, P. "Ways to make history..."; Lagóstena Barrios, L. "Estructura de la ocupación rural..."; Ruiz Gil, J.A., Lagóstena Barrios, L., Pérez Marrero, J., Martín Mochales, D., Trapero Fernández, P., Catalán González, J. "*Villae* and Figlinae...".

[74] Martín Gutiérrez, E. "Aproximación al repartimiento rural en Jerez de la Frontera: la aldea de Grañina", *En la España Medieval* 22, 1999, pp. 355–368; Martín Gutiérrez, E. *El mundo rural jerezano a fines de la Edad Media,* tesis doctoral Universidad de Cádiz, Cádiz, 2002; Martín Gutiérrez, E. "Análisis de la toponimia y aplicación al estudio del poblamiento, el Alfoz de Jerez de la Frontera durante la baja edad media", *HID* 30, 2003, pp. 257–300; Martín Gutiérrez, E. "Entre la costa y la sierra gaditanas. De los paisajes rurales a la interacción sociedad-medio ambiente en el siglo XV", *Arqueología y Territorio Medieval* 25, 2018; Ruiz Pilares, E.J. "Jerez de la Frontera: el gran centro productor del complejo portuario de la Bahía de Cádiz a finales de la Edad Media", *Estudios sobre Patrimonio, Cultura y Ciencias Medievales* 20, 2018, pp. 355–386; Ruiz Pilares, E.J. *El poder en el concejo de Jerez de la Frontera durante el reinado de los Reyes Católicos (1474–1504): espacios, ámbitos y recursos,* Tesis doctoral Universidad de Cádiz, Cádiz, 2017.

2

Paisaje Histórico

Abstract: In this chapter, we establish the state of knowledge about the ancient landscape of the Lower Guadalquivir. This territory has undergone major changes over time, the most important of which is what Avieno called *Lacus Ligustinus*. This is the ancient estuary of the Guadalquivir river, which forms an estuary that creates navigable marshes. This is why Hasta Regia, which is several kilometres inland, was once a city with a port. We also analyse other historical factors that may have changed since Roman times, such as climatology and other factors relevant to our studies such as topography, soil types, and geology. Methodologically, we start from a study of the ancient landscape which focusses on riverside and wetland areas. These changing places are called 'Riparia', where there are diverse economic interests which are very interesting because of the need of the vineyard for stakes and cordage to hold and tie up the vines.

El espacio físico del Bajo Guadalquivir, en el suroeste de la Península Ibérica, ha sufrido grandes cambios desde la antigüedad. Para poder aproximarnos al paisaje histórico transformado por los romanos es necesario que dispongamos de aquellos elementos humanos y naturales que lo condicionan. Entre todos los agentes involucrados, el que tiene mayor importancia para nuestra zona de estudio es el río Guadalquivir. Los distintas presas, cortas y dragados históricos, solo suponen una pequeña parte de otras muchas alteraciones que ha sufrido a lo largo del tiempo por acción natural y humana[75].

Para época antigua las fuentes clásicas nos refieren un amplio espacio navegable que conecta por agua varias comunidades, actualmente al interior[76]. Este peculiar espacio con condiciones de navegabilidad es denominado por Avieno como *Lacus Ligustinus*[77]. En la actualidad es una zona de marisma de especial interés para la biodiversidad y es por ello que parte de este espacio está protegido por la figura del Parque Nacional y Natural de Doñana. Si hacemos retrospectiva de las transformaciones en uno de los ríos más importantes de la Península Ibérica, los procesos deposicionales unido al material traído por las mareas y el oleaje, han ido creando un cordón dunar que ha cegado este espacio[78]. A este lento proceso, habría que añadir todas las labores humanas, especialmente las de deforestación y agrícolas en los casos de bonificación del suelo, pues suponen unos importantes aportes de sedimentos a algunos tramos de marismas para posibilitar su cultivo. Este lugar en la antigüedad sería un estuario, abierto a las influencias de las mareas y a la dinámica fluvial. Es por ello que nos referimos a la reconstrucción de la paleo-ribera o paleo-estuario, siempre en el tramo final del río.

Historiográficamente los estudios en el Bajo Guadalquivir se han interesado por el estudio de esta peculiar área[79], de entre los que cabe destacar la labor del equipo de investigación del profesor O. Arteaga[80]. Basándonos en esta información, hemos planteado una hipótesis de reconstrucción del límite de esta paleo-ribera. Los criterios elegidos han sido varios y se han complementado unos con otros en capas SIG. Nos hemos centrado en definir el posible límite que pudiéramos considerar como "costero", zona inundable incluso con marea alta. Dado que es posible visualizar en cartografía el máximo de marisma actual, se ha procedido a generar a partir de ésta

[75] Vargas-Molina, J. "Consecuencias del megaproyecto de dragado de profundización en el sistema socio-ecológico del estuario del Guadalquivir, España", *Agua y territorio* 4, 2014, pp. 24–25.

[76] La mejor fuente para comprender estas comunicaciones, es Estrabón: Str. 3.1.9. "A continuación se halla el denominado puerto de Menesteo, y el estero de *As*ta y Nabrisa. Se llaman esteros las depresiones del terreno que son cubiertas por el mar en las pleamares y que, a modo de ríos, permiten su navegación hacia el interior y las ciudades de sus orillas". *'εφεξῆς δ'ἐστὶν ὁ Μενεσθέως καλούμενος λιμὴν καὶ ἡ κατὰ Ἄσταν ἀνάχυσις καὶ Νάβρισσαν· λέγονται δὲ ἀναχύσεις αἱ πληρούμεναι τῇ θαλάττῃ κοιλάδες ἐν ταῖς πλημμυρίσι καὶποταμῶν δίκην ἀνάπλους εἰς τὴν μεσόγαιαν ἔχουσαι καὶ τὰς ἐπ' αὐταῖς πόλεις*

[77] Avieno, *Fenómenos*..., vv. 283–303; Lagóstena Barrios, L. "El Lacus Ligustinus como agente…"; Ferrer Albelda, E. "Confusiones contemporáneas sobre geografía antigua. A propósito del *Sinus Tartesii* y del *Lacus ligustinus*", *Spal* 21, 2012, pp. 57–67.

[78] Gavala y Laborde, J. *Geología de la costa*..."; Lagóstena Barrios, L. "La percepción de la ribera…; Arteaga, O., Barragán Mallofret, D., Roos, A.M., Schulz, H.D. "Primicia cartográfica del río Guadalquivir hace 6500 años", *Revista Atlántica-Mediterránea de Prehistoria y Arqueología Social* 18, 2016, pp. 139–161.

[79] La metodología y fuentes principales para esta reconstruccion se pueden encontrar en: Menanteau, L. "Emploi de l'imagerie satellitaire SPOT pour l'analyse de la transformation des paysages littoraux: le cas des marismas de la Basse-Andalousie (Espagne)", *Les cahiers nantais* 47–48, 1997, pp. 321–328; Vanney, J.R., Menanteau, L. "Types de reliefs littoraux..."; Menanteau, L., Vanney, J.R. "Geohistoria de la desembocadura..."; Bastos Zarandieta, A. "Aplicación de las Tig al estudio de Don Juan Gavala sobre el proceso de colmatación de un espacio histórico: el Lacus Ligustinus", *Siaga*, 2012.

[80] Arteaga, O., Barragán Mallofret, D., Roos, A.M., Schulz, H.D. "Primicia cartográfica..."; Rodríguez Mellado, J. *La implantación territorial romana en la costa noreste de Cádiz: el Lacus Ligustinus como eje vertebrador del poblamiento*, Tesis doctoral, Universidad de Sevilla, Sevilla, 2017.

una primera línea de paleo-ribera. Sin embargo, existen zonas donde las labores por bonificar las tierras de cultivo han aterrado parte de estos caños mareales. También es difícil dilucidar la continuación de estos hacia zonas donde aumenta la pendiente del terreno, ya que el final de los esteros se correspondería con el de los arroyos. Entender dónde acaba uno y empezaría el otro es complejo.

Para intentar mitigar estos cambios sobre el mapa de la marisma actual, se recurre al uso de dos métodos para afinar la reconstrucción. El primero consiste en la revisión de cartografía y ortofotografías históricas, para la corrección de la línea de paleo-ribera. En este sentido se ha utilizado principalmente las ortofotos del vuelo americano de 1956, pues es la primera foto aérea del territorio. El resto de cartografías, a pesar de ser más antiguas, no tienen el mismo nivel de precisión, aunque sí han sido revisadas para confirmar que no existan cambios relevantes en la marisma entre estos mapas y el vuelo de 1956[81]. Por otro lado, se han tenido en cuenta las curvas de nivel para establecer una cota mínima de tres metros desde la cual poder limitar la zona de posible paleo-estuario (Fig. 2.1.)[82].

Gran parte del espacio tiene una pronunciada horizontalidad, siendo la cota correspondiente al paleo-estuario entre menos de uno y dos metros sobre el nivel del mar. Debemos informar en este punto de varias precauciones sobre el mismo. Ya que no conocemos con exactitud los procesos deposicionales sedimentarios que han ido ocurriendo en esta paleo-ribera, aunque podemos entender que han sido muy importantes, dados los esfuerzos por los dragados efectuados históricamente en el río[83]. A su vez, no debemos olvidar la dinámica fluvial y mareal, que ha afectado a la desembocadura del río produciendo unas flechas litorales que han ido cerrando este espacio y meandros que han transformado la propia línea del río. De estas dos, las flechas litorales aluviales son las que más efecto tuvieron en este cegamiento, pues dificultaría la navegación dependiendo todavía más de la influencia mareal. No hay que olvidar, por último, la creación de las contra-flechas generadas por los sedimentos arrastrados por el río, siendo éste el motor principal de este cambio hacia un paisaje de marisma[84].

Sabemos que para antes del primer milenio antes de Cristo, este espacio era completamente navegable[85]. Partiendo de esta idea y considerando las actividades antrópicas, como la deforestación por todo el largo y caudaloso Guadalquivir, junto con las propias dinámicas sedimentaria y de corrientes marinas, han ido creando las condiciones que vemos en la actualidad. Por tanto, nos interesa comprender en qué estado se encontraría para época romana. Por autores como Estrabón, Mela o Plinio, sabemos que existe una navegación segura al menos hasta *Ilipa*, Alcalá del Río, fluvial por el propio río hasta *Corduba*; y por los esteros, al menos en casos de marea alta[86].

Partimos de un caso intermedio entre un estuario abierto y una marisma cerrada, no siendo nada extraño, pues hasta en la actualidad es navegable el río, no sin dificultad, hasta el puerto de Sevilla en el interior de esta antigua desembocadura. Probablemente, podamos considerar la navegabilidad de estos espacios en su totalidad, al menos en condiciones de marea alta. Ahora bien, no creemos que existan estas condiciones generales en todo el paleo-estuario, puesto que habría zonas que quedarían parcialmente inundadas con la marea, pero que no tendrían calado suficiente para grandes y medianas embarcaciones. Estos espacios podrían ser navegados exclusivamente por pequeñas naves y por tanto configura dos áreas que debemos tener en cuenta.

De un lado, los principales caminos navegables, que serían los lugares con mayor calado y donde debemos centrar nuestra atención a la hora de considerar grandes embarcaderos y puertos, conectando con el resto de puertos importantes al interior, como *Hispalis* y *Corduba*. Por otro, tendremos zonas afectadas por la marea, probablemente los bordes y zonas de contacto de esta ribera. Estos últimos espacios, son susceptibles de importantes aprovechamientos económicos ya que, aunque la potencialidad de su uso agrícola sea muy baja, pueden ser buenos lugares para ganado, salinas, pesca o incluso aprovechamiento de vegetación de ribera o "riparia". También pudiera usarse para el transporte a pequeña escala, probablemente desde los lugares productores hacía los embarcaderos o puertos, siempre en condiciones de pleamar[87].

Para profundizar en estas cuestiones, hay que considerar que los cambios producidos por el río a lo largo del tiempo generan un sistema de terrazas en momentos donde el cauce del río era mayor. Sobre el particular se ha desarrollado una importante bibliografía[88]. Las dinámicas fluviales serían parecidas a las actuales pero se han producido cambios en el propio cauce, no tanto en el sistema de terrazas, como en el desplazamiento de los distintos ríos,

[81] Se ha revisado principalmente la cartografía del ejército alemán de 1944 así como las hojas 1:25000 más antiguas, que para nuestro territorio es de 1873–74. Esta información está accesible desde el centro de descargas del IGN http://centrodedescargas.cnig.es/ visitado el 10–08-2019.

[82] Esta cota se ha utilizado como un limitador de entrada de los caños mareales. Es difícil dilucidar donde termina el caño y comienza el arroyo, por lo que se ha supuesto estos tres metros como un valor estándar dado que la línea de paleo-estuario está entre 1 y 2 metros.

[83] González Dorado, A. *Sevilla: Centralidad regional y organización interna de su espacio urbano*, Servicio de Estudios del Banco Urquijo en Sevilla, Ayuntamiento de Sevilla, Sevilla 1997, pp. 10–30.

[84] Ojeda, J.F., Luginbuhl, Y. "Paisajes de Sanlúcar de Barrameda", en J. Rubiales (coord.), *El Río Guadalquivir, del mar a la marisma* 2, Sanlúcar de Barrameda 2011, pp. 37–48; Borja Romero, F. "La desembocadura de Guadalquivir…", pp. 93–113.

[85] Arteaga, O., Barragán Mallofret, D., Roos, A.M., Schulz, H.D. "Primicia cartográfica".

[86] Str. 3.1.9. Mela 3.4. Plin. *HN* 3.11.

[87] Roos, A.M., Schulz, H.D., Arteaga, O., Schulz, H. "El problema del Lacus Ligustinus…", pp. 99–135.

[88] Abad casal, L. *El Guadalquivir, vía fluvial romana*, Diputación provincial de Sevilla, Sevilla, 1976; Chic García, G. *La navegación por el Guadalquivir entre Córdoba y Sevilla en época romana*. Athenaica Ediciones Universitarias, Sevilla, 1990; Parodi Álvarez, M.J. *Ríos y lagunas de Hispania como vías de comunicación: La navegación interior en la Hispania romana*, Grafias Sol, Écija, 2001.

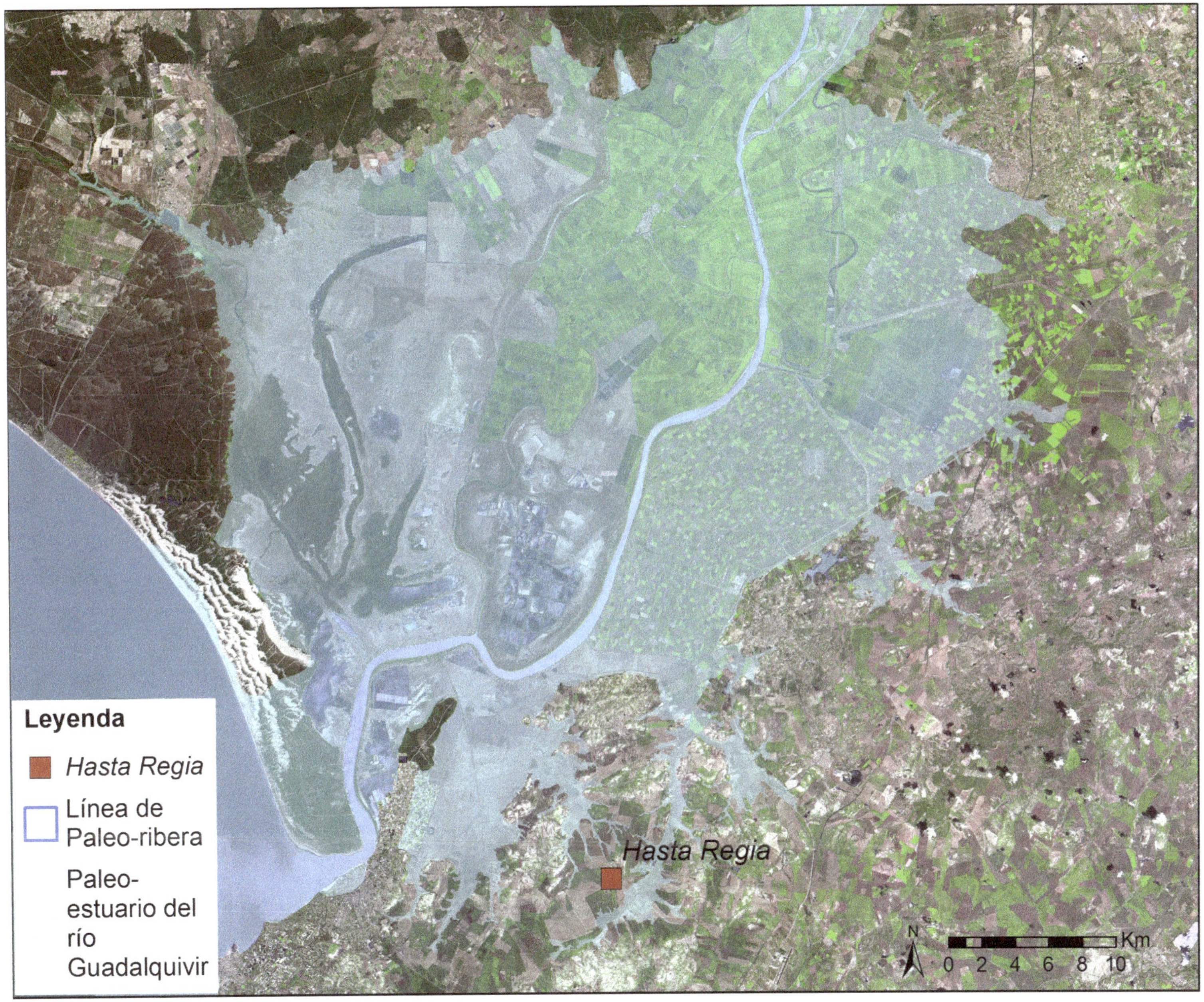

Figura 2.1. Reconstrucción del Paleo-estuario del Guadalquivir y localización de la colonia *Hasta Regia*. Fuente propia.

generando meandros[89]. Estos son los objetivos de varias cortas producidas para dar acceso al puerto de Sevilla a partir del siglo XVII. La acción antrópica ha transformado mucho el actual cauce del río, ya no solo por las presas y diques que cambian el caudal de este río, sino también por los cambios efectuados a importantes afluentes como el Genil[90].

Estos son los condicionantes físicos principales a considerar para poder acercarnos a comprender los cambios ocurridos en la desembocadura. Para la zona inmediata que se estudia, no contamos con importantes ríos, a excepción de la cuenca del Guadalete, río independiente del Guadalquivir y que supone un límite claro en nuestro estudio al Suroeste. Por tanto, tendremos el efecto del cambio de potencial hídrico de estos ríos, unido a una mayor profundidad del estuario, que no estaría tan colmatado al no estar completas las flechas y contra-flechas litorales[91].

Se ha realizado un estudio de la línea de paleo-ribera que se puede visualizar gracias a la cartografía de 1956, donde aparecen varias áreas inundables completamente ocupadas por el agua. De la misma manera, parte de estas zonas parecen coincidir con antiguos tramos del río, que actualmente está dividido en dos formando una isla central (Fig. 2.2). Potencialmente estas zonas debemos considerarlas como las más susceptibles de ser espacios que permitan una navegación de grandes embarcaciones, frente al resto de ellos, que pudieran estar en la influencia mareal.

En toda esta región debió existir un impacto por la propia densidad poblacional de las ciudades y *villae* del territorio. Además, muchas de ellas se sitúan en espacios cercanos a la paleo-ribera, por lo que son a la vez agentes que nos están marcando sus límites[92]. Junto a ello, otro factor que pudo incidir en este espacio marismeño, que desarrollaremos más adelante, tiene que ver con la propia construcción de la vía Augusta, que atraviesa parte de estos esteros navegables[93]. Serán precisamente los factores humanos, al final, los que producirían un importante aterramiento de las bocas de los ríos, acelerado desde época tardorrepublicana por la deforestación. Estas labores incluyen construcción de edificios o naval, tareas mineras y uso en hornos cerámicos y metalúrgicos[94]. De la misma forma pudo tener incidencia la acción antrópica en la desecación de humedales para labores agrícolas, pero [95], no conocemos casos dentro de nuestro marco, aunque esta ha sido una práctica bastante común en zonas cercanas a nuestra área de estudio.

De lo que sí tenemos información gracias a Estrabón es sobre la creación de canales artificiales en el territorio[96]. Se trata de una acción antrópica importante de la que no tenemos registro arqueológico. Historiográficamente, son múltiples las teorías y no menos referencias a autores modernos y contemporáneos, que plantean dónde pudieron localizarse estos canales[97]. Existen a nuestro juicio dos propuestas de interpretación. Por un lado, que se refieran a cortes en tierra para poner en conexión dos brazos de agua. Por otro, que el progresivo cegamiento de estos brazos de marismas, unido a la necesidad por parte de los locales de alcanzar sus ciudades y puertos, pudiera haber condicionado el ensanche de zonas concretas y su acondicionamiento como canal para permitir la navegación[98].

La primera posibilidad de conectar a través de tierra dos brazos de agua, sean marismeños o fluviales, sabemos que a nivel técnico es viable, ya que conocemos casos donde la ingeniería hidráulica antigua puede hacer obras más complejas como desecar las lagunas de Apulia[99] o el proyecto de conectar una laguna con un río en Nicomedia del que se hace eco Plinio el Joven[100], o el famoso canal de los Faraones en Egipto entre el Nilo y el Mar Rojo.

---

[89] Conesa García, C., Pérez Cutillas, P., García Lorenzo, R., Martínez Salvador, A. "Cambios históricos recientes de cauces y llanuras aluviales inducidos por la acción del hombre", *Nimbus* 29–30, 2012, pp. 159–176.

[90] García Martínez, M.B. *Cambios Hidromorfológicos en el Guadalquivir y sus afluentes Guadalbarcar, Rivera de Huéznar y Rivera de Huelva (Sector, Palma del Río-Sevilla)*, Tesis doctoral Universidad de Sevilla, Sevilla, 2015, pp. 592.

[91] Abad casal, L. *El Guadalquivir*... pp. 51–55.

[92] Estas entidades del poblamiento, se comentarán pormenorizadamente en el capítulo siguientesobre *Hasta Regia*.

[93] Ver capítulo 4. Sobre el poblamiento rural.

[94] García Vargas, A., Ferrer Albelda, E., García Fernández, F.J. "La romanización del bajo Guadalquivir: Ciudad, territorio y economía (siglos II-I a.C.)", *Mainake* 30, 2008, p. 264.

[95] Un caso actual de esta problemática, en una zona cercana a la del estudio, se puede ver en: Castro García, M.M., Bastos Zarandieta, A.D., Bocanegra Barba, J.A. "riparia enviroments in Hispania Ulterior Baetica: the case of the lagoon of la Janda and the estuary of the Barbate river", *Riparia, un patrimoine culturel. La gestion intégrée des bords de l'eau*, BAR International Series 2587, Oxford, 2014, pp. 67–79.

[96] Str. 3.2.5. "Además en algunos lugares se han abierto canales en vista de que el comercio, tanto el interior como el exterior, se efectúa entre muchos puntos. Contribuyen igualmente a la navegación sus confluencias interiores, con ocasión de las altísimas mareas que se derraman sobre los istmos que separan los cauces y los tornan navegables, de modo que puede pasarse de los ríos a los esteros y de estos a aquellos". *προσλαμβάνουσι δὲ καὶ διώρυγες ἔσθ᾽ ὅπου γεγονυῖαι τῷπολλαχόθεν εἶναι καὶ πολλαχόσε τὴν κομιδὴν καὶ πρὸς ἀλλήλους καὶ πρὸς τοὺς ἔξω. καὶ αἱσύρροιαι δὲ ὡσαύτως ὠφελοῦσι κατὰ τὰς ἐπὶ πολὺ πλήμας διαχεομένας ἐπὶ τῶν διειργόντωνἰσθμῶν τοὺς πόρους καὶ πλωτοὺς ἀπεργαζομένας, ὥστε πορθμεύεσθαι καὶ ἐκ τῶν ποταμῶνεἰς τὰς ἀναχύσεις κἀκεῖθεν δεῦρο.*

[97] Cuadrado Román, A.M. "Los canales de Jerez...", pp. 67–90; Ferrer Albelda, E. "Confusiones contemporáneas sobre geografía antigua. A propósito del S*inus Tartesii* y del L*acus Ligustinus*", *Spal* 21, 2012, pp. 57–67.

[98] Trapero Fernández, P. "Conectividad en el estuario del Guadalquivir entre Turris Caepionis y Nabrissa Veneria. Aprovechamientos económicos, comunicaciones, embarcaderos y zonas navegables". *Economía de los humedales. 2019. Prácticas sostenibles y aprovechamientos históricos.* Instrumenta, Barcelona, pp. 179 - 195.

[99] Vitr. *De arch.* 1.4.11–12. "Se cavarán unos canales que verterán el agua en el litoral y, al subir el nivel del mar por causa de las mareas, se llenarán las lagunas con sus movimientos marítimos. Y se mezclarán sus aguas, lo que imposibilitará que nazcan animales lacustres y los que alcancen el cercano litoral nadando, al no estar acostumbrados al salitre, perecerán", *Fossis enim ductis aquae exitus ad litus, et mare tempestatibus aucto in paludis redundantia motionibus concitata marisque mixtionibus non patitur bestiarum palustrium genera ibi nasci, quaeque de superioribus locis natando proxime litus perveniunt, inconsueta salsitudine necantur.*

[100] Plin. *Ep.* 10. 61. "En efecto, el lago puede ser conducido por medio de un canal hasta el río y sin embargo no verterse en él, sino, dejando una especie de dique, contenerse y separarse de él. De este modo conseguiremos que no sea privado de su agua al mezclarse con el río,

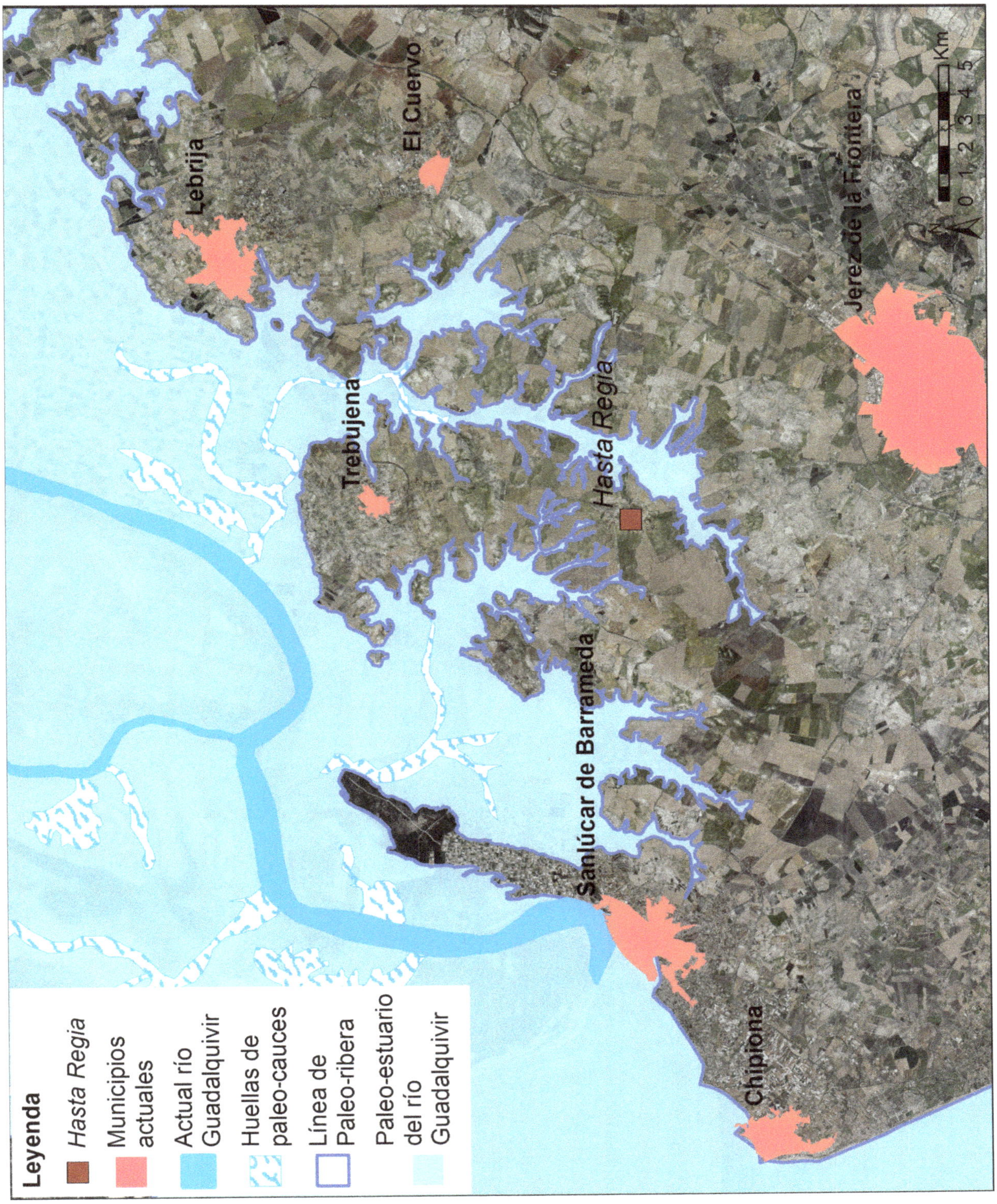

Figura 2.2. Estado actual de las marismas en la desembocadura del Guadalquivir y ciudades actuales en torno a la colonia. Fuente propia.

La segunda opción sería similar a un dragado actual, siendo un acondicionamiento de parte de un estero, mediante cava de zanjas y puede que refuerzo de sus bordes. Esto es algo viable ya que precisamente *Hasta Regia,* que debió tener algún tipo de infraestructura portuaria todavía no detectada, se encuentra enclavada en el fondo de uno de estos esteros[101].

Por tanto, llegamos a la idea de que la acción del ser humano en el entorno del *Lacus Ligustinus* debió ser relevante, prueba de ello son estos canales citados por Estrabón. Consideramos que en su mayoría debieron ser obras de reacondicionamiento de zonas navegables, pero no es descartable que existan obras de apertura de nuevos canales para la navegación, especialmente en aquellos lugares donde esta se volviera compleja, posiblemente por el cerramiento progresivo del propio estuario del Guadalquivir. De todas las zonas susceptibles de este tipo de intervención, destacamos dos posibilidades:

Un canal que atraviese la barra de arena de la Algaida[102]. Esta zona está situada al Oeste de nuestra zona, se trata de la contra flecha de sedimentos aluviales, que cierra la boca del Guadalquivir, conectando directamente la desembocadura actual del río. Se trata de un sistema dunar que debió estar formándose en época romana. En esta zona, se puede apreciar en la propuesta 1 (Fig. 2.3) una pequeña depresión, apenas perceptible, que corta esta flecha litoral y pudiera corresponder con una intervención pasada, ya que no tiene reflejo en el parcelario actual. A falta de más datos este indicio pudiera corresponder con la localización de uno de estos canales navegables.

En segundo caso se localiza entre las marismas de Ébora y el Bujón, formando una especie de istmo de tierra. Esta es la franja más estrecha entre dos brazos de agua en el territorio a estudiar de 400 metros. Esta propuesta 2 (Fig. 2.3) tiene en su tramo central la carretera Jerez-Trebujena, que atraviesa el territorio de Norte-Sur y tiene una cota máxima de 5 metros con el sobreelevado de la carretera. De existir un canal aquí facilitaría la comunicación con *Hasta Regia* de manera más directa.

Analizadas estas cuestiones, además del *Lacus Ligustinus*, existen otras posibles transformaciones en el paisaje histórico que son relevantes para nuestra investigación, fundamentalmente para la determinación de las mejores áreas para el reparto de lotes a los colonos durante la *deductio* y la modelización de las zonas óptimas de producción vitivinícola. Definimos condicionantes básicos del territorio como es la topografía del terreno, la climatología y la geología, para poder acercarnos a la deconstrucción histórica del paisaje desde la actualidad, atendiendo a diversos factores como es el uso del suelo, localización de masas forestales y la concentración de la población.

La campiña de Jerez de la Frontera, donde se localiza actualmente *Hasta Regia*, es un espacio fértil y famoso por la producción vitivinícola bajo la denominación de origen Jerez-Xeres-Sherry. Está bajo la supervisión del Consejo Regulador del Vino de Jerez, que aglutina además de la mencionada ciudad a otras de alrededor, como Sanlúcar de Barrameda, Trebujena o El Puerto de Santa María, entre otras. El paisaje actual es fundamentalmente agrícola, donde la mayor parte de las tierras se dedican a cereal, seguido por la vid y en tercer lugar la ganadería, no existiendo apenas zonas forestales, salvo pequeñas dehesas. De los distintos usos del suelo actual, el 70 % del suelo está destinado a cultivos de cereal o similares, reservándose más del 15 % del suelo total para el cultivo de la vid. Esta configuración actual sigue principalmente los lugares de buenas tierras de cultivo, aunque también imperan otros criterios como es la cercanía a los núcleos de población.

La configuración topográfica general del espacio es en general suave, ya que nos encontramos en la vega del Guadalquivir entre la marisma y al Este del territorio parte de la estribación de la sierra de Cádiz, que se denomina como sierra de Gibalbín. No aparecen por tanto zonas de gran altitud, que puedan suponer cambios ambientales y de aprovechamientos económicos diversos. Estas alturas se han analizado a través de un modelo digital de elevaciones, desde la desembocadura del Guadalquivir hasta el punto más alto en el territorio que coincide con Gibalbín. En este territorio, solo esta última supera la altitud de ciento cincuenta metros, en una distancia de

y el resultado sea como si se mezclase. Sera en efecto muy sencillo transportar la carga llevada por el canal hasta el río a través de ese reducidísimo espacio de tierra, que mediara entre ambos. Esto se hará así si la necesidad nos obliga, aunque espero que no sea necesario. El lago es, en efecto, bastante profunda y ahora vierte en dirección contraria una corriente de agua, la cual, una vez cerrada por ese lado y desviada en la dirección que queremos, verterá tanta agua como ahora lleva sin ningún prejuicio del lago. Además, por el terreno por el que se ha de excavar el canal corren algunos riachuelos que, si se recogen con diligencia, aumentarán el caudal que aporte el lago. Por otra parte, si se prefiere hacer un canal más largo y, una vez excavado más profundamente, ponerlo al nivel del mar y no verter su caudal en el río, sino en el propio mar, el flujo del mar mantendrá y hará retroceder el caudal que venga del lago. Si la naturaleza del terreno no facilita ninguna de estas soluciones, nos quedara la posibilidad de moderar el curso de las aguas mediante esclusas". *Potest enim lacus fossa usque ad flumen adduci nec tamen in flumen emitti, sed relicto quasi margine contineri pariter et dirimi. Sic consequemur, ut neque aqua viduetur flumini mixtus et sit perinde ac si misceatur. Erit enim facile per illam brevissimam terram, quae interiacebit, advecta fossa onera transponere in flumen. Quod ita fiet si necessitas coget, et - spero - non coget. Est enim et lacus ipse satis altus et nunc in contrariam partem flumen emittit, quod interclusum inde et quo volumus aversum, sine ullo detrimento lacus tantum aquae quantum nunc portat effundet. Praeterea per id spatium, per quod fossa fodienda est, incidunt rivi; qui si diligenter colligantur, augebunt illud quod lacus dederit. Enimvero, si placeat fossam longius ducere et altius pressam mari aequare nec in flumen, sed in ipsum mare emittere, repercussus maris servabit et reprimet, quidquid e lacu veniet. Quorum si nihil nobis loci natura praestaret, expeditum tamen erat cataractis aquae cursum temperare.*

[101] Martín-Arroyo Sánchez, D.J. "La intervención romana sobre los medios ribereños. Aproximación al estero de Hasta Regia (Jerez de la Frontera, Cádiz)", en J. A. López-Geta, G. Ramos González, R. Fernández Rubio, D. Lorca Fernández, (eds.), *El agua en Andalucía. Retos y avances en el inicio del milenio. SIAGA*, 2012, pp. 761–771.

[102] Corzo Sánchez, J.R. "El santuario de la Algaida (Sanlúcar de Barrameda, Cádiz) y la formación de sus talleres artesanales", en J.H. Fernández Gómez, B. Costa Ribas (coords.), *Santuarios fenicio-púnicos en Iberia y su influencia en los cultos indígenas*, Ibiza, 2000, pp. 147–184.

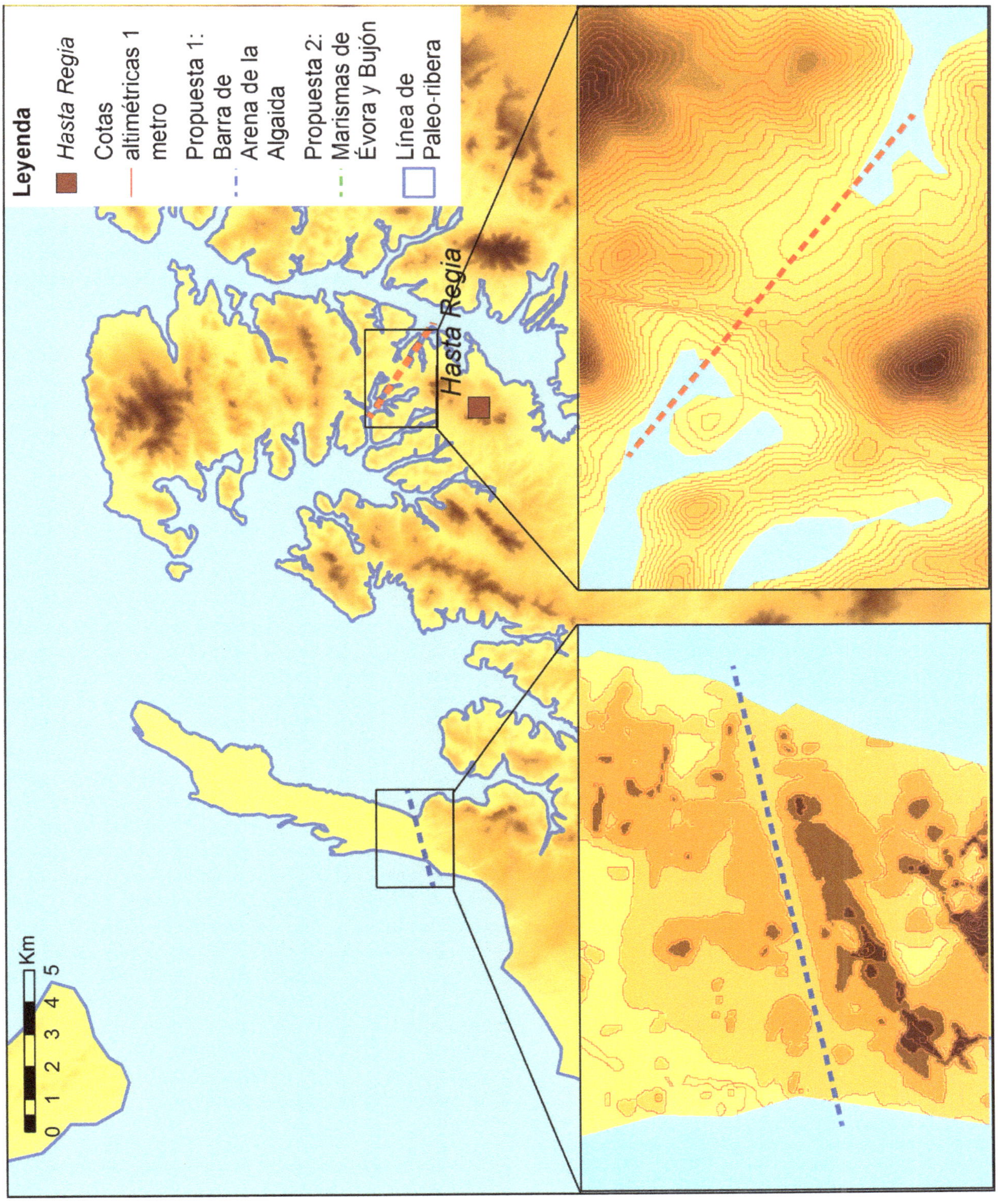

Figura 2.3. Lugares propuestos como posibles localizaciones donde estudiar canales. Fuente propia.

treinta y ocho kilómetros. Los distintos altibajos que se ven en el perfil se corresponden con las lenguas de mar, o de tierra en su caso, que conforman el paleo-estuario del Guadalquivir. El punto central, situado a dieciocho kilómetros, se corresponde con Mesas de Asta, cuya altura general es 55 metros (Fig. 2.4).

Para conocer la cota media real de todo el territorio podemos realizar un análisis GIS de estas alturas. Partimos de un área nuclear en el ámbito geográfico de *Hasta Regia* de veintiocho mil hectáreas, en la que queda fuera la sierra de Gibalbín. Utilizamos un modelo digital de elevaciones[103], mediante el cual extraemos varios puntos, le damos sus coordinadas X Y Z, para después sacar estos valores altitudinales. Con una media, se calcula los porcentajes de alturas en bloques que resulten representativos (Fig. 2.5).

Más de la mitad del total se sitúa a menos de veinticinco metros de altura, mientras que un total de 84,7 % está a menos de cincuenta metros, área que podríamos denominar como plana. Solo un 3,3 % supera los setenta y cinco metros de altura, por lo que los lugares de fuerte pendiente, en realidad, son espacios de colina. Partiendo de estos datos, queda claro que la topografía no va a ser un condicionante fundamental para la delimitación del paisaje histórico, al menos en lo que a zonas no aptas para el cultivo se refiera, ya que la topografía es de suaves colinas.

Con respecto a la climatología, a grandes rasgos partimos de unas lluvias estacionales y abundantes, teniendo un factor de sequedad elevado durante los momentos de verano, mientras que en primavera y en otoño pueden llegar a ser torrenciales. Los factores de temperatura son muy elevados en verano, mientras que el invierno suele ser algo más suave, siendo puntual una bajada drástica. Este es un factor importante para los cultivos por las posibles heladas[104]. Los vientos, a nivel general, no tienen una gran influencia en la vegetación, como sí ocurre en la costa actual de Cádiz, donde el viento de Levante sopla con rachas fuertes. El predominante en toda la región es, sin embargo, el Poniente, que suele ser más moderado y húmedo[105]. Estas condiciones micro climáticas sabemos que eran similares para época romana[106].

Otro de los condicionantes básicos, que apenas ha debido ser alterado, es la propia geología del suelo. El territorio está configurado primordialmente por una formación geológica del Mioceno superior, momento de formación de la cuenca del Guadalquivir, que da lugar a grandes masas olistostrómicas, que se corresponden con aproximadamente el 60% del total del territorio, principalmente margas azules y blancas. Otras formaciones también representativas de esta misma época son las areniscas calcáreas, junto con limos y arenas. Destacan también formaciones del Holoceno como los suelos vérticos y las formaciones aluviales y los sedimentos de la propia marisma[107] (Fig. 2.6).

Con respecto a las unidades edáficas, tienen una gran relación con la propia geología, destacando los vertisoles pélicos, regosoles calcáreos, cambisoles, luvisoles y fluvisoles como los más representativos, junto con soloncharks de bajo aprovechamiento agrícola y correspondientes a la marisma[108]. De entre estos suelos, los regosoles, vertisoles y luvisoles, son los que en la actualidad se utilizan como las tierras vitivinícolas, llamándose en la zona albarizas, bujeos y arenas, respectivamente. Esto se desarrollará con mayor detenimiento más adelante, ya que parece tener relación con los suelos descritos por Columela para la región[109]. Contamos por tanto con unos condicionantes buenos para la agricultura, ya no solamente de cereal, sino también la vid (Fig. 2.7).

Estas tipologías de suelo condicionan los aprovechamientos posibles, esencialmente agrícolas, primando las tierras de cereal en llano y en las colinas viñedos, estas últimas localizadas en la cercanía de las grandes ciudades de la zona: Jerez, Sanlúcar y El Puerto de Santa María. De hecho, durante la Edad Moderna, Jerez fue un importante centro productor de vino y las tierras de vid son esencialmente las mismas que existen en la actualidad, por lo que el paisaje salvando las distancias, debió ser bastante parecido al actual. Sin embargo, esto no puede retrotraerse al periodo anterior, ya que la dominación musulmana en la región, así como su continuación cristiana a partir del s. XIII, supone una diferencia importante a la hora de comprender los diversos aprovechamientos económicos. Por un lado, la prohibición del vino por parte del islam, hace que la masa de viñedo sea menor, primando sobre todo el olivo, continuación de la zona del Aljarafe Sevillano. Por tanto, en la conquista de Jerez de la Frontera por los castellanos, no encontramos grandes zonas destinadas a viñedo, sino a olivar, que progresivamente irá transformándose, especialmente a partir del siglo XVI[110]. Por tanto, el uso del suelo no ha sido el mismo desde época romana a la actual y por ende ni las zonas ni los aprovechamientos tienen porque corresponder con las actuales.

---

[103] El modelo utilizado se ha confeccionado con los datos de http://centrodedescargas.cnig.es visitado el 10–08-2019, creando un MDT raster de 5 metros de pixel.

[104] A. Poley y Poley, *Cádiz y su provincial. Descripción geográfica y estadística ilustrada con mapas,* Sevilla, 1901, pp. 341; J. Clavero Salvador, J.M. Morerira Madaueño, M.J. Palma Silgado, F. Zoydo Naranjo, *Cádiz y su provincia. Tomo I. Geografía. La Naturaleza, los Hombres y la Organización del Espacio en la Provincia de Cádiz,* Sevilla, 1984.

[105] Sobre los vientos como condicionante para la elección del viñedo, ver capítulo 6 sobre los condicionantes de la viticultura.

[106] Columela como buen conocedor de su ciudad de origen, *Gades*, o a través de las referencias a su tío Marco Columela, detalla unos condicionantes climáticos similares a los actuales, caso por ejemplo del viento de Levante. Columella, *Rust.* 5.5.15.

[107] Esta información geológica es accesible desde http://info.igme.es/cartografiadigital/geologica/ visitado el 10–08-2019. AA.VV., *Mapa geológico de España. E. 1:50000. Jerez de la Frontera. Segunda serie - Primera edición,* Madrid, 1988, pp. 16–17.

[108] La información sobre unidades edáficas es accesible a través de la web de la Junta de Andalucía, concretamente desde el servicio http://www.ideandalucia.es/clientedescarga/ visitado el 12–08-2019

[109] Sáez Fernández, P. "Sobre algunos tipos de tierras vitícolas de la Bética", *Actas I congreso peninsular de Historia Antigua,* 1988, pp. 521–531. en 3.2.1. Condicionantes para la vid

[110] Sobre estas cuestiones Martín Gutiérrez, E. *El mundo rural…*

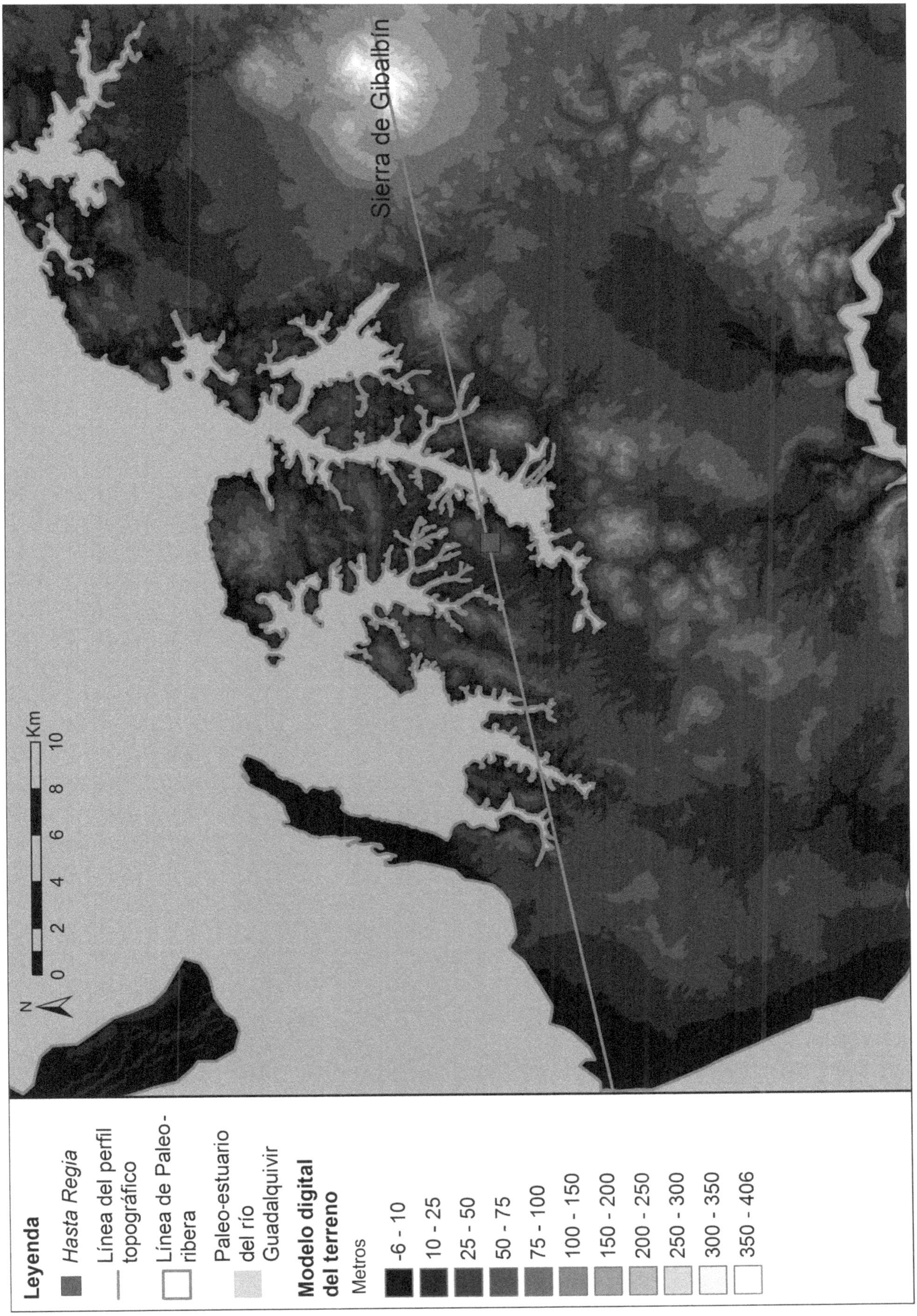

Figura 2.4. Modelo digital del terreno y línea sobre la que se ha realizado el perfil topográfico. Fuente propia.

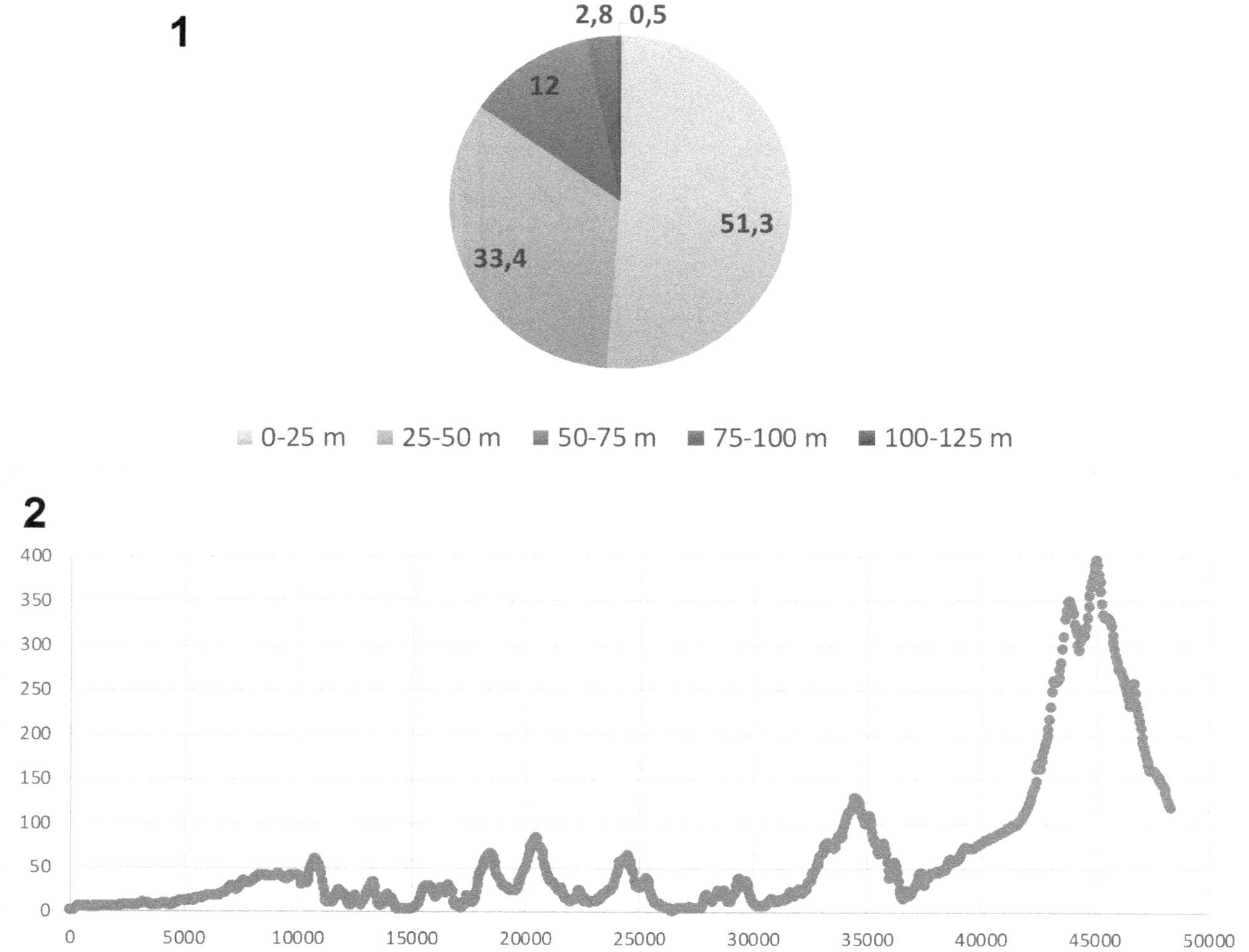

Figura 2.5. Porcentajes de alturas del territorio de *Hasta Regia* (28.000 ha). 2. Perfil topográfico en metros. Fuente propia.

Dada la fertilidad de los suelos de la zona, podemos suponer un aprovechamiento prioritario para la consecución de excedentes agrarios. Ahora bien, es nuestro interés con esta investigación situar las zonas potenciales para la viticultura antigua, realidad que no podemos contrastar con la actual, ya que el período de dominación musulmana viene a suponer otra percepción del paisaje histórico. En general, podría decirse que las zonas dedicadas a olivo se utilizarán para la vid y que este mismo proceso pudo producirse a la inversa, desde una potencial producción vitivinícola romana, esencialmente porque las características del suelo son similares entre ambos cultivos. Esta suposición, no está demostrada en la actualidad y se basa principalmente en la relación toponímica de estas zonas. Las regiones tradicionales de cultivo de la vid actual son denominadas como pagos con topónimos de claro origen romano como Balbaina, Espartina, Crespellina, Caulina, Grañina, entre otros[111].

Viendo las condiciones del territorio, podemos comprobar que los aprovechamientos serían similares, aunque no con ello la propia percepción del paisaje. En momentos anteriores, donde la tecnología y densidad poblacional sería menor, la capacidad de incidir en estos espacios no tendría el impacto que tiene en la actualidad, probablemente centrándose en lugares cercanos a las propias ciudades o a vías de comunicación, especialmente en la paleo-ribera del Guadalquivir. No serían por tanto muy distintos, condicionado por la menor densidad poblacional y desplazados en el espacio, por la existencia de otros factores que no son los actuales.

El *saltus,* como espacio no asignado, contrapuesto al *ager* y que suele coincidir con áreas boscosas cuyos aprovechamientos son comunales[112], debió existir en el área que estudiamos. Probablemente estaría situado en zonas de menor densidad poblacional, que pueden ser las regiones entre comunidades. El territorio no tiene espacios de alta montaña y salvo la zona de marisma sus aprovechamientos

[111] Martín Gutiérrez, E. "Análisis de la toponimia y aplicación…", pp. 257–300.

[112] Larrañaga, K. "Sobre usos del binomio *ager-saltus* y del termino romanización en relación a los procesos de cambio vividos durante la etapa romana en el área circumpirenaica occidental", *Veleia* 24–25, 2007–2008, pp. 977–988; Poux, X., Narcy, J.B, Ramain, B. "Le saltus: un concept historique pour mieux penser aujourd'hui les relations entre agricultura et biodiversité", *Courrier de l'environnement de L'INRA* 57, 2009, p. 23.

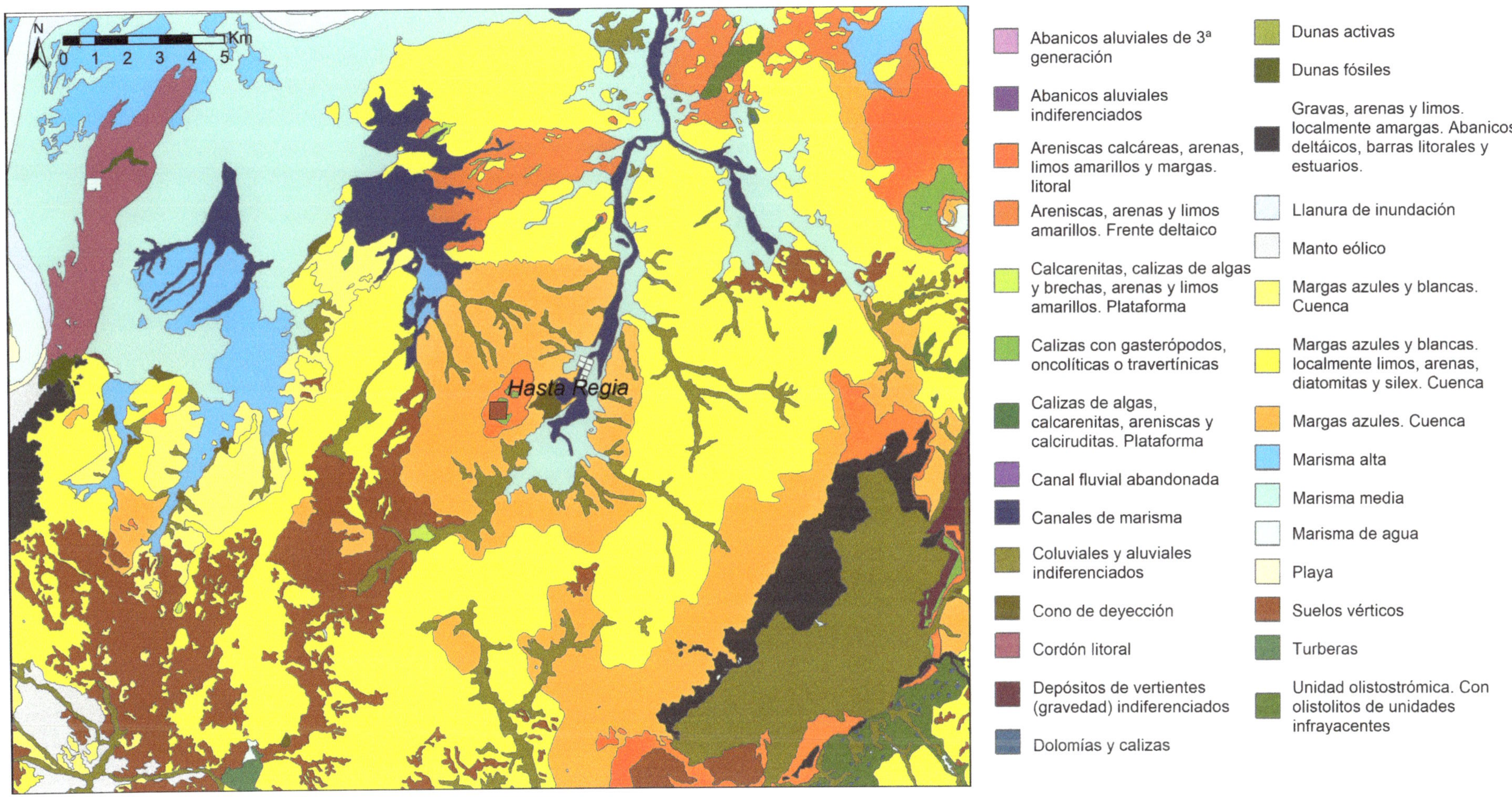

Figura 2.6. Unidades geológicas en *Hasta Regia*. Fuente propia.

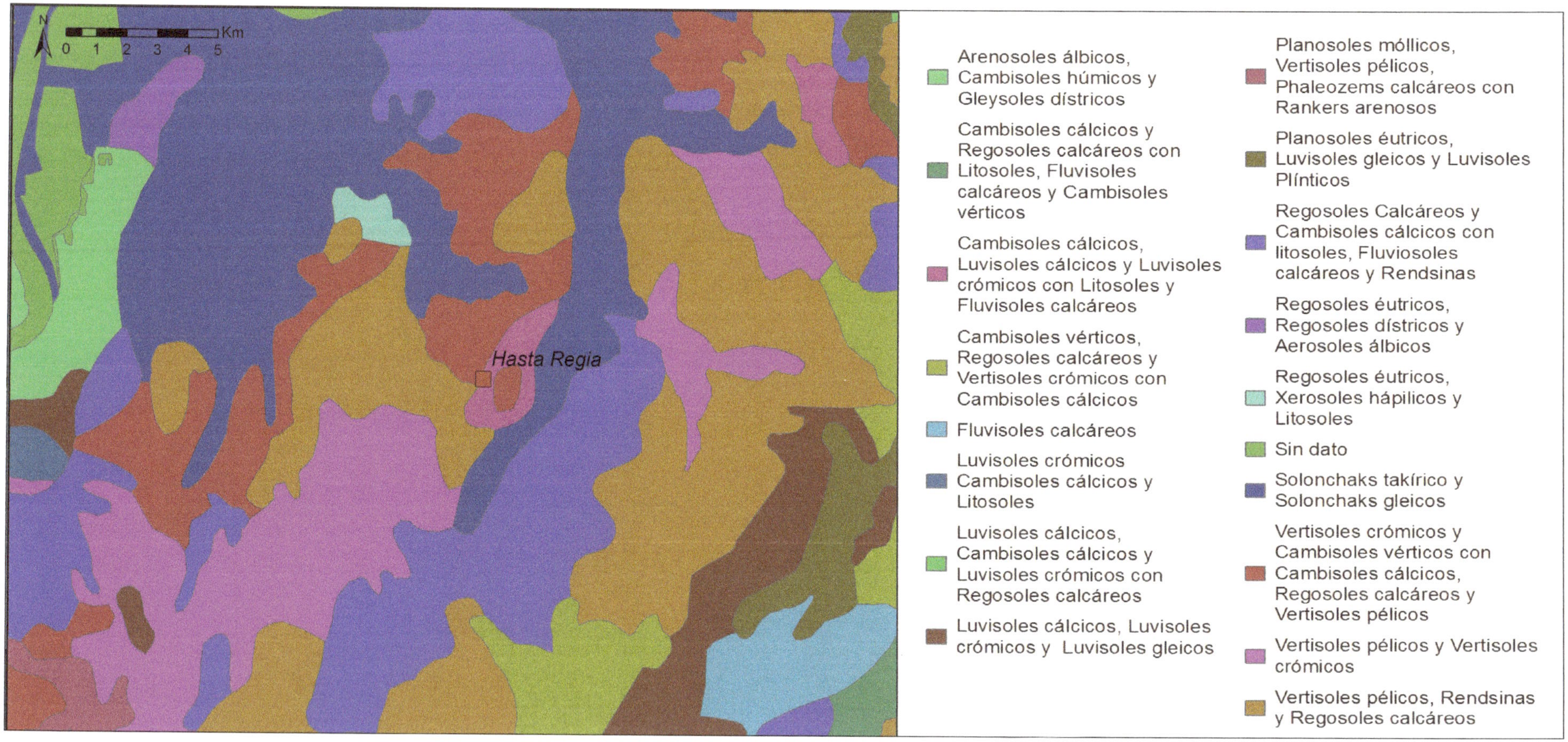

Figura 2.7. **Unidades edafológicas en *Hasta Regia*. Fuente propia.**

agrícolas son óptimos. El estudio de estos espacios se puede realizar a través de indicadores de biodiversidad, que podemos conseguir con la comparativa histórica, así como otras fuentes como la palinología, permitiéndonos plantear hipótesis sobre cuáles serían estas áreas de preferencia de zonas boscosas, de la misma forma que comprender los espacios de antiguos cultivos agrícolas[113].

Así mismo, contrastamos la información histórica recopilada en cartografías y estudios de masas forestales. Por desgracia esta fuente conlleva una problemática dada la enorme extensión del término de Jerez de la Frontera, el sexto más grande de España. En este sentido, y fruto de los cambios históricos durante la conquista cristiana, tiene una gran proyección hacia la sierra de Cádiz y por ello gran parte de esta información no se refiere a la zona de estudio, no teniendo medios para clasificar dentro del propio municipio[114].

Viendo los valores que tenemos por la geología de la zona, las naturalezas de los terrenos restantes no son, en principio, de gran valor para las especies arbóreas[115]. Por un lado, los regosoles calcáreos, suelos de albariza donde se cultiva preferentemente la vid en la actualidad, son suelos ácidos compuestos de calcita. Por otro, los vertisoles, denominado bujeo, son fértiles, pero suelen tener profundas grietas cuando se secan en verano. Ambos, buenos para el uso agrícola vitivinícola, podrían no ser óptimos para la proliferación de especies arbóreas autóctonas[116]. Estas categorías de suelos ya han sido estudiadas con anterioridad[117] y parecen tener relación con los cultivos antiguos, más aún si añadimos los cambisoles, depósitos aluviales que ocupan las campiñas, fértiles para el cultivo del grano[118]. Por tanto, no contamos con datos forestales importantes en la zona a investigar, por lo que resulta complejo proponer una zona de posible *saltus* a través de estos criterios. Es por ello, que partimos de los cambios en el desplazamiento del poblamiento, como un posible indicador de este cambio.

El centro que articula el territorio actualmente es Jerez de la Frontera. Las zonas de viñedo actual se encuentran sobre todo en sus inmediaciones, formando un sistema que pudiéramos denominar "radial". En época romana, el centro de población se situaría en Mesas de Asta, la colonia *Hasta Regia.* De la misma manera, la paleo-ribera del Guadalquivir, no es una región prioritaria para el poblamiento rural en la actualidad, algo que sí sabemos que fue en el mundo antiguo, dados los datos de prospección de los que disponemos[119]. Por tanto, el patrón de concentración de población es radicalmente distinto, pudiendo cambiar las zonas de aprovechamiento actuales hacia el Norte en las inmediaciones de la marisma. Por tanto, muchos de estos sistemas agro-ecológicos probablemente hayan cambiado fruto de la interacción humana, desplazándose sus centros y sus aprovechamientos. Junto a ello, hay que considerar también el posible cultivo más intensivo de estos espacios, frente al tradicional de policultivo, si consideramos su producción para el abastecimiento de Roma u otras ciudades, así como al ejército romano.

Nos falta por analizar los posibles aprovechamientos económicos de estos espacios que no se dedican a la agricultura. Para analizar estas cuestiones, metodológicamente nos insertamos en una corriente de análisis del paisaje que busca comprender la relación entre la sociedad y el medio a través del estudio de la "Riparia". Desde esta perspectiva metodológica, hay que integrar las diversas interpretaciones ambientales y culturales en una visión holística de la gestión de los recursos hídricos[120]. Para nuestro caso concreto de estudio, teorizar cuáles serían sus aprovechamientos económicos es relevante para el estudio de la viticultura antigua, ya que gran parte de los materiales necesarios para el establecimiento de la vid son producidos en zonas de humedal. Para atar la vid, se requiere de una serie de maderos y cuerdas, que en su mayoría provienen de espacios húmedos para su recolección o cultivo[121].

El principal humedal del área de estudio es el propio paleo-estuario del Guadalquivir. Sin duda estas marismas han sufrido grandes transformaciones y no menos aprovechamientos diversos, de entre los que destaca en época reciente el salinero[122], que probablemente existiera

[113] Dambrine, E., Dupouey, J.L., Laut, L., Humbert, L., Thinon, M., Beaufils, T., Richard, H. "Present forest biodiversity patterns in France related to former Roman agriculture", *Ecology* 88 6, 2007, pp. 1430–1439. López García, P., Arnanz, A.M., Uzquiano, J.A. "Estudio palinológico de los sedimentos arqueológicos del yacimiento del Llanete de los Moros (Córdoba)", *Trabajos de prehistoria* 51, 1994, pp. 179–186.

[114] Es por ello que la mayor parte de estos datos, están referidos a la sierra como se desprende de una cartografía de 1754, *Carta geographica o mapa general de los pueblos montes y sus principales arboledas y extensiones, justicias guardas que los custodian, vecindarios, matriculados y embarcaciones que comprehenden la provincia de marina de Sanlúcar de Barrameda según la última inspección del año de 1754, una de las que componen la intendencia general de Cádiz.* Gómez Cruz, M. *Atlas histórico-forestal de Andalucía, siglo XVIII,* Universidad de Granada, Granada, 1991, pp. 37–40, donde se nos aportan datos de arbolado. Para Jerez tenemos una enorme extensión de alcornoques, quince millones de árboles, la mayor parte de la masa forestal, que sin lugar a dudas corresponde con el Parque Natural de los Alcornocales en la Sierra de Cádiz. Quitando esta extensión enorme, el siguiente árbol mayoritario es la encina, con más de tres millones de ejemplares, seguido del acebuche con 1,29 millones; sin duda, también deben de pertenecer a la zona de sierra. Tras ello, en importancia está el quejigo, con setecientos setenta y dos mil, y el pinar, con ciento sesenta y tres mil seiscientos treinta y dos, que sí pueden tener relación con la zona de estudio, ya que, en los datos de Sanlúcar de Barrameda, también en la zona de estudio, el árbol principal es el pino con quinientos once mil ejemplares. Otros árboles existentes, pero minoritarios, serían los alisos, nogales, fresnos y álamos negros y blancos. Si comparamos estos datos con otros, podemos comprender que las zonas dunares corresponden con zonas de proliferación de pinos piñoneros y pinsapos, medio natural de este tipo de vegetación arbórea autóctona de la zona. En determinados casos, se detectan también áreas de encinas y, por supuesto, acebuches en pequeñas dehesas de zonas de colina. Ceballos, L., Martín Bolañoz, M. *Estudio sobre la vegetación forestal de la provincia de Cádiz,* Sevilla 1930, pp. 89–91 y 123.

[115] A.A.V.V., *Estudio agrobiológico de la provincia de Cádiz,* Instituto Nacional de Edafología y Agrobiología del Consejo Superior de Investigaciones Científicas, Cádiz, 1963. PAGINA

[116] FAO Soils Portal. Food and Agriculture Organization of the United Nations. http://www.fao.org/soils-portal. Visitado el 15–10–2018.

[117] Trapero Fernández, P. "Roman viticulture analysis…".

[118] Sáez Fernández, P. *Agricultura romana de la Bética….*

[119] La mayor parte del poblamiento se encuentra en las inmediaciones de la marisma. Ver capítulo 4 sobre el poblamiento rural.

[120] Hermon, E. "Concept environnementaux...", pp. 9–21.

[121] Esto está expresado en Columella, *Rust.* 4.30. Ver subcapítulo 6.6. Cultivos asociados.

[122] Menanteau, L. *Las salinas…,* pp. 13–20.

también en época romana, aunque no exista evidencia arqueológica de ello. De la misma manera, puede existir producción de salazones de pescado y la propia pesca, a partir de la producción de ánforas de esta índole[123].

Ahora bien, este paleo-estuario es una mezcla entre área ribereña y costera, por lo que una consideración inicial debe ser la salinidad general de estas aguas, pues la vegetación de ribera potencial estaría condicionada por esta cuestión. En la actualidad estas zonas marismeñas tienen un alto componente de agua salada. Sin embargo, en la Antigüedad sin el embalsamamiento de aguas en el Guadalquivir y afluentes el caudal del río sería muy superior al actual. A pesar de ello, debemos partir principalmente de un carácter salino del mismo, ya que la influencia mareal debió ser muy fuerte[124], hecho atestiguado por la palinología[125].

La tipología de vegetación de ribera sería resistente a este nivel de salinidad. Ello nos puede descartar, en principio, aprovechamientos de cañaverales o mimbrerales que requieren un suelo más rico y menos salino. Solo existirá, *a priori,* vegetación ribereña no halófila en los casos donde la acción de plantas hidrófilas e higrófilas hayan permitido un continuo enriquecimiento del suelo, haciéndolo apto a otras tipologías de plantas, como en nuestro caso sería interesante la consideración de árboles de ribera, o, en su defecto, donde los cordones dunares hayan aislado las zonas marismeñas, haciendo posible la existencia de vegetación dunar, dentro de la cual podría destacar el pino[126]. A esta cuestión habría que añadir el factor de eventos puntuales, como pueden ser los maremotos y temporales en la zona, que pudieron cambiar de manera rápida y determinante varios aspectos de este medio[127].

Con todo ello nos interesan dos grupos de tipologías de plantas y aprovechamientos. De un lado, las plantas halófitas, que estarían el borde de la paleo-ribera del Guadalquivir, siendo un ambiente muy limitado a especies no autóctonas. Sin embargo, pudiera existir el aprovechamiento de esparto y otras plantas similares[128]. Por otro lado, tan solo en zonas de mayor pendiente o en lugares donde pudieran existir otros espacios de "riparia", como lagunas y arroyos[129], podremos encontrar vegetación de agua dulce. Dada la configuración de la cuenca hidrográfica que vierte sus aguas sobre el Guadalquivir, nuestra zona de estudio no tiene especiales áreas potenciales donde se puedan acumular caudales, de manera que se formen lagunas estacionales o permanentes. Siendo esto así, los espacios bajo condiciones de "riparia" serán las propias zonas marismeñas, salvando los lugares donde los arroyos o manantiales puedan definir otra serie de vegetación de agua dulce[130]. Con todo, hay que tener en cuenta que siempre nos referimos a un paisaje antropizado, donde la labor del ser humano ha condicionado muchísimo su desarrollo, por lo que pudieran existir otros espacios con usos desconocidos, especialmente en canales que drenen el agua salada o bonifiquen con agua dulce el suelo.

Para conocer cuál fue la vegetación potencial de estos espacios, podemos partir de los análisis palinológicos, parciales en el territorio, pero que nos muestran un amplio abanico de ambientes comparativos. En el caso de la Laguna de Medina, encontramos, para momentos romanos, una fuerte antropización producida por una gran proliferación de la *olea* que va en regresión con plantas de marisma. En el Acebrón, la *vitis* (vid) va acompañada de otras plantas que se asocian con materiales que se pueden usar para el cultivo de la viña como el *salix* (sauce), *myrthus* (mirto) y *quercus* (roble, encina o alcornoque). Por último, en Pocito Chico, se localizan cereales y también de otros árboles presumiblemente interesantes para el cultivo de la vid como son *salix*, *ulmus* (olmo) y *quercus*. Además, aparece *cannabis/humulus* que puede ser tanto cáñamo como lúpulo. Existen otros dos casos, Marilópez y la ya mencionada Marisma de Doñana, donde no aparecen referencias significativas a este tipo de plantas[131] (Fig. 2.8). Este ambiente es muy similar a otros

[123] Carreras Monfort, C. "Producción de Haltern 70 y Dressel 7–11...". La única *cetaria* existente en las inmediaciones, se encuentra en el Cerro del Trigo, en el otro lado de la ribera del río Guadalquivir en Huelva: Bonsor, J. *Tartesos,* "Excavaciones practicadas en 1923 en el Cerro del Trigo, Término de Almonte (Huelva)", *Junta superior de excavaciones y antigüedades* 97, 1928, pp. 1–28; Campos, J.M., Vidal, N.O., Gómez, A, *La cetaria de el Cerro del Trigo (Doñana, Almonte, Huelva) en el contexto de la producción romana de salazones del sur peninsular,* Universidad de Huelva, Huelva, 2014.

[124] Gavala y Laborde, J. *Mapa geológico de la provincia de Cádiz,* Cádiz, 1924; Gavala y Laborde, J. *Geología de la Costa...*

[125] Yañez Camacho, C., Rodríguez Ramírez, A., Carrión García, J.S. "Cambios en la vegetación de la franja litoral de las Marismas de Doñana (Huelva, España) durante el holoceno reciente", *Anales de Biología* 28, 2006, p. 94. Citamos un fragmento de este artículo: "El continuo aporte sedimentario, tanto marino (barreras arenosas) como fluvial (levees), originó dos factores que fueron imprescindibles para la evolución de la marisma. El primero de ellos fue la disminución progresiva de la influencia marina en la zona, ya que ésta cada vez estaba más aislada del mar. El aporte de aguas se fue haciendo exclusivamente pluvio-fluvial y este cambio en la composición salina de las aguas hizo posible la instalación de especies higrófilas e hidrófilas, tales como ciperáceas, alismatáceas, *Lemna* y *Myriophyllum*. El registro paleolimnológico confirma este escenario. El segundo factor que condicionó la transformación de la marisma fue la evolución edáfica, incluyendo la colonización por comunidades dominadas por quenopodiáceas y asteráceas".

[126] Borja, F., Hunt, M., Ubera, J.L., Zazo, C., Dabrio, C.J., Goy, J.L., Barral, M.A., Llergo, Y., Borja, C. "El registro holoceno del estuario del Guadalquivir en el área de Sevilla, aproximación geoarqueológica", *Resúmenes XII reunión nacional de Cuaternario,* 2007, pp. 101–102.

[127] Rodríguez-Vidal, J., Ruiz, F., Cáceres, L.M., Abad, M., González-Regalado, M.L., Pozo, M., Carretero, M.I., Monge Soares, A.M., Gómez Toscano F. "Geomarkers of the 218–209 BC atlantic tsunami in the Roman Lacus Ligustinus (SW Spain): a palaeogeographical approach", *Quaternary International* 1, 242, 2011, pp. 201–212; de Luque, L. "El Impacto de eventos catastróficos costeros en el litoral del Golfo de Cádiz", *Rampas* 10, 2008, pp. 131–153.

[128] García-Murillo, P., Fernández-Zamudio, R., Cirujano, S., Sousa, A., Nieto, I., Andújar, J., León, D. "Flora y vegetación de la marisma de Doñana en el marco del proyecto de restauración ecológica Doñana 2005", *Limnetica* 26–2, 2007, pp. 319–330.

[129] Castro García, M.M. "La desnaturalización de los espacios: *Lacus* y *stagnum* en su acepción de infraestructuras hidráulicas", en L. Lagóstena Barrios (ed.), *Lacus autem ídem et stagnus, ubi inmensa aqua convenit. Estudios históricos sobre humedales en la Bética II,* Cádiz, 2016, pp. 85–105.

[130] Sobre esta vegetación, se hablará más pormenorizadamente, en el subcapítulo 6.6. Cultivos asociados.

[131] Carrión, J.S. (coord.) *Paleoflora y paleovegetación de la Península Ibérica e islas baleares Paleoflora y paleovegetación de la Península Ibérica e Islas Baleares: Plioceno-Cuaternario*, Universidad de Murcia, Murcia, 2012, pp. 863–865, 889–893, 904–907 y 917–919.

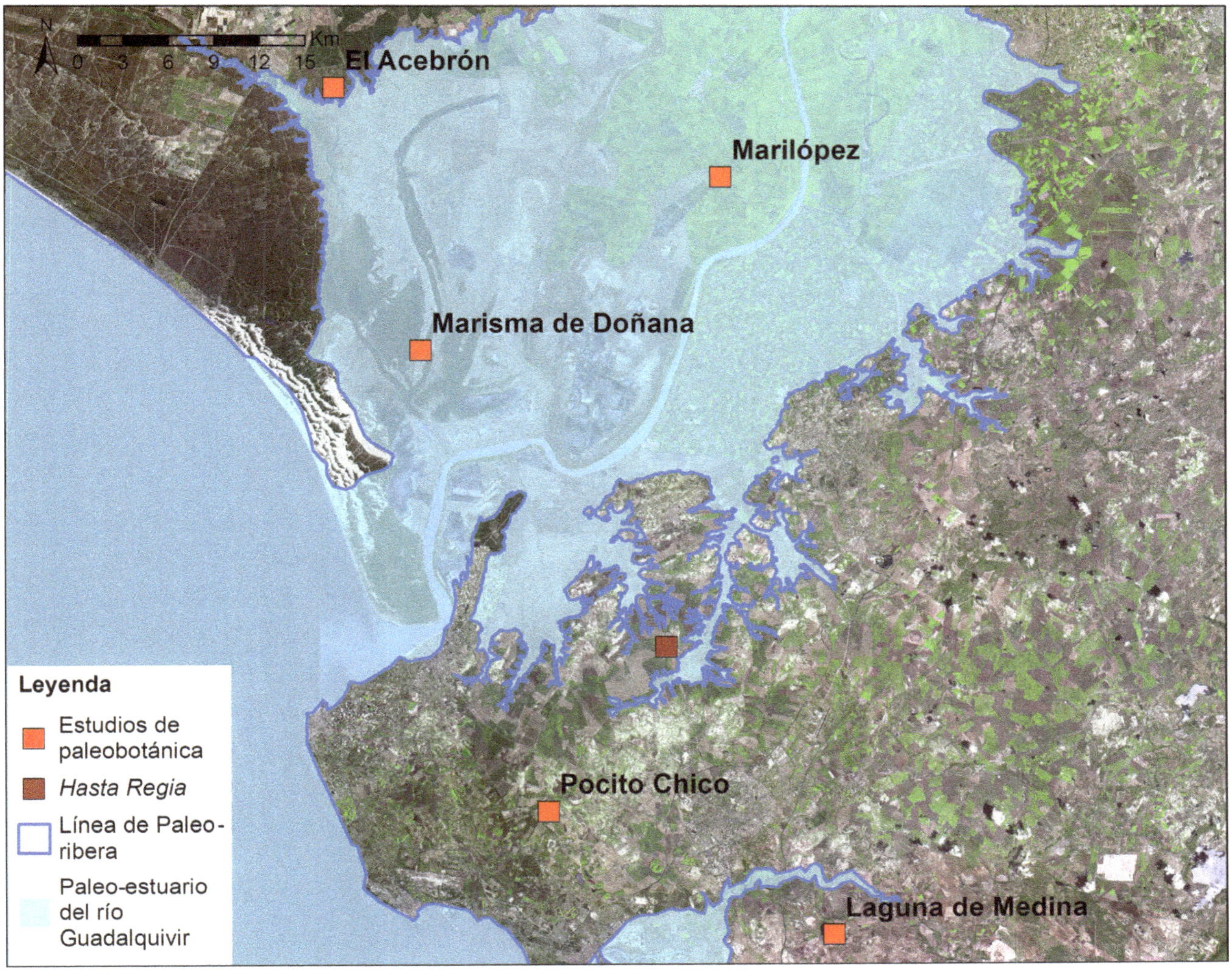

Figura 2.8. Localización de los estudios paleo-botánicos. Fuente propia.

como en la franja central del río Guadalquivir, como en Carmona[132].

Con estos datos es posible partir de una primera visión de cómo podría ser la vegetación de estos espacios. Es especialmente importante en nuestro caso, ya que la masa forestal es prácticamente nula en la actualidad.

A esta reflexión se podría añadir la idea de las potenciales zonas lacustres o inundables en determinadas fechas del año, que pudieran existir en la Antigüedad y que ahora están desaparecidas. El drenaje dentro de la cuenca del Guadalquivir, para esta zona de la desembocadura, es en general muy bueno, con ello se consigue que gran parte del agua acumulada por las lluvias pueda dirigirse hacia alguna de las marismas que dan al propio río. Para la zona inmediata de estudio, solo contamos con seguridad con la laguna de los Tollos, como un espacio lacustre de importancia. Sin embargo, cerca de la actual Mesas de Asta, *Hasta Regia*, es difícil que podamos encontrarnos con estos sistemas lagunares pues, aunque el terreno es bastante plano, su drenaje es correcto, generando solamente arroyos de poca longitud (Fig. 2.9).

En conclusión, el paisaje histórico ha sufrido grandes cambios físicos, aunque sus usos prioritarios son similares. Las zonas incultas son difíciles de concretar en un área profundamente agrícola, donde no existen masas forestales claras, ni tenemos indicadores claros de su existencia histórica. De la misma manera, las tipologías de suelos de la zona no son proclives a este tipo de vegetación, si bien tenemos constatado el pino en toda la región, el cual creemos es el principal árbol en el territorio. Su distribución debe de obedecer con las zonas de menor concentración poblacional, algo lógico y que seguramente se deba entender con las áreas interiores frente a la paleo-ribera del Guadalquivir. Los factores físicos principales que nos servirán para delimitar en capítulos posteriores son la propia paleo-ribera del Guadalquivir, así como pequeñas

[132] Llergo López, Y., Ubera Jiménez, J.L. "Cambios en el entorno vegetal de Carmona (Sevilla) desde el Calcolítico hasta el Medievo". *Carel* 6, 2008, pp. 2369–2393.

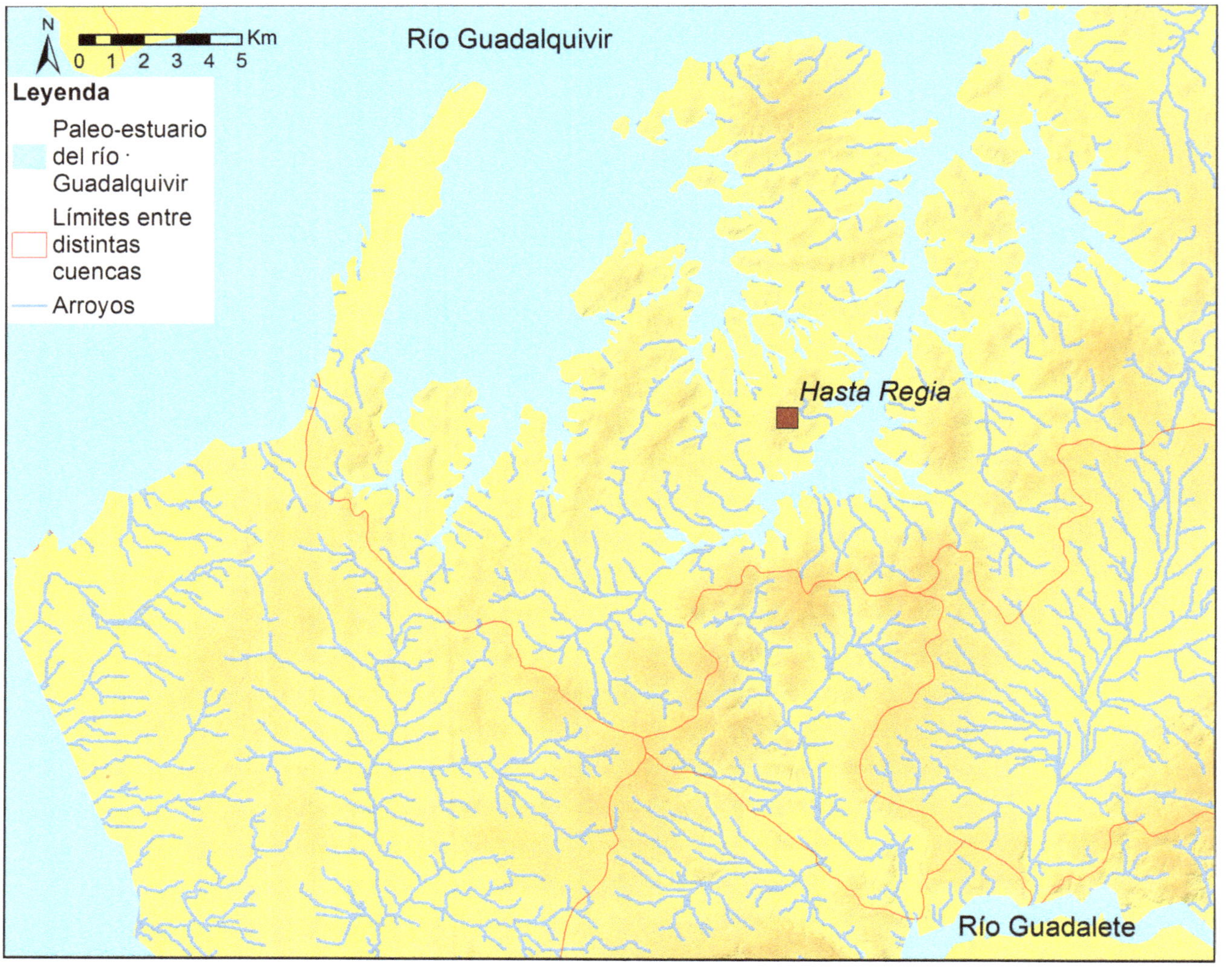

Figura 2.9. Arroyos y límites entre cuencas. Fuente propia.

colinas, tramos de arroyos, y en su caso, la propia divisoria de aguas que genera su conjunción. Evidentemente existen diferencias de cantidad en la capacidad de cultivar tierras, fruto de la densidad poblacional. Precisamente, este último punto creemos que es la clave a la hora de delimitar las áreas de *fundi* o de *saltus*, ya que en el territorio se encuentran importantes vacíos de yacimientos arqueológicos, que suelen coincidir con las áreas más alejadas de las distintas ciudades antiguas del territorio.

3

Colonia *Hasta Regia*

Abstract: The *Hasta Regia* colony is located in Mesas de Asta in the municipality of Jerez de la Frontera. This important Roman city has not had the same depth of study as other better-known colonies in Baetica. It was an important Turdetan oppidum, with a very wide territorial projection, as shown by the Bronze Age bronze from *Lascuta*. It fought against Rome at least twice, and was mentioned in various sources, the later ones describing it as a Roman colony. We devote this chapter to analysing various unresolved questions such as the origin of its name or the problem of its association with the *conventus gaditanus* or *hispalense*. Above all, we propose a territorial delimitation by analysing the surveying criteria and the bordering communities. In this way, we propose a model for analysing the territory by choosing a core area that belongs to the city and which will serve as a study area. Due to the possible existence of other minor entities in the territory such as *pagus* or *vicus*, the internal organisation of the colony is also analysed.

La colonia *Hasta Regia* es una de las mencionadas por Plinio entre las Béticas. Mientras que para otras colonias existe una amplia bibliografía[133], el caso de *Hasta* adolece, en comparación, de grandes estudios. Para este caso partimos de los trabajos de Martín-Arroyo en su tesis doctoral publicada en libro[134], así como de otros artículos y capítulos de libro sobre el particular[135]. No se encuentra definido su territorio ni su ordenación interna, algo indispensable para poder proceder a analizar el poblamiento rural y la producción vitivinícola. Nuestro objeto en este capítulo es sentar las bases de este conocimiento para el momento presente, siendo conscientes que se trata de una colonia actualmente en investigación desde la Universidad de Cádiz.

Dos cuestiones previas hay que plantear, la primera sobre el mismo nombre de la colonia y la segunda sobre su pertenencia a un *conventus* u otro. El nombre es relevante para poder conocer la cronología y condiciones de la *deductio*, mientras que la segunda tiene relevancia de analizar por la cuestión de su dudosa adscripción.

La principal fuente de información sobre este proceso en *Hasta Regia* son las citas ya comentadas de Plinio y Mela. El apelativo "*Regia*" solo aparece descrito por Plinio y por tanto parece ser una referencia a la nueva comunidad fruto de la *deductio* y no a la *civitas* anterior de origen turdetano. Siendo esto así, el *cognomen* no debe estar referido a un pasado regio sobre una posible monarquía[136]. Para su interpretación existen actualmente dos alternativas. La primera, que se trate de una referencia a los *Marcii Reges*, relacionada con la familia *Iulia*, concretamente la abuela de César, que era hija de *Q. Marcius Rex*[137]. La otra propuesta es más reciente e identifica el *cognomen Regia* con el culto de *Iuno Regina*[138]. El nombre de *Hasta*, también aparece con hache y sin ella, dependiendo de la fuente, aunque en este caso no se puede asimilar a la ciudad turdetana o romana, ya que aparece indistintamente dependiendo el tipo de documento y cronología[139].

Por tanto, partimos de unos datos escasos y con dudas respecto a la propia titulatura de *Hasta*, que ha sido la referencia principal que ha apoyado la idea del establecimiento de la *deductio* por César, algo que se confirmaría con la tribu de la ciudad, que es la *Sergia*, registrada en tres capítulos del territorio[140]. A esto hay que añadir la posibilidad de que sea una colonia anterior al proceso cesaro-augusteo, como ya indicó Tovar[141]

[133] García y Bellido, A. "Las colonias romanas de Hispania". *Sumario Año 1959*, 1959, pp. 449–515; Marín Díaz, M.A. *Emigración, colonización y municipalización en la Hispania republicana*, Universidad de Granada, Granada, 1988; Gónzalez Fernández, J. (Coord.), *Estudios sobre Urso*...; González Román, C. "Las deductiones de colonias y la *Lex Ursonensis*", *Stvd. Hist., Hª antig.* 15, 1997, pp. 153–170; González, J., Saquete, J.C. (eds.), *Colonias de César y Augusto en la Andalucía romana*, L'Erma di Bretschneider, Roma, 2011; Garcia-Dils de la Vega, S. *Colonia Augusta Firma*...; Amela Valverde, L. "Las colonias "cesarianas" del mediodía peninsular. Una síntesis", *Hispania Antiqua* 40, 2016, pp. 85–117; Ortiz Córdoba, J. "Colonización y emigración en el Alto Guadalquivir (Siglos I a.C. – II d.C.), *Espacio, tiempo y forma. Serie II Historia Antigua* 30, 2017, pp. 271–298.

[134] Martín-Arroyo Sánchez, D. *Colonización romana*...

[135] González Fernández, J. "*Colonia Hasta*..."; Montero Vítores, J. "Hasta Regia...".

[136] Schulten, A. "Asta Regia...".

[137] Galsterer-Kröll, B. "Zu den spanischen Städtelisten des Plinius", *Archivo español de arqueología* 48, 1975, p. 125.

[138] Martín-Arroyo Sánchez, D. "Interpretatio de la titulatura...", pp. 175–211.

[139] La H en *Hasta* aparece en el Bronce de Lascuta *C.I.L.* II 5041; *Bellum Hispaniense B. Hisp.* 26.2 y 36.4; Tito Livio Liv. 39.21.2–6; en los Vasos de Vicarelo Vicarell. 1.4. *C.I.L.* XI 3281–3284; Pomponio Mela Mela 3.4 y en Plinio el Viejo Plin. *HN* 3.11. Martín-Arroyo Sánchez, D. "Interpretatio de la titulatura cívica...", p. 177. Hace una interesante reflexión a este respecto, aunque no es cierta la referencia de Mela sin H, lo que le sirve para plantear que pueda estar relacionado con la tradición griega o local. Desde época medieval en adelante, el topónimo será sin H.

[140] *C.I.L.* 2.1306; *C.I.L.* 2.1309; *C.I.L.* 2.5405.

[141] Tovar LLorente, A. *Iberische Landeskunde*..., p.149

y posteriormente Martín-Arroyo[142], al no tener el nombre *Iulia* en su denominación[143].

Una problemática similar tenemos respecto al conocimiento de los límites de la colonia y de su pertenencia al *conventus Hispalensis* o *Gaditanus*. La definición de los *conventus iuridici* alrededor de la colonia de *Hasta* resulta compleja por diversos motivos. En primer lugar, existe una polémica referente a la adscripción de *Hasta Regia* al *conventus Gaditanus* o al *Hispalense*, ya que Plinio cita a esta junto con otras ciudades. La referencia las sitúa entre los estuarios del *Baetis*, río Guadalquivir, apareciendo a continuación de la lista de las ciudades del *conventus Hispalense*[144]. La problemática se presenta por la cercanía geográfica tanto de *Hasta* a la capital del *conventus Gaditanus*. No existiría esta aparente incorrección, si se considera la vertiente costera del *conventus Gaditanus*, pero la misma lista de Plinio cita *civitates* al interior del mismo, quedando ciudades del *Hispalense* entre las gaditanas de la costa y sierra[145]. En el siguiente mapa (Fig. 3.1) se puede ver la distribución de las ciudades citadas por Plinio y el *conventus* al que pertenecerían. El territorio ha sido dibujado a través de un análisis Thiessen para representar las distancias medias de las comunidades.

Si los asuntos legales se resolvieran en *Hispalis*, esto puede implicar un aparente desligamiento entre *Hasta* y *Gades* algo contrario al dato que tenemos por Estrabón[146], donde la relación entre estas dos *civitates* es clara, haciéndose reuniones en *Hasta* de los gaditanos. Sobre esta cuestión, existe la teoría de G. Chic sobre que esta reunión no es de los gaditanos de *Gades*, sino en general a los pertenecientes al *conventus*, en cuanto la definición para el caso gaditano atiende a razones culturales, franja costera de colonización fenicia. En este sentido, *Hasta* funcionaría como centro de reunión, a modo de mercado, al menos hasta la pérdida de relevancia por los distintos conflictos con Roma[147]. Este planteamiento supondría que la capitalidad de esta figura de *conventus* estaría en un primer momento en *Hasta*, al menos hasta el reordenamiento de Augusto.

Pero más allá de todo esto, la lógica espacial no concuerda entre las capitalidades de *Hispalis* y *Gades*, ya que podríamos pensar en una mayor cercanía de las ciudades a su capital conventual. Sin embargo, *Asido* localizada en la actual Medina Sidonia, se encuentra situada a 30 kilómetros de Cádiz, a pesar de pertenecer, en teoría, al *conventus Hispalensis,* estando rodeada por ciudades del otro conventus y sin una salida clara que conecte por mar con su *conventus*. De la misma forma, *Ugia* localizada en Torres de Alocaz perteneciente al *Gaditanus* distando más de 70 kilómetros de la capital gaditana, situándose muy cerca de Sevilla. De hecho, en distancia terrestre está más lejos *Hispalis* que *Gades*, pero si consideramos la ruta marítima, sería al contrario (Fig. 3.2). Esta distribución no parece obedecer a criterios lógicos de proximidad, por lo que otros factores pueden estar involucrados, como la adscripción cultural, pudiendo existir una mayor relación de las comunidades influenciadas por el mundo fenicio-púnico, frente a otras pertenecientes a un ambiente de origen turdetano[148]. Esta es una problemática no resuelta, si bien nos orientamos por considerar la permanencia de *Hasta* al conventus con capitalidad en *Hispalis*, guardando la relación con el texto de Plinio.

Una vez analizadas estas problemáticas, podemos establecer de manera objetiva los posibles límites del *territorium* de *Hasta*, sus *confinia*, que no de su *pertica*, la cual será analizada más adelante[149]. Los agrimensores nos dan las pautas a seguir para definir los límites territoriales de una colonia. Un ejemplo de estos criterios los podemos observar en *Siculo Flacco*:

> "Desde la pequeña colina que se llama así, hasta aquel río y a través de aquel río, hasta aquel arroyo o aquel camino, y a través de aquella vía hasta el pie de aquel monte, este lugar es llamado así; y de allí a través de la cumbre de aquel monte hacia lo más alto y por lo más alto del monte, por las divisorias de agua, al lugar que es llamado así y desde allí hacia abajo, hasta aquel lugar, y de allí al cruce de caminos de aquel (lugar), y de allí a través del monumento (sepulcral) de aquel hasta el lugar desde donde primeramente empezó a trazarse (la frontera)"[150].

Existe una importante bibliografía sobre el particular[151]. Los factores que se suelen considerar para la delimitación

[142] Martín-Arroyo Sánchez, D. *Proyección territorial...*, p. 149.

[143] Sobre estas cuestiones saldrá publicado un artículo específico, Trapero Fernández, P. "Sobre la deductio colonial de Hasta Regia", Pendiente de publicación.

[144] Plin. *HN* 3.11. "...Entre los estuarios del Betis, la población de Nabrisa, apellidada Venena, y Colobana, y las colonias de Hasta, que se llama Regia, y, tierra adentro, Asido o Cesarina". *...at inter aestuaria Baetis oppida Nabrissa cognomine Veneria et Colobana, coloniae Hasta quae Regia dicitur et in mediterraneo Asido quae Caesarina.*

[145] Plin. *HN* 3.15. "Del convento Gaditano son, de ciudadanos romanos Regina; de derecho latino Lepia Regia, Carisa de sobrenombre Aurelia, Urgia, apellidada *Castrum Iulium* y también *Caesaris Salutariensis.* Poblaciones tributarias son Besaro, Belipo, Barbesula, Blacipo, Besipo, Callet, Capa junto con Oleastro, Iptuci, Ibrona, Lascuta, Saguncia, Saudo, Usepo". *Gaditani conventus civium Romanorum Regina, Latinorum Laepia Regia,Carisa cognomine Aurelia, Urgia cognominata Castrum Iulium, item Caesaris Salutariensis. stipendiaria Besaro, Belippo,Barbesula, Blacippo, Baesippo, Callet, Cappa cum Oleastro, Iptuci, Ibrona, Lascuta, Saguntia, Saudo, Usaepo.*

[146] Str. 3.2.2. "...y a las orillas de los esteros Asta, a la que acuden generalmente los gaditanos, por estar situada a no mucho más de cien estadios del puerto de la isla". *ἐπὶ δὲ ταῖςἀναχύσεσιν ἡ Ἄστα, εἰς ἣν οἱ Γαδιτανοὶ συνίασι μάλιστα· ὑπερκειμένην τοῦ ἐπινείου τῆςνήσου σταδίους οὐ πολὺ πλείους τῶν ἑκατόν*

[147] Chic García, G. "Lucubraciones en torno al conventus...", pp. 391–394.

[148] Urueña Alonso, J. "Los Conventus de la provincia *Baetica* a partir de la descripción geográfica de Ptolomeo", *Habis* 42, 2011, pp. 209–227.

[149] Ver capítulo 7.2. modelización de las *villae*.

[150] Sic. Fl. *De Cond. Agror.* 128,17. *ex colliculo qui apellatur ille, ad flumen illud, et per flumen illud ad rivvm illum aut viam illam, et per viam illam ad infima montis illius, qui locus appellatur ille, et inde per iugum montis illius in summum et per summum montis per divergía aquae ad locum qui appellatur ille, et inde deorsum versus ad locum illum, et inde ad compitum illius, et inde per monumentum illius ad locum unde primum coepit scriptura esse.*

[151] Piganiol, A. *Les documents cadastraux de la colonie romaine d'Orange,* París, 1962; Dilke, O.A.W. *The Roman land surveyors,* Newton Abbot, 1971; André, J. *Aspects du vocabulaire agricole latin,* L'Erma di Bretschneider, Roma, 1981; Castillo Pascual, M.J. "*Ager arcifinius*: significado etimológico y naturaleza real", *Gerión* 11, 1993, pp. 233–249; Castillo Pascual, M.J.

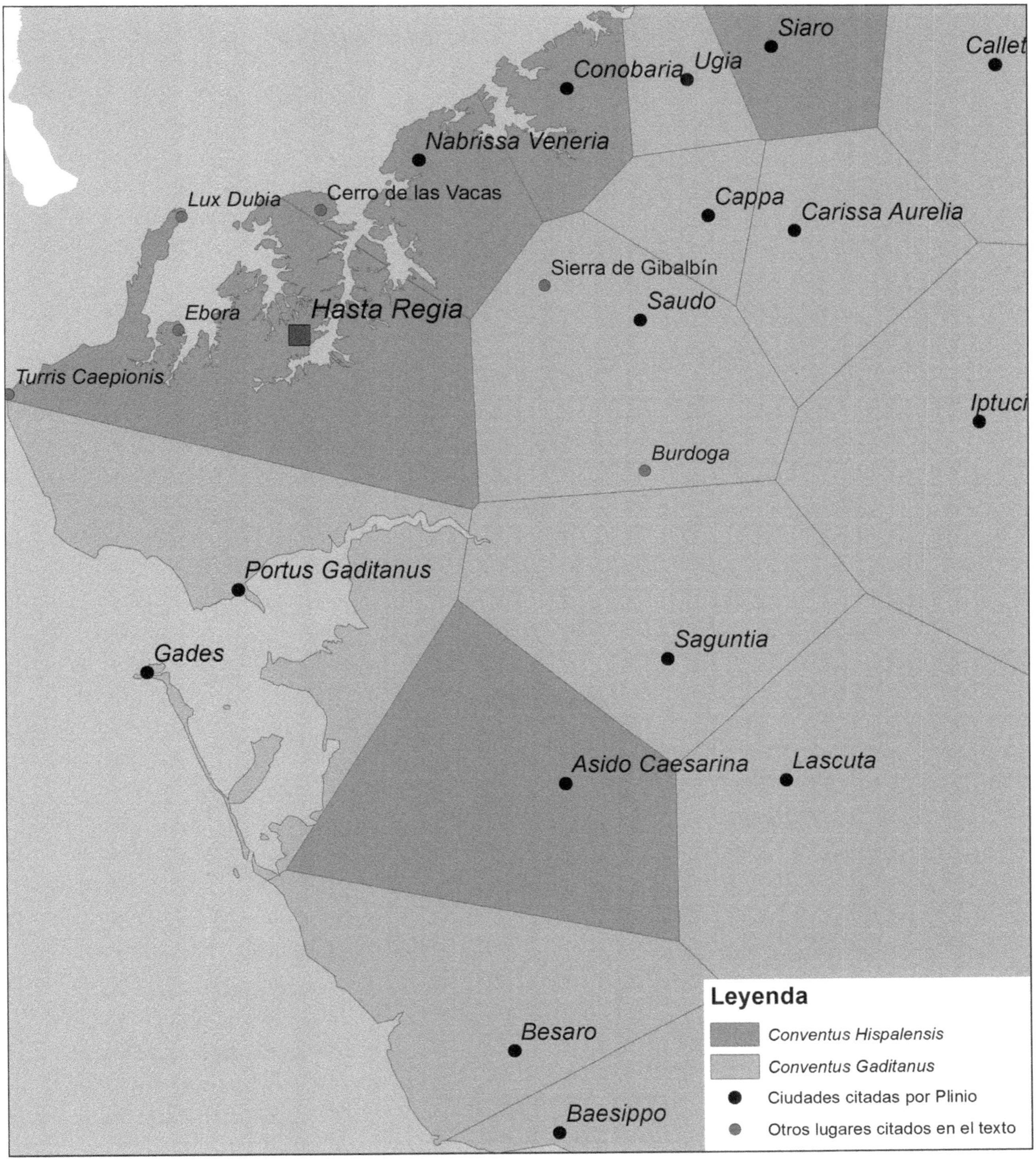

Figura 3.1. Ciudades y enclaves citados en el texto, junto con análisis Thiessen de los conventos jurídicos. Fuente propia.

Espacio en orden, el modelo gromático-romano de ordenación del territorio, Logroño, 1996; Chouquer, G., Favory, F. *L'arpentage romain. Histoire des textes, droit, techniques*, Cambridge University Press, Cambridge, 2001; González Villaescusa, R. *Las formas de los paisajes mediterráneos*, Universidad de Jaén, Jaén, 2002; Conso, D., González, A., Guillaumin, J.Y. (eds.) *Les vocabulaires techniques des arpenteurs romaines. Actes du colloque international*, PUFC, Besanzón, 2002; Chouquer, G. "Els agrimensors romans, cartògrafs de territoris", *Mètode: Revista de difusió de la investigación* 53, 2007, pp. 60–67; Chouquer, G. *La terre dans le monde romain. Anthropologie, droit, géographie*, Editions Errance, Paris, 2010.

territorial serían: límites naturales, de entre los cuales los más significativos son los accidentes montañosos y ríos, además de las divisorias de aguas; noticias suministradas por los autores clásicos, entre los que destacan Estrabón, Diodoro de Sicilia u otros; inscripciones que junto con la excavación de las necrópolis, permiten observar las relaciones generadas en el seno del asentamiento y al mismo tiempo la diferenciación en la organización de la sociedad; los restos numismáticos

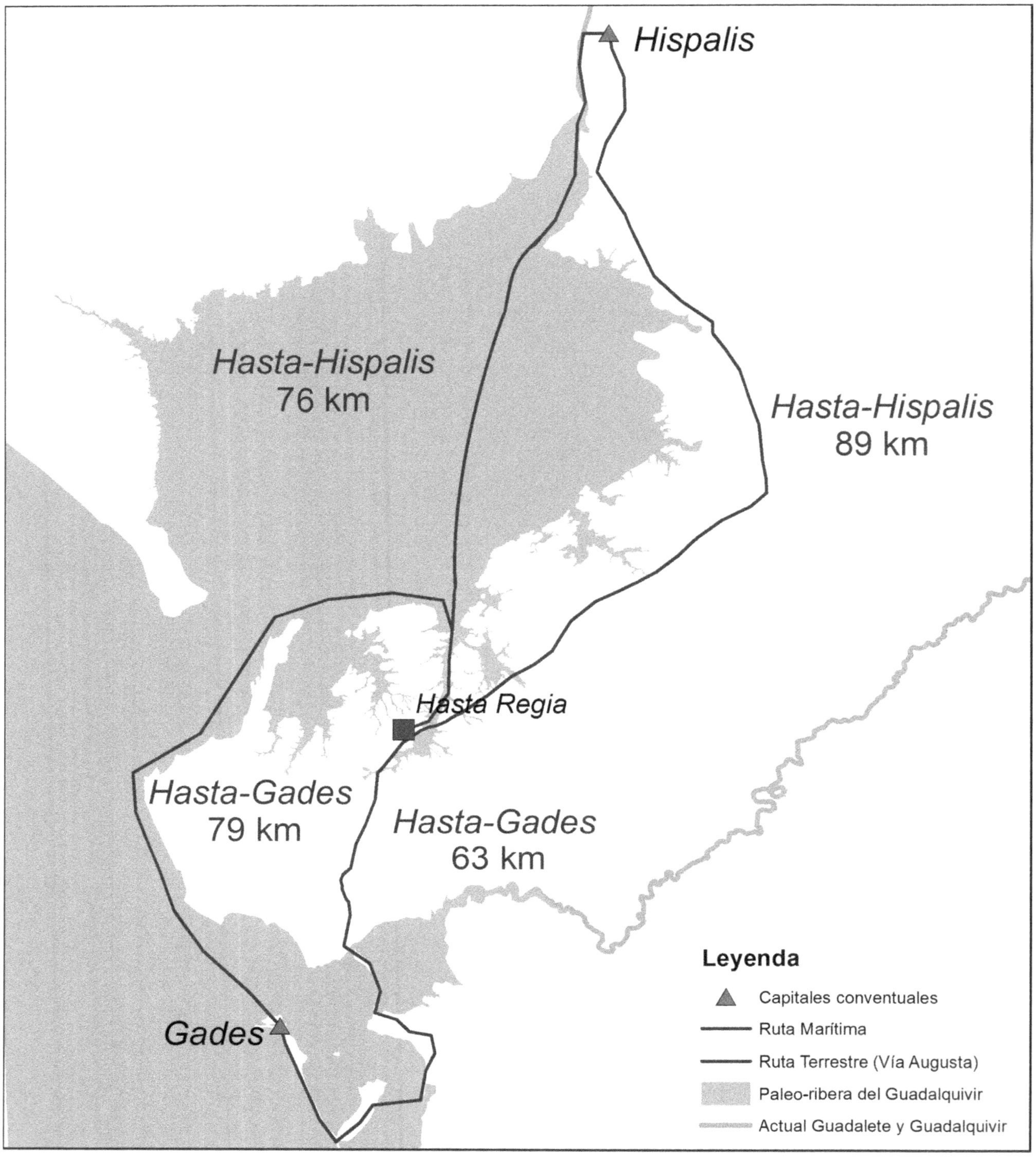

Figura 3.2. Distancias terrestres y marítimas entre la colonia y las capitales conventuales. Fuente propia.

con sus repartos y distribución de acuñaciones; la cartografía antigua y moderna; y los restos arqueológicos (como puentes fronterizos, fortificaciones, restos de calzadas, centuriaciones, etc.)[152]. Los límites se establecen, por tanto, mediante criterios paisajísticos naturales y artificiales.

Dentro de los criterios naturales, uno de los principales que se consideran son las divisorias de cuencas entre ríos[153]. Este primer hito puede resultar complejo de

[152] Chevallier, R. "Cité et territoire. Solutions romaines aux problemes de l'organization de l'espace. Problematique 1848–1973", *Auftieg und Niedargang der Rominshen Well* 2, 1974, pp. 762–766; Fernández Corrales, J.M. "Consideraciones para la distribución y delimitación de las ciudades romanas", en E. S. Higs (ed.), *Paleoeconomy,* Londres, 1975, pp. 173–176; López Paz, P. *La economía política de los romanos, I: La ciudad romana ideal, 1. El territorio,* Editorial de la Historia, Santiago de Compostela, 1994.

[153] Sic. Fl. *De Cond. Agror.* 126.3. *De fine si age[re]tur - quae res intra pedum quinque aut sex latitudinem quaestionem hab[er]et quoniam hanc latitudinem vel iter culturas accedentium occupat vel circumactus aratri; quod usu capi non potest: iter enim non, quia ad culturas perveniatur, capitur usu [id est quod in uso biennio fuit]-<finis enim*

reconocer visualmente en el territorio, en contraste con ríos o montes[154]. Dado que el patrón de poblamiento se asienta cerca de buenas tierras agrícolas, cada pequeño valle podría constituir el espacio para una comunidad y, por ende, los límites de cuencas son los bordes naturales con las siguientes[155].

Para nuestro territorio, tenemos dos grandes ríos, Guadalquivir y Guadalete. El primero, como ya se ha comentado anteriormente, se configura como una antigua costa en su desembocadura, que supone un límite físico en todo el Norte y Oeste del territorio. El segundo es el eje vertebrador de la provincia de Cádiz, cuya cuenca la abarca completamente. El resto de ríos y arroyos a considerar, están en relación con estos dos ríos, una pequeña cuenca al Suroeste que no está asociada a ninguno de estos ríos, al desembocar directamente al mar, siendo el más importante de este sistema el denominado arroyo del Salado de Rota[156]. La cuenca del Guadalete tiene dos pequeñas subcuencas en el área a estudiar, hoy día muy alteradas, pues se encuentran justamente donde está el núcleo urbano de Jerez de la Frontera. Este criterio como límite territorial es apenas apreciable por la propia conformación del terreno, ya que el fin entre las dos principales pequeñas cuencas, estaría formado por pequeños cerros que jalonan un gran espacio hoy cultivado de viñas, que se corresponde, además, con las zonas más productivas de vino de la región de Jerez.

Otro delimitador territorial son los cauces de agua no perennes[157]. En torno a *Hasta* existe una compleja red de arroyos, en su inmensa mayoría se trata de pequeños cauces estacionales que, si bien no tienen que ser públicos, sí pueden ser tratados como límites entre parcelas[158]. Respecto a montes y colinas, la región a investigar tiene pocos accidentes geográficos de entidad, como se ha analizado, ya que se trata de una amplia llanura, jalonada de pequeñas colinas, donde las más altas no alcanzan los ciento cincuenta metros sobre el nivel del mar, siendo la media mucho más baja, sobre ochenta metros. Por tanto, se trata de un espacio en el que predomina la pequeña colina, pero sin suponer un accidente geográfico destacable. Solo es en la sierra de Cádiz, al Noreste del área de estudio, donde los montes pueden presentar alturas mayores. Dentro del marco solamente la estribación de este complejo montañoso, denominada sierra de Gibalbín, alcanza los cuatrocientos diez metros de altura y que sí supone un hito de gran importancia en el territorio.

Otros espacios, como lagos y marismas, son elementos importantes para la delimitación. Las marismas cerca de la paleo-desembocadura del Guadalquivir, sin duda son barreras a considerar. De hecho, Estrabón se refiere a las ciudades de *Asta* y *Nabrissa*[159] por sus esteros. Esta es la traducción más habitual del término[160]. Para el caso de las lagunas, conocemos que la provincia de Cádiz tuvo un gran número de ellas hoy día desecadas, como la de la Janda, por lo que algunas de estas pudieran servir como límites vertebradores del territorio[161].

Respecto a factores humanos, el principal es el trazado de las vías, que pudieran servir como límites entre comunidades cívicas[162]. En nuestro caso, la vía principal es la Augusta, que discurre desde el Noroeste de nuestro territorio, hacia el Sur en *Gades*[163]. No es posible considerar en principio este criterio a la hora de delimitar la comunidad de *Hasta*, ya que la propia vía pasa por la ciudad y es más probable que sirva para la ordenación interna[164].

Dado que la instauración de la *deductio* es el modelo ideal que siguen los gromáticos, podemos presuponer que estos criterios serían adaptados al territorio que investigamos. La contextualización de la colonización de *Hasta* parte de

multis documentis servabitur in quo intuendum>, utrum terminibus, aut arboribus notatis, aut fossis, aut viis, aut rivis, aut iugis montium, aut divergiis <a>quarum, aut, ut solet, vepribus, aut superciliis, aut rigoribus et saepe normalibus, aut, ut conperi aliquibus locis, ínter arva marginibus quibusdam tamquam [pulvini sunt ex glar<e>a Tib<e>ris limites constituti]

[154] Hermon, E. "Les gromatici entre fiction et faits", en M. Garrido-Hory, A. González (Eds), *Histoire, espaces et marges de l'Antiquité: hommages á Monique clavel-Léveque*, Presses Universitaires de Franche-Comté, Besanzón, 2004, pp 133–160; Chouquer, G. "Les fleuves et la centuriation…", pp. 379–406.

[155] Orejas, A, del Árbol, M.R., Sastre Prat, I. "L'*ager mensura comprehensus* et le sol provincial: L'Occident de la Péninsule Ibérique", en D. Conso, A. Gonzales, J. Guillaumin (eds.), *Les vocabulaires techniques des arpenteurs romains. Actes du colloque international*, PUFC, Besanzón, 2002, pp. 193–199; Rodríguez Morales, J. "La divisoria de los términos de las ciudades del centro de la Península en época romana y su posterior perduración", en G. Bravo Castañeda, R. González Salinero (eds.), *La aportación romana a la formación de Europa: naciones, lenguas y culturas*, Signifer Libros, Madrid, 2004, pp. 104–140; Camerieri, P., de Santis, A., Mattioli, T. "La *limitatio* dell'*Ager Reatinus*. Paradigma del rapporto tra agrimensura e pastorizia, viabilità e assetto idrogeologico del territorio", en P.L. Dall'Agglio, G. Rosada (coords.), *Sistemi* centuriali *e opere di assetto agrario tra età romana e primo medioevo. Aspetti metodologici, ricostrutivi e interpretatitivi*, Fabrizio Serra Editore, Ravena, 2009, pp. 327–345.

[156] Este importante cauce, no pertenece en si a ninguna de las cuencas. Aparece mencionado como uno de los posibles por donde discurrirían supuestos canales de los que hablaba Estrabón, en este caso por un historiador del siglo XVI llamado Antonio de Nebrija. Bonmati, V., Álvarez, F. *Nebrija historiador: estudio preliminar traducción y notas*, 1992, p. 301.

[157] Conso, D. "Comment definir et délimiter le vocabulaire technique des arpenteurs latins?", en D. Conso, A. González, J.Y. Guillaumin, (eds.), *Les vocabulaires techniques des arpenteurs romaines. Actes du colloque international*, PUFC, Besanzón, 2002, pp. 11–23.

[158] Peyras, J. "Les riparia dans les écrits gromatiques", en E. Hermon, A. Watelet (coords.), *Riparia, un patrimoine culturel. La gestión intégrée des bords de l'eau*, BAR International Series 2587, Oxford, 2014, pp. 243–255.

[159] Str. 3.1.9.

[160] Así aparece en la versión que utilizamos de Estrabón, *Geografía*, traducido por J. L. García Blanco y J. García Ramón, Gredos, 1991.

[161] López Medina, M.J. "Lagos y humedales en época romana: algunas reflexiones a partir del Digesto", en L. Lagóstena Barrios (ed.), *qui lacus aquae stagna paludes sunt*, 2015, pp.1–29; Castro García, M.M., Bastos Zarandieta, A.D., Bocanegra Barba, J.A. "Riparia enviroments…".; Hermon, E. "Les *loca sacra* dans le *Corpus agrimensorum romanorum* (CAR)", *CEA* 54, 2017, pp. 69–73.

[162] Campbell, B. "Surveyors, topography, and definitions of landholding in ancient Rome", en D. Conso, A. González, J.Y. Guillaumin, (eds.), *Les vocabulaires techniques des arpenteurs romaines. Actes du colloque international*, PUFC, Besanzón, 2002, pp. 173–181.

[163] Ver capítulo 3 Colonia Hasta Regia.

[164] Faltarían otros criterios como los de la población, analizando la epigrafía de la zona. Estos datos muestran una gran difusión de capítulos asociables a *Hasta* por un amplísimo territorio, ya que, entre otras cuestiones, prácticamente ninguno se encontró en el propio yacimiento, sino que fueron traídos a las ciudades actuales como Jerez.

un momento histórico de conflicto en las guerras civiles, como se ha analizado. El emplazamiento de nuestra colonia, aparentemente, no corresponde con ningún interés geoestratégico, algo común en las colonizaciones cesarianas creadas por necesidad[165].

Una vez explicados los principales criterios que se pueden utilizar para plantear el límite territorial de la colonia *Hasta Regia,* vamos a continuación a plantear una propuesta. Investigaciones previas ya han apuntado a estas cuestiones, especialmente en la tesis de Daniel Martín-Arroyo[166], donde se hace una aproximación de delimitación territorial.

En primer lugar, debemos considerar que la *deductio* se produciría sobre un espacio del *ager publicus provincialis*, no afectando en principio al resto del ordenamiento de las restantes *civitates* circundantes, por lo que se respetarían sus *territoria.* Es por ello que el primer criterio real a considerar a la hora de proponer unos límites de esta colonia debe de partir de una presunción de los posibles territorios de las otras *civitates*. Aunque esto no era una regla fija, porque en la práctica se podía sustraer territorio de otras *civitates* comprando el terreno o directamente dentro de los territorios comunidades peregrinas o municipios[167], ya que las comunidades autóctonas explotaban la tierra en calidad de *possessio*, un tipo de arrendamiento que se hacía de la tierra que antes ellos tenían, pero que con la conquista pertenecerá al *ager publicus* o *provincialis*[168].

Se ha realizado un análisis de la accesibilidad al territorio desde los distintos núcleos urbanos, con el objetivo de visualizar los posibles hitos limitadores (Fig. 3.3). En general, la movilidad en el espacio es fácil, solo existiendo zonas poco conectadas hacia la sierra de Cádiz. Es relevante contemplar que la movilidad para las zonas cercana a la costa es muy alta, ya que solo se ha considerado el coste terrestre. Esto indica que no existen en el marco de estudio espacios muy alejados de los centros de población, que nos pudiera indicar algún tipo de centro desconocido.

Ahora bien, la principal problemática de proponer un límite a este *territorium* es precisamente la cantidad de posibilidades existentes en el mismo. En concreto tenemos la problemática de la categoría como *castellum* de *Ebora*, así como la de una posible comunidad cívica de nombre desconocido en la sierra de Gibalbín.

Fuera de la lista de Plinio, *Ebora* está localizado en el cortijo del mismo nombre, que para Estrabón tiene la consideración de *polis* mientras que para Mela es un *castellum,* no apareciendo mencionada por Plinio[169]. Sin embargo, la geografía de Estrabón no está basada en su propia experiencia, sino en la obra de Posidonio, describiéndonos probablemente a *Ebora* como ciudad, porque en el siglo I a.C. podría haber sido un centro independiente. Sin embargo, Mela, como natural de la zona, no la menciona como tal, existiendo una diferencia temporal. Es por ello, que Plinio no la citaría, ya que su estatus bien podría ser otro para momentos en los que él escribe. A esta problemática hay que añadir, una moneda, con ciertas dudas, de una ceca con la leyenda de *Aipora,* que podría corresponderse con acuñaciones de esta ciudad en época republicana[170]. Sin embargo, al igual que otros autores no consideramos que esta ceca se corresponda con este enclave, ya que la leyenda de la moneda incluye referencia a su categoría de municipio[171] y dado que no se encuentra citado por Plinio, nos decantamos a considerar su segunda posibilidad en Córdoba, como *Ebura*, mencionado dentro de las poblaciones que Plinio cita como más célebres del interior[172]. Por ello es que en nuestro estudio no se considera como entidad poblacional, en todo caso, debió ser algún tipo de entidad menor, un *castellum*, probablemente dentro del territorio de *Hasta.*

En la sierra de Gibalbín, se encuentra una ciudad romana, por los importantes restos arqueológicos[173], sin que sepamos cuál es su nombre antiguo[174]. Al respecto, existen diversas teorías, asociadas sobre todo a una ceca que se localiza por el territorio, con leyenda *Ceret*[175], recogida en el Museo Arqueológico de Jerez de la Frontera. También, recientemente se ha propuesto para esta localización,

[165] Fear, A.T. *Rome and Betica. Urbanization in Southern Spain C. 50 BC-AD 150*, Oxford, 1996, p. 19; Sáez Fernández, P. "Algunas consideraciones sobre el territorio de las ciudades de la Bética", en C. González Román, A. Padilla Arroba, (eds.), *Estudios sobre las ciudades de la Bética,* Universidad de Granada, Granada, 2002, pp. 389–445.

[166] Martín-Arroyo Sánchez, D.J. "Hasta Regia. Una primera aproximación a la configuración espacial de la urbe y su territorio", en V. Mayoral Herrera, S. Celestino Pérez (eds.), *Tecnologías de información geográfica y análisis arqueológico del territorio,* Mérida, 2011, pp. 784–791; Martín-Arroyo Sánchez, D. *Proyección territorial...*, pp. 287–296; Ruiz Gil, J.A., Lagóstena Barrios, L., Pérez Marrero, J., Martín Mochales, D., Trapero Fernández, P., Catalán González, J. "*Villa*e and Figlinae...".

[167] Sicul. Flacc. *De Cond. Agror.*, 163,13 "Además, cuando se ha tomado la tierra de otros territorios, los *subsiciva* y las centurias desocupadas que no habían caído en la asignación se han restituido a éstos de cuyo territorio se habían tomado las tierras. Y estas (tierras), o bien ellos mismos las vendieron o las tuvieron sujetas a tasas, tal y como también averiguamos de otras *res publicae,* como mencionamos más arriba. En efecto, no todo el terreno centuriado cayó en la asignación, sino (que) también se han dejado muchos (espacios) vacíos. La categoría de éstos es la de los *subsiciva,* sobre los que Domiciano determinó su finalidad, es decir, los concedió a los propietarios". *Praeterea cum ex allis territoriis ager sumptus est, et subseciva et vacuae* centuria*e, quae in assignationem non ciderant, redditae sunt eis, ex quorum territorio agri sumpti erant. quae et ipsi aut vendiderunt aut vectigalibus subiecta habeuerunt; sicut et aliarum rerum publicarum comperimus, ut supra commemoravimus non enim omnis ager* centuria*tus in assignationem cecidit, sed et multa vacua relicta sunt. quorum ea condicio est quae subsecivorum de quibus Domitianus finem statuit, id est possessoribus ea concessit.*

[168] Santapau Pastor, C. "La categoría jurídica de la tierra en Hispania romana", *Lvcentum* 21–22, 2003, p. 193.

[169] Str. 3.3.9. πόλις Ἐβοῦρα. Mela 3.4 ...*tum castellum Ebora in litore et procul a litore Hasta colonia.*

[170] Villaronga, L. *Corpus nummorum hispaniae ante augusti aetatem*, Madrid, 1994, p. 400.

[171] García-Bellido, M.P., Blázquez, C *Diccionario de cecas y pueblos hispánicos*, CSIC, Madrid, 2001, p. 22.

[172] Plin. *HN* 3.3.10. Correa, J.A. "La distribución de las oclusivas orales en la toponimia prerromana de la Bética", *Palaeohispanica* 2, 2002, pp. 133–139.

[173] Álvarez Martínez, J.M. *et al.*, *Tabula imperii romani...*, p. 215.

[174] Tovar Llorente, A. "Columela y el vino de Jerez..."; Tovar Llorente, A. *Iberische...*, p. 183.; Lagóstena Barrios, L., Trapero Fernández, P. "La localización de los viñedos...".

[175] *Villa*ronga, L. *Corpus nummorum...*, p. 387; Tovar Llorente, A. "Columela y el vino...".

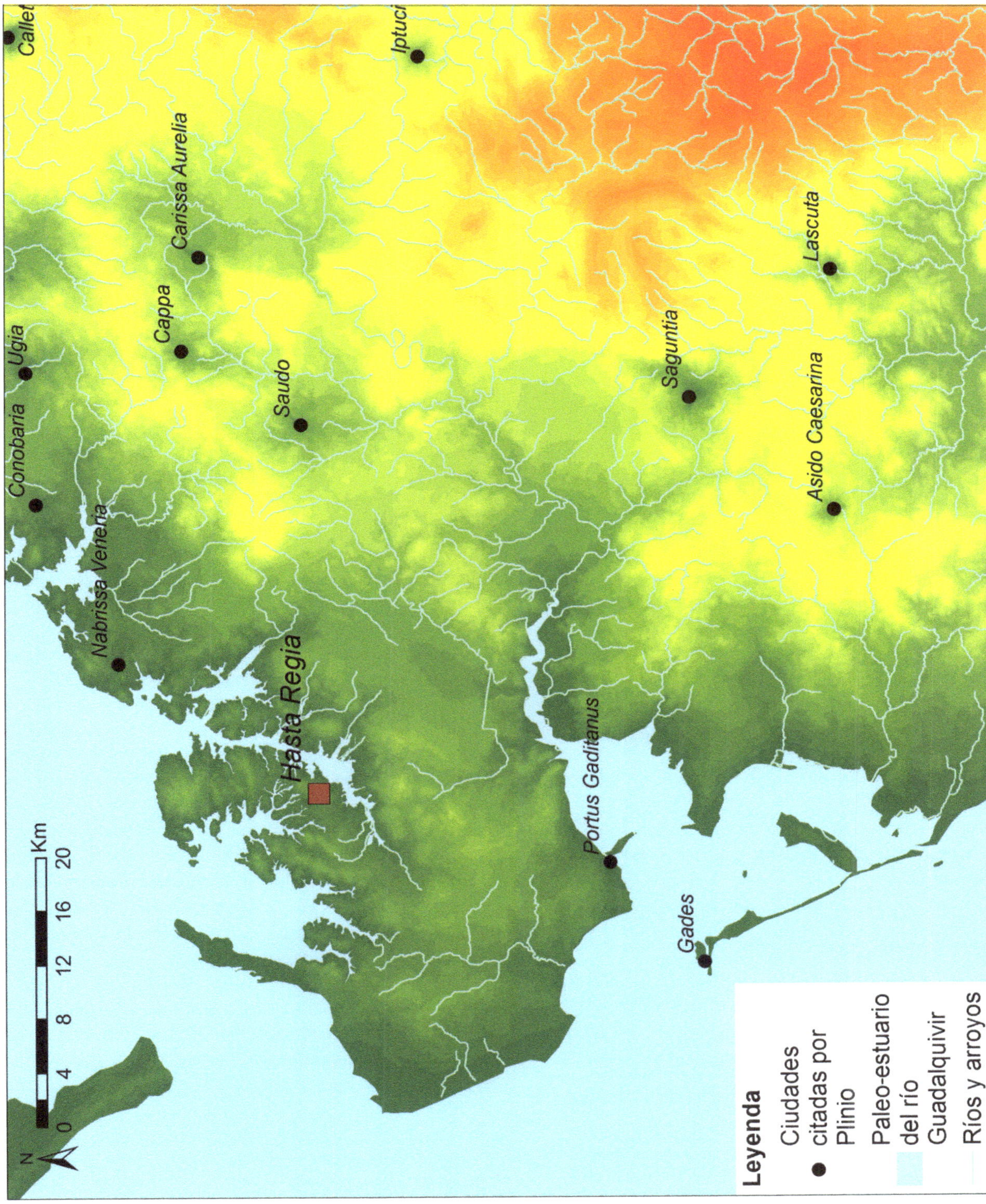

Figura 3.3. Accesibilidad entre las distintas ciudades cercanas a *Hasta Regia*. Fuente propia.

la posibilidad que se trate de *Ugia* o *Urgia,* ciudad del *conventus Gaditanus* citada por Plinio, con rango de ciudad de derecho latino y que tiene dos títulos, *Castrum Iulium* y *Caesaris Salutariensis*[176]. La localización de *Ugia* tiene una situación propuesta por su recorrido en los itinerarios romanos en Torres de Alocaz, Sevilla, aunque pudieran existir dos enclaves, por la rareza de los dos *cognomina.* De esta manera y siguiendo esta hipótesis, *Castrum Iulium* estaría referido a la sierra de Gibalbín, mientras que *Caesaris Salutariensis* lo haría a Torres de Alocaz[177]. También ha sido propuesto como localización de *Regina* ciudad de derecho romano en el *conventus Gaditanus*[178].

Esta es una problemática no resuelta, pero de gran interés para nuestra investigación, dado que puede corresponder con la *Ceret* mencionada en Columela y Marcial[179]. Este lugar se ha venido localizando en *Caere,* ciudad etrusca, aunque también han existido otras propuestas como *Cerretanis* en Cerdaña en la *Hispania Tarraconense* o incluso Jerez de los Caballeros, que tendría la misma relación respecto a la toponimia y en la que se ha encontrado un epígrafe de un *ceretanus*[180]. Sin embargo, creemos que existen suficientes pruebas para situarla en la Bética, por la numismática, referencias cruzadas de Marcial y Columela, así como la toponimia de la zona pues parece que el nombre Jerez de la Frontera pudiera venir de ahí. Sobre todas estas cuestiones existe mucha literatura que tiende a dar vueltas a forzar su localización en Jerez, que no tiene entidad arqueológica como ciudad romana o en Gibalbín. La realidad es que la solución es mucho más sencilla, ya que Columela menciona unos "campos ceretanos", uno un "ager ceretano", como se ha venido indicando[181]. Es por ello que este espacio pueda ser otro tipo de lugar, como un *agro* o incluso *saltus*, sin que tenga que tener entidad urbana[182].

Considerando estas dos entidades los límites territoriales existentes serían:

- Al Oeste por la propia costa y el paleo-estuario del Guadalquivir.
- Al Este por el río Guadalete o alguno de sus afluentes.
- Al Norte estaría limitado por *Nabrissa Veneria.*
- Y al Sur por *Gades.*

Esto daría un territorio mayor de 800.000 Km^2, ya que no existen otras comunidades en su área. Ahora bien, no sabemos cuál es el control territorial de *Gades* hacia la costa o el interior del propio río Guadalete, ni siquiera de Gibalbín u otras comunidades que puedan existir en la sierra de Cádiz. En este sentido es importante comprender hasta qué punto las comunidades no privilegiadas, *civitates stipendiariae*, pudieron ser consideradas como límites, es decir, que se les respetasen sus territorios originales. Esto es seguro para *Gades, Asido Caesarina* y seguramente para *Carisa Aurelia* y *Ugia,* las cuales tienen derecho romano o latino. Suponemos que *Nabrissa Veneria* por su propio *cognomen* tiene algún tipo de privilegio como este, aunque no lo conocemos[183]. Todo esto está basado en la idea que estas comunidades tuvieran estos privilegios antes o durante la fundación colonial, algo que ciertamente no podemos concluir afirmativamente, pues puede ser fruto de los procesos de reorganización del territorio con el derecho latino de Vespasiano.

Ante esta circunstancia hemos optado por situar diversas propuestas complementarias, a tenor de los datos arqueológicos que estén por venir, que pueda servir como marco espacial para esta investigación y otras venideras. Por ello vamos a delimitar de manera clara lo que denominaríamos como "territorio nuclear", es decir parte del *ager* de la *civitas* que sin lugar a dudas pertenece a la misma. Se definirán también otras zonas accesorias, que pueden pertenecer a esta, aunque también pudieran estar bajo control de otras comunidades limítrofes.

Por tanto, los primeros límites seguros del *territorium* de *Hasta* son los que suponen barreras naturales, de entre ellos destacarán las montañas, ríos y la propia costa. Por ello, las vertientes noroeste y oeste y sureste de nuestra colonia están *a priori*, delimitadas por la costa y paleo-estuario del Guadalquivir, junto con el río Guadalete, respectivamente. Viendo las posibles comunidades circundantes, existen las ya comentadas anteriormente, de entre las cuales destacarán *Gades*, *Asido Caesarina* y al menos *Nabrissa Veneria*, como *civitates* mencionadas por Plinio y que estarían como bordes de estas comunidades. Un primer cálculo para poder sacar una idea general de la posible visión territorial se puede realizar mediante un cálculo de polígonos Thiessen[184], metodología que permite ver las distancias medias entre diversos puntos dados. Para aclarar el efecto borde, se ha utilizado además otra serie de comunidades que pudieron existir en la zona. La ubicación de estas comunidades está estudiada principalmente por Sillières[185]. Con esta información, se ha definido el posible

[176] Plin. *HN* 3.15.
[177] González Fernández, J. "Inscripción romana del yacimiento de Gibalbín (Cádiz) con indicación de su condición de municipio", *Spal* 23, 2014, pp. 191–196.
[178] Álvarez Martínez, J.M. *et al.*, *Tabula imperii romani…*, p. 275.
[179] Mart. *Spect.* 13.124. *Ceretana nepos ponat, Setina putabis. Non ponit turbae, cum tribus ille bibit.* Columella, *Rust.* 3.3.3. *…in nostris Ceretanis accidisse…* Columella, *Rust.* 3.9.6. *…quam in Ceretano tuo possides…*
[180] *C.I.L.* 986. Tovar Llorente, A. "Columela y el vino de Jerez…".
[181] En este sentido, estarían las jornadas sobre *Actas de las XV jornadas de historia de Jerez. El Ager Ceretanus. De las leyendas a la realidad histórica*, Jerez, 2009. No se puede hablar del concepto *ager,* pues no está citado asi por ninguna fuente y cuya acepción en este caso, se utiliza como similar a *territorium.*
[182] En el estado de la cuestión no es posible concluir la localización, solamente que tenemos una ceca que puede funcionar en época republicana y un yacimiento en Gibalbín que parece ser altoimperial, pero que no tiene estudios arqueológicos serios. Es por ello que en nuestro estudio la consideramos con un posible centro de población, pero que pudiera estar asociado a *Hasta* como un *vicus* o similar, ya que no podemos asegurar un control territorial.
[183] Plin. *HN* 3.15. Por ejemplo *Cappa, Callet*, etc.
[184] Beltrán Llores, F. "El Territorium Caesaraugustanum", en I. Aguilera Aragón, J. L. Ona Gónzalez, (eds.), *Delimitación comarcal de Zaragoza,* Zaragoza, 2011, pp. 93–101.
[185] Sillières, P. *Les voies de communication…*, 1990. En su tesis da la posición de varios enclaves de la zona, dato que se sigue manteniendo prácticamente en la actualidad. Estos enclaves son: pp. 433–441 *Burdoga*

Figura 3.4. Propuesta de límites territoriales para las comunidades limítrofes con *Hasta Regia*. Fuente propia.

territorio de la comunidad de *Hasta*, pero también de las cercanas (Fig. 3.4), habiendo dos áreas que hemos considerado como indeterminadas por poder pertenecer a varias comunidades a la vez.

En este mapa podemos ver las diversas propuestas realizadas. Para el caso de *Gades,* se ha seguido el territorio ya empleada en otras publicaciones[186]. Esta se circunscribe al entorno de la Bahía de Cádiz, junto con las áreas que potencialmente pueda tener al interior, especialmente

puede ser Berlanga, diciendo que aparece en el itinerario de Idrisi 214–215, pero no en la lista de Plinio, solo en el *Anónimo de Ravena*; *Orippo* al sur de Sevilla en Torre de los Herberos; *Ugia* en Torres de Alocaz; *Saguntia* en Baños de Gigonza, citada por Ptol. *Geo.* 2.4.10 cerca de *Asido*; *Carissa Aurelia* en el poblado de Casinas; *Cappa* en Cerro Esperilla; *Calduba* podría ser Sierra Aznar y *Saudo* Cortijo del Jaudón.

[186] Ruiz Gil, J.A., Lagóstena Barrios, L., Pérez Marrero, J., Martín Mochales, D., Trapero Fernández, P., Catalán González, J. "*Villae* and Figlinae…"; Lagóstena Barrios, L., Trapero Fernández, P. "La localización de los viñedos…".

en El Puerto de Santa María, donde se localizaría el *Portus Gaditanus*. Esta propuesta puede ser bastante real, a excepción del área noreste del mismo, ya que no sabemos la influencia de esta ciudad hacia el interior del río Guadalete. Dado que no existen límites naturales claros entre las dos ciudades se utiliza las cuencas vertientes entre el río Guadalete y Guadalquivir para este fin.

El territorio de *Asido Caesarina*, ya ha sido estudiado también por L. Lagóstena[187]. Nos basamos en esta aproximación territorial, teniendo en cuenta que para la delimitación de *Hasta* es el que menos problemas tiene, ya que existe el río Guadalete. Lo mismo ocurre para el caso del territorio de *Saguntia*, cuya delimitación con *Asido* puede ser más compleja, pero igualmente teniendo el río Guadalete como límite con *Hasta*.

Respecto al territorio de *Nabrissa Veneria*, la realidad es que parece estar bastante bien delimitado. Hacia el Noroeste estaría la paleo-ribera del Guadalquivir, mientras que Noreste y Suroeste están las ciudades de *Hasta* y *Ugia*. El límite se ha trazado siguiendo las distancias medias, que aproximadamente coinciden con arroyos del territorio. Hacia el Sureste es más dudoso, si bien está muy cerca de la sierra de Gibalbín, que no olvidemos, puede ser una ciudad de nombre desconocido. En estas circunstancias, creemos que un factor para delimitar esta área podría ser la propia vía Augusta[188], que atraviesa el territorio en dirección Suroeste Noreste, en un punto intermedio entre estas dos localizaciones, por lo que la consideramos como posible borde de la *civitas*.

Precisamente la existencia de este yacimiento en la sierra de Gibalbín nos hace plantearnos que puede existir un territorio asociado a esta ciudad. Sin embargo, dado el estado actual de la investigación, no podemos definir claramente que se trate de un territorio propio o que esta comunidad estuviera integrada dentro de otra. Ante esta cuestión, las ciudades más cercanas son *Hasta* y *Nabrissa*, si bien pudiera ser de esta primera. Es por ello que planteamos el área indeterminada 1 como posible de Gibalbín, aunque bien pudiera ser territorio adscrito a *Hasta*. Sus límites más claros están planteados por la propia línea de cuenca vertiente entre el Guadalete y Guadalquivir, siguiendo la cuenca actual de los llanos de Caulina, una depresión que se extiende hacia el sur de la Sierra de Gibalbín. Hacía el Norte se plantea el límite de *Nabrissa*, que ya hemos definido como la vía Augusta, y hacia el Sur sería el propio río Guadalete. Hacia el Este existe la problemática histórica de definir un límite claro, ya que las posibilidades son diversas. Sin embargo, la distancia media entre las comunidades nos da un valor muy cercano al límite de los actuales términos de Jerez y Arcos de la Frontera. Es muy posible que esta frontera venga de época anterior a la conquista castellana e incluso islámica, teniendo reminiscencia de época romana.

En este aspecto, debemos considerar las otras comunidades del entorno con estatuto jurídico como *Ugia* y *Carissa Aurelia*. Ambas ciudades podrían tener su propio territorio, circunstancia que no nos es relevante actualmente por no definir los límites de *Hasta*. Sin embargo, entre nuestra colonia y estas comunidades no existe ciudad importante en el entorno, salvo quizás la estipendiaria *Saudo*. Muy probablemente este amplio territorio no fuera únicamente de esta comunidad, sino más bien de otras ciudades del entorno que están peor conocidas, aunque no es descartable un control territorial de *Hasta* hacia la serranía. Un factor que puede indicarnos que estamos en territorio de otra comunidad, que no es la de *Hasta*, es la existencia en el actual Arcos de la Frontera de dos capítulos con cargos públicos como *IIIIIvir*, típicos de municipios[189]. Esta área de la serranía de Cádiz todavía está por estudiar, pero en base a estos hallazgos, todo parece indicar que se trata de alguna de las comunidades que pudieran existir en la zona, como *Saudo*, *Cappa* o una posible ciudad en la actual Arcos de nombre desconocido.

Finalmente, queda un segundo territorio indeterminado en el área central de *Turris Caepionis*[190], de donde viene el topónimo de la actual población de Chipiona. En este caso, no se encuentran ciudades en toda el área delimitada, por lo que debe de tratarse de territorio de *Gades*, *Hasta* o parte de una y de otra. Como no existe límite natural para poder delimitar el territorio entre las dos comunidades, se propone como un área que bien pudiera estar en control por una u otra comunidad, sin tener datos que nos apoyen una cuestión u otra. En este sentido sus límites están bien definidos entre la divisoria de cuencas y el arroyo Salado de Rota[191].

El territorio de *Hasta*, por tanto, está relacionado con los propios esteros, limítrofe con *Nabrissa* y probablemente un límite indeterminado con *Gades* al interior que pudiera ser la divisoria de cuencas. Más difícil es establecer este juicio al interior, especialmente por la mencionada sierra de Gibalbín. Ante la imposibilidad de definir unos límites territoriales claros y la necesidad de un marco concreto de estudio, definimos un área "nuclear", que no consiste en un criterio histórico, sino artificial, que nos sirva como zona de análisis que con seguridad pertenecería a *Hasta*

[187] Lagóstena Barrios, L. "Asido Caesarina: la antigüedad romana de Medina Sidonia", en D. Caro Cancela (coord.) *Historia de Medina Sidonia. Tomo I: De los orígenes a la época medieval*, *Cádiz*, 2011, pp. 117–191.

[188] Rodríguez Morales, J. "Imagen y realidad de las calzadas romanas", *El Nuevo Miliario*, 16, 2013, pp. 3–29.

[189] *C.I.L.* II 1362 *Genio / municipi(i) / sacrum / L(ucius) Caecilius / Attarius / ob honorem IIIIIvir(atus) d(onum) d(edit) C.I.L.* II 1363 *Tere] ntius / [He]rophilus / IIIIIvir Aug(ustalis) pater / optimus piissimus / annorum LX s(it) t(ibi) t(erra) l(evis).*

[190] Str. 3.1.9. "Por allí se encuentra también el oráculo de Menesteo y se alza la torre de Cepion, sobre una roca ceñida por el batir del oleaje, admirablemente dispuesta, como el Faro, para auxilio de los navegantes pues el aluvión arrastrado por el río produce bajíos..." *ἐνταῦθα δέ που καὶ τὸμαντεῖον τοῦ Μενεσθέως ἐστί, καὶ ὁ τοῦ Καιπίωνος ἵδρυται πύργος ἐπὶ πέτρας ἀμφικλύστου, θαυμασίως κατεσκευασμένος, ὥσπερ ὁ Φάρος, τῆς τῶν πλοϊζομένων σωτηρίας χάριν.*

[191] Se ha analizado la toponimia de la zona sin éxito. Se ha intentado buscar en esta fuente de información algún referente que pudiera indicarnos algún tipo de reminiscencia de límite territorial. El único encontrado, era Santa Petronila, siendo, sin embargo, un topónimo moderno.

Regia[192]. Se considera como territorio nuclear de *Hasta,* de un lado el límite con el paleo-estuario del Guadalquivir, ya que son espacios de un aprovechamiento económico bajo y donde no se podría distribuir la tierra, por ser zonas costero marismeñas y que posiblemente pudieran quedar bajo una figura legal pública, como *ager publicus*[193].

Por otro lado, la divisoria de cuencas entre el Guadalete y el Guadalquivir puede resultar otro factor principal limitante de dicho territorio. En este sentido, no solo es el primero citado por los agrimensores, sino que además para nuestro territorio reviste de especial interés. Así pues, la existencia del *Portus Gaditanus* e incluso de la antigua Doña Blanca fenicia en la sierra de San Cristóbal, muestra una preminencia de *Gades* hacia el Guadalete, que, por otro lado, es la que tiene un control más directo sobre este espacio.

Por el Oeste se propone un límite que corta mediante la divisoria de cuencas el territorio, dejando la pequeña zona del arroyo Salado de Rota y otros pequeños arroyuelos que discurren directamente hacia el mar, como una región accesoria. De nuevo, esta zona puede estar bajo control de *Gades* o de *Hasta,* región en la que solo tenemos como hito importante el faro ya mencionado, *Turris Caepionis. Ebora*, contemplada en esta misma región, no se considera como entidad primaria, sino integrada en *Hasta*, ya que aparece denominada como *castellum* por Mela. Los términos latinos *castrum* y *oppidum* parecen tener un significado similar, principalmente mostrando su diferencia respecto al tamaño de los mismos. De hecho, el paso de denominar a un lugar de *castrum* a *oppidum* a veces es prácticamente instantáneo, como el caso de *Segobriga*, que finalmente será un *municipium*. En este aspecto, sin embargo, el concepto viene de centro político, en el caso de *oppidum*, que no tanto para *castrum*, que solo tendría la cuestión defensiva, aunque viva gente en él. El caso de *castellum* es similar al de *castrum*, solo que se trata del diminutivo de este último[194].

Hacia el Este, el límite con la comunidad de *Nabrissa Veneria* se encontraría en la marisma denominada de Lebrija. Hacia el interior, y llegando a los pies de la sierra de Gibalbín, hay varios arroyos que podrían ser también continuación de este mismo borde. Como ya hemos comentado, Gibalbín pudiera ser un municipio del que desconocemos el nombre, por los restos arqueológicos y la epigrafía encontrada[195]. Podría definirse como frontera en vez de esta marisma, la inmediatamente anterior de *Hasta,* pero es gracias a un capítulo encontrado en el cortijo de Espartinas, que podemos decir que esta zona se encontraría dentro del término hastense. En dicho capítulo aparece un *Baebius Hilarus*, que se relaciona con los Baebios presentes en la epigrafía de *Hasta*[196].

En definitiva, este es el límite que proponemos como "territorio nuclear" de *Hasta Regia*, que además será el límite territorial general para esta investigación. Se trata de una muestra de las posibles áreas que se pudiera repartir a los colonos. Son 26.400 ha, donde las alturas del terreno no superan los 100 m de altura, siendo la cota mínima la propia de la paleo-ribera, aproximadamente 3 metros sobre el nivel del mar (Fig. 3.5).

Para concluir este capítulo pasaremos a resumir la posible organización interna de la colonia y posibles ordenamientos menores que puedan incidir en la repartición del territorio.

En primer lugar, tenemos la Vía Augusta como eje vertebrador de la provincia romana de la Bética, junto con el río Guadalquivir. Su paso por *Hasta Regia* lo tenemos atestiguado por diversos itinerarios, como los vasos de Vicarello, *Itinerario Antonino* y *Anónimo de Ravena*[197]. Sillières ha sido el principal investigador sobre su trazado[198]. Aparte de esta vía principal y eje vertebrador del territorio, cerca y fuera de la zona de estudio también tenemos constancia de, al menos, dos caminos más. Uno está indicado en el *Anónimo de Rávena* como una vía que bordea la sierra y conecta desde *Hispalis* hasta *Asido*[199]. Existe otra posible vía de comunicación, que llegaría hasta *Carteia*, que aparece descrita por César en la guerra de Hispania, cuando su enemigo Sexto Pompeyo huye hacia esta ciudad[200]. Se puede desprender del texto que debe de existir una vía de comunicación directa, probablemente por la sierra o siguiendo parte de la descrita en el *Anónimo de Rávena*[201].

[192] Ruiz Gil, J.A., Lagóstena Barrios, L., Pérez Marrero, J., Martín Mochales, D., Trapero Fernández, P., Catalán González, J. "*Villa*e and Figlinae…".

[193] Los ríos, lagos etc. Suelen denominarse en la jurisprudencia romana como públicos, generalmente situándose como límites entre parcelas o ciudades. Caso especial es por ejemplo el de lagos pequeños, cuyas riberas pertenezcan a un solo dueño, que podía denominarse privado: Cañizar Palacios, J.L. "Salubritas e insalubritas. El espacio de los humedales en el imaginario romano", en L. Lagóstena Barrios (ed.), *Lacus autem idem et stagnus, ubi inmensa aqua convenit. Estudios históricos sobre humedales en la Bética* (II), Cádiz, 2016, pp. 1–14.

[194] Courault, C. "Le concept d'*oppidum* en *Hispania*: entre synthèse et reflexion", *Munibe* 66, 2015, p. 261; Beltrán Llores, F. "El Territorium Caesaraugustanum…"; Fear, A.T. *Rome and Betica…*, p. 98.

[195] El caso más claro es *C.I.L.* II 1305 *L(ucio) Fabio L(uci) f(ilio) Gal(eria) Cordo / IIIIviro / populus m(unicipii) C(aesarini?) ob XX paria / gladiatorum data pro / salute et Victoria (...)*

[196] IRPCadiz 114. García Romero, F.A. "A modo de prólogo Ceret", *Actas de las XV jornadas de Historia de Jerez. El Ager Ceretanus. De las leyendas a la realidad histórica,* Jerez, 2009, p. 10. Mencionar también que esta persona, por su cognomen *Hilarus*, podría tener referencia con un Hilario, mencionado en las citas de Mart. *Spect.* 6, 73.

[197] Itinerario Antonino 409. 3–4, *C.I.L.* XI, 3281–3284. Cortijo Cerezo, M.L. "El Itinerario de Antonino y la provincia Baetica", *Habis* 39, 2008, pp. 285–308.

[198] Sillières, P. "La Via Augusta de Cordoue à Cadix (Documents du XVIII S. et photographies aériennes pour une étude de topographie historique)" *Mélanges de la Casa de Velázquez* 12, 1976, pp. 27–67; Sillières, P. "Prospections le long de la via Augusta", *Habis* 8, 1977, pp. 331–43; Sillières, P. *Les voies de communication….*

[199] Itinerario tardío que conecta según el mismo texto las ciudades de *Hispalis, Oripon, Ugium, Cappa, Saudonae, Burdoga, Saguntia* y *Assidonae*.

[200] Corzo Sánchez, J.R. "Munda y las vías de comunicación en el *Bellum Hispaniense*", *Habis* 4, 1973, pp. 241–252; Corzo Sánchez, J.R., Toscano San Gil, M. *Las vías romanas de Andalucía*, Sevilla, 1992, pp. 273.

[201] Jiménez de Furundarena, A., Corzo Sánchez, R. "Organización territorial de la Baetica", *Archivo Español de Arqueología* 53, 1980, pp. 21–48.

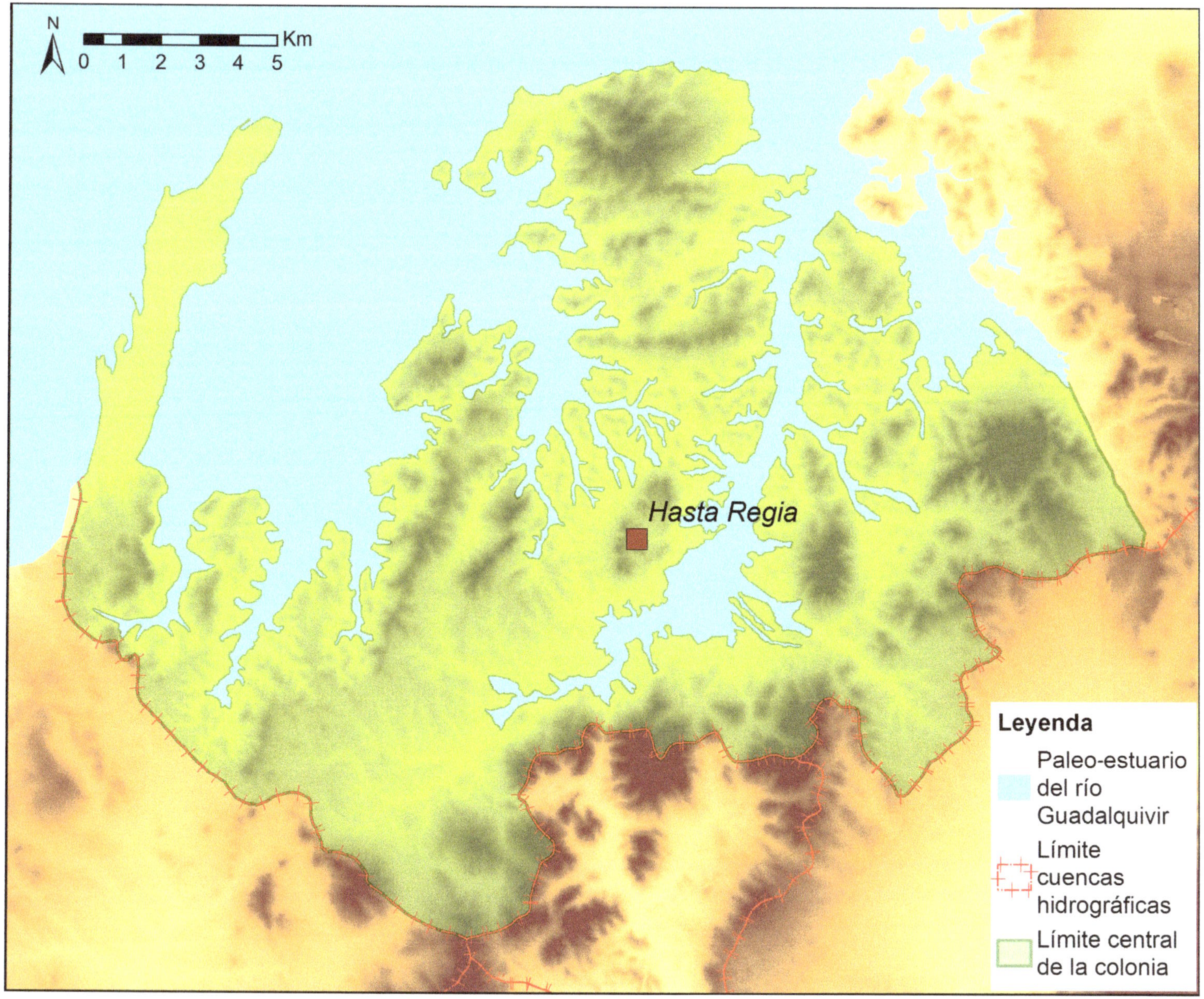

Figura 3.5. Límites propuestos al territorio nuclear de *Hasta Regia*. Fuente propia.

Conocemos bastante bien el trazado de la vía Augusta[202]. Partiendo desde *Ugia*, situada en Torres de Alocaz, la vía discurre en dirección a *Hasta,* atravesando el estero de Asta[203] y desde donde continúa hacia el Sur a El Puerto de Santa María, identificado con *Portus Gaditanus*, la siguiente parada en el itinerario[204]. Para el caso de la vía del *Ravennate*, solo contamos actualmente con el testimonio de los itinerarios, que sigue el recorrido *Ugia, Cappa, Saudo, Burgoda, Saguntia, Asido* y *Baesippo*.

A nivel organizativo, *Hasta* debió estar estructurada en principio por uno o varios sistemas centuriados, o al menos parcelados, y pudo estar dividido en diversos *pagi*, pudiendo contener *vici.* Un *pagus* es una delimitación territorial interna dentro de la comunidad cívica, que define principalmente un área censal. No siempre existieron *pagi* en todas las comunidades, ya que se solían reservar para la gestión de las comunidades más ricas y pobladas, como es el caso de la Bética[205]. No tienen por qué situarse en zonas remotas, sino que pueden estar cerca de los propios centros cívicos[206].

El ejemplo más claro que tenemos de ello es del Bronce de Bonanza[207]. Este importantísimo documento epigráfico que nos muestra la estructura de la propiedad se encontró en las inmediaciones del puerto de Bonanza, en Sanlúcar de Barrameda, dentro de nuestra área de estudio, por lo que pudiera referirse precisamente a la propia estructura de *Hasta Regia.* Más allá de la profusa problemática sobre su interpretación, lo más interesante para nosotros ahora es la prueba de la existencia de esta figura de organización del territorio, ya que se menciona un *fundum Baianum,* que está en el *agro Veneriensis* dentro del *pagus Olbensi,* es decir, la estructura básica sería *pagus – agro - fundus.* Esta fórmula, pudiera ser genérica, aunque también pudiera haberse basado en nombres reales de pagos y territorios existentes para su redacción. Más allá de intentar hacer una relación forzada entre el *agro Veneriensis* y la ciudad de *Nabrissa Veneria*, queda claro que el capítulo usó los ejemplos de topónimos existentes en el territorio, como *Nabrissa*. Cada *fundus* o propiedad particular, está integrado en un *agro*, que tiene una connotación de espacio geográfico, a su vez en un *pagus*, división real y fiscal, así como finalmente en el *ager* de una comunidad cívica[208]. Estos términos son los que se suelen utilizar para la definición territorial dentro de una comunidad cívica. *Agro* no sería en este caso *ager* como lo hemos venido utilizando similar a *territorium*, mientras que *pagus* se relaciona con una realidad menor y de carácter fiscal principalmente, donde se integrarían diversos *fundi*. El término *agro*, se suele utilizar de una manera geográfica. Por ello cuando hablamos de *agro Veneriensis*, entendemos que sería en referencia espacial, algo similar al *agro* cerca de *Nabrissa Veneria*.

López Medina[209] aporta dos claves para comprender el poblamiento rural en época altoimperial. De un lado, la división que debió existir en sistema de *pagi* y, de otro, que el territorio utilizado para la agricultura sería mucho menor que el actual. Sobre el primero, no tenemos muchos datos para nuestro territorio, mientras que, para el segundo, hay que comprender que las zonas boscosas serían mucho mayores que las actuales, por tanto, existiría una gran extensión del *saltus*. En nuestra área de estudio, el medio estaría condicionado principalmente por grandes espacios llanos o con pequeñas colinas, siendo ideales para una agricultura de secano. Los bosques como tales, no se encontrarían limitados por realidades orográficas, como es el bosque de montaña o el espacio de transición de dehesa, generalmente con aprovechamientos económicos más ganaderos que agrícolas. Salvando excepciones producidas por las sierras de San Cristóbal y de Gibalbín, en la región inmediata de *Hasta* no encontramos grandes zonas de acusada orografía, por tratarse de la amplia terraza fluvial del Guadalquivir en su unión con la desembocadura, como ya hemos analizado. Dado este criterio, la extensión de la agricultura en *Hasta* puede situarse en las inmediaciones de la misma[210].

---

[202] Martín-Arroyo Sánchez, D. *Proyección territorial…*, pp. 212–258; Mata Almonte, E., Trapero Fernández, P. "Entre Portus Gaditanus y Hasta: Poblamiento y aprovechamiento de recursos en torno a Laguna Salada", en L. Lagóstena Barrios (ed.), *Estudios Históricos sobre humedales en la Bética* II, Cádiz, 2016, pp. 125–142.

[203] Sillières, P. "La Via Augusta de Cordoue À Cadix...", pp. 27–67.

[204] Silliéres, P. *Les voies de Communication…*, pp. 208 y 232; López Amador, J.J., Pérez Fernández, E. *El Puerto Gaditano…*, pp. 15–16.

[205] Cortijo Cerezo, M.L. "El *pagus* en la administración territorial romana: los *pagi* de la Bética", *Flor.* 2, 1991, pp. 99–116.

[206] Caso por ejemplo de *pagus suburbanus C.I.L.* II, 1041. González Román, C. "Ciudad y poblamiento romano en la provincia de Granada durante el Alto Imperio", *Habis* 32, 2011, pp. 271–296.

[207] *C.I.L.* II, 5406. *Dama L(uci) Titi ser(uus) fundum Baianum qui est in agro qui / Veneriensis uocatur pago Olbensi uti optumus maxumusq(ue) / esset HS n(ummo) I et hominem Midam HS n(ummo) I fidi fiduciae causa man/cipio accepit ab L(ucio) Baianio libripende antest(ato) ad fines Fundo / dixit L(ucius) Baianius L(ucium) Titium et C(aium) Seium et populum et siquos dicere oportet / pactum comuentum factum est inter Damam L(uci) Titi ser(uum) et L(ucium) Baianium / quam pecuniam L(ucius) [Titius L(ucio)] Baian(i)o dedit dederit credidit crediderit ex/ pensumue tulit tulerit siue quid pro eo promisit promiserit / spoponderit fideue quid sua esse iussit iusserit usque eo is fundus / eaque mancipia fiducia essent donec ea omnis pecunia fides/ue persoluta L(uci) Titi soluta liberataque esset si pecunia sua qua/ que die L(ucio) Titio h(eredi) ue eius data soluta non esset tum uti eum / fundum eaque mancipia siue quae mancipia ex is uellet L(ucius) Titi/us h(eres)ue eius uellet ubi et quodie uellet pecunia praesenti / uenderet mancipio pluris HS n(ummo) I inuitus ne daret neue sa/tis secundum mancipium daret neue ut in ea uer/ ba quae in uerba satis s(ecundum) m(ancipium) dari solet repromitteret neve simplam neue [duplam].* D'Ors, A. *Epigrafía jurídica de la España Romana,* Instituto Nacional de Estudios Jurídicos, Madrid, 1953; Bueno Delgado, J.A. "El bronce de Bonanza", *AFDUA*, 2004, pp. 154–165.

[208] González Román, C. "La no ciudad en la Bética…", es. p. 190.

[209] López Medina, M.J. "Algunas cuestiones sobre la familia campesina en el Alto Imperio: el ejemplo del sureste peninsular", *Gerión* 18, 2000, pp. 379; López Medina, M.J. *Ciudad y territorio en el sureste peninsular durante época romana,* Ediciones Clásicas, Madrid, 2004.

[210] Morillo, A., Salido Domínguez, J. "Military *Vici* in Roman Spain", *22 international congress of Roman frontier studies*, Bulgaria, 2012, pp. 519–531; Erdkamp, P. "Agriculture, underemployment and the cost of rural labour in the Roman world", *Classical Quarterly* 49, 1999, pp. 556–572; Erdkamp, P. "Supplying armies in the Iberian Peninsula during the republic", en C. Carreras, R. Morais (eds.), *The western Roman Atlantic façade. A study of the economy and trade in the mar exterior from the republic to the Principate,* Oxford, 2010, pp. 135–143; Erdkamp, P. "How modern was the market economy of the Roman world?", *Oeconomia* 3, 2013, pp. 225–235; Erdkamp, P. "The food supply of the capital", en P. Erdkamp (ed.), *The Cambridge Companion to Ancient Rome.* Cambridge, 2013, pp. 262–277; Erdkamp, P. "Seasonal labour and rural-urban migration in Roman Italy", en L. de ligt, L.E Tacoma (eds.), *Migration in the early Roman Empire*, Leiden, 2015, pp. 33–49.

Figura 3.6. Principales vías del territorio y toponimia utilizada en el texto. Fuente propia.

Respecto al término *vicus*[211], es un lugar habitado que no tiene la cabecera de un territorio, aunque en ocasiones excepcionales sí pudieran disponer de *territorium* propio, pero siempre dentro de una comunidad cívica como una colonia. Dependiendo de los casos, sus habitantes podían pertenecer a la *civitas* y tener acceso a la *res publica*[212]. En este sentido, los *vici* suelen ser antiguos *oppida* que, tras la conquista y anexión de distintos núcleos en uno, pierden su control territorial directo en favor de un nuevo centro administrativo. Además, pueden ser aquellos centros agrícolas, artesanales y comerciales creados o

[211] Curchin, L.A. "Vici and pagi in Roman Spain", *Revue des études anciennes*, 87, 1985, pp. 327–343.

[212] Leveau, P. "*Territorium urbis*: le territoire de la cité romaine et ses divisions: du vocabulaire aux réalités administratives", *Revue des études anciennes* 95, 1993, pp. 459–471.

ya existentes en el territorio[213]. El término *vicus* ha sido utilizado como una manera de comprender el poblamiento rural de gran extensión. En múltiples trabajos se relaciona este tipo de asentamientos a partir de los restos arqueológicos que se encuentran en el territorio, siendo en algunos casos una media de cinco hectáreas las que definen dicha extensión[214]. Sin embargo, un *vicus* es un término histórico que no puede ser asociado a un espacio sin más por los restos arqueológicos encontrados, pues la diferencia en materiales entre este tipo de asentamiento y una gran *villa* productiva apenas sería notable. En su lugar, hay que definir unos datos históricos para poder proponer este tipo de realidades, como la preexistencia de un asentamiento, una gran conectividad comercial con caminos, vías navegables o información histórica que nos permita plantear su situación[215].

Si observamos a los posibles centros que pudieran existir anterior a la colonia, nos encontramos con las problemáticas antes expuestas de Gibalbin o de *Ebora*, aunque consideramos que la primacía de estos espacios la tendría la nueva colonia *Hasta*[216]. Para el caso de la primera, hemos planteado una propuesta territorial accesoria al Este del área nuclear que analizamos. Las posibilidades son variadas, tanto que fuera comunidad cívica o incluso pudiera estar integrada dentro de *Hasta* u otra comunidad, como por ejemplo un *vicus*. Para el caso de *Ebora*, nos encontramos con un enclave que no tiene condición de control territorial para momentos del imperio. Bien pudiera ser que esta comunidad, que con toda seguridad debió existir, estaría probablemente integrada dentro del territorio de *Hasta,* sin que sepamos cuál es la categoría jurídica de sus habitantes. Dado que *Ebora* fue un *castellum*, al menos en los momentos de la instauración colonial, su población sería integrada dentro de la colonia. No conocemos si se les daría el estatus de ciudadano o si por el contrario serían *peregrini.* En cualquiera de estas dos circunstancias, nos interesa entrever si tendrían tierras asociadas a este centro o si por el contrario serían una población sin acceso a la *res publica*[217]. En este sentido, planteamos como hipótesis que el enclave pudiera servir como un posible centro de intercambios de productos y puede que incluso de embarcadero, dada su posición privilegiada junto a la paleo-ribera del Guadalquivir.

De ser esto así, pudiera ser el lugar idóneo para el establecimiento o la continuidad de un *pagus* asociado a este asentamiento preexistente. No conocemos la estructura de *pagi* en la zona que trabajamos, a pesar que existen multitud de referencias a pagos en el territorio, asociadas actualmente con zonas vitivinícolas, cuyo topónimo, sin embargo, es de origen castellano. No pasa así con los nombres de muchos de estos lugares que sí son antropónimos latinos[218]. En este sentido, seguramente se relacionen con los distintos *fundi* de propietarios en la zona.

Finalmente, respecto a la existencia de estas entidades menores en la zona, hay varios lugares que pudieran serlo para época altoimperial. El más probable pudiera ser el propio emplazamiento de *Ebora* mencionado como *castellum.* De manera accesoria, es posible que algunos topónimos de la zona hagan referencia a la existencia de *vici* como pueden ser Llanos de Vico, entre Jerez y Trebujena, o Cortijo de Vicos hacia el Este y algo alejado del centro de este análisis (Fig. 3.6). No se ha confirmado arqueológicamente la existencia de un asentamiento de grandes dimensiones en las áreas de estos topónimos, si bien las prospecciones han sido parciales y puede que se esté refiriendo a yacimientos cercanos.

[213] En este sentido tenemos los cercanos ejemplos de *Tucci* y *Astigi*, con *Tucci Vetus* y *Astigi Vetus* respectivamente. Rodríguez Neila, J.R. "Ciudad y territorio en la provincia romana de la Bética", *Flor.* 4–5, 1994, p. 467.

[214] Sáez Fernández, P., Ordóñez Aguila, S.M., García-Dils de la Vega, S. "Paisaje agrario y territorio en la campiña occidental de la Baetica", *Arqueología Espacial* 26, 2006, p. 166.

[215] López Medina, M.J. "Las *civitates* del sureste peninsular entre el Alto y el Bajo imperio. Un modelo de análisis territorial", en J. Mangas Manjarrés, M. Ángel Novillo (coords.), *El territorio ciudades romanas*, Granada, 2008, pp. 107–128; J. Peyras, "Les *riparia* dans les écrits gromatiques…", pp. 243–246.

[216] Existe otra opción muy poco probable pero que merece la pena mencionar. En caso de existir dos comunidades distintas que se integran en una única comunidad, pudiera existir otra opción, la *contributio,* como es el caso de la ciudad *Ugultunia* o *Ugultuniacum* que lleva como *cognomen Contributa Iulia* o del *Municipium Contributum Ipscense*, Ipsca. Rodríguez Neila, J.R. "Ciudad y territorio…", pp. 450–451.

[217] Esteban López, R.J. *Los peregrini durante el Alto Imperio. Exclusión e inclusión desde el siglo I hasta el 212 d.C.*, Tesis doctoral Universidad de Concepción, Chile, 2016, pp. 21–24.

[218] Martín Gutiérrez, E. "Análisis de la toponimia y aplicación al estudio del poblamiento…".

4

Poblamiento rural

Abstract: The state of archaeological research in the study area is very uneven. There are ancient excavations at the *Hasta Regia* site itself, but very few in rural areas. The surface surveys, although numerous, have different criteria and tend to focus on a strip of land close to the ancient coastline. Also, they provide little data on materials and location. In this chapter, we review this information with an analysis of the bibliography, material studies carried out in museums, and archaeological prospects for the verification of sites and collection of materials. From this, we created a database for the Geographic Information Systems, which is presented in the appendix. This is used to select villas as centres of agricultural and potential wine production and potteries where *amphorae* and *dolias* are produced. Prior modelling of the distribution of this rural settlement is also carried out using cost and concentration maps. This, together with knowledge of the materials and the chronology of the sites, allows us to propose how the production system worked in the territory of *Hasta Regia*.

El poblamiento rural es indispensable para poder conocer la producción vitivinícola en la región. Es por ello que en este capítulo se plantea el proceso de investigación para la recogida de estos datos, basándonos en las prospecciones previas y los estudios realizados por nuestro equipo, para correctamente posicionar e interpretar la función de los distintos yacimientos. Con ello, no buscamos solo localizar los espacios edilicios de las *villae* de nuestro territorio, sino otros espacios, como los alfares, que serán importantes indicadores de la producción vitícola, en capítulos posteriores. En este capítulo se describe el proceso metodológico de la recogida y sistematización de los datos arqueológicos del territorio, para poder proponer lugares clasificables como *villae* y un análisis introductorio de las mismas, que será desarrollado en el capítulo final de modelización junto a otros parámetros geográficos.

Partiendo de noticias que tenemos por investigadores que trabajaron por la zona[219], las primeras prospecciones sistemáticas de toda el área fueron hechas en el marco de dos memorias de licenciatura, realizadas en la Universidad de Sevilla por M.L. Lavado Florido y F. Riesco García[220]. De estas, la primera entra de lleno en el área a estudiar, siempre centrándonos en los espacios inmediatamente cercanos a la paleo-ribera del Guadalquivir. Los yacimientos prospectados tienen una descripción de los mismos, categorizando su adscripción crono-cultural y con un mapa de localización por épocas, así como el dibujo de materiales seleccionados. La información de localización es dudosa al pasar de una cartografía en papel a un Sistema de Información Geográfica y por errores en la ubicación de los yacimientos.

[219] Tejera Gaspar, A. "Panorama arqueológico…"; Menanteau, L. "Les anciens etiers...", pp.35–72.

[220] Lavado Florido, M.L. *Carta arqueológica de la margen…*; Riesco García, F. *Carta Arqueológica de la desembocadura…*

Esta información se complementa con un trabajo de un área mucho mayor, toda la cuenca sur del Guadalquivir, por Ponsich[221], que en su tomo cuarto nos refiere al área de estudio. Los datos aportados parte de unas breves fichas de información, en las que se describe de manera somera el yacimiento en cuestión y se refleja en unas cartografías, siendo para nosotros de interés las figuras 60 y 64, que se corresponden con dos vistas del territorio, siguiendo una orientación NE-SO, continuando la vertiente del Guadalquivir hasta su desembocadura. En esta investigación mucho más ambiciosa, hemos podido comprobar que en la mayor parte de los casos sitúa en el espacio bien los elementos que investiga, aunque de nuevo la precisión geográfica es insuficiente y, aunque cita los trabajos anteriores, no siempre respeta la misma nomenclatura. También, hay que mencionar los trabajos de O. Arteaga, centrados sobre todo en la geoarqueología de la propia marisma[222].

Finalmente hay que añadir la información arqueológica que procede de las prospecciones realizadas por el Museo de Jerez y publicadas en el *Anuario Arqueológico de Andalucía* entre los años 1990 y 1997[223]. Cada una de las cinco publicaciones, se centran en determinadas regiones del territorio que estamos estudiando, variando en algunos casos la metodología, especialmente en la

[221] Ponsich, M. *Implantation rurale…*

[222] Roos, A.M., Arteaga, O. "Geoarchälogische forchungem im umkreis der marismas am río Guadalquivir (Niederadalusien), *Madrider Mitteilungen* 36, 1995, pp. 199–218; Arteaga, O., Barragán Mallofret, D., Roos, A.M., Schulz, H.D. "Primicia cartográfica del río Guadalquivir hace 6500…".

[223] Ramos Muñoz, J., González Rodríguez, R. "Prospección arqueológica superficial…"; Gónzalez Rodríguez, R., Ruíz Mata, D., Aguilar Moya, L. "Prospección arqueológica superficial…"; González, R., Barrionuevo, F., Aguilar, L., Ruíz Mata, D. "Prospección arqueológica superficial…"; Barrionuevo, F., Aguilar, L., González, R. "Prospección arqueológica superficial…"; Barrionuevo Contreras, F. "Prospección arqueológica superficial…".

representación cartográfica, donde algunas veces es puntual y otras poligonal. El método de las mismas fue cambiado de una publicación a otra, siendo mucho más sistemáticas al principio que al final. Ello dificulta la correcta puesta en común de los datos interrelacionando los diversos espacios investigados, que sí siguieron una lógica espacial desde el Este al Oeste, dentro del término de Jerez de la Frontera y Sanlúcar de Barrameda. También la información de las publicaciones es muy general, tan solo haciendo una breve indicación de la cronología y en algunos casos de funcionalidad de los yacimientos, sin aportar los datos de las mismas. Sin embargo, la localización de los yacimientos es mucho más certera que en las prospecciones anteriores, aunque de nuevo hay diferencias entre los diversos trabajos. Los primeros proporcionan información poligonal, los cuáles se ubican y corresponden espacialmente con los yacimientos prospectados en la mayor parte de los casos, mientras que la otra mitad de las publicaciones plantea puntos, por lo que esta información no aparece. Un último aspecto sobre la poligonización es también que se eligió realizar lugares de concentración de materiales, en yacimiento que, en nuestra opinión, debieron de ser uno solo, por lo que la cantidad de yacimientos al Este del espacio es significativamente mayor que al Oeste por esta cuestión.

A estos datos tenemos que añadir la información de las administraciones locales, que en sus planes de urbanismo tienen información sobre yacimientos en sus términos. Para el caso de Trebujena, contamos con las fichas del PGOU, al igual que para Sanlúcar. En el caso de Jerez, se cuenta publicada una carta arqueológica del casco urbano, pero no del término municipal. Estas informaciones, a pesar de estar más actualizadas espacialmente, generalmente sobre una cartografía 1:10000, solo en algunos casos puntuales aparecen nuevos yacimientos a los ya comentados en las prospecciones puntuales. A pesar de que en estas prospecciones se plantean delimitaciones poligonales, estos no pueden ser utilizados sin más, ya que se tratan de figuras de protección que, dependiendo del criterio utilizado, bien aglutina varios yacimientos en un polígono mayor, o bien tiene un área exterior de protección, que enmascara la concentración de materiales reales. Por tanto, este tipo de información nos interesa especialmente por la localización, pero sin poder contextualizar correctamente las dimensiones en área de los yacimientos, ni aporte de información arqueológica relevante.

Para nuestro caso la Junta de Andalucía es una de las comunidades autónomas que mejor infraestructura de datos tiene, por lo que debemos añadir a esta información la propia catalogación de yacimientos online en el SIPHA[224]. También aquí contamos con la información recogida en la Delegación Provincial de Cultura de Cádiz donde, con metodología SIG, tenemos la información contenida de todas estas prospecciones anteriores, pero también con la actualización de las actividades más recientes que se han realizado, especialmente excavaciones o prospecciones de urgencia, que ni tan siquiera están publicadas[225]. Estas memorias técnicas complementan la información de las actividades sistemáticas. Por último, tenemos los diversos trabajos de nuestro equipo de investigación Seminario Agustín de Horozco por diversas áreas como la de estudio y en general por la provincia de Cádiz[226].

Con toda esta información, ya es posible sistematizar un único proyecto SIG, que aglutine estos datos y que pueda servir de base para el estudio posterior. Esto, sin embargo, tiene una serie de problemáticas que se deben superar, por lo que se describirá metodológicamente cuáles son y la manera de proceder que se ha seguido. La primera, es la contextualización de materiales de prospección en los diversos yacimientos. Por otro, la prospección de los lugares que no tengan esta información.

Sobre la primera cuestión se ha realizado un proyecto de estudio de materiales titulado "Estudio de materiales anfóricos y de otra índole relacionados con la viticultura antigua, en el Museo de Cádiz y Museo Arqueológico de Jerez de la Frontera, pertenecientes a los tt.mm. de Jerez de la Frontera, Sanlúcar de Barrameda y Trebujena" y que se corresponden principalmente con los materiales recogidos en las prospecciones del Museo de Jerez. Con esta investigación se han revisado un total de ciento treinta yacimientos, de los cuales noventa entran en el área nuclear de estudio y los restantes se localizan en la periferia, especialmente hacia el Este.

El método seguido ha sido el diseño de una base de datos con información de cada uno de los distintos yacimientos. Estos se corresponden con una nomenclatura del lugar y una abreviatura para cada sigla. Estos materiales se encuentran en bolsas con esta indicación, en algunos casos separando los distintos materiales, por criterio cronológico o tipología del material. En algunos casos, también existía la referencia a tipología concreta de materiales de cada una, aunque en muy pocos casos estaban siglados. Con ellos se ha procedido a recopilar en primer lugar un valor de conteo, clasificando los materiales por tipologías y contando los fragmentos de los mismos. En nuestro estudio nos interesa principalmente la presencia de determinados indicadores, aunque también la cantidad de fragmentos puede ser un valor a considerar para poder plantear la importancia del yacimiento. Nos hemos interesado por los materiales romanos, especialmente los que se encuentran en relación al cambio de era. Sin embargo, existían de otras épocas que también han sido anotados y contados, aunque no estudiados, para ver la continuidad de otras ocupaciones en el tiempo.

Dentro de los distintos materiales, hemos tenido especial interés en determinadas piezas, que pueden aportar

[224] Sistema de Información del Patrimonio Histórico de Andalucía. https://guiadigital.iaph.es Visitado el 01–06–2018.

[225] Agradecer a todo el personal de la delegación provincial de Cultura de Cádiz. el acceso a esta información.

[226] Lagóstena Barrios, L., Trapero Fernández, P. "La localización de los viñedos…".

información útil de cara a la contextualización del yacimiento, así como al conocimiento de las tipologías ánforicas y en general cerámicas de la zona. Junto con esta descripción, se han fotografiado y dibujado las piezas más relevantes[227]. Toda esta información contenida en las bases de datos se pone en relación, a través de su denominación, con la información geográfica de las prospecciones publicadas para así trasladarla a un SIG y tener la información material georreferenciada.

Los campos de los que se compone la base de datos son en esencia un descriptor del yacimiento, nomenclatura del mismo y descripción de los diversos tipos de materiales recogidos. Esto es así para facilitar la recogida de datos en el propio estudio. Sin embargo, esta información es después matizada para su inclusión en la capa GIS de materiales, donde poder clasificar determinados valores de campos que son útiles para nuestro estudio. La clasificación de materiales se ha organizado en diversas categorías para su estudio: 1° cerámicas de mesa y cocina, 2° ánforas, 3° almacenamiento e indicadores de alfar, 4° constructivo, 5° otros.

Nos ha interesado en primer lugar la identificación de los barnices negros y ánforas grecoitálicas que son los indicadores principales que encontramos en el territorio para poder hablar de establecimientos rurales republicanos. De la misma forma se han contado y clasificado las sigillatas[228], especialmente atendiendo a las que puedan corresponder con las itálicas para poder ver la continuidad de estos yacimientos durante el siglo I d.C. Se han añadido otros campos de información sobre la cerámica común y sigillatas africanas, gálicas e hispánicas, en los casos donde se haya reconocido. En estos casos se corresponde con la sistematización del proceso y la recopilación de estos datos que se escapan de la investigación planteada.

La segunda categoría trata el estudio de las ánforas recogidas en los yacimientos. En este aspecto se han revisado todos los fragmentos desde bordes, asas y pivotes para intentar proponer la tipología de las mismas. Principalmente nos interesa contextualizar en el territorio las formas Haltern 70 y Dressel 1, producciones locales de tipología vinaria, aunque también otras como la serie Dressel 7–11 o Dressel 20 para estudiar otra serie de aprovechamientos.

La tercera categoría se relaciona con los espacios de almacenamiento, en el que se han encontrado principalmente restos de *dolia*. También se han incluido en esta categoría los materiales que puedan dar indicación de la producción alfarera en la zona como restos de escoria cerámica o fallos de cocción.

La cuarta categoría atiende a los materiales constructivos. En estas prospecciones se han recopilado materiales como ladrillos o tégulas, que no resultan especialmente importantes. Sin embargo, se ha tenido interés en clasificar los mármoles, restos de estuco o fragmentos de *opus signinum* o *caementicium*, que sí nos puede dar idea o bien de la *pars urbana* o bien de la *pars rustica*. También ha tenido interés la identificación de *laterculi*[229].

Finalmente, se ha dejado una quinta categoría para otros materiales que no encajan en las anteriores, como por ejemplo fragmentos de vidrio o materiales que pertenecen a otras cronologías, los cuáles no han sido estudiados, pero sí referidos para otros estudios. También se ha incluido en esta categoría un campo específico para el caso de la existencia de epigrafía, sobre todo en los fragmentos de sigillata.

Tras este estudio, teníamos una zona de nuestro territorio muy bien conocida, quedando sin embargo otros espacios sin propuesta poligonal ni funcionalidad conocida. Es por ello que se solicitó a la Delegación Territorial de Cultura de Cádiz, un permiso de prospección puntual "Prospección de la marisma del Guadalquivir y del entorno de la ciudad romana de Hasta Regia, términos municipales de Jerez de la Frontera, Sanlúcar de Barrameda, Trebujena y Chipiona (Cádiz)". En este proyecto hemos prospectado el territorio para reconocer, prospectar y georreferenciar determinados yacimientos del territorio.

El objetivo principal es el reconocimiento de las *villae* del territorio a través del estudio de yacimientos arqueológicos que puedan corresponder con su *pars urbana* y/o *rustica*. Esto supone un indicador importante para el establecimiento de la *pertica*, ya que es un elemento que se ha conservado de la misma. Además, son los espacios productivos del territorio, por lo que es primordial geolocalizarlas en la modelización de la viticultura más adelante. La elección de los yacimientos a prospectar ha seguido los siguientes criterios.

- La identificación en la información historiográfica y arqueológica existente de su indicación como *villae* en el territorio, entendiendo en este sentido la *villa*[230] como el conjunto de edificios, estructuras y *fundus* en una unidad de gestión de propietario. Ahora bien, su reconocimiento arqueológico es posible gracias a los restos materiales que han quedado fundamentalmente de la *pars urbana* y *rustica*. En su defecto, se han seleccionado los yacimientos cuyo volumen e idoneidad de materiales, caso de la noticia de multitud de fragmentos de dolias, mármoles y otros materiales que puedan asociarse a esta *pars rustica* o *urbana*[231].

[227] González-Campos Baeza, Y., Fernández Cacho, S. "las bases de datos: Zonas Arqueológicas de Andalucía", *PH: Boletín del Instituto Andaluz de Patrimonio Histórico* 4–16, 1996, pp. 112–118; Angulo Sáenz, T., Porres Castillo, F. "Inventario arqueológico: Metodología, procedimientos y nuevas tecnologías", *Berceo* 151, 2006, pp. 87–105.

[228] Morais, R. "La terra sigillata Itálica: Abriendo los caminos del Imperio Capita selecta", en C. Fernández Ochoa, A. Morillo, M. Zarzalejos (eds.), *Manual de cerámica ormana II. Cerámicas romanas de época altoimperial en Hispania. Importación y producción*, Madrid, 2015, pp. 15–78.

[229] Ver capítulo 5 Indicadores de producción vitivinícola en *Hasta Regia*.

[230] Orfila Pons, m. "Las *villa*e agropecuarias", *Las villas romanas de la Bética*, Universidad de Sevilla, Sevilla, 2016, pp. 93–114.

[231] No se ha establecido una media ya que es algo muy subjetivo, especialmente en nuestro territorio. Generalmente se ha utilizado un

También son elegidos aquellos lugares donde existen noticias de estructuras emergentes, para su correcto estudio e interpretación.

- En segundo lugar, se han elegido principalmente espacios que se encuentren cercanos a la paleo-ribera del Guadalquivir, ya que entendemos que es la principal vía de comunicaciones en el territorio.
- En tercer lugar, se han omitido del estudio aquellos yacimientos que tienen una correcta propuesta poligonal y conocemos sus materiales gracias al estudio propuesto. En este caso, solo se ha realizado la visita a algunos de estos yacimientos para comprobar la correcta localización de los mismos.
- Un cuarto criterio ha sido incluir también la revisión de los espacios susceptibles de ser alfares, como uno de los indicadores potenciales de producción de ánforas vinarias, que, si bien no tienen una relación importante con el establecimiento de la *pertica*, sí que es relevante para capítulos posteriores.
- Un quinto criterio, ha sido revisar cualquier otro yacimiento del que tuviéramos información de algún material relacionado con la producción o envasado de productos vitícolas.

Con todo ello, la metodología de las prospecciones ha consistido en la visita a los yacimientos seleccionados, para la recogida de materiales que nos puedan indicar cronología (especialmente barnices negros, sigillatas itálicas, etc.) y funcionalidad (caso de los materiales antes comentados, escoria de alfar y fallos de cocción para poder proponer alfares en dicha localización, materiales constructivos o de almacenaje, y, sobre todo, fragmentos anfóricos vinarios). La localización de los yacimientos ha sido tomada con GPS de precisión centimétrica en aquellos casos donde la concentración de materiales pudiera ser delimitada. Se han recogido solo los materiales selectos, especialmente los que son susceptibles de dibujo arqueológico. Con esta información, se ha realizado una ficha de información SIG, que se complementa con la ya comentada anteriormente para poder cruzar los datos[232].

De todo el poblamiento del territorio, se han seleccionado un total de sesenta y cuatro yacimientos, que representan las principales *villae* y alfares del territorio (Fig. 4.1), en tres categorías en base a la definición de las posibles *villae* del territorio, diferenciándolas de los espacios que tienen otros posibles usos. La categoría histórica que representa la *villa* no es comparable con las otras dos expresadas en la figura 16, que son los alfares y poblamiento secundario. En estos casos, estamos hablando de construcciones de palabras actuales que nos permiten identificar mejor los patrones de asentamiento y distribución, así como los usos económicos de estos espacios. El territorio en última instancia estaría compuesto por unidades productivas, las *villae*. Otros pequeños asentamientos pueden ser *aedificia* de estos mismos, al igual que los alfares, que formarían parte de la *pars rustica* de estos lugares. En nuestra cartografía diferenciamos su localización, especialmente para los casos donde sea relevante su distribución o, por ejemplo, caso de lugares que podemos contextualizar como alfares, pero sin *villa*, ya que los materiales recogidos nos muestran fallos de cocción, pero no hay señales de una posible *pars urbana*. Los clasificados en este estudio como "poblamiento secundario", pueden ser bien partes de estas *villae* u otras categorías menores del poblamiento como *tugurium* o *casa*[233]. En la Fig. 4.2 y Tabla 4.1 se expresan estas entidades del territorio, con relación a su topónimo.

De un total de setenta y dos yacimientos, veintiuno están a menos de doscientos cincuenta metros de la línea de paleo-estuario y veintitrés a menos de quinientos metros. Esto sitúa a más de un 60 % de las principales *villae* y alfares a menos de quinientos metros, estando solo un 15% de los yacimientos a más de mil metros de distancia. Este patrón debe obedecer a las posibilidades que tiene el *Lacus Ligustinus* como vía navegable. Pudieran existir otras razones para la concentración del poblamiento en estas zonas, situación que ya ha sido estudiada en artículos previos y cuya conclusión de mejora precisamente pasaba por esta revisión de yacimientos[234]. Más adelante se hablará de estos aspectos, especialmente del desplazamiento a las zonas preferidas para la agricultura y viticultura, desde la actual cercanía a Jerez de la Frontera hasta esta región más cercana a *Hasta Regia*.

Existen varias áreas de concentración de población, la principal localizada alrededor en la ciudad de *Hasta Regia*. Hacia el Este, destacan otros dos espacios en la Loma de Espartina y en el límite del territorio entre Montegil y Haza de la Torre. Estas mayores concentraciones de materiales también pueden deberse a un más exhaustivo estudio por parte de las prospecciones más sistemáticas en la zona. El reparto desigual, sin embargo, se puede ver en la zona al Oeste, donde hay otra importante concentración de población, en la zona cercana al *castellum* de *Ebora* (Fig. 4.3)[235].

valor superior a los 5000 m² sin que sirva como una regla fija. El motivo es principalmente el conocimiento de los yacimientos en cuestión. Por ejemplo, se encuentra mayor dispersión de materiales en viñas por ser una técnica de cultivo que profundiza más en el suelo. Existen múltiples opciones sobre la clasificación de espacios a través del tamaño de dispersión de los mismos. Perkins, P. "10. Reconstructing the population history of the Albegna Valley and Ager Cosanus, Tuscany, Italy, in the etruscan period", en M. Gilling, D. Mattingly, J. van Dalen (eds.), *Geographical information systems and landscape archaeology*, Oxbow Books, Oxford, 1999, p. 106. Sin embargo, no consideramos que sea un criterio fiable para clasificar los yacimientos.

[232] Se pueden consultar los datos de las villas elegidas en el estudio en el Anexo 1.

[233] Revilla Calvo, V., Zamora Moreno, D., Cela Espín, X. "L'Hort dels Vidals: un tugurium del segle I d.C. al territori d'Iluro (Mataró)", *Laietania: Estudis d'historia i d'arqueologia de Mataró i del Maresme* 13, 2002, pp. 159–176; Viitanen, E.M. *Locus Bonus, the relationship of the Roman villa to its environment in the vicinity of Rome*, Helsinki University Print, Helsinki 2010, es. pp. 3–6. *Tugurium* se refiere en origen a edificaciones en localizaciones extranjeras, para momentos iniciales de la República, mientras que *casa* tiene, además de su asociación al campo, conexión con lo urbano.

[234] Trapero Fernández, P. "Roman viticulture analysis…", pp. 53–60.

[235] El mapa de concentración se realiza haciendo un análisis SIG de puntos de concentración. Para el caso que nos ocupa, hemos utilizado la paleo-ribera como un limitador, ya que interesa contemplar la concentración terrestre de estas entidades del territorio, que probablemente pudieran tener relaciones más allá de los diversos esteros.

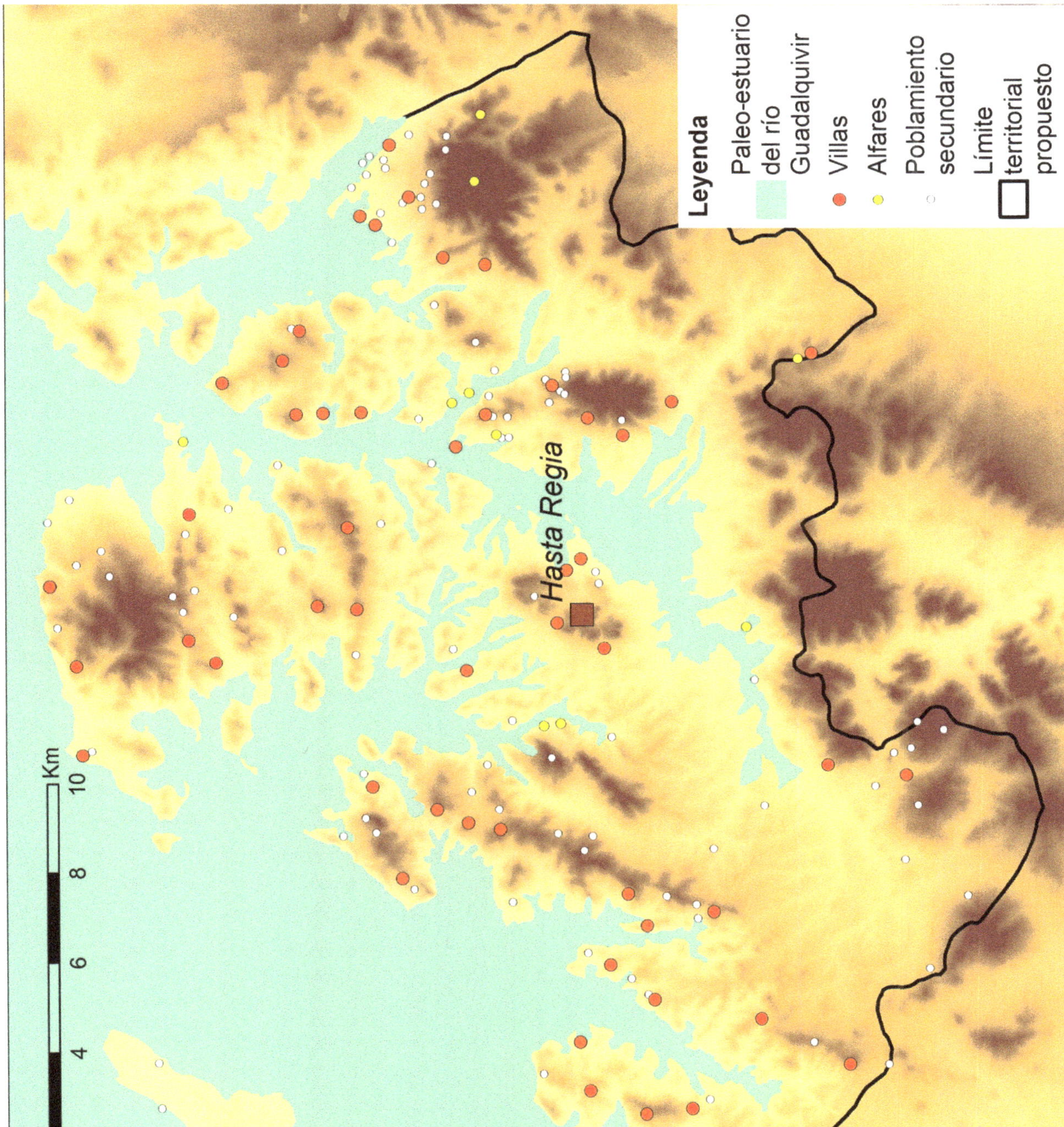

Figura 4.1. Poblamiento en el territorio, revisado a través de documentación y prospecciones. Fuente propia.

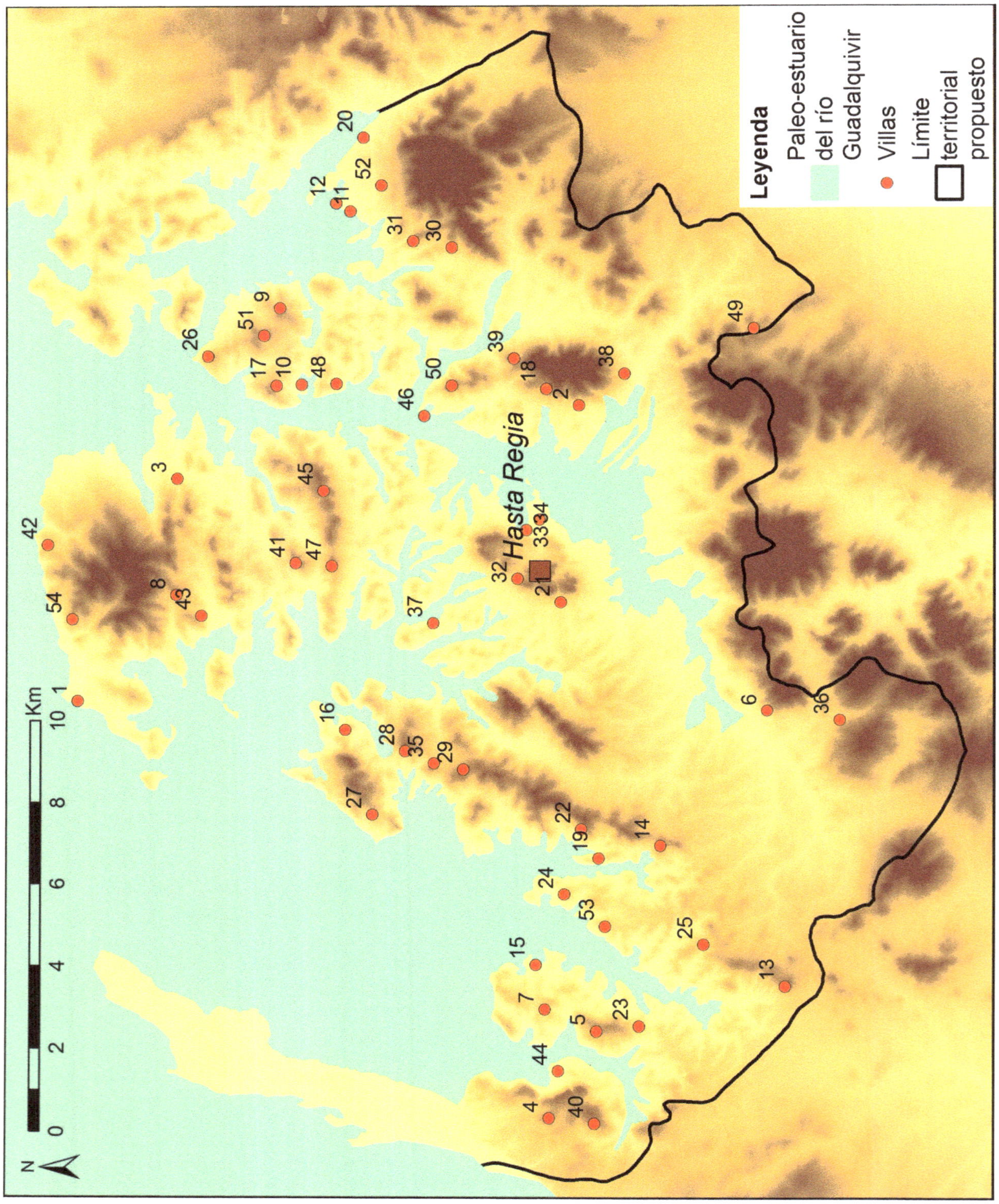

Figura 4.2. Poblamiento villático en el territorio. Fuente propia.

Tabla 4.1. Relación de números y nombres de los yacimientos considerados como villae. Fuente propia

1	Alventus	28	Monjas
2	Berango I	29	Painobo
3	Camino Monasterejos II	30	Portugalejo I
4	Carranza	31	Portugalejo II
5	Casa de Águila	32	Pozos del Rosario
6	Casa de la Gallarda	33	Regajo 1
7	Caserón de Evorilla	34	Regajo 3
8	Casita Palomares	35	Viña Cabeza Alcaide
9	Cerro Capita	36	Viña de Arcade
10	Cerro Gibraltar	37	Viña Rosario
11	Corchitos 2	38	Zarpa 2
12	Corchitos 3	39	Alamedinilla III
13	Cortijo de Alijar	40	Casa del Hornillo
14	Cortijo de Cestelo	41	Casarejo 3
15	Cortijo de Ébora 5	42	Cerro de las Vacas
16	Cortijo de Monteagudo	43	Cerro de los Castillejos
17	El Pastor	44	Cortijo de la Fuente 1
18	Espartina	45	Crespellina
19	Finca el Olivillo	46	El Cementerio
20	Haza de la Torre 2	47	El Olivar Casarejo
21	La Galguera	48	El Peñón
22	Loma de Cartuja 3	49	El Pino 1
23	Loma de Maina	50	Loma de Espartina VIII
24	Loma de Ventosilla	51	Mojón Blanco
25	Loma del Alijar	52	Montegil de Buenavista1A/1B
26	Mojón Blanco II	53	Olivillo alto
27	Molino de Monteagudo 1	54	Redondón

No cabe duda que la concentración del poblamiento se sitúa en zonas de costa, disminuyendo paulatinamente hacia el interior. La vertiente hacia el Guadalquivir de estas poblaciones queda demostrada precisamente por este patrón. Si comparamos este con el total de los yacimientos que existen documentados en el territorio (Fig. 4.4), vemos que la ordenación del poblamiento es muy similar. Las mayores concentraciones de distintos yacimientos en el área Este frente a la Oeste sí que obedece a estas diferencias de criterios, donde las prospecciones han sido mucho más sistemáticas al Este que al Oeste. Esto viene a confirmar que el patrón de poblamiento se sitúa en la antigua costa o paleo-ribera del Guadalquivir, en unas áreas cercanas a esteros que pudieron o no ser navegables. El interior, tan solo aparece densamente ocupado para la zona Sur de la propia colonia y también coincide con un elemento histórico importante, el paso de la vía Augusta. Siendo esto así, parece ser que la cercanía a una vía de comunicación, marítima o terrestre, es un criterio importante a considerar.

Por otro lado, el estudio de los alfares en el territorio propuesto no ha sido realizado hasta la fecha[236]. Como ya se ha comentado, la falta de sistematización de las prospecciones es una problemática pues el estado del conocimiento del territorio se circunscribía a una serie de datos inconexos entre sí. Con el estudio de dichas prospecciones y bibliografía al respecto, así como el de materiales de las mismas y prospección efectuada, estamos en condiciones de poder contextualizar cuáles son los alfares de la zona nuclear de *Hasta Regia*.

Contamos con un total de dieciséis alfares asociados a *villae* y diez casos donde no podemos asociarlos con una. Estos sin dudas se encontrarían en el *fundus* de alguna, pero el propio yacimiento no parece contar con los indicadores antes comentados para considerarla como tal (Fig. 4.5 y Tabla 4.2). De un total de sesenta y cuatro reconocidas, la proporción de las asociadas con alfar y sin ella, es de un 25 y 75 % respectivamente. Si consideramos que los alfares que no tienen *villa* asociados, pudieran estar dentro de otras *villae* cercanas, entonces hablaríamos de un 40 % con producción alfarera.

El criterio principal para el reconocimiento de estos lugares como alfares es fundamentalmente el arqueológico en superficie de restos de escoria de alfar o fallos de cocción. De manera peculiar, pueden aparecer elementos

[236] Sobre el particular partimos del artículo de Carreras Monfort, C. "Producción de Haltern 70...".

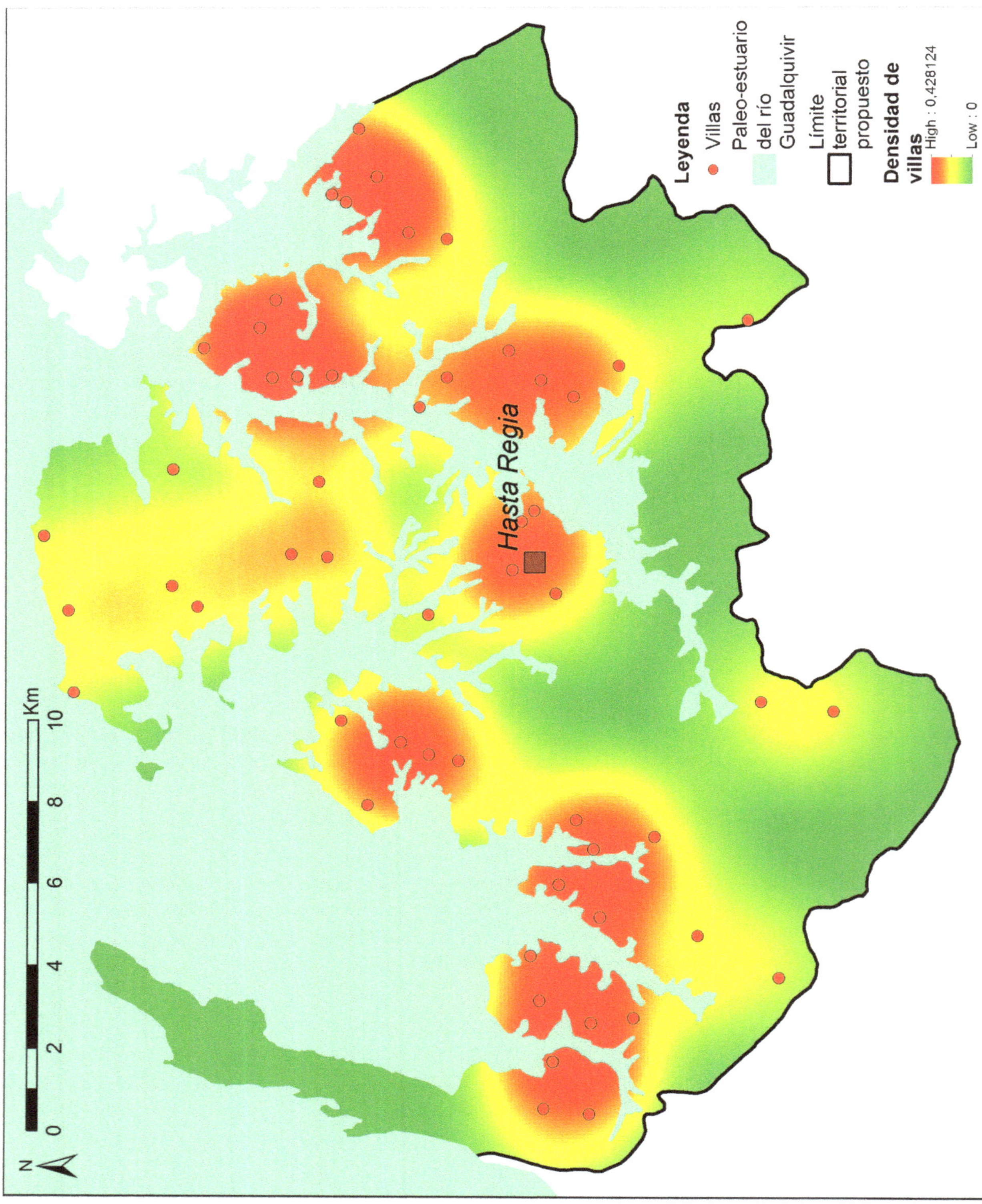

Figura 4.3. Densidad de villas en el territorio. Fuente propia.

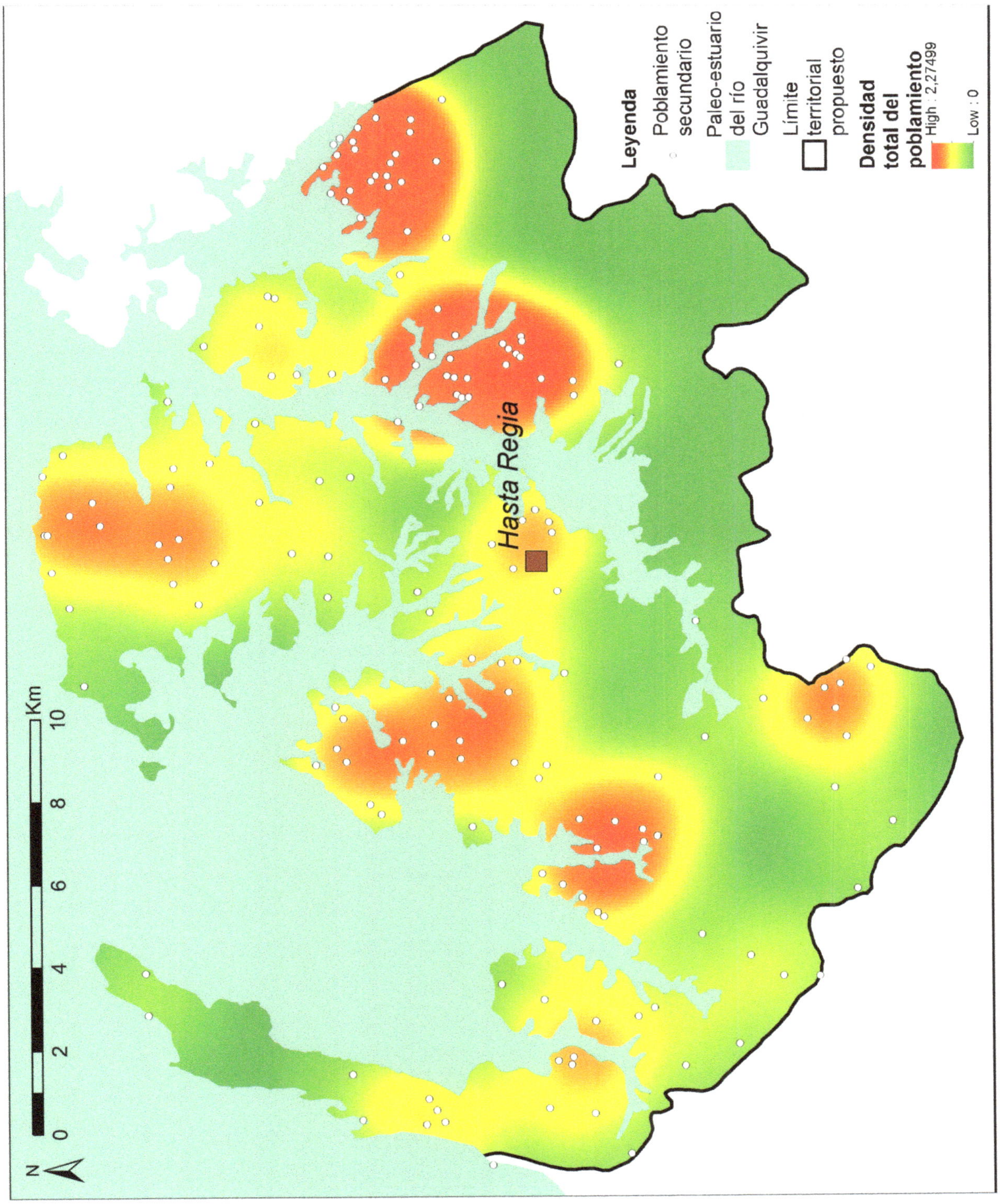

Figura 4.4. Mapa de densidad considerando todos los yacimientos arqueológicos altoimperiales. Fuente propia.

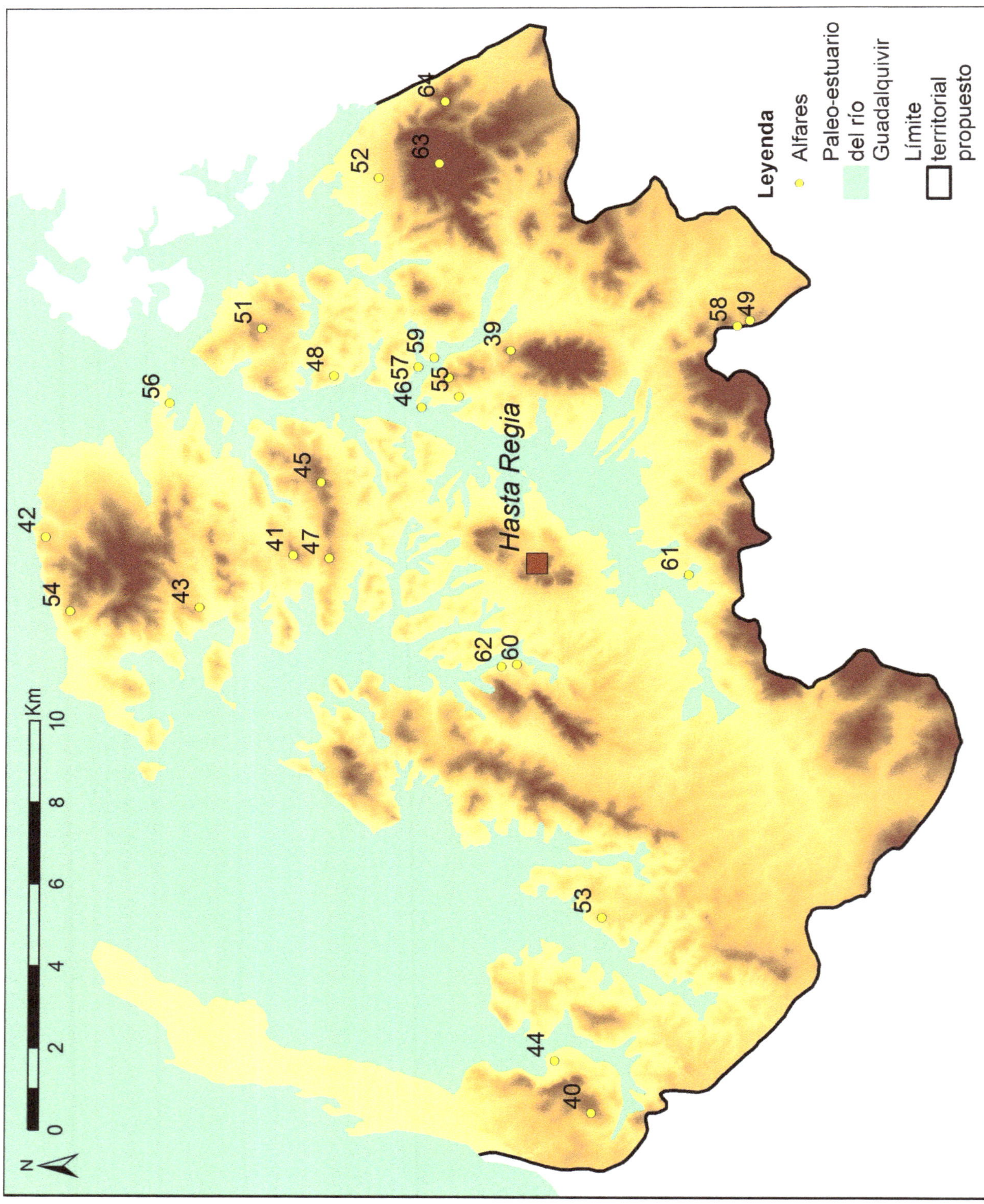

Figura 4.5. Distribución de alfares en el territorio. Fuente propia.

Tabla 4.2. Relación de números y nombres de los alfares propuestos. Fuente propia

39	Alamedinilla III	52	Montegil de Buenavista 1A/1B
40	Casa del Hornillo	53	Olivillo alto
41	Casarejo 3	54	Redondón
42	Cerro de las Vacas	55	Arroyo de la compañía
43	cerro de los Castillejos	56	Cortijo de Monasterejos
44	Cortijo de la Fuente 1	57	El Bujón
45	Crespellina	58	El pino 2
46	El Cementerio	59	El Tesorillo
47	El Olivar Casarejo	60	Haza del Camino
48	El Peñón	61	Las Carreñas
49	El Pino 1	62	Marisma de Rajaldabas
50	Loma de Espartina VIII	63	Montegil cortijo antiguo
51	Mojón Blanco	64	Prados de Montegil

constructivos asociados a dichos alfares, como los propios hornos, así como cambios en la coloración de la tierra en determinadas zonas del yacimiento que nos den la idea de un posible alfar. Gracias al estudio de materiales y a las prospecciones, podemos conocer estos espacios fundamentalmente por los fallos de cocción. Ahora bien, estos son elementos de prospección superficial, de los que no tenemos mucha más información de sus producciones, exceptuando los materiales anfóricos y similares. Tan solo en los casos de los alfares de Prados de Montegil, Monasterejos, el Pino o Crespellina, tenemos elementos arquitectónicos visibles[237].

Sabemos los materiales de dichos alfares por las prospecciones previas o las realizadas por nuestro equipo. A pesar de ello, algunos de estos lugares solo los conocemos por la literatura, sin que podamos especificar con claridad cuáles son las producciones de cada uno de ellos. Es el caso por ejemplo de El Bujón o el Tesorillo, al que no pudimos tener acceso durante la prospección. Lo mismo ocurre con Marisma de Rajaldabas y Haza del Camino, en el que no pudimos reconocer los restos de dichos alfares en el terreno. Consideramos estas entidades por la información bibliográfica que tenemos de ellos.

Respecto a la producción de ánforas vinarias en la zona, ya existen trabajos que mencionan la importancia vitivinícola en la región. Hay que considerar que la inmensa mayoría de las ánforas producidas en la zona del bajo Guadalquivir y la Bahía de Cádiz, cuadran con tipologías vinarias o de salazones, en algunos casos con contenedores que pudieran llevar ambos productos[238]. Esta es una cuestión controvertida, pues sabemos que la forma de los distintos envases obedece a dos criterios fundamentales. El primero es la forma que tiene unas características tecnofuncionales, ya sea para la estabilidad y conservación del producto, como en su facilidad y seguridad a la hora de transportarse. El otro criterio es el reconocimiento por parte de las personas que consumirían estos productos y que probablemente asociarían un determinado recipiente con el producto que lleva[239].

En general, los yacimientos con indicadores de producción alfarera descubiertos en esta zona, se encuentran situados en las faldas de las suaves lomas que campean sobre la marisma y los esteros[240]. El patrón de estos alfares parece ser constante, junto a zonas donde se puedan extraer la arcilla y dispuestos en lugares de fácil acceso y salida de productos. Parece claro que el patrón se distribuye precisamente en la misma cercanía de la paleo-ribera, a excepción de los alfares denominados Pino 1 y Pino 2. Si observamos la figura 4.5, podemos ver que el patrón de dispersión de estos alfares por el territorio es muy desigual, pero cercano a la antigua costa. Hay que hacer notar que para este análisis consideramos el medio rural y no urbano, por lo que los alfares que sabemos que existieron en la propia ciudad de *Hasta Regia* no aparecen en el análisis[241].

La distribución de estos alfares por el territorio es muy desigual, lo cual nos da varias claves. La primera es la fragmentaria información de la que disponemos, aunque en muchos casos hemos constatado los materiales personalmente. En su defecto, parece que la producción cerámica estaba especializada en determinadas áreas, por lo que nos encontramos con *villae* que tendrían sus propias producciones cerámicas, pero que a su vez producirían para otros vecinos. Destacamos el área central al otro lado de la marisma de Asta, donde se concentran la mayor parte de los alfares del territorio, como una

[237] Ver anexo.

[238] Chic García, G. "Las rutas comerciales..." pp. 20–21; García Vargas, E. "Las ánforas del alfar romano de "El Gallinero"..., p. 61.

[239] Lagóstena Barrios, L. *La producción de salsas y conservas de pescado en la Hispania Romana (II a.C.-VI d.C.)*, Instrumenta, Barcelona, 2001, pp. 270–283.

[240] Pemán, C. "Alfares y embarcaderos romanos...", pp. 169.

[241] Esteve Guerrero, M. *Miscelánea arqueológica jerezana*, Jerez, 1979; González Rodríguez, R., Barrionuevo Contreras, F. "intervenciones de urgencia en el entorno inmediato del yacimiento arqueológico de Mesas de Asta (Jerez de la Frontera, Cádiz), *Anuario arqueológico de Andalucía*, 1995, pp. 63–66.

posible área preferente. Respecto a los contenidos de dichos alfares, ya se analizará pormenorizadamente en capítulos posteriores[242]. El patrón resulta más errático al interior, como son El Pino 1 y 2, quizás pueda obedecer a otras lógicas, como estar asociados al Guadalete, pues se encuentran precisamente en la cuenca vertiente. No hemos analizado la navegabilidad de estas áreas, pero puede que la salida de estos productos fuera esta como ocurre en El Puerto de Santa María y Puerto Real, y concretamente en la zona de Jerez[243]. Por otro lado, la dispersión de estos alfares (Fig. 4.6) podría obedecer a criterios de cercanía a los recursos naturales necesarios, en esencia el agua y la arcilla, si bien ambos productos son de fácil consecución, especialmente el primero, al tener una capa freática tan alta en toda la zona[244].

Por último en la figura 4.7 hemos realizado un análisis de los tiempos que se tardaría en ir desde las distintas *villae* del territorio hasta los bordes de la paleo-ribera, expresados en isócronas cada veinte minutos[245]. Podemos observar que prácticamente la totalidad de las *villae*, a excepción de tres de ellas, se encuentran en la cercanía de un medio navegable, como puede ser la paleo-ribera del Guadalquivir. Sin conocer las condiciones de navegabilidad de estos espacios, es plausible plantear que fuera muy buena, al menos para momentos de marea alta. Aunque solo cinco *villae* se encuentran a una distancia muy cercana de *Hasta*, si consideramos la vía Augusta, habría que añadir que al otro lado del estero de Asta se localizan otras seis. El resto de centros se encuentran a unas distancias a pie mayores, por lo que la mejor vía de comunicación con la propia ciudad sería la marítima.

Finalmente se ha realizado un realizado un análisis de los posibles caminos secundarios. Sobre estos tenemos muy poca información por lo que plantearemos un modelo SIG que puede servir establecer una hipotética red de viarios secundarios. El método empleado para este tipo de análisis está extraído de una importante bibliografía al respecto, analizando diversos modelos y utilizando finalmente el aquí presentado, denominado MADO[246]. Esto es Modelo de Acumulación de Desplazamiento Óptimo. Según esta manera de percibir las comunicaciones, se utiliza una herramienta de modelado de rutas óptimas de drenaje, generalmente utilizado para el cálculo de rutas hidrográficas, para redes de drenaje basadas en mapas de costes. Si se calcula una serie de parámetros físicos que intervienen en las comunicaciones, como es la pendiente del terreno o la mayor idoneidad o no de atravesar diversas zonas, se puede crear un mapa que pondera el coste de este desplazamiento. Para nuestra zona, se considera con un alto porcentaje negativo el atravesar a pie los brazos de marismas. Sin embargo, en determinados puntos, donde pasa la vía Augusta, el espacio sería ideal para el tránsito, por lo que se considera un bajo coeficiente de dificultad para transitar precisamente por esta vía. A este modelo, se le añade la pendiente del terreno, que muestra la dificultad de subir determinadas zonas altas, como colinas[247].

Con esto, se utiliza el sistema MADO para hacer un sistema radicular, como si del discurrir del agua se tratara, teniendo en origen un punto de interés sin destino, para que la herramienta busque las zonas naturales por donde este coste discurre. Al utilizarla con respecto a un mapa de costes las líneas dibujadas muestran los mejores caminos de forma natural para discurrir desde un punto dado. Para nuestro caso, hemos considerado la conectividad entre las distintas *villae*, ejecutando este análisis desde cada una de ellas, con el objeto de sumar dónde los caminos coinciden más. De esta forma, se dibuja toda una red de comunicaciones intrincada, donde en rojo se muestran las mayores coincidencias, que son los espacios de tránsito que menor coste supondrían, siendo en amarillo más intermedios y en verde las rutas que solo son utilizadas por pocas *villae* (Fig. 4.8). Evidentemente este cálculo obedece a los lugares idóneos, sin la consideración real de los senderos naturales que conocemos en la zona, caso de

[242] Ver subcapítulo 5.2. Ánforas vinarias.

[243] Lagóstena Barrios, L. "Alfarerías romanas en El Puerto…, pp. 9–42; García Jiménez, I., Zuleta Alejandro, F., Prieto Reina, O. "El yacimiento romano de el Torno-Cementerio de San Isidro del Guadalete", en D. Bernal, L. Lagóstena (eds.), *Figlinae Baeticae. Talleres alfareros y producciones cerámicas en la Bética romana (ss. II a.C. – VII d.C.)*, BAR International Series 1266, Oxford, 2004, pp. 663–666.

[244] Respecto a las arcillas, hay que hacer notar algo que L. Lagóstena Barrios ha indicado, respecto a la naturaleza de las arcillas de la zona. Generalmente se pueden reconocer las pastas de la Bahía de Cádiz y del Guadalquivir a simple vista, pues la diferente composición de ambas, les dan características físicas visuales distintas. Sin embargo, en una zona que pudiéramos considerar como de "pastas del Guadalquivir", las arcillas que aparecen son las propias de la Bahía de Cádiz. Su explicación, viene de la mano de los fenómenos geológicos, pues la conformación de la bahía y de la parte baja del Guadalquivir, tienen el mismo origen, fondo marino antiguo, excavado por ríos. Gavala y Laborde, J. *Geología de la costa…*.

[245] Este análisis está realizado con el algoritmo de Tobler sobre un raster de cinco metros en el que hemos considerado las pendientes del terreno, pero no hemos limitado las áreas inundables, ya que nos interesa específicamente analizar las comunicaciones hacia estas áreas.

[246] Haisman, M.F., Goldman, R.F. "Effect of terrain on the energy cost of walking with back loads and handcart loads", *Journal of Applied Physiology* 36, 1974, pp. 545–548; Roth, J.P. *The logistics of the Roman army at war (264 B.C. – A.D. 235)*, Leiden, 1999; Llobera, M., Fábrega-Álvarez, P., Parcero-Oubiña, C. "Order in movement: a GIS approach to accessibility", *Journal of archaeological science* 38, 2011, pp. 843–851; Herzog, I. "Theory and practice of cost functions", en F. Contreras, M. Farjas, J.M. Melero (eds.), *proceedings of the 38th anual conference on computer applications and quantitative methods in archaeology*, BAR International Series 2494, Oxford, 2010, pp. 375–382; Groenhuijzen, M.R., Verhagen, P. "Exploring the dynamics of transport in the Dutch limes", en W. Bebermeier, D. Knitter, O. Nakoinz (eds.), *Brinding the gap. Integrated approaches in landscape archaeology*, Berlín, 2015, pp. 25–47; Fábrega Álvarez, P., Parcero Oubiña, C., "Proposals for an archaeological analysis of pathways and movement", *Archeologia e Calcolatori* 18, 2007, pp. 121–140; Fábrega Álvarez, P., Parcero Oubiña, C. "Proposals for an archaeological analysis of pathways and movement", *Archeologia e Calcolatori* 18, 2007, pp. 121–140; Aragón, E., Trapero, P., Rodríguez, J., Munar, S. "La Conectividad Marítima de la Isla de Formentera durante el Bajo Imperio a través de su patrimonio arqueológico subacuático" en R. Gónzalez Villaescusa, K. Shörle (eds.), *La fortification tardo-antique de Can Blai (Formentera, Baléares) et la surveillance côtière en Méditerranée occidentale*, Ausonius, 2018, en prensa.

[247] La metodología de este análisis está expuesta en: Trapero Fernández, P. "Conectividad en el estuario del Guadalquivir…".

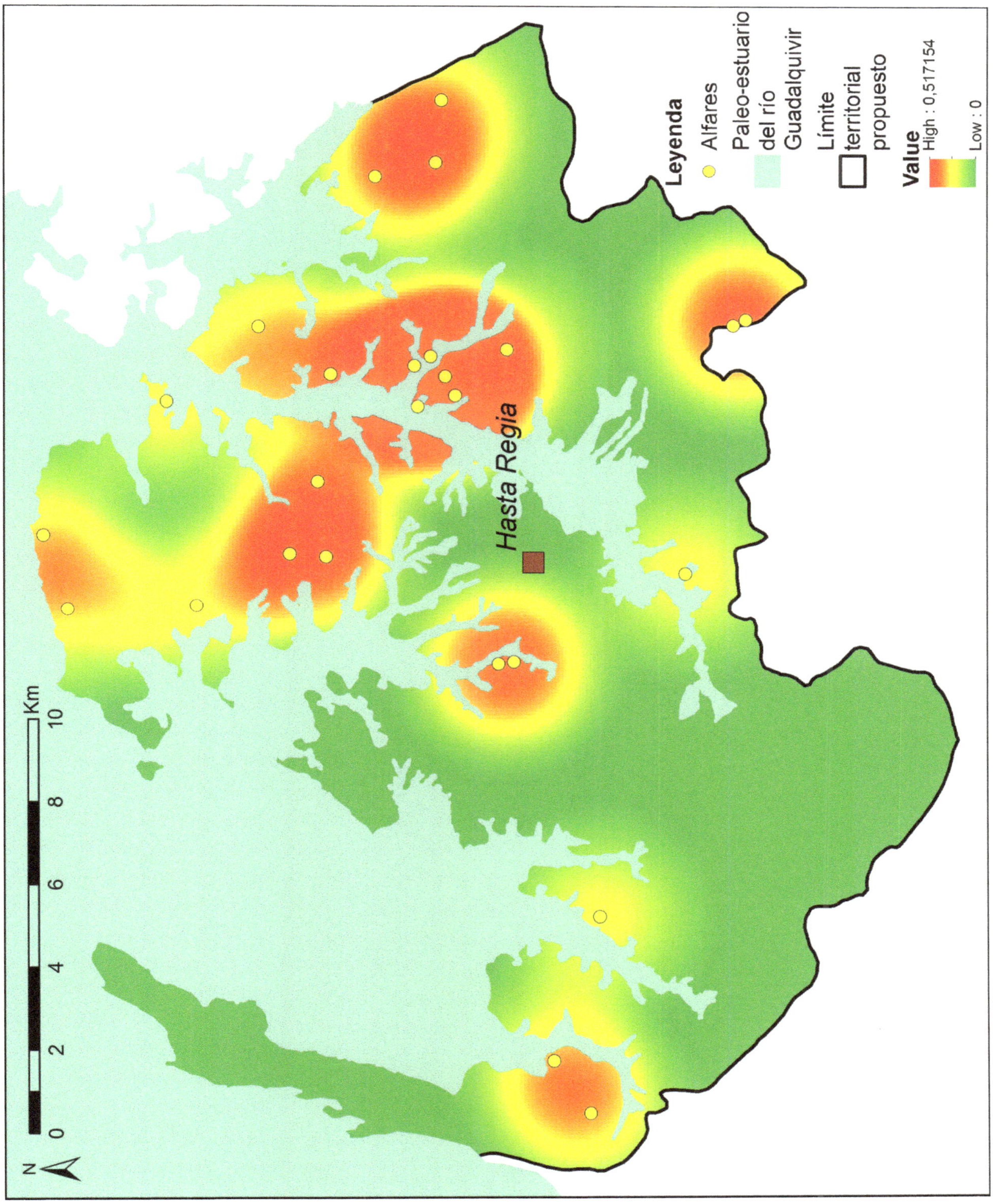

Figura 4.6. Densidad de alfares en el territorio. Fuente propia.

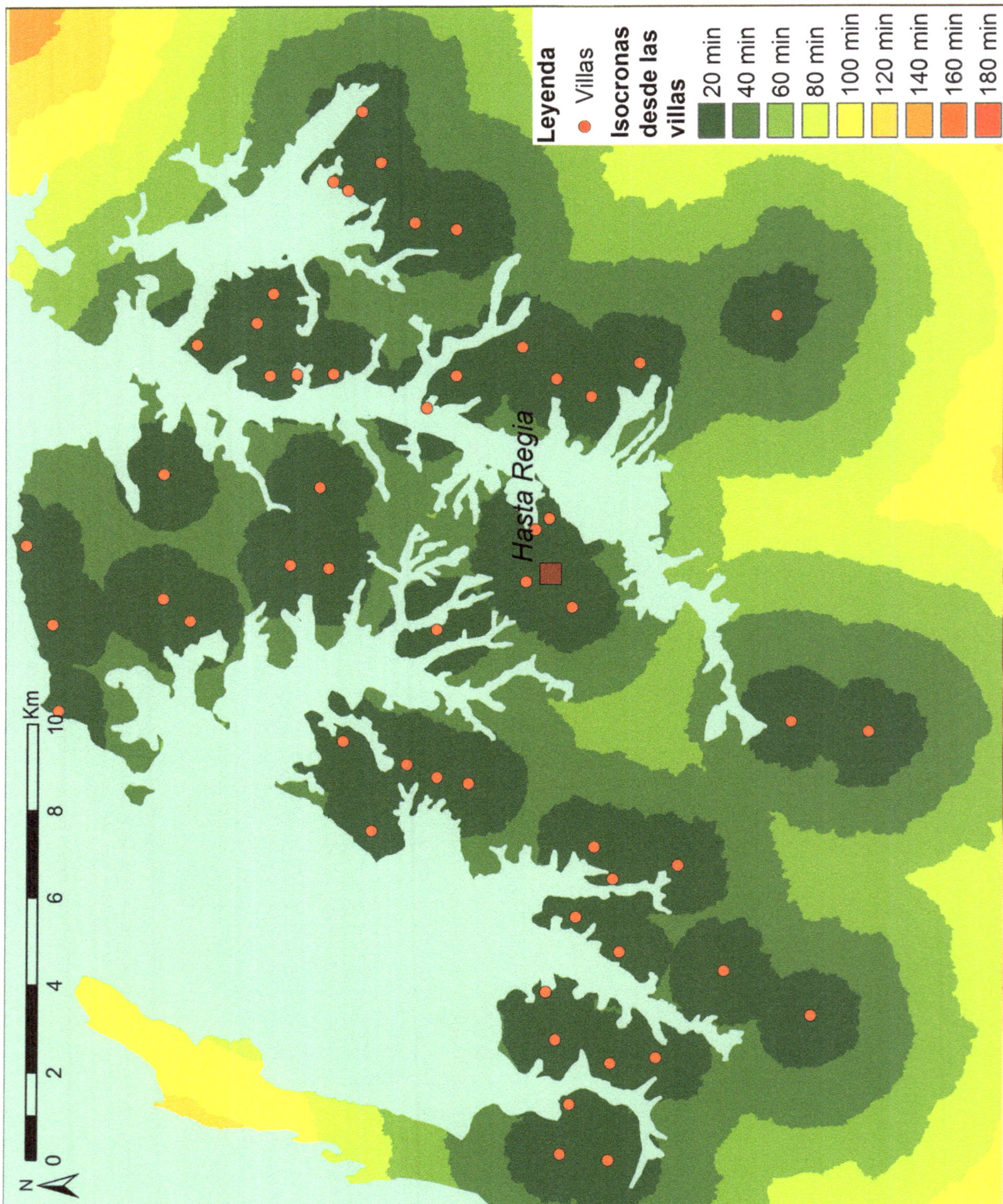

Figura 4.7. Isocronas desde las villas. Fuente propia.

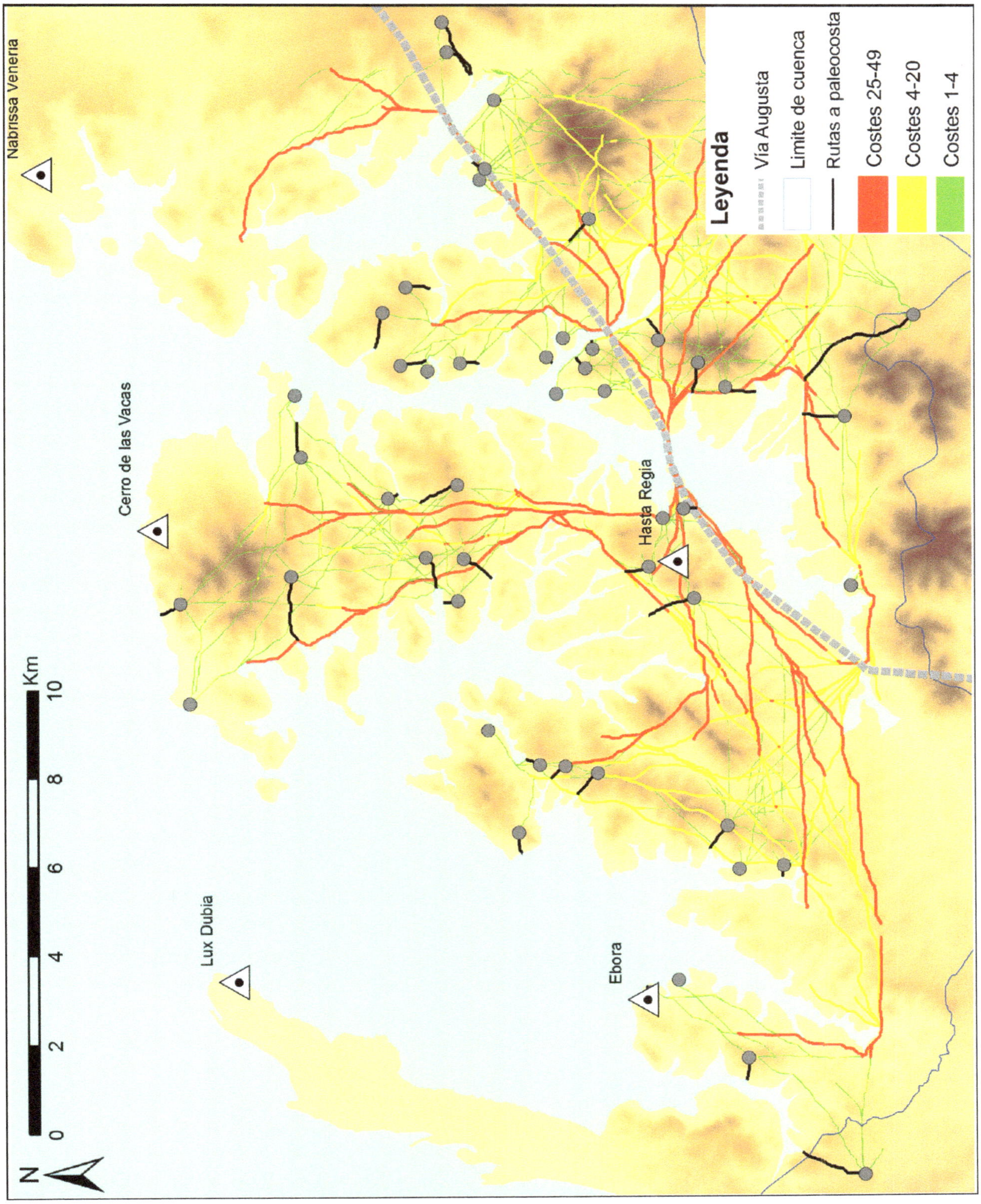

Figura 4.8. Modelado de los costes terrestres desde las villas hacia la costa y entre ellas. Fuente propia.

las cañadas. Sin embargo, la coincidencia de estos caminos calculados con los existentes es muy alta[248].

De esta manera comprobamos como el patrón de asentamiento se sitúa en las cercanías de la paleo-costa, no tanto con respecto a la red de comunicaciones que planteamos. En un ambiente que tiende más a ser marítimo-fluvial que terrestre, sin duda la clave está en los costes de transporte. Estos varían muchísimo dependiendo de la vía elegida, a razón aproximada de: 1 marítimo; 3,4 fluvial (río abajo); 6,8 fluvial (contracorriente); 43,4 terrestre (carro); 50,7 terrestre (mula)[249]. Por tanto, siempre que existiera la posibilidad de la comunicación por vía navegable sería la manera de transporte elegida.

En base al análisis MADO presentado, se puede hipotetizar cuáles serían los trazados principales de las vías secundarias y que pudieran ayudar a analizar el poblamiento del territorio, especialmente respecto a las centuriaciones. De hecho, es relevante ver como muchos de estos patrones guardan una lógica lineal, como es el caso al sureste del territorio[250].

Podemos concluir en este capítulo que se ha realizado convenientemente la revisión de la información previa y establecido un nuevo estado de la cuestión con la inclusión de estudio de materiales y nuevas prospecciones. La clasificación de poblamiento resultante nos permite poder analizar las cuestiones vitivinícolas de este libro. Se trata de un espacio idóneo por lo que las fuentes y arqueología desde fuera nos remite, pero que todavía adolece de mayores estudios. En concreto faltan excavaciones concretas, ya que son muy pocos los elementos arqueológicos conocidos. Finalmente, el estudio se complementa con diversos análisis del poblamiento, que se instaura alrededor de la vía navegable, pudiendo ser las comunicaciones muy probablemente a través de este medio, más que por tierra.

---

[248] No se ha utilizado la capa de cañadas y caminos históricos por que gran parte de ellos corresponden con una red radial en torno a Jerez de la Frontera. Los caminos tradicionales están en otra lógica, aunque podemos comprobar que parte de ellos coinciden igualmente con el análisis realizado.

[249] de Soto, P. "El sistema de transportes del suroeste peninsular en época romana. Análisis del funcionamiento de sus infraestructuras", *VI encuentro de arqueología del suroeste peninsular*, 2013, pp. 1552–1576.

[250] Estas cuestiones están analizadas en Trapero Fernández, P. "Conectividad en el estuario…".

5

Indicadores de producción vitivinícola en *Hasta Regia*

Abstract: In this chapter, we analyse monographically the indicators that refer to viticulture in *Hasta Regia*. This hypothesis had already been pointed out, but was not analysed in detail. We look at the main literary sources as a basis and focus for the parameters provided by archaeology. Among others, the recognition of structures for the transformation of grapes into wine will be relevant, on which we provide an unpublished case study and recognise materials such as laterculi, which is an indicator of the possibility of these pressing rooms. We also take stock of the types of amphorae produced in the territory, with the Haltern 70 being one of the main products, along with others such as the Dressel 1 and Dressel 7/11. Finally, a section is devoted to the transformation vessels, the dolia. The potteries that produce them are analysed and a typological difference is observed concerning the form that these vessels take in other areas.

Uno de los objetivos principales de esta investigación es demostrar la importancia del territorio de *Hasta Regia* como un lugar de producción vitivinícola. Es por ello que hemos partido de la definición del propio territorio y sus límites, hasta el poblamiento rural. Antes de proceder a realizar el modelado de la viticultura, es necesario detenerse en cuestión de qué indicadores existen para la producción de uva y vino en época romana, sobre el que existen algunos precedentes[251].

Sin duda el primer indicador que debemos analizar parte de la lectura de las fuentes literarias. Ya hemos mencionado algunas de estas cuestiones previamente y dedicaremos el subcapítulo 6.1 sobre la viticultura en Hasta Regia y Columela, en el que se hace un balance de las actividades económicas de la región.

El segundo indicador es el reconocimiento de los espacios productivos, lugares de pisado y prensado de la uva. Ya hemos indicado que el territorio adolece de excavaciones, aunque si podemos desarrollar un caso de estudio relevante. Además, la inexistencia de excavaciones no significa que no podamos identificar espacios productivos. Concretamente nos basaremos en el reconocimiento de *laterculii* para *opus spicatum*, los cuáles pueden tener relación con este tipo de salas de prensado.

El tercer indicador, trata de las propias ánforas vinarias de producción local en los distintos alfares y villas de la zona. Conocer sus tipologías y ponderar el posible peso de estas ánforas respecto al total de las producciones anfóricas de la zona también es de suma importancia, para poder definir qué actividades económicas serían las más importantes. Parte de estos productos, al igual que ocurre con el aceite, pudieran tener una vocación más enfocada a la gran producción, principalmente para la institución de la *annona*[252], ya fuera a las legiones o la misma capital del Imperio. La contextualización de los productos finales, también tiene como objetivo definir cuáles son las tipologías de vino que se exportan en la zona, especialmente si consideramos la problemática todavía existente sobre las Haltern 70 y su contenido[253].

Junto con las ánforas, el cuarto indicador es la producción de *dolia* en el territorio, ya que se trata del espacio de almacenaje y fermentado por definición en el mundo antiguo. En nuestro caso es relevante la definición de tipologías específicas que se asocien con la viticultura.

Un quinto indicador pueden ser las manifestaciones directas de esta producción, mediante la documentación de la producción. Sobre este proceso quedan muy pocos restos arqueológicos que se puedan estudiar en la actualidad, aunque es una vía de estudio que está en alza, especialmente desde la utilización de técnicas de investigación no invasiva para la detección de estructuras o en este caso fosas de cultivo.

Por último, sería de interés el estudio de elementos arqueológicos relacionados con las prensas de aceite y vino. Por desgracia para nuestra zona de estudio no han aparecido recogidas este tipo de estructuras y en los casos donde aparecen, no podemos tener constancia de su localización,

[251] Chic García, G. "Acerca de un ánfora con pepitas de uvas encontrada en la Punta de la Nao (Cádiz)", *Boletín del Museo de Cádiz* 1, 1980, pp. 37–41; Roldán Gómez, L. "La presencia del vino en el entorno de Jerez en época romana. Elementos arqueológicos e iconográficos", *II simposio de arqueología del vino, Varia* 4, 1996, pp. 201–224; Carreras Monfort, C. "Producción de Haltern 70 y Dressel 7–11…".

[252] Sáez Fernández, P., Lomas Salmonte, F.J. "El *Kalendarium Vegetianum*, la *annona* y el comercio del aceite", *Mélanges de la Casa de Velazquez* 17, 1982, pp. 55–84; Remesal Rodríguez, J. "La annona militaris…", p. 283; Marlière, E. "Toneaux et amphores a *Vindolanda*: contribution à la connaissance de l'approvisionament des troupes stationnées sur le frontière Nord de l'Empire", en A. Birley (ed.), *Vindolanda excavations 2001–2002. Volume I*, Hexham, 2002, pp. 125–179.

[253] Silvino, T., Poux, M., Garnier, N. "¿Où est passé le vin de Bétique? ", pp. 501–514; Djaoui, D. "Les amphores de type Haltern 70…", pp. 489–512.

pues se trata de artefactos descontextualizados. Con estos indicadores pretendemos sentar la base del estudio de la viticultura en la región, demostrando que existe una importante producción local de vino y derivados de la uva.

Metodológicamente, el reconocimiento de estas variables que nos indiquen la producción ha requerido del estudio del territorio, de materiales, de los yacimientos prospectados y excavados y del propio análisis en el terreno de aquellos con potencial para indicarnos su producción. Con todo ello hemos podido elaborar un listado de *villae* y otros elementos como alfares, que supone un avance en el conocimiento del territorio y cuyos datos, a pesar de ser superficiales, nos acercan a comprender este espacio.

Respecto al indicador de las fosas de plantación, no contamos en la actualidad con datos en nuestro marco concreto en nuestra área nuclear, pero si en los alrededores. Se estima que la técnica tradicional debió de ser la de *alveus*, consistiendo en un surco para dos viñas que se rellenaba con otra tierra o piedras[254]. Esto suponía un menor gasto de energía al utilizar un mismo surco para dos viñas. Para el caso de las plantaciones con patrones itálicos, pueden ser cualquiera de las formas de plantación recogidas en la agronomía latina[255]. Existen pocos casos de excavaciones en las que se hayan documentado este tipo de negativo, pero tenemos uno en la Viña en El Puerto de Santa María[256] y un poco más alejado en Huelva[257]. Desde la unidad de prospección geofísica de la Universidad de Cádiz, ha sido posible detectar huellas de cultivo antiguas en el yacimiento de Pocito Chico, en El Puerto de Santa María, datos aún inéditos. Se trata de hoyos excavados en la albariza dispuestos en calles con una separación aproximada de 3 metros entre ellos y una distancia entre hoyos de aproximadamente 1 metro. Este tipo de plantación pudiera ser exactamente el prototipo que nos refiere Columela al hablarnos de las vides plantadas en hoyos.

> "...dejando entre hoyo y hoyo un trecho no cavado también de tres pies. Luego, tras dejar un espacio según la costumbre del que está plantando la viña, trazan el siguiente liño con arado o azada. Si trabaja la tierra un cavador, el mínimo espacio de entreliño es de cinco pies, y el máximo de siete; si se hace con bueyes y arado, el mínimo es siete, y suficientemente ancho el de diez pies"[258].

Esta proporción es precisamente la que nos refiere Columela para el caso de arar la viña con bueyes y arado en torno a los 10 pies de separación[259], por lo que con toda probabilidad sería una producción romana[260].

5.1. Estructuras de transformación vitivinícola

En este sub-capítulo analizamos los indicadores de transformación en nuestro territorio, dejando la teoría a través de las fuentes de cómo era el proceso para el punto "6.7 Proceso de Transformación". Si partimos de cronologías anteriores a las romanas y con objeto de dar contexto a las producciones anteriores[261], en el fenicio poblado de Doña Blanca existen instalaciones directamente relacionadas con la transformación de la uva en vino[262]. Esto nos permite situarnos en un contexto de productividad vitivinícola al menos desde época fenicia. Bajo esta premisa, el proceso de vinificación se conocería y estaría extendido su uso mucho antes de la llegada de Roma y continuaría probablemente ininterrumpidamente en el territorio hasta la actualidad[263]. Siendo esto así, podemos partir de esta dualidad, como se ha visto, del proceso de *canna et solea* expresado por Columela como sistema de prensado, que podría venir de esta reminiscencia[264].

En la Bética como marco más amplio, hay algunos casos de *cella vinaria*, como Loma de Ceres, en Granada, aunque algunas de sus piletas puedan ser de salazones, se encuentran bases de *dolia* in situ en la parte norte. Tiene tres piletas, dos de ellas sirven de base para la prensa, mientras que la tercera es de dónde saldría el mosto. Después tiene otras dos de menor dimensión, que tienen algunas diferencias morfológicas, especialmente el realce de cuarto de círculo en sus laterales. Todas estas tienen pocetillas para recoger los restos. Pudieran ser parte de un *calcatorium* vitivinícola, aunque los autores las interpretan en relación con las salazones, algo lógico si consideramos las ánforas que aparecen, casi todas de tipología salsaria[265].

254 Martín Oliveras, A. "Nuevas vías de investigación...", p. 330.
255 Ver apartado 3.2.3. Técnicas de cultivo
256 López Amador, J.J, Ruiz Gil, J.A. "Arqueología de la vid y el vino...".
257 González Batanero, D. *et alii*. "Intervención arqueológica preventiva en el sector 8 de Huelva. Yacimiento la Orden-Seminario", *Anuario arqueológico de Andalucía*, 2008, pp. 3124–3141.
258 Columella, *Rust.* 3.13.3 *Tum deinde relicto spatio, prout cuique mos est \ineas colenti 1vel aratro vel bidente, sequentem ordinem instituunt. Et si fossore tantum terra versetur, minimum est quinque pedum interordinium, septem maximum; sin bubus et aratro, minimum est septem pedum, satis amplum decem.*
259 Un pie equivale aproximadamente a 0,29 m.
260 No podemos añadir mas información en el estado actual del tema. Se están realizando otras prospecciones geofísicas y excavaciones para poder determinar materiales y analizar los contenidos de las fosas para conocer la planta que las ocupaba.
261 Celestino Pérez, S., Blánquez Pérez, J. "Origen y desarrollo del cultivo del vino en el Mediterráneo: la Península Ibérica", *Universum* 22, 2007, pp. 32–60.
262 Ruiz Mata, D. "Turdetanos: origen, territorio y delimitación del tiempo histórico", *Revista de Estudios Ibéricos* 3, 1998, pp. 153–221; Niveau de Villedary y Mariñas, A.M., Ruiz Mata, D. "El poblado de Las Cumbres (Castillo de Doña Blanca): urbanismo y materiales del s. III a.C.", *Actas del IV° Congreso de Estudios Fenicios y Púnicos* II, 2000, pp. 893–903.
263 López Amador, J.J., Antonio Ruiz Gil, J.A. "Arqueología de la repoblación Alfonsí: Pocito Chico en La Laguna del Gallo de El Puerto de Santa María (Cádiz, España)" *Revista de Historia de El Puerto* 35, 2005, pp. 11–51.
264 Sáez Fernández, P. "Columela...", pp. 147–152; Peña Cervantes, Y. "Instalaciones productivas agropecuarias", *Las villas romanas de la Bética*, Universidad de Sevilla, Sevilla, 2016, pp. 283–322; Peña Cervantes, Y. "Variantes tecnológicas hispanas en los procesos de elaboración de vino y aceite en época romana", *De vino et olea Hispaniae* 27–28, 2011–2012, pp. 37–57.
265 Marín Díaz, N., Hita Ruiz, J.M., Marfil Ruiz, P. "Informe de la excavación...", pp. 220–227; Gener Basallote, J.M., Marfil Ruiz, P.F., Puentedura Bejar, M. "Loma de Ceres, un centro de producción anfórico", *Actas del II congresso peninsular de Historia Antiga*, 1993, pp. 972–995.

En el bajo Guadalquivir, tenemos varios ejemplos de estos espacios, si bien muchos de ellos pueden ser asociados a la producción de aceite. Algunos indicios del prensado de aceite los tenemos en los casos de Casa Blanca con una muela de aceite en El Puerto de Santa María y en Vegas de Elvira IV con una cubeta de decantación y meta de *trapetum* en Jerez de la Frontera[266]. Otro ejemplo, puede ser el de Puente Melchor, aunque no se han podido asociar bien su uso. A pesar de ello tiene diversas piletas que bien pudieran asociarse a algún tipo de funcionalidad similar a una posible transformación vitivinícola u oleicola[267]. También tenemos estructuras de piletas de salazón en el Santuario de la Algaida[268], así como múltiples factorías de salazones y alfares asociados en la franja, Rota, El puerto de Santa María y Puerto Real, algunos de estos asociados con ánforas vinarias[269].

Para nuestra zona específica de trabajo, nos encontramos con algunos ejemplos que tienen este tipo de instalaciones, concretamente en Torremelgarejo (Jerez de la Frontera), donde se ha documentado un lagar[270]. De esta *villa* tenemos una información bastante parcial, pero casi con toda seguridad estamos hablando de zonas productivas vitivinícolas, especialmente por la cantidad de *dolia* documentados en la excavación de urgencia efectuada. Existen una serie de piletas documentadas, *calcatoria,* que bien pueden tener relación con este tipo de actividad, aunque también pueden ser bases de otro tipo, como el caso de prensas de aceite.

Estos son los únicos ejemplos que tenemos por excavaciones de este tipo de estructuras cercanas a la zona inmediata de estudio[271], en la que ni tan siquiera conocemos un caso concreto de sistema de prensado, por lo que aventurarse a cuál es la manera de su realización, resulta prácticamente imposible. Debemos partir de la base, que si consideramos una *villa* de grandes dimensiones y que pudiera tener algún tipo de producción vitivinícola importante, debiera de tener este tipo de estructuras asociadas[272].

Como ya hemos comentado anteriormente, el área de estudio adolece de estructuras excavadas relacionadas con la producción vitivinícola, fruto del propio desarrollo de la arqueología en la zona[273]. Sin embargo, tenemos dos indicadores de estas estructuras.

El primero es un *calcatorium* en la *villa* de Crespellina incluida entre las estudiadas. Se trata de la única estructura excavada en este espacio productivo[274]. En dicha *villae* aparecen dos cisternas excavadas, de las que tenemos noticia en un artículo del año 1961[275]. Estas estructuras, hoy día todavía conservadas, se procedieron a limpiar para poder estudiarlas y medirlas. Son dos cisternas con una capacidad media de 1.400 litros y 1.700 litros, al menos en la parte que se conserva, pues su estado de conservación no es bueno. Son de forma rectangular aproximadamente de 200 × 125 × 55 y de 200 × 150 × 55. La separación entre ambas no es mayor de 30 cm. Tienen unos resaltes en el fondo y esquinas de arista semicirculares, de manera que no forman cubetas rectas. La mayor de ellas tiene un escalón, y en el fondo de la misma, un rebaje de forma semiesférico. Todo está recubierto de *opus signinum*, a excepción del tramo del escalón en el que se aprecian ladrillos de módulo romano. En una de las paredes, se puede ver que el enlucido de *opus* se ha aplicado al menos en tres capas consecutivas, probablemente por los diversos reaprovechamientos del mismo. Dado el estado de conservación que presenta, en el que se le ha añadido hormigón moderno en su superficie, no podemos contrastar la continuidad de estas estructuras, aunque en uno de sus laterales parece definir una altura máxima de las cubetas de 55 centímetros.

Estas estructuras, por su propia disposición, bien pudieran corresponderse con un sistema de *calcatoria* o de cubetas de fermentación. No es posible reconocer si tenían conexión entre ellas, principalmente por la mala conservación de la estructura, que requería de un trabajo arqueológico de puesta en valor.

[266] Ponsich, M. *Implantation rurale…*, p. 217; Peña Cervantes, Y. *Torcularia…*, pp. 446–447.

[267] Lavado Florido, M.L. "El complejo industrial de Puente Melchor: el centro productor, la organización del espacio y su área de influencia" en L. Lagóstena Barrios, D. Bernal Casasola (eds.), *Figlinae Baeticae. Talleres alfareros y producciones cerámicas en la Bética romana (ss. II a.C. – VII d.C.),* BAR International Series 1266, Oxford, 2004, pp. 473–488; Chacón Mohedano, C. "Nuevas estructuras arqueológicas documentadas en el yacimiento de Puente Melchor, Puerto Real, Cádiz", *Mainake*, 34, 2013, pp. 77–94.

[268] Corzo Sánchez, J.R. "El santuario de la Algaida…".

[269] Lagóstena Barrios, L. *Alfarería romana en la Bahía de Cádiz*, Universidad de Cádiz, Cádiz, 1996; Lagóstena Barrios, L. "Explotación del salazón en la Bahía de Cádiz en la Antigüedad: Aportación al conocimiento de su evolucion a través de la producción de las ánforas Mañá C", *Flor. II* 7, 1996, pp. 141–169; Mata Almonte, E., Lagóstena Barrios, L. "Ocupación antigua de la sierra de San Critobal (El Puerto de Santa María, Cádiz)", *Revista de historia de El Puerto* 18, 1997, pp. 13–45; Bernal, D., Lorenzo, L. "Las estructuras de la *villa* documentadas en la intervención arqueológica de 1998", en D. Bernal, L. Lorenzo (eds.), *Excavaciones arqueológicas en la villa romana del Puente Grande (los Altos del Ringo Rango, Los Barrios, Cádiz),* Universidad de Cádiz, Cádiz, 2002, pp. 102–136; Montero Fernández, R., Sáez Romero, A.M., Montero Fernández, A.I., Mata Almonte, E. "El alfar romano de El Palomar (El Puerto de Santa María, Cádiz). Estudio preliminar", *Hispania romana actas do IV congreso de arqueología peninsular*, Universidad de Algarve, 2008, pp. 89–102.

[270] Rambla Torralvo, J.A, Carretero Poblete, P.A., González Toraya, B. "Trabajos de arqueología sobre yacimientos romanos situados en las inmediaciones de Torre Melgarejo. AAP desarrollada durante la ejecución de la autovía A-382, tramo I: Autopista A-4 al P.K. 7900. Jerez de la Frontera. Cádiz", *Anuario Arqueológico de Andalucía,* 2005, pp. 411–421; Rambla Torralvo, J.A. "Torre Melgarejo 2 (Jerez de la Frontera), en R. Hidalgo Prieto (coord.), *Las villas romanas de la Bética*, Universidad de Sevilla, Sevilla, 2016, pp. 68–72.

[271] En el catálogo de Peña Cervantes, Y. Torcularia la producción…, 2010, pp. 444–447, solo vienen recogidos para la provincia de Cádiz, tres lugares, asociados a producción oleícola.

[272] Carrillo Díaz-Pinés, J.R. "Técnicas constructivas en las *villae* romanas de Andalucía", *Aac 3,* 1992, pp. 309–341; Carrillo Díaz-Pinés, J.R. "Olearium aut vinarium? Un problema de identificación arqueológica", *Almirez 6,* 1997, pp. 99–122.

[273] Sobre los medios de transformación ver el capítulo 6.7 Proceso de transformación.

[274] Para más información sobre este yacimiento ver en el anexo nº 45.

[275] Agradecer a Francisco Barrionuevo por compartir esta información y su ayuda en el museo de Jerez: Fernández-Chicarro, C. "Noticia de un capítulo de dudosa autenticidad, según un documento del siglo XVII", *Revista de archivos, bibliotecas y museos* 66, 1961, pp. 301–304.

Se las conoce como "baños" en la zona, sin que se pueda dar argumentos de esto. Tampoco pueden ser asociados a otros tipos de aprovechamientos, como las salazones, pues no tienen relación con este tipo de uso. Si vemos las estructuras típicas de las piletas de salazones, también cuentan con estas pocetas de limpieza y parte de los engroses en las esquinas. Sin embargo, suelen tener un perfil circular y su profundidad es mayor. Cronológicamente su disposición cambia, pudiendo ser estas estructuras precedentes a época altoimperial. A pesar de ello, la cronología de Crespellina, nos sitúa en una posible nueva *villa* en época republicana por la cerámica Barniz negro encontrada, teniendo un amplio recorrido cronológico, por los materiales almohades que se encuentra también en gran cantidad. Esta técnica constructiva es típicamente romana, por lo que, aunque haya tenido aprovechamientos en momentos posteriores, su construcción debe situarse en torno al cambio de era. No tenemos más datos de la excavación, como para poder discernir qué materiales eran los que amortizaban las cisternas, así como el reconocimiento de tipologías cerámicas que nos pudieran dar la función o cronología. Debemos decantarnos por el uso como unos *calcatoria*, por los paralelos que encontramos en otros trabajos arqueológicos (Fig. 5.1 y 5.2)[276].

Con el estudio de este yacimiento, se determina un indicador de la producción vitivinícola en la zona. Una *villa* de grandes dimensiones, por los materiales que encontramos en superficie, que tiene abundancia de materiales, como son los *dolia*, múltiples ladrillos *laterculi* y que además cuenta con un alfar que probablemente produciría este tipo de materiales. A ello, hay que añadir esta estructura, que debe ser relacionada con la producción vitivinícola. Los *calcatoria* suelen estar hechos en madera y que su uso de obra es algo extraño, generalmente asociado a grandes explotaciones. En este caso, no conocemos el sistema de prensado, pero debemos proponer que dichas *villae* debían de tenerlo. Dado que la mayor parte de las *villae* de la zona tienen una configuración similar a la mostrada por esta *villa* de Crespellina, bien pudiera ser un claro ejemplo del resto, por lo que es asimilable este tipo de producción a otras *villae* de la zona. El potencial de este *calcatorium* es grande, ya que hablamos de aproximadamente 3.000 litros de producto que se puede pisar de una vez. Esto puede darnos una primera impresión de la capacidad real productiva de una de estas *villae*. Si consideramos que un ánfora Haltern 70 tiene una capacidad media de 30 litros[277] y a pesar de los procesos que impliquen adición o reducción del mosto, podríamos considerar vino o derivado del vino para una media de 100 ánforas, de una sola vez.

En el estado actual del tema no conocemos otros espacios productivos relevantes, pero es significativo que el único conocido tenga unas capacidades tan importantes, siendo su *calcatoria* de obra, algo poco común. Se trata de un indicador primordial, ya que es poco probable que una sola villa aislada se dedicara a una producción intensiva del vino.

Junto con este indicador tenemos otro que sí puede ser encontrado en prospecciones superficiales, la aparición de *opus spicatum* que parece tener relación con estructuras de prensas en la Bética. En la tesis de Peña Cervantes[278], se reconoce que este tipo de suelo están asociados con las salas de prensado de aceite y vino, al contrario que en el resto de Hispania, que suelen ser de *opus signinum*. Este tipo de suelos no tiene una lógica funcional clara, pues tiene unas propiedades hidráulicas más deficientes que el caso del *signinum* y además resultan más difíciles de cara a la limpieza. La mayor parte de las habitaciones de prensa analizadas en la Bética tienen este tipo de suelo, formado por pequeños ladrillos denominados *laterculi* configurando la solera, especialmente para casos de prensas de viga. Por supuesto este tipo de *laterculi* puede tener otros tipos de usos, como los pavimentos de otras estructuras como termas. Sin embargo, dada la peculiaridad técnica de su uso en salas de prensado para la Bética, es lo que nos sitúa este material arqueológico reconocible como un importante indicador de la posible existencia de este tipo de espacios productivos.

Aunque para la Bética está principalmente asociado a prensas de aceite, hay que hacer notar que precisamente estas son mayoritariamente las que están estudiadas, si las comparamos con las vinarias. El reconocimiento arqueológico de *laterculi,* para conformar el *opus spicatum*, supone un dato interesante de cara a poder plantear la existencia de estas salas de prensado. De un total de sesenta y cuatro entidades principales, aparece este tipo de material en quince de ellas. Casos como los de Redondón, Cementerio, Crespellina o Casita Palomares, muestran además una gran cantidad de estos restos materiales en superficie.

Ahora bien, el reconocimiento de este tipo de indicadores puede estar relacionado con el aceite y no estrictamente con el vino. Es por ello que es importante la definición de las ánforas productivas en el territorio, que se verá en el capítulo siguiente. En general, es baja la densidad de ánforas oleícolas como para poder definir una importancia en el territorio, así como la falta de alfares que produzcan la Dressel 20 en la zona. A pesar de ello, el reconocimiento arqueológico de este tipo de materiales, que puede servir como fósil director de estas instalaciones, no tiene por qué solamente enfocarse a una producción oleícola, especialmente si aceptamos que este tipo de estructuras de prensado, suelen ser polivalentes o al menos estar situadas en el mismo espacio de *torcularium* dentro de la *villa*. El hecho que se pueda reconocer este tipo de material

[276] Peña Cervantes, Y. *Torcularia. La producción*... ejemplifica varios ejemplos similares a estos. Las medidas también cuadran, a pesar de que hay una enorme viabilidad con respecto a estos usos. Un caso de *calcatorium*, estudiado similar lo encontramos en Mezquíriz, M.A. "La producción de vino en época romana a través de los hallazgos en territorio Navarro", *Trabajos de arqueología Navarra* 12, 1995–1996, pp. 78.

[277] http://amphorae.icac.cat/amphora/haltern-70-guadalquivir-valley Visitado el 12-08-2020

[278] Peña Cervantes, Y. *Torcularia la producción de vino*..., pp. 78–90.

Figura 5.1. Fotografía y plano de las estructuras excavadas en Crespellina. Fuente propia.

Figura 5.2. Detalle de las estructuras. Fuente propia.

arqueológico en muchas de las *villae* estudiadas, puede ser un signo sin equivoco de su potencial producción oleícola o vinaria. Este tipo de indicador se ha podido reconocer en aproximadamente un 25 % del total. En la mayoría de los casos, aparece en contextos donde los *dolia* son abundantes, por lo que no debe descartarse su implicación para la producción vitivinícola.

En conclusión, podemos ver en este subcapítulo dos indicadores que nos refieren a la sala de prensado del vino. En primer lugar, tenemos un caso de estudio único en el territorio, al tratarse de un *calcatorium* de una importante *villa* productora de vino. Junto a esto, la existencia de *opus spicatum* en contextos que se asocian con *dolia* y ánforas vinarias, reconocible gracias a fragmentos de *laterculii*, puede darnos indicación de la existencia de estas salas de prensado en el territorio de estudio. Dado que la representación de ánforas oleícolas en el marco de nuestro territorio es meramente nominal, creemos que queda claro que deben de relacionarse con espacios de producción de vino, como parte del suelo de estas salas de prensado. Puede siempre existir la duda de asociarlo con salas de termas, pero el hecho que coincidan con otros indicadores vinarios es relevante[279].

[279] De hecho, descartamos la asociación con termas en nuestro territorio, ya que para identificarla con datos de prospección los *laterculi* tendrían que estar asociados con *opus signinum* del resto de estructuras hidráulicas,

5.2. Ánforas vinarias

En este sub-capítulo planteamos como indicador el reconocimiento de producción de ánforas vinarias para el territorio propuesto, especialmente la Dressel 1 y Haltern 70. Historiográficamente, la cultura material anfórica y los alfares han sido ampliamente estudiados desde diversas perspectivas y lugares[280]. Para el caso específico de la Bética, contamos con importantes trabajos de referencia, aunque la mayoría de ellos se circunscriben a los espacios de la Bahía de Cádiz[281] o el Alto Guadalquivir[282], dos lugares especialmente importantes en la producción anfórica, destinada fundamentalmente a las salazones y al aceite, respectivamente[283]. Sin embargo, hasta el momento, los estudios dedicados a nuestra área de investigación han sido muy escasos correspondiéndose solo a determinadas cuestiones puntuales y sin que se haya podido concretar cuál es la producción en este espacio[284]. Parte de estos productos, al igual que ocurre con el aceite, pudieran tener una vocación más enfocada a la gran producción, principalmente para la institución de la *annona*[285], ya fuera a las legiones o la misma capital del Imperio.

cosa que no ocurre. Además, las estructuras termales son muy resistentes a la destrucción, por lo que sería extraño que se encuentren solamente la solera y no otras estructuras. Sin embargo, el suelo de una sala de prensado sí quedaría más expuesto. Esto, unido a su asociación a ánforas vinarias y dolia es un indicador para salas de prensado en la Bética romana.

[280] Ettlinger, E. "Aspects of amphora-typology, seen from the North", *Méthodes classiques et methods formelles dans l'étude typologique des amphores, Actes du colloque de Rome,* École française de Rome, Roma, 1977, pp. 9–16; Beltrán Lloris, M. *Cerámica romana: tipología y clasificación,* Libros Pórtico, Zaragoza, 1978; Manacorda, D. "Le anfore dell'Italie Repubblicana: aspetti economici e sociali", *Publications de l'école française de Rome* 114, 1986, pp. 443–467; Sciallano, M., Sibella, S. *Amphores, comment les identifier?*, Edisud, París, 1991, pp. 7–137; Panella, C., Tchernia, A. "Produits agricoles transportés en amphores: L'huile et surtout le vin", *Publications de l'École Française de Rome* 198, 1994, pp. 145–165; Pascual Belranga, G., Ribera I Lacomba, A. "El material más apreciado por los antiguos. Las ánforas", en A. Ribera I Lacomba, *Manual de cerámica romana: el mundo helenístico al Imperio Romano*, Museo Arqueológico Regional, Madrid 2013, pp. 215–220.

[281] Pemán, C. "Alfares y embarcaderos romanos en la provincia de Cádiz", *AEArq* XXXII, 1959, pp. 169; Lagóstena Barrios, L. "Alfarerías romanas en El Puerto de Santa María: un modelo de transición económica del ámbito cultural púnico al romano en la bahía gaditana", *Revista de Historia de El Puerto* 13, 1994, pp. 9–42; García Vargas, E. "Las ánforas del alfar romano de "El Gallinero" (Puerto Real, Cádiz) en el contexto de las producciones anfóricas gaditanas", *3ª Jornadas de Historia de Puerto Real*, 1996, p. 61.

[282] García Vargas, E. "Producciones anfóricas tardorrepublicanas y tempranoaugusteas del valle del Guadalquivir. Formas y ritmos de la romanización en Turdetania a través del artesanado cerámico", en D, Bernal Casasola, A. Ribera I Lacomba (eds.), *Cerámicas hispanorromanas II. Producciones regionales,* Universidad de Cádiz, Cádiz, 2012, pp. 177–206; Remesal Rodríguez, J. "Las ánforas dressel 20 y su sistema epigráfico", en J. Remesal Rodríguez (ed.), *Epigrafía Anfórica,* Instrumenta, Barcelona, 2004, pp. 127–148; Remesal Rodríguez, J. "Producción y comercio del aceite...".

[283] Remesal Rodríguez, J. *La annona militaris*...; Lagóstena Barrios, L. *La producción de salsas*...

[284] García Vargas, E., Roberto de Almeida, R., González Cesteros, H. "Los tipos anfóricos del Guadalquivir en el marco de los envases hispanos del siglo I a.C. un universo heterogéneo entre la imitación y la estandarización", *Spal* 20, 2011, pp. 185–284.

[285] Sáez Fernández, P., Lomas Salmonte, P.J. "El *Kalendarium Vegetianum*..."; Remesal rodríguez, J. "La annona militaris...", p. 283; Marlière, E. "Toneaux et amphores a *Vindolanda*... pp. 125–179.

Historiográficamente la cultura material anfórica y los alfares han sido ampliamente estudiados en el Imperio Romano[286]. Este tipo de cultura material se conoce muy bien gracias a la profusión de investigaciones en el mundo académico. Para el caso específico de la Bética, contamos también con importantes trabajos de referencia, aunque la mayoría de ellos y de interés para nosotros, se circunscriben a los espacios de la Bahía de Cádiz[287] o el Alto Guadalquivir[288], dos lugares especialmente importantes en la producción anfórica, destinada fundamentalmente a las salazones y al aceite, respectivamente[289].

El estudio de estos alfares y envases nos permite poder disponer de la información primordial para construir este argumentario. Metodológicamente, partimos del reconocimiento en campo de indicadores de alfares, para poder discernir en primer lugar cuál es el patrón de estos centros productores y cuáles son los productos que en ellos se producen. Para poder ver las tipologías anfóricas, podemos contar con innumerables trabajos sobre el particular, recopilados en diversas publicaciones y páginas web donde se sintetiza el estado de la cuestión en la materia[290]. La contextualización de los productos finales también tiene como objetivo definir cuáles son las tipologías de vino que se exportan en la zona[291], especialmente si consideramos la problemática todavía existente sobre las Haltern 70 y su contenido[292].

Por lo que conocemos a través de las prospecciones, las tipologías de ánforas que hemos podido reconocer por el territorio son muy amplias. Para el caso que nos ocupa, nos interesan en esencia los materiales del siglo I d.C., si

[286] Ettlinger, E. "Aspects of amphora-typology, seen from the North", *Méthodes classiques et methods formelles dans l'étude typologique des amphores, Actes du colloque de Rome,* Roma, 1977, pp. 9–16; Beltrán Lloris, M. *Cerámica romana...*, pp. 234; Manacorda, D. "Le anfore dell'Italie Repubblicana: aspetti economici e sociali", *Publications de l'école française de Rome* 114, 1986, pp. 443–467; Sciallano, M., Sibella, P. *Amphores...*, pp. 7–137; Panella, C., Tchernia, A. "Produits agricoles transportés en amphores: L'huile et surtout le vin", *Publications de l'École Française de Rome* 198, 1994, pp. 145–165; Pascual Belranga, G., Ribera I Lacomba, A. "El material más apreciado... ", pp. 215–290.

[287] Pemán, C. "Alfares y embarcaderos romanos en la provincia de Cádiz", *AEArq* XXXII, 1959, pp. 169; Lagóstena Barrios, L. "Alfarerías romanas en El Puerto de Santa María: un modelo de transición económica del ámbito cultural púnico al romano en la bahía gaditana", *Revista de Historia de El Puerto* 13, 1994, pp. 9–42; García Vargas, E. "Las ánforas del alfar romano de "El Gallinero" (Puerto Real, Cádiz) en el contexto de las producciones anfóricas gaditanas", *3ª Jornadas de Historia de Puerto Real*, 1996, p. 61.

[288] García Vargas, E. "Producciones anfóricas tardorrepublicanas y tempranoaugusteas del valle del Guadalquivir. Formas y ritmos de la romanización en Turdetania a través del artesanado cerámico", en D, Bernal Casasola, A. Ribera I Lacomba (eds.), *Cerámicas hispanorromanas II...*, pp. 177–206; Remesal Rodríguez, J. "Las ánforas dressel 20 y su sistema epigráfico", en J. Remesal Rodríguez (ed.), *Epigrafía Anfórica,* Instrumenta, Barcelona, 2004, pp. 127–148; Remesal Rodríguez, J. "Producción y comercio del aceite...". http://amphorae.icac.cat visitado el 15-08-2019.

[289] Remesal Rodríguez, J. *La annona militaris*..., p. 283; Lagóstena Barrios, L. *La producción de salsas*....

[290] http://amphorae.icac.cat.

[291] Teichner, F., Peña Cervantes, Y. "Archaologisches zur Herstellung von Olivenol und Wein im romischen Hispanien", *Bjb* 210–211, 2012, pp. 95–178.

[292] Silvino, T., Poux, M., Garnier, N. "¿Où est passé le vin... "; Djaoui, D. "Les amphores de type...".

bien podemos retrotraernos a los momentos iniciales del Imperio, como marco cronológico de implantación de la colonia[293]. Las tipologías de ánforas son principalmente las de contenido vitícola y salazonero. Dicho esto, contrasta la poca cantidad de ánforas detectadas para contenedores de aceite, tan solo un par de fragmentos en todos los yacimientos encontrados, ninguno a su vez, asociado a alfares. En este sentido, podemos concluir rápidamente que la producción de aceite en el territorio no es una de las actividades prioritarias, al menos desde el punto de vista de la comercialización, al contrario que ocurriría en la zona del alto y medio Guadalquivir[294]. Con este primer dato, debemos relacionar las tipologías de ánforas detectadas con sus posibles contenidos. En este sentido, todavía está en revisión las formas que pasamos a analizar para la Bética[295].

La más importante es la denominada como Haltern 70[296], ánfora de origen bético que aparece en diversos contextos a lo largo del Mediterráneo y, como su propia denominación indica, llega hasta los campamentos del Rhin. Esta forma que venía a solucionar los problemas de cuál es el envase utilizado para transportar el vino bético, se encontró con la problemática de que sus contenidos no se relacionan directamente con este producto[297]. La epigrafía más importante sobre este tipo de ánfora, muestra una serie de productos, como el *defrutum* o la *sappa*[298], que si bien son productos creados a través de la fermentación de la uva y algún otro añadido, no es considerado como un vino. Este tipo de producto vinícola se podría definir como el arrope actual, un mosto cocido que consigue una consistencia bastante espesa y se suele utilizar para conservar otro tipo de productos como aceitunas[299]. De los distintos *tituli picti* que se han estudiado a lo largo del Imperio, la mayoría indica un producto como el *defrutum*, en algunos casos como *oliva nigra* o *verde*, que bien puede estar asociado precisamente a la conserva de estas aceitunas[300]. En algunos casos, se ha encontrado *muria* o puede que *mulsum*, productos más debatidos, pero que se configurarían en primer lugar como una conserva de salazones en este arrope o de una mezcla de vino y miel[301].

En otros espacios productivos dentro de la Bética, estas ánforas aparecen en diversos contextos, muchos de ellos asociados a talleres de producción de Dressel 20, pero también en diversos puntos de la costa malagueña[302]. Son ánforas que apenas se sellan por lo que hace difícil saber su procedencia. Parece que muchos de estos sellos coinciden con el momento que tradicionalmente se considera de declive de esta producción a mediados del siglo I d.C. En este contexto parece que comparten los mismos *tria nomina* que la Dressel 20, comercializándose juntas[303].

En los estudios del pecio Culip VIII, se han podido realizar analíticas de los contenidos de varias de estas ánforas. Los resultados, en esencia, vienen a confirmar lo que ya sabíamos: la presencia de pez en su interior, junto con restos de algún tipo de vino o vinagre. No por ello, esto viene a confirmar la existencia de un producto puramente vinícola en su interior, ya que podríamos seguir hablando de *defrutum*[304]. Lo interesante, por la comparativa de este estudio, es que con toda seguridad la pez empleada viene de la conífera, especialmente el pino, lo cual apoya nuestra idea que este tipo de árbol tenía este aprovechamiento en el territorio[305]. Dado que no sabemos con certeza si la Haltern 70 contenía otros productos además de los ya expuestos, unido a la búsqueda de una tipología concreta bética que transporte vino, hace que esta ánfora sea de las más estudiadas actualmente. Ahora bien, solo tenemos certeza de este producto que no es el vino, sino un mosto deshidratado.

Interesa contrastar si existe una especial producción de estas ánforas para la zona de estudio, como ya se ha sugerido[306]. Vemos que existen por toda la Bética, por lo que podríamos considerar hasta qué punto estas ánforas son producidas en estas regiones o se tratan de comercialización del producto en un ámbito provincial. En algunos casos se han asociado a alfares, por lo que al menos deben de existir,

293 Roca Roumens, M., Fernández García, M.I. *Introducción al estudio de la cerámica romana. Una breve guía de referencia*, Universidad de Málaga, Málaga, 2005, p. 464; Berni Millet, P., Carreras Monfort, C. "Corpus epigràfic de segells en àmfora, *Dolia*, *tegulae* i gerres de cerámica comuna oxidada del Baix Llobregat", en C. Carreras Monfort, J. Guitart I Duran, A. López Mullor (coords.), *Barcino*, 2013, pp. 127–286.

294 Pascual Belranga, G., Ribera I Lacomba, A. "El material más apreciado... ", pp. 215–220.

295 Volpe, R. "Vino, vigneti ed anfore in Roma Repubblicana", *Suburbium* 2, 2009, pp. 1000–1014; Djaoui, D. "Les amphores de type Haltern 70... pp. 489–512.

296 Remesal, J., Carreras Monfort, C. "Història de la recerca", *Culip VIII i les àmfores Haltern 70. Monografies del Casc 5*, Gerona, 2004, pp. 19–23.

297 Colls, D., Etienne, R., Lequément, R., Liou, B., Mayet, F. "L'épave Port-Vendres II etl le commerce de la Bétique à l'époque de Claude", *Archaeonautica* 1, 1977, pp. 3–145.

298 Ver capítulo a continuación sobre los distintos productos.

299 Aguilera, A. "Defrutum, sapa y caroenum. Tres nombres y un producto: arrope", *Culip VIII i les àmfores Haltern 70. Monografies del Casc 5*, Gerona,2004, pp. 120–132.

300 Estos productos se contextualizan en el siguiente capítulo. Solo decir que el *defrutum* o la *sappa* es en esencia arrope, fruto de calentar un mosto hasta reducir su volumen varias veces, concentrando el nivel de azúcares, dando lugar a una pasta dulce, que es un gran conservante.

301 Carreras Monfort, C. "Estat de la questió sobre els continguts de les àmfores Haltern 70", *Culip VIII i les amfores Haltern 70. Monografies del Casc 5*, Gerona, 2004, pp. 117–118. Aguilera, A. "El contenido de las Haltern 70 según los *tituli picti*", *Culip VIII i les àmfores Haltern 70. Monografies del Casc 5*, Gerona, 2004, p. 119.

302 García Vargas, E. "Producciones anfóricas tardorrepublicanas y tempranoagusteas del valle del Guadalquivir. Formas y ritmos de la romanización en Turdetania a través del artesanado cerámico", en D. Bernal Casasola, A. Ribera I Lacomba (eds.), *Cerámicas hispanorromanas II...*

303 Moros Díaz, J., Berni Millet, P. "3. Epigrafia sobre àmfores Haltern 70 bètiques. Catálogo de sellos", *Culip VIII i les Amfores Haltern 70. Monografies del Casc, 5*, Gerona, 2004, p. 51.

304 Silvino, T., Poux, M., Garnier, N. ¿"Où est passé le vin de Bétique ?...", pp. 501–514.

305 Juan-Tresserras, J., Matamalas, J.C. "Annex 2. Estudio de las resinas y los contenidos de las ánforas Haltern 70 de Culip VIII", *Culip VIII i les àmfores Haltern 70. Monografies del Casc 5*, Gerona, 2004, pp. 165–166.

306 Carreras Monfort, C. "Producción de Haltern 70…"; Berni Millet, P. "Tipología de las Haltern 70 bética", en C. Carreras Monfort, R. Morais, E. González Fernández (coords.), *Ánforas romanas de Lugo*, 2011, pp. 80–107.

aparentemente como una producción secundaria, dentro de las producciones anfóricas béticas[307].

Además de la Haltern 70 debemos buscar dentro de las tipologías de ánforas existentes en la zona, cuáles pueden ser referidas al envasado de vino u otros derivados de la uva. Para el caso de la costa de la Bética tenemos varias tipologías ya estudiadas, de diversas cronologías: Dressel 1, Ramon T-7433, Ramon T-8211, Dressel 10, Dressel 11, Dressel 2–4, Dressel 30, Beltrán IIB, Gauloise 4, Pellicer D y Urceus. Mientras que para el valle del Guadalquivir: Ovoide 4, Ovoide 5, Dressel 7–11, Dressel 2–4, Dressel 28, Urcesus, Verulamium 1908[308].

Gran parte de estas ánforas aparecen en el territorio de estudio. En general, las más abundantes en todos los yacimientos son la Haltern 70, seguida de la Dressel 1, especialmente el subtipo A y C[309] y las series de ánforas comúnmente aceptadas como salazoneras Dressel 7–11. Aparte se han detectado por el territorio, otras tipologías de estas cronologías en menor medida la Dressel 2–4 y la Dressel 28[310]. En contextos de alfar, en aquellos a los que hemos podido acceder y hemos encontrado restos anfóricos, aparecen de manera clara y concisa las producciones anfóricas con pastas de la zona que probablemente se produjeran en dichos alfares[311]. No tenemos la contrastación real de dichas producciones, hasta que se hagan excavaciones de los mismos lugares. Los únicos que conocemos en contexto de excavación son los alfares localizados en los alfares de Prados de Montegil. En esencia es un alfar de *dolia*, aunque también han aparecido fragmentos ánforicos de la serie Dressel 7–11. Para el caso de los alfares de Pino 1 y Pino 2, los materiales encontrados en las excavaciones son diferentes. En el caso de Pino 1 se encuentra asociado a una *villa*, aparecen restos de ánforas Dressel 7–11, pero también formas como las Beltrán IIA, siendo las primeras las más numerosas. Mientras que en alfar de Pino 2, se localizan ánforas de tipología Haltern 70, Dressel 1 y algún fragmento de Dressel 20[312]. Destacaría dentro de la 7–11 la Dressel 10, la más representativa dentro de las series de la zona, de la que tenemos evidencias que en algunos casos se han usado como envases asociados a vino o similares, como derivados de uvas[313].

Otros alfares importantes en la zona, como es el de Monasterejos, tienen unas producciones aseguradas de *dolia*, concretamente con fragmentos de fallos de cocción de estos recipientes, así como otros muchos materiales, que en esencia corresponden con las series anfóricas 7–11, pudiendo distinguir todos los subtipos de esta serie. Aparte se han encontrado algunos fragmentos menores, de ánforas como Haltern 70 y Dressel 20 o 23. El caso de la *villa* de Redondón, que también tiene que tener un alfar asociado por los restos de escoria encontrados en superficie, puede ser uno de los centros principales de producción vitivinícola de la zona, pues las ánforas que se localizan son esencialmente de tipología vinícola, con varios fragmentos recogidos de Dressel 1, especialmente C y algunas Haltern 70[314].

Por tanto, podemos aseverar que existe una importante producción de ánforas Haltern 70 en nuestra zona, pues tenemos diversos ejemplos en contexto de alfar, siendo además el ánfora más representativa en los yacimientos, solo comparable con la gran gama de Dressel 7–11, algunas de ellas como ya hemos comentado relacionadas con vino. Para el caso de las *villae* sin producción anfórica reconocida, es complicado definir si son producciones en la zona o consumo. Es por ello que las ánforas encontradas en prospección en lugares donde no conocemos alfares difícilmente se pueden utilizar para determinar la producción de la zona[315]. Su evolución tipológica ha sido propuesta en varios trabajos, sin que se pueda llegar a una seriación completamente veraz, por falta de investigaciones en los alfares productores[316]. En la siguiente figura 5.3 se exponen la localización de las *villae* y alfar donde se ha localizado Haltern 70 en el territorio. En la siguiente figura 5.4, se han seleccionado una serie de dibujos de estas ánforas, de las que hemos tenido ejemplares más completos, para poder comparar su tipología.

Las medidas de las ánforas por los bordes de las mismas cuadran con la tipología de época altoimperial, si bien algunas piezas pueden ser anteriores, de época preagustea[317]. Aparece en varios contextos de *villa,* pero con seguridad asociada a los alfares de Alamedinilla III, Crespellina, El Cementerio, El Olivar Casarejo, El Peñón, Montegil de Buenavista, Redondón, Arroyo de la Compañía, Cortijo de Monasterejos, El Pino 2 y Prados de Montegil. De entre estos espacios destaca Redondón, ya que se documenta una gran cantidad de ánforas Haltern 70 y Dressel 1 en exclusiva, por lo que debe de tratarse de un importante centro de producción de este tipo de envases. El resto de alfares tienen asociados otra serie de ánforas, siendo la más común la serie Dressel 7–11 y las Beltrán IIA y IIB, que aparecen casi en la totalidad de alfares de los que tenemos referencias.

Por otro lado, la distribución de los alfares en el territorio en el que se ha reconocido esta tipología muestra una clara tendencia hacia el Este, que puede ser fruto de los

307 Carreras Monfort, C. "4. Geografia de la producción de les Haltern 70", *Culip VIII i les àmfores Haltern 70. Monografies del Casc 5,* Gerona, 2004, pp. 75–83.

308 Estos son los tipos que aparecen en http://amphorae.icac.cat/ que han tenido en algún momento, aunque sea de una manera más residual, contenido vitícola.

309 Roldán Gómez, L. "La presencia del vino en el entorno… pp. 201–224.

310 Abad casal, L. *El Guadalquivir…*, p. 117.

311 Ettlinger, E. "Aspects of amphora-typology... pp. 9–16.

312 Remesal Rodríguez, J. "Producción y comercio del aceite… pp. 193–234.

313 Chic García, G. "Acerca de un ánfora… pp. 37–41.

314 Ver anexo nº 54 y 56.

315 García Vargas, E. "Producciones anfóricas tardorrepublicanas… pp. 177–206.

316 Puig, A. "Evolució de les Haltern 70", *Culip VIII i les àmfores Haltern 70. Monografies del Casc 5,* Gerona, 2004, pp. 23–32; Berni Millet, P. "Tipología de las Haltern 70 bética...".

317 Berni Millet, P. "Tipología de las Haltern 70...", pp. 88–89.

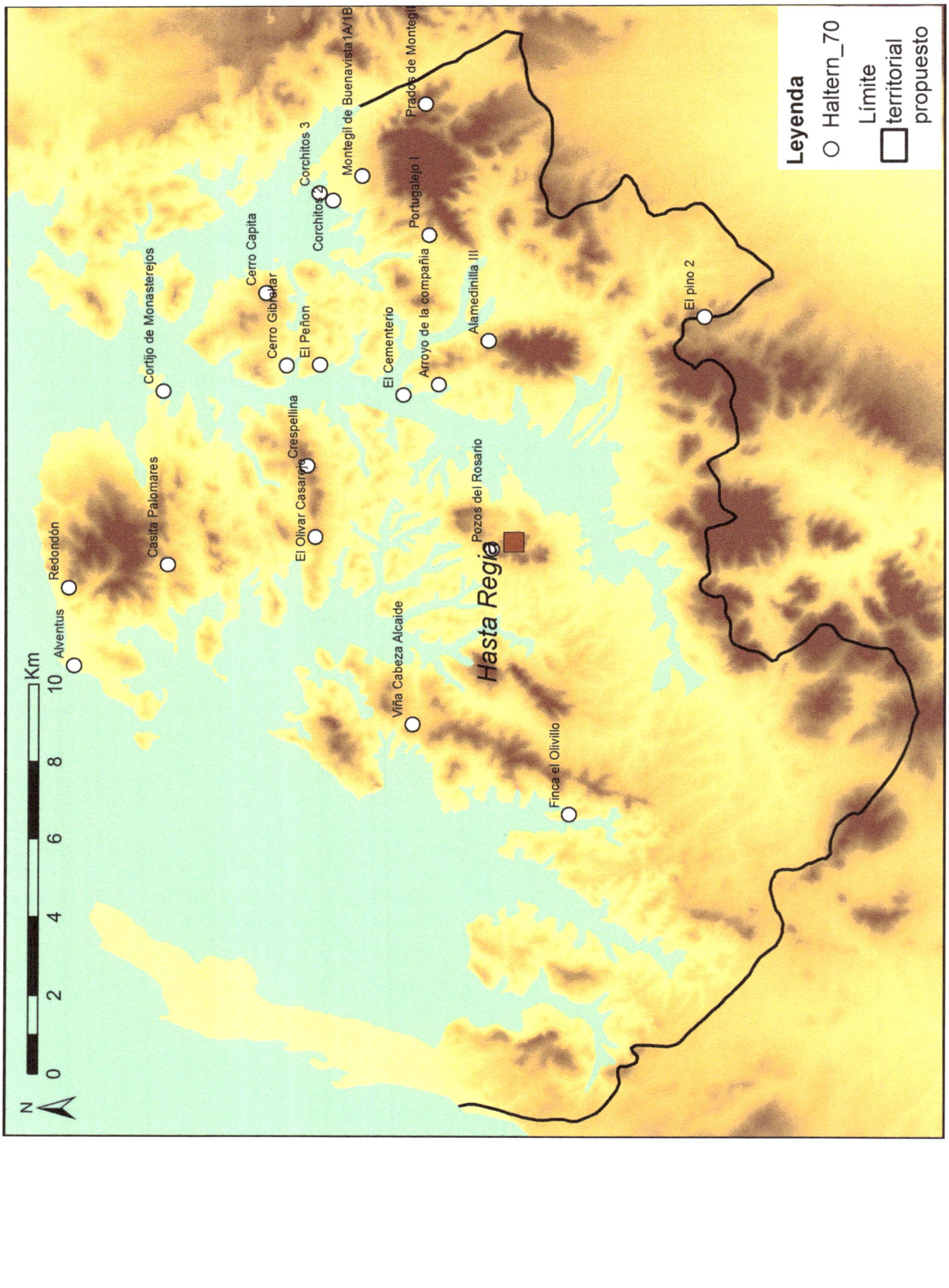

Figura 5.3. Mapa de distribución de Haltern 70 en el territorio. Fuente propia.

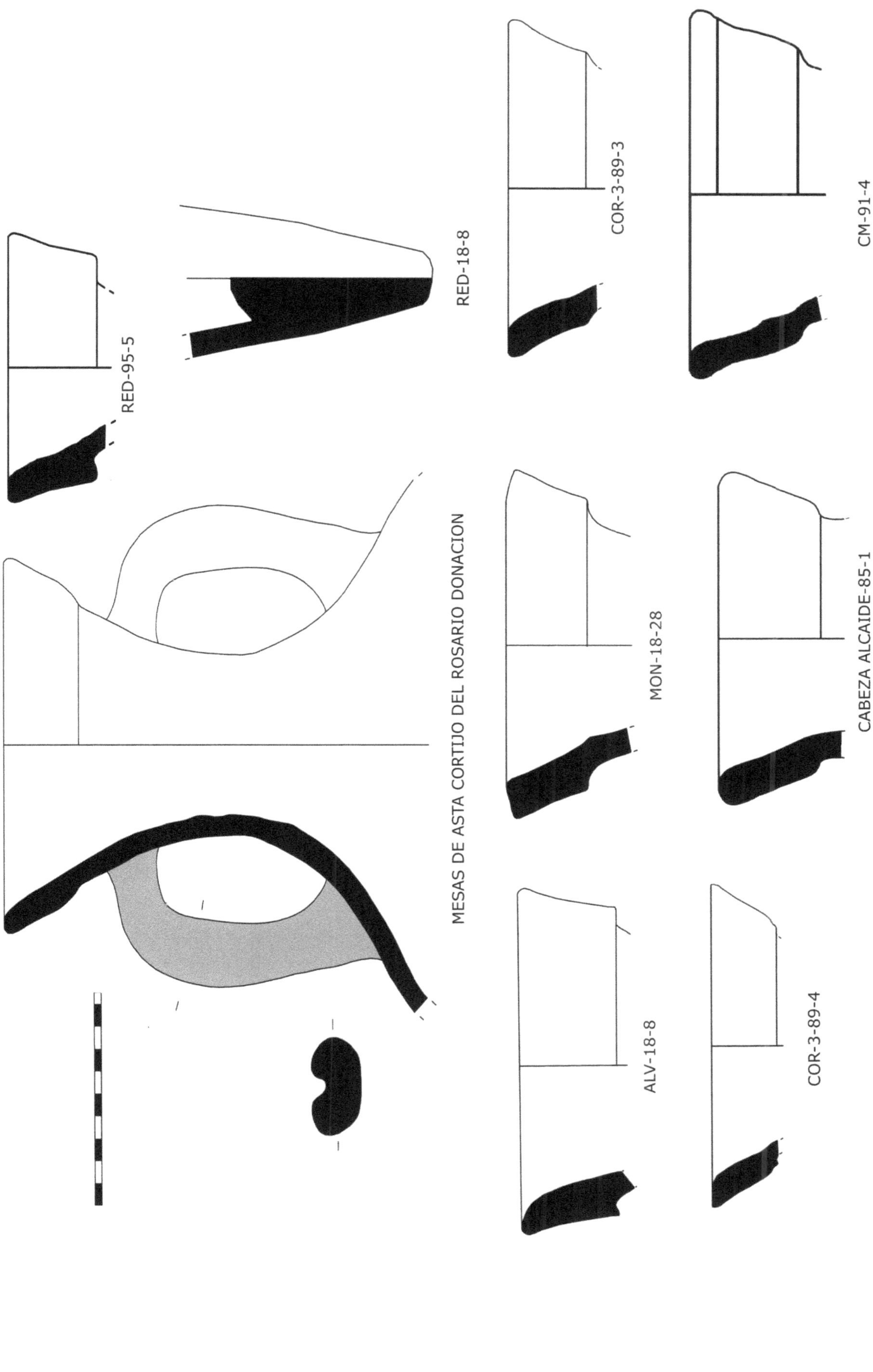

Figura 5.4. Láminas de Haltern 70. Fuente propia.

vacíos de investigación y que las prospecciones de esta zona han sido más sistemáticas. De entre los alfares que no conocemos su producción con Haltern 70, debemos de decir que son los minoritarios, ya que, de un total de veinticinco posibles alfares en el territorio, tenemos constancia de este envase en once, no teniendo datos de la tipología de envases en nueve de ellos, ya que no han podido ser visitados, pero sí aparecen como alfares en la bibliografía precedente. Por tanto, tenemos un porcentaje relativo del 60 % de los alfares del territorio que producen este tipo anfórico.

La segunda ánfora vinaria representativa en el territorio y generalmente asociada en centros productores con la Haltern 70 es la Dressel 1. En otras regiones cercanas a nuestro marco, se han contextualizado las series Dressel 1, que se producen en la zona de Algeciras y se encuentran fragmentos en Belo, aunque también la Dressel 2–4 y 28[318]. Para el caso concreto de otros tipos de ánforas, tenemos los casos de tipologías de Dressel 1C y 2–4 en las zonas de Algeciras y *Carteia*[319].

En las siguientes figuras 5.5 y 5.6 exponemos la distribución de la Dressel 1 y las láminas elegidas para dibujo de las mismas. El mapa de distribución de la Dressel 1 es distinto que el de la Haltern 70, aunque debemos de suponer que se produjeron de una manera simultánea, ya que aparecen en alfares a la vez, como en El Olivar Casarejo, El Peñón, Montegil de Buenavista, Redondón, Arroyo de la Compañía, Cortijo de Monasterejos y Prados de Montegil. Otros alfares donde tenemos constatada la Dressel 1 es en Mojón Blanco, Loma de Espartina VIII y Casarejo 3. En este caso, tenemos constatada esta tipología anfórica en diez de estos espacios, siendo una proporción similar a la Haltern 70. Sin embargo, aquí podemos errar en la consideración de producciones locales de estas ánforas, pues pudieran venir de fuera en muchos casos, fruto del propio consumo. En cualquier caso, las tenemos constatadas con seguridad en los alfares de Cortijo de Monasterejos y los Prados[320].

Junto a estas tipologías, tenemos de manera meramente nominal la Dressel 2–4 que pudo producirse en este territorio, en los alfares de Arroyo de la Compañía y Crespellina, así como la Dressel 20 que la tenemos atestiguada en Casarejo 3, Crespellina, El Cementerio, El Olivar Casarejo, Mojón Blanco y El Pino 2. En estos casos entendemos que, si se produjeron en el territorio, sería secundaria frente a otras ánforas. Cuantitativamente, las más comunes son las de la serie Dressel 7–11 que son las que aparecen con mayor frecuencia en el territorio. Tras estas, las segundas más representativas serían las vinarias Dressel 1 y Haltern 70, no solamente atestiguadas a través de los bordes, sino también los fondos macizos en el caso de la Haltern 70. De manera nominal tenemos otras ánforas como la Beltran IIA y IIB, la Dressel 20. Especial mención requieren las Dressel 2–4 y 28, que han aparecido en prospecciones y puede que exista una producción de las mismas, aunque es necesaria una mayor investigación sobre el particular.

Para concluir este capítulo, queda demostrado la producción de estas tipologías anfóricas en el territorio, pues, aunque algunas de las ánforas no sean producto del alfar al que se asocia, la realidad es que el conteo de las piezas totales muestra una preponderancia de las tipologías salsarias y vinarias. La tipología principal sería la serie Dressel 7–11, junto con la Haltern 70, seguida de la Dressel 1. Es relevante que no sea representativa la producción de ánforas de aceite como la Dressel 20, estando cerca de grandes centros productores del medio y alto Guadalquivir. Es relevante para el estudio confirmar cuales son las tipologías producidas, confirmando que la Haltern 70 es un ánfora vinaria importante, pero que aparece en contextos de alfar junto con imitaciones de Dressel 1 y Dressel 7–11. No podemos concluir más en este aspecto, salvo plantear la posibilidad que la Haltern 70 no fuera realmente un ánfora vinaria en sí, sino de derivados de la uva, mientras que se usara la ya reconocida Dressel 1 para el vino u otros tipos como la Dressel 10 o la Dressel 2–4, también reconocida en el territorio pero en menor medida.

5.3. Dolia

En el proceso de transformación existen unos objetos cerámicos particularmente poco estudiados, por su forma tosca y poca diferencia formal, el *dolium*. Este recipiente de grandes dimensiones está íntimamente ligado a la producción vitivinícola, en cuanto es necesario en parte del proceso de fermentación y almacenaje del producto. Podríamos entrar en el debate del uso de otra serie de contenedores para el almacenamiento de estos productos, pero la importante producción de *dolia* en la zona de estudio no nos permite considerar otras opciones como pudieran ser lo barriles.

Junto a ello podría existir el debate sobre la funcionalidad de estos recipientes, que en la práctica pueden servir para almacenar cualquier cosa, como el grano. Ciertamente el encontrar un *dolium* no es un indicador importante para este tipo de producción, pues prácticamente cualquier tipo de instalación agropecuaria tendría este tipo de contenedores[321]. Existen dos cuestiones aquí a considerar; de un lado el número de los *dolia* detectados, si hay muchos podríamos considerar un almacén de vino, *cella vinaria*. Junto a ello, el propio tamaño de estas, pues como Varrón nos refiere:

"Más provechosa", dice Fundanio, "es ciertamente la finca a causa de los edificios, si dispones la edificación más con

[318] Remesal Rodríguez, J. *La annona militaris...*, p. 331.
[319] Sillieres, P. "Comercialización del aceite y el vino hispánicos...".
[320] Para más información sobre otras tipologías encontradas en estos contextos, ver las fichas del número 39 al 64 en el anexo.

[321] Maeso Taviro, C., Martínez-Sevilla, F. "Grandes contenedores de cerámica *–Dolia-* en la *villa* romana del cortijo del canal (Albolote, Granada)", *Estrat. Critic.* 5 Vol. 2, 2011, pp. 305–316.

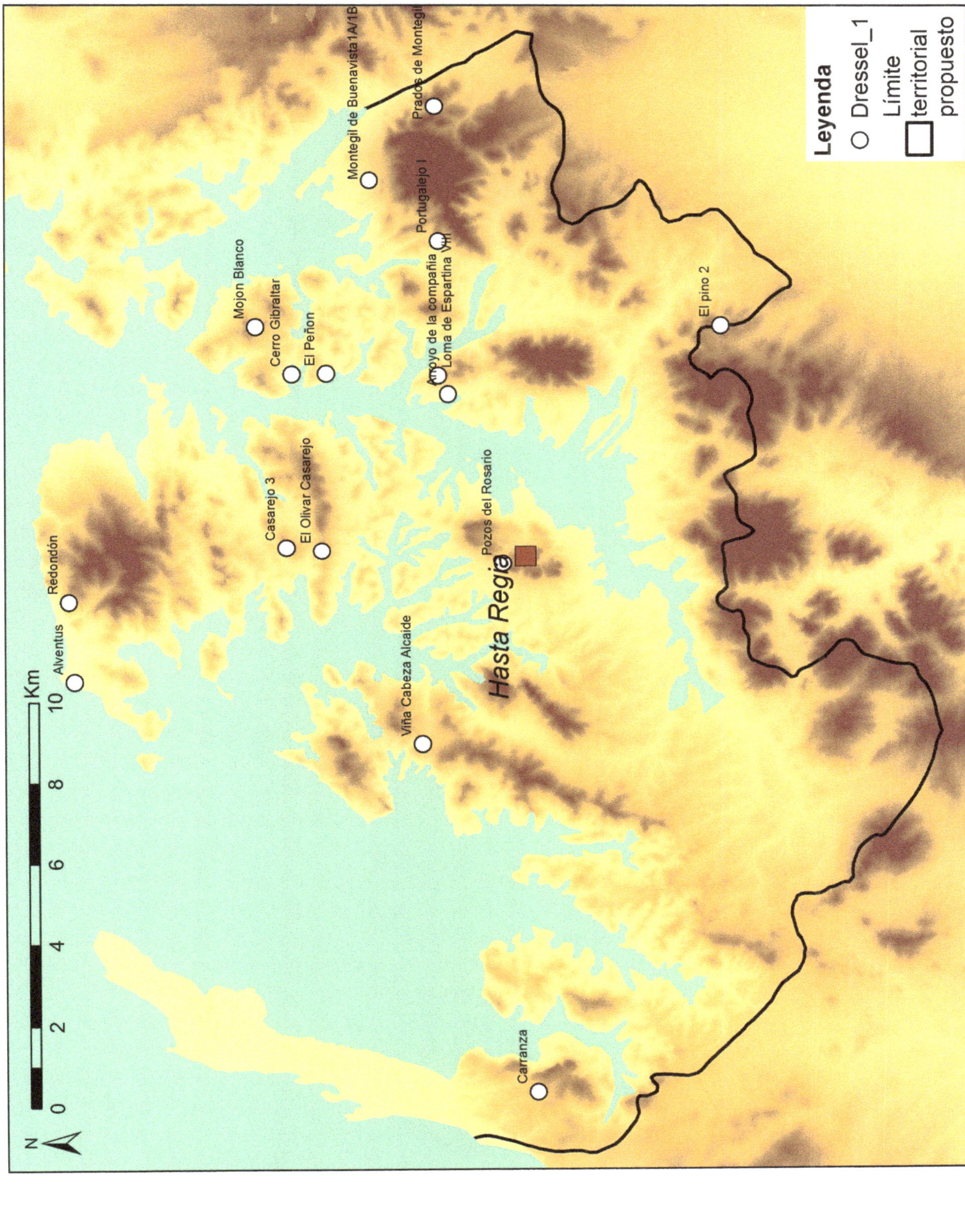

Figura 5.5. Mapa de distribución de Dressel 1 en el territorio. Fuente propia.

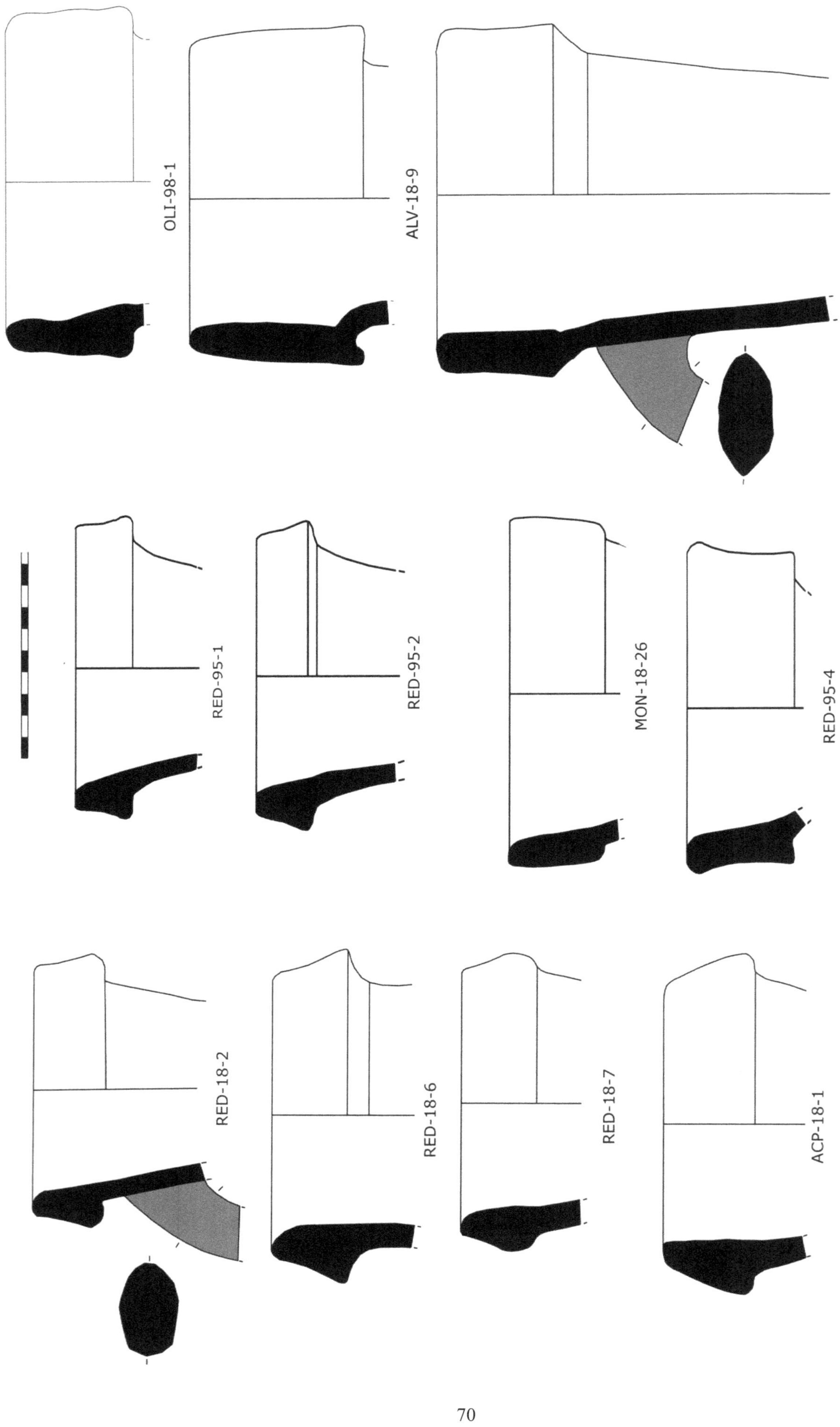

Figura 5.6. Láminas de Dressel 1. Fuente propia.

el espíritu de economía de los antiguos que con el lujo de los de ahora, pues aquellos operaban en proporción al beneficio, estos lo hacen por indómitos deseos. Por eso, las casas rústicas de aquellos costaban más que las de recreo y ahora en la mayoría de los casos ocurre, al contrario. Entonces se alababa la casa si tenía buena cocina rústica, amplios establos, bodega y despensa de aceite en función del tamaño del campo y pavimento inclinado hacia el lagar, porque frecuentemente, donde se guarda el vino nuevo, con el hervor del mosto se rompen las orzas en Hispania y también las tinajas en Italia. De igual manera procuraban que hubiese en la finca todo el material que se necesita para el cultivo". [322]

Los *dolia* en Hispania son de pequeñas dimensiones, comparados con los de Italia, siendo además los pequeños para el uso de vino. Probablemente los recipientes de mayor tamaño tuvieran una función más enfocada en almacenar productos como grano, mientras que estas de menor capacidad pudieran servir para vino[323].

La caracterización de los *dolia* y sus contenidos no está bien analizada, menos aún en nuestra zona de estudio. En primer lugar, tendríamos que considerar si realmente el término *dolium* es correcto para estos contenedores de mediano tamaño[324]. Como hemos visto en el texto de Varrón, se definen como *orcae*. De la misma forma, no conocemos con seguridad la funcionalidad, más allá de las analíticas que se puedan hacer de contenidos[325], principalmente porque la parte morfológica que más información nos da, los bordes de *dolia*, no puede ser relacionada con tipologías específicas, al contrario de lo que pasa con las ánforas[326].

Situada esta cuestión, de sesenta y cuatro entidades del territorio, entre *villae* y alfares, los *dolia* aparecen representados en los materiales un total de 38 veces, es decir, en más de la mitad de los sitios (Fig. 5.7)[327]. A su vez, en la mayor parte de los casos, no se trata solamente de un fragmento aislado, sino de varios, especialmente los bordes, incluyendo diversas tipologías. Ahora bien, el factor más importante de todo esto, es que, de 26 alfares o *villae* con alfares, no aparecen *dolia* en 7 de ellos, siendo solo cuatro casos en los que se detecta solamente un fragmento.

Con todo ello se puede asegurar que los alfares de la zona tienen una especialización en *dolia*. En este sentido, tenemos en el territorio un alfar excavado, Prados de Montegil, cuya producción fundamental es de *dolia*[328], como muestran los materiales recogidos de esta excavación. Otro alfar relevante estudiado en la zona, es el de Monasterejos. Este muestra estructuras de hornos visibles[329], estando asociado a materiales anfóricos y de *dolia*. Concretamente se documentan fallos de cocción de esta, por lo que se puede asegurar su producción en dicho alfar. Lo mismo ocurre en el caso de la *villa* con alfar de Crespellina, de la que hablaremos más adelante. Solo resta comentar una cuestión fundamental y es que más de la mitad de alfares de la zona se dedican a una producción de *dolia* por diversos fragmentos encontrados en ellos. Esto nos indica que tenemos importantes centros productores de *dolia* a todo lo largo y ancho del territorio estudiado[330].

Las tipologías de estos contenedores, en general, corresponden con tipos pequeños, de las que pudieran estar relacionadas con la tipología que denomina Varrón como *orcae* (Fig. 5.8). El valor medio aproximado que conocemos solo es de su boca, la cual tiende a unos valores de 20 a 30 cm. Sus paredes no son muy anchas, por lo que se puede entender que no hablamos de un *dolium* de enormes dimensiones. No existe una relación de forma o tamaño relacionado con el contenido, pero en general las formas más pequeñas, dentro de que estos siempre son de grandes dimensiones, se reservan para vino, mientras que las más grandes para otros productos, como ya hemos expresado[331].

[322] Varro *R.R.* 1.13.6. *Fundanius, Fructuosior, inquit, est certe fundus propter aedificia, si potius ad anticorum diligentiam quam ad horum luxuriam derigas aedificationem. Illi enim faciebant ad fructum rationem, hi faciunt ad libidines indomitas. Itaque illorum villae rusticae erant maioris preti quam urbanae, quae nunc sunt pleraque contra. Illic laudabatur villa, si habebat culinam rusticam bonam, praesepis laxas, cellam vinariam et oleariam ad modum agri aptam et pavimento proclivi in lacum, quod saepe, ubi conditum novum vinum, orcae in Hispania fervore musti ruptae neque non dolea in Italia.*

[323] Salido Domínguez, J. "4. Los *Dolia* en *Hispania*: caracterización funcionalidad y tipología", en C. Fernández Ochoa, A. Morillo, M. Zarzalejos (eds.), *Manual de cerámica romana III*, Madrid, 2017, pp. 237–309.

[324] Aguarod Otal, M.C. "Cerámica común romana: cocina, conserva, preparación de alimentos, almacenaje y mesa", Al-*qannis: Boletín del Taller de Arqueología de* Alcañiz 10, 2003, pp. 127–165.

[325] Dias Viegas, C., Carretero, P.A., Petit Domínguez, M.D., Rucandio, M.I., Vigil de la Villa, R., García Giménez, R. "Characterization of *Dolia* from the Guadalquivir valley and found in the southern lusitanian sites (Algarve, Portugal), en J. F. Moreau, R. Auger, J. Chabot, A. Herzog (eds.), *Proceedings actes ISA 2006. 36th International Symposium on Archaeometry*, CELAT, Quebéc, 2009, pp. 243–251.

[326] Carrato, C. "Les *Dolia* dans la Péninsule Ibérique a l'époque romaine: état de la question", en L. Girón Angiozar, M. Lazarich González, M. Conceiçao Lopes, (coords.), *Actas del I Congreso Internacional sobre estudios cerámicos. Homenaje a la Dr.a Mercedes Vegas*, Cádiz, 2010, pp. 1172–1200; Mayer, M., Olive I. "La inscripción de un dolium hallado recientemente en Cádiz", en L. Girón Anguiozar, M. Lazarich González, M. da Conceiçao Lopes (coords.), *Actas del I Congreso Internacional sobre Estudios Cerámicos. homenaje a la Dra. Mercedes Vegas*, 2010, pp. 259–266.

[327] Hay que considerar que para algunos casos no tenemos información arqueológica de los mismos, por lo que con este valor sería aún mayor.

[328] González Rodríguez, R., Ruiz Mata, D. "Prerromano e historia antigua de Jerez", en D. Caro (coord.), *Historia de jerez*. Jerez, 1999, p. 163. En el Museo de Jerez se encuentran 49 cajas en las que solamente aparecen *dolia*. El Horno que se excavó, sin embargo, puede no ser de producción de este tipo de contenedores, principalmente por el tamaño del mismo, por lo que este alfar probablemente tuviera varios hornos destinados a distintos productos.

[329] Ponsich, M. *Implantation rurale...*, p. 186; Lavado Florido, M.L. *Carta arqueológica...*; Barrionuevo, F., Aguilar, L., González, R. "Prospección arqueológica superficial...".

[330] Su uso está muy extendido, pues aparecen en otras *villae* del territorio. La diferencia tipológica es similar a la expresada en el trabajo, por ejemplo, en Ochoa, A., Gómez, E., Sánchez, S., Torrecilla, A. "Los dolios y otros envases de almacenaje", en D. Bernal, L. Lorenzo (eds.), *Excavaciones arqueológicas en la villa romana del Puente Grande (los Altos del Ringo Rango, Los Barrios, Cádiz)*, Universidad de Cádiz, Cádiz, 2002, pp. 469–476.

[331] Salido Domínguez, J. "4. Los *Dolia* en *Hispania*...".

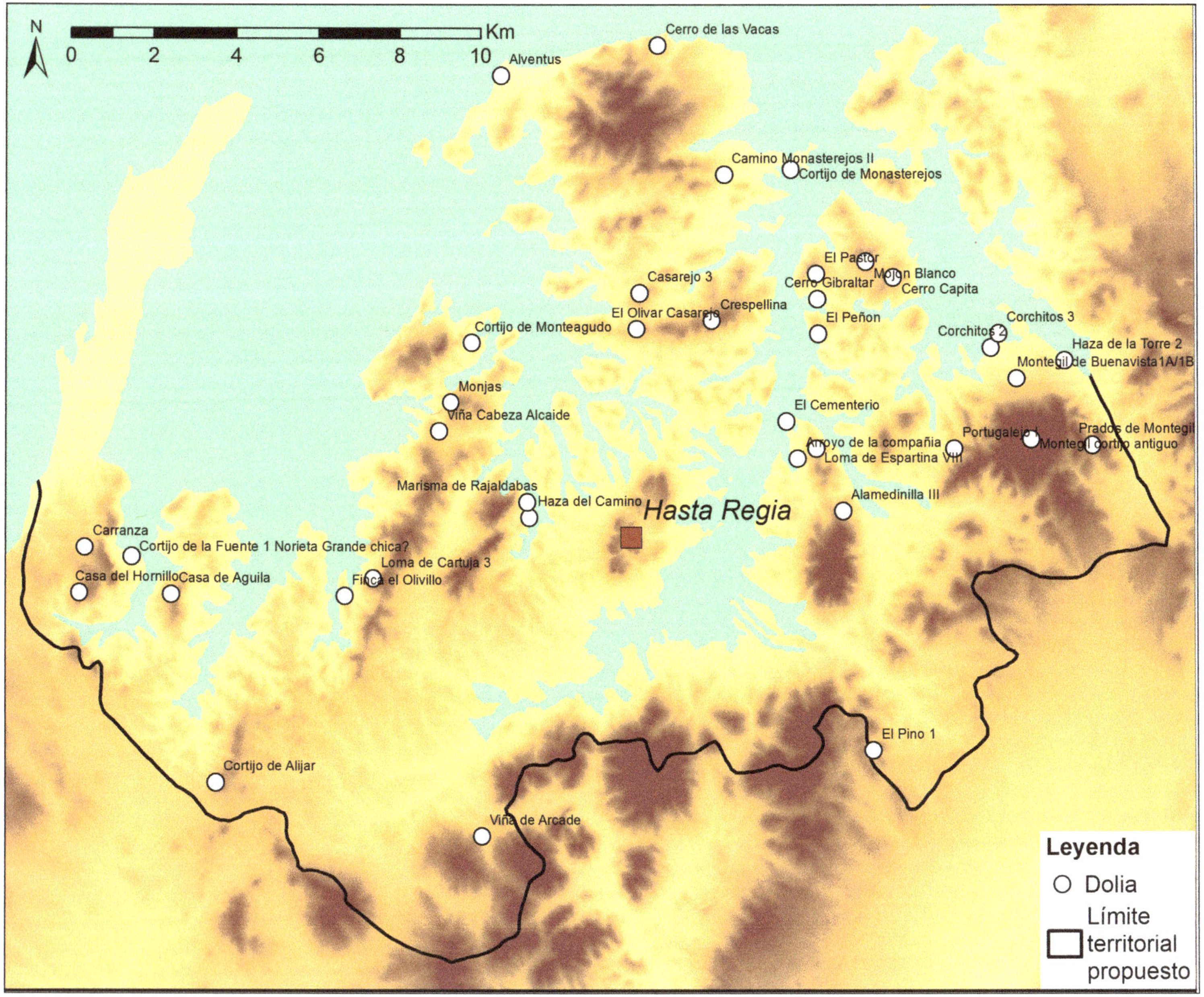

Figura 5.7. Mapa de distribución de *dolia*. Fuente propia.

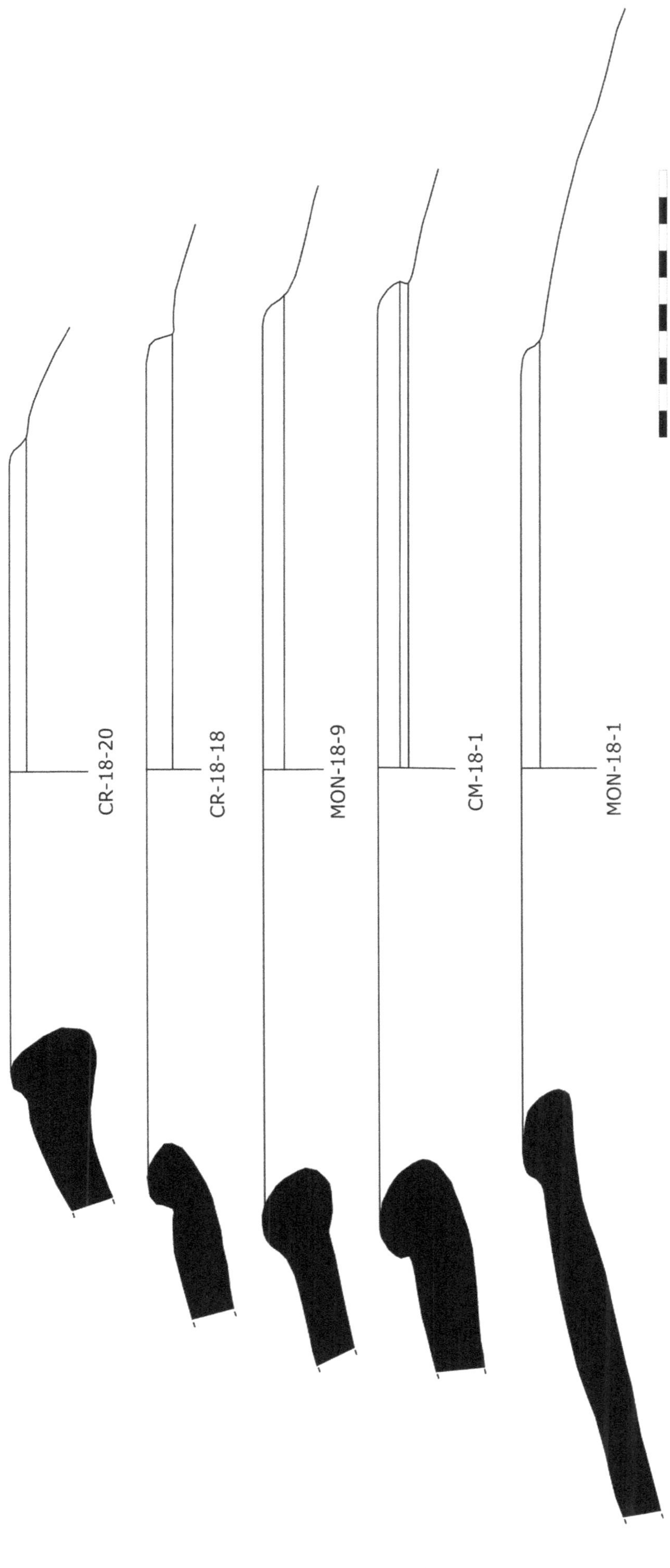

Figura 5.8. Láminas de *dolia*. Fuente propia.

Si nos basamos en una de las catalogaciones que existen en la actualidad, estas tipologías de *dolia* corresponderían con el tipo I, II, III o más probablemente IV[332]. La cuestión aquí radica, en que solo la tipología IV tiene cronología del I al II d.C., siendo el resto posteriores. Sin embargo, podemos reconocer tipologías de borde de *dolia* que no aparecen en otros catálogos, por lo que no podemos dar más información a este respecto en la actualidad[333].

La aparición de estos contenedores en el territorio es muy abundante, siendo múltiples los fragmentos reconocidos en el territorio. De hecho, son quince los yacimientos donde tenemos más de ocho fragmentos de borde de *dolia*, siendo todavía más abundantes en los casos de Corchitos 2, Crespellina, Alamedinilla III, Cerro Gibraltar, Montegil de Buenavista y por supuesto el alfar excavado de *dolia* de Prados de Montegil.

Continuando con el análisis de estos contenedores, no está desarrollado lo suficientemente el estado de la cuestión, como para poder discernir que esta tipología corresponde específicamente con la vinaria. Sin embargo, debemos contemplar la viabilidad que esto sea así. *Dolia* de pequeño o mediano tamaño no tienen interés para el almacenamiento de productos alimenticios. Además, debemos considerar que gran parte de estos recipientes pudieran estar recubiertos de pez, como parte del proceso de regulación de la fermentación. Columela nos refiere un uso similar, pero para la conserva de higos[334].

A esta cuestión habría que añadir otra consideración. Respecto a la producción de *dolia*, ya hemos hablado de ellos como envase para el almacenamiento y la fermentación del mosto, pero no ante la posibilidad como contenedor de transporte. Hay que recordar que pueden existir distintas tipologías de *dolia*, que bien pueden venir a servir para otros propósitos[335], concretamente el transporte de mercancías, lo que está mejor estudiado gracias al descubrimiento de varios pecios en el Mediterráneo, más allá del conocimiento que ya tenemos sobre su almacenaje y transformación[336]. El empleo de estas naves para la exportación de productos vitivinícolas es un hecho, siendo un fenómeno que aparece en época altoimperial, por lo que cuadra con nuestro marco cronológico[337]. Para el caso del comercio del vino de la Tarraconense, conocemos que la mayor parte de estos pecios tienen asociados ánforas de tipología Dressel 2–4, si bien se han localizado un total de catorce pecios con *dolia*, con cronologías asociadas generalmente al primer siglo de nuestra era. Parece ser que existe un comercio asociado de estas ánforas 2–4 con *dolia*, pues suelen encontrarse juntos en los pecios. Casos, como los pecios de La Giraglia o Diano Marina, tienen ejemplos de estos contenedores utilizados para fines vinarios, cuyas capacidades varían de entre los 11 hasta los 25 hectólitros[338].

Sin duda la morfología de los envases tiene relación directa con el tipo de carga, especialmente por cuestiones tecnofuncionales. El transporte de grandes cantidades de líquido como es el vino en *dolia* podía suponer problemas de estabilidad de las naves, por el propio desplazamiento del barco, que dificultaría la navegación. A pesar de ello, es un hecho que contamos con buques a modo de cisterna, que transportaban estos productos[339]. También se podría considerar al hilo de esto, que estos *dolia* estaban pensados para el almacenaje de agua o directamente de algún tipo de vino para la tripulación, dado que la navegación sin cabotaje requeriría de un aprovisionamiento importante. Sin embargo, las ingentes cantidades de líquido que se puede transportar en estos contenedores son excesivamente grandes para su uso como consumo en el barco. Por ejemplo, un dolium de 11 hectólitros supone 1.100 litros, que a un consumo diario de dos litros por persona y una tripulación alta de veinte personas, se tendría bebida para un mes sin tener que tomar tierra.

Esta es una hipótesis que hay que valorar en el estado actual del tema, especialmente respecto a la cuestión de capacidad de transporte. Se ha estimado una media de 30 litros para las ánforas encontradas en dichos barcos: 26,56 Petit Congloué, 33 Diano Marina, 27,75 Sud-Lavezzi y 25,75 litros Chrétienne. Si consideramos esta media, en relación de un *dolium* de 11 hectolitros, esta podría contener la misma capacidad de media que 36 ánforas[340]. Una cuestión importante sobre esto, es en relación al volumen, pues evidentemente las ánforas utilizarán más espacio que las *dolia*, sin contar la reutilización de huecos que dejan uno y otro tipo. En el caso de Dolia se pueden llevar cargas de mayor tamaño. También, existe otra cuestión a considerar y es el peso total de la carga, pues uno de estos grandes recipientes es significativamente más ligero que una gran cantidad de ánforas.

[332] Pereira, P., Morais, R. "Estudo crono-tipológico de *dolia* romanos em Portugal", en A. Martínez Salcedo, M. Esteban y E. Alcorta (eds.): *Cerámicas de época romana en el Norte de Hispania y en Aquitania, Ex Officina Hispana. Cuadernos de la SECAH* 2, Madrid, 2015, pp. 33–44.

[333] En la revisión de estas tipologías se han planteado que pueda tratarse de otros objetos, caso de lebrillos que pueden tener un borde similar, aunque son claramente reconocibles, ya que la *dolia* tiene la inclinación de su boca al contrario que el lebrillo que es una forma abierta. La información de estas dolias refleja que existe mucha información todavía sin conocer con respecto al estudio de estos contenedores.

[334] Columella, *Rust.* 12.15.2.

[335] Esta diferenciación ya está presente en Vegas, M. *Cerámica común romana del Mediterráneo Occidental,* Universidad de Barcelona, Barcelona, 1973, p. 115.

[336] Brun, J.P. *Archéologie du vin et de l'huile....*

[337] Existen varios estudios sobre esta cuestión, estando aceptado por la comunidad científica dicho fenómeno del transporte de vino en *dolia*. De entre los trabajos más recientes: Dell'Amico, P., Pallarés, F. "Il relitto di diano marina e le navi a *dolia*: nuove considerazioni", en T. Cortis, T. Gabmin, *De Triremibus, Festschirift in honour of J. Muscat,* San Gwann, Malta, 2005, pp. 67–114; Cibecchini, F., de Juan, C., Marlier, S. "Das Wrack <Ouest Giraglia 2> vor Korsika – zum Phänomen der Tanker in der frühen Kaiserzeit", en M. Reinfeld (coord.*), Archäologie im Mittelmeer. Auf der Suche nach versunkenen Schiffswracks und vergessenen Häfen. Zaberns Bildbände zur Archäologie, Sonderbände der Antiken Welt*, Verlag Philipp von Zabern, Mainz, 2013, pp. 29–39.

[338] Carrato, C. "Les *Dolia* dans la Péninsule Ibérique...", pp. 1172–1200.

[339] Dell'Amico, P., Pallarés, F. "Il relitto di diano marina...", p. 68.

[340] Carrato, C. "Les *Dolia* dans la Péninsule Ibérique a l'époque..." p. 1195.

Este es un método de transporte de productos vitivinícolas que no debemos dejar pasar por alto. Quizás un estudio pormenorizado de las tipologías de *dolia* utilizadas en estos ambientes pudiera ayudar a discernir estas cuestiones fundamentales. Para el caso que nos ocupa, ya hemos señalado que existe una importante producción de *dolia* en la zona. No podemos atestiguar de manera clara si esta producción está relacionada solamente con el almacenaje y transformación, o si también toma en cuenta el transporte.

A este aspecto, habría que incidir en varias cuestiones claves, respecto a la diferenciación que hace Varrón, a la que ya se ha hecho alusión, entre los *dolia* más pequeños en Hispania. Si esta distinción entre *orcae* y *dolia* realmente es efectiva en la producción vitivinícola hispana, la investigación tendría que haber considerado esta cuestión respecto a estos contenedores para el comercio, como un criterio para poder determinar el lugar de comunicación. En el estado actual de la investigación solo podemos hacer notar la posibilidad que parte del vino bético se exportase de esta manera[341].

Otro recipiente que pudiera utilizarse para el transporte de estos productos es el barril, de uso común en la zona de la Galia. Aunque bien pudiera existir su uso en la zona de estudio, probablemente serían mayoritarias las ánforas[342]. No tenemos pruebas arqueológicas de este tipo de envases, más si, además, consideramos que el recipiente utilizado con toda seguridad para la fermentación es el *dolium*. Con todo, habría que considerar la problemática de la inclusión de barriles para otras cronologías más tardías, entre otras cuestiones, por la falta de comercio de ánforas vinarias para esta época, siendo una posibilidad el de su paulatino cambio a los barriles. Estas cuestiones no se desarrollarán ya que quedan fuera del estudio por la cronología[343].

Con todo, habría una última opción de envases para el transporte del producto y es la utilización de odres, recipientes fabricados con pieles de animales. Probablemente este tipo sería el más utilizado para pequeñas cantidades, caso por ejemplo del avituallamiento de un legionario. A ello, hay que considerar esta posibilidad también para el caso del transporte en carreta, pues tenemos atestiguado este transporte para la Bética. Este tipo de carretas que pudiéramos denominar como "cisterna", sería un vehículo muy utilizado para el transporte del vino producido hacia los lugares de salida de los productos, para los casos en los que no se tuviera la cercanía a una vía marítimo-fluvial cercana[344].

Para concluir este capítulo, hay que hacer notar la importancia del reconocimiento de las formas cerámicas, en este caso *dolia* cuyo estudio no está tan desarrollado como el caso de las ánforas. A pesar de ello, es posible dilucidar que la producción de la zona estaría destinada a productos vinarios, ya que es la única explicación plausible para una tipología de *dolia* de tan pequeño tamaño. Esto es así porque un recipiente de mayor tamaño pudiera tener otros usos como el almacenamiento de grano, además que la literatura agronómica, concretamente Varrón nos está exponiendo esta casuística, de las *orcae* de la Bética. Esta peculiaridad puede estar en consonancia con otras que ya se han venido detectando en el territorio, como el caso de la utilización de *opus spicatum* para los suelos de las *cellae vinariae*[345]. Dada la importancia y proliferación de estos *dolia* de pequeño tamaño en gran parte de los contextos villáticos, pero también alfareros, muestran una cierta especialización del territorio hacia la creación de estos recipientes cerámicos. Esto puede tener relación con la teoría del nombre de la propia ciudad de Jerez de la Frontera, que algunos autores asimilan a *Seria,* relacionándolo con pequeños contenedores parecidos a las *dolia*[346].Con respecto a su uso como contenedores para el transporte, hemos apuntado su posibilidad en el ámbito Mediterráneo, donde aparte de ser una circunstancia peculiar, no hay que dejar de lado la posibilidad que estemos ante una producción vinaria que se transporte en dichos *dolia* y por tanto sea una alternativa a la problemática sobre la definición del vino bético. En cualquier caso, esto no puede ser demostrado en la actualidad, siendo necesarios mayores estudios en el ámbito de la arqueología subacuática, pero también en las tipologías de *dolia.*

---

[341] Todavía queda mucho por investigar con respecto a estos envases de transporte. Como hipótesis de partida no debemos de descartar su uso en barcos. Aquí hay varias cuestiones a debatir, como por ejemplo el cierre de estas dolias, que seguramente se hagan con algún tipo de tapadera y yeso o brea. El estudio de estas tapaderas podría ser interesante de cara a conocer la función del uso de la dolia, pues no son las mismas condiciones una *cella vinaria* que un barco. Lo mismo ocurre con los lugares de partida, pues las ánforas que aparecen asociadas son las Dressel 2–4 por lo que parecen ser cargas de la Tarraconense, que bien pudieran ser fruto de intercambios en los puertos.

[342] Nieto-Prieto, J. "Cargamento principal y cargamento secundario", *CH* 33, 3–4, 1988, pp. 379–395.

[343] Marlière, E. "Le tonneau en Gaule romaine", *Gallia* 58, 2001, pp. 181–201; Marlière, E. "Aproche comparative des inscriptions sur tonneaux et sur amphores", en J. Remesal Rodríguez (ed.), *Epigrafía Anfórica*, Instrumenta, Barcelona 2004, pp. 307–315; Marlière, E. "Les campagnes militaires et l'expansion de l'usaage du tonneau dans l'Empire romain", en J. Pèrard, M. Perrot (eds.), *De la cave au vin: une fructueuse Alliance. Rencontres du Clos-Vougeot*, Centre Georges Chevrier, Dijon, 2013, pp. 47–61; Marlière, E. "Toneaux et amphores a *Vindolanda*... pp. 125–179.

[344] de Soto, P. "El sistema de transportes...", pp. 1552–1576; Carrillo Díaz-Pinés, J.R. "Evidencias del comercio...", pp. 59–64.

[345] Peña Cervantes, Y. *Torcularia la producción de vino...*, pp. 78–90.

[346] Pascual Barea, S. Reseña a E. Nieto Ballester, *Breve diccionario de topónimos españoles,* 1997, en *Excerta philologica* 7–8, 1997–1998, 321–323.

6

Producción y transformación vitivinícola

Abstract: In this chapter we establish the state of knowledge of the ancient landscape. We know from literary sources that Baetica produced wine which was one of the main agricultural activities. In this chapter, we present a fundamental analysis of the figure of *Lucius Junius Moderatus Columella*, a native of *Gades* (which is located a few kilometres from *Hasta*). This important figure was an agronomist with profound knowledge directly related to the area being studied, which was acquired either through his own experience or through reference to his uncle *Marcus* who was a distinguished Baetic farmer. The correlation between the conditioning factors that agronomists used to choose and cultivate vines and the ones used by current agronomists is analysed. Specific sections are also devoted to the different cultivation practices that existed in the ancient world, many of which appear in the traditional techniques of the study area. Finally, issues such as the transformation process, the study of other plants necessary to cultivate the vineyard, and the types of grapes and wine produced will be discussed.

La agricultura dentro del mundo antiguo es la actividad económica más importante desde un punto de vista cuantitativo. De la denominada triada mediterránea, el vino es uno de los productos con mayor interés económico, ya que funciona en diversas esferas. Por un lado, tendremos una producción enfocada al abastecimiento, que circulará como parte de la *annona*. Por otro, uno de los productos especulativos más importantes, dada su diferente calidad y precio[347]. Sin embargo, no podemos simplemente centrarnos en el vino sin hacer una breve contextualización de la agricultura romana. Aunque puede existir la producción de un monocultivo de la vid, debemos partir de la información que tenemos para la agricultura en general, teniendo como base fundamental las fuentes literarias[348]. Es por ello que en este capítulo se va a realizar una contextualización historiográfica de la agronomía y agricultura romana, se relacionarán las fuentes de información literarias a nuestro alcance y los aspectos sobre la agricultura antigua que consideramos primordiales a la hora de pasar a analizar la viticultura, como es la adecuación de la teoría a un marco como es la Bética romana. En un primer capítulo se analiza a Columela como autor agronómico, al ser la principal fuente de información literaria para la viticultura en nuestro marco de estudio. Lo siguientes se destinan a ver las diversas prácticas de cultivo y transformación de la vid con una doble intención. De un lado describir y analizar las prácticas que existirían en nuestra zona de estudio, y de otro, establecer los parámetros necesarios para la modelización.

Desde el punto de vista historiográfico, la agricultura ha sido un proceso económico estudiado desde antiguo, especialmente por la profusa literatura que tenemos desde la agronomía romana[349]. De este desarrollo, tenemos en la actualidad importantes obras de referencia sobre el funcionamiento de la agricultura romana[350] y de la mentalidad de los autores de dichas obras agronómicas[351]. De manera pormenorizada, no son tantos los trabajos que se circunscriben directamente a la agricultura romana, aunque en investigaciones que la tratan como parte del todo tendríamos una infinidad de referencias, especialmente en los casos en los que se aplican al conocimiento del paisaje y territorio productivo de diversas entidades poblacionales como son las *villae*[352].

[347] El caso más claro de esto es el *Edictum De Pretiis Rerum Venalium*, de época de Diocleciano (301 d.C.), que aunque tardío, puede servirnos para ver la diferencia que tiene en precio este producto, en comparación con otros como el aceite. No es objeto entrar en la problemática respecto a la manera de funcionar de la economía romana, mezcla de mercado, intervención y prestigio. Entendemos con este ejemplo, que la regularización de precios sería una constante en a umento y que el caso del vino siempre sería un producto mucho más permeable a cambios en su valor. Freixas, A. "Acerca del Edicto del 301", *Anales de Historia Antigua y Medieval*, 1961–1962, p. 9.

[348] Capogrossi Colognesi, L. *L'agricoltura romana*, Laterza, Roma, 1982; Manacorda, D. "Produzione agricola, produzione ceramica e proprietà della terra nella Calabria Romana tra Repubblica e Impero", *Publications de l'École Française de Rome* 193, 1994, pp. 3–59; Maune, S. "La *villa* gallo-romaine de "Vareilles" à Paulhan (Hérault; fouille de l'autoroute A75). Un centre domanial du Haut-Empire spécialisé dans la viticulture?", *Revue archéologique de Picardie* 1–2, 2003, pp. 309–337.

[349] Kolendo, J. *L'agricoltura...*, p. 222; Remesal Rodríguez, J. "De re rustica Baeticae", *Las villas romanas de la Bética*, Universidad de Sevilla, Sevilla, 2016, pp. 27–39.

[350] Martin, R. *Recherches sur les agronomes latins et leurs conceptions économiques et sociales*, Societé d'édition les belles lettres, Paris, 1971.

[351] Billiard, R. *L'agriculture dans l'antiquité d'après les Géorgiques de Virgile*, E. de Boccard, Paris, 1928; Galtier, G. *Le commerce des vins dans l'empire romain*, Lyon, 1953; Steiner, G. "The fortunate farmer. Life of the small farm in ancient Italy", *The Classical Journal*, 1955, pp 57–67; Sirago, V.A. *L'agricoltura italiana nel II secolo a.C.*, Napoles, 1975.

[352] Manacorda, D. "Produzione agricola...", pp. 3–59; Carandini, A. "L'economia italica fra Repubblica e Medio Impero considerata dal punto di vista di una merce: il vino", *Amphores Romaines et Histoire Économique: dix ans de recherche*, Roma, 1989, pp. 505–521; García Armendaríz, J.A. "Columela o la *rubana rusticitas*" en C. Ferrero Hernández (ed.), *Autores hispanos de la literatura latina clásica*, Barcelona, 2011, pp. 39–51; Larrea Redondo, A. "La vid y el vino, según Columela", *Homenaje nacional a Lucio Junio Moderato Columela*, A.P.A.E., Cádiz, 1975; Doody, A. "Virgil the farmer? critiques of the

La integración de la información recogida de prospecciones y excavaciones arqueológicas ha enriquecido enormemente el conocimiento que tenemos de la agricultura romana[353], pudiendo comparar los cambios locales y regionales a la teoría general. Para el caso específico de Hispania y más concretamente la Bética, existen investigaciones de referencia que han tratado estas cuestiones fundamentales[354]. Para la zona de estudio se han realizado diversos trabajos dentro de nuestro equipo[355].

Actualmente, el estudio de la agricultura antigua parte en muchos casos del uso de los Sistema de Información Geográfica[356]. También en el territorio propuesto nuestro equipo de investigación está realizando diversos trabajos utilizando esta metodología[357].

6.1. Viticultura en *Hasta Regia* y Columela

En este sub-capítulo desarrollamos las fuentes literarias que nos indican la producción vitivinícola en la Bética y nuestra zona de estudio, bien de manera directa o indirecta. Después nos centraremos en la figura del agrónomo Columela para justificar la importancia que tiene para la región.

Por Estrabón conocemos cuáles fueron las principales actividades de la Turdetania romana:

> "De Turdetania se exporta trigo y vino en cantidad, y aceite no solo en cantidad, sino también de la mejor calidad. Se exporta asimismo cera, miel y pez, mucha cochinilla y un bermellón no inferior a la tierra sinópica. Los astilleros funcionan allí con madera del país, en su territorio hay minas de sal y no pocas corrientes de ríos salobres, y tampoco escasea la industria de salazón de pescado, procedente tanto de la zona como del resto del litoral de más allá de las Columnas, que no va a la zaga de la salazón del Ponto. Antes figuraba en primera línea su igualmente abundante paño, pero ahora lo hace la lana, de la que hay más producción que de lanas coraxinas. Y en belleza es insuperable: los carneros para cría se compran al menos en un talento. Insuperables son también los tejidos ligeros, como los que fabrican los salacietas"[358]

Esta breve descripción de los principales recursos que tiene la Turdetania, entendida por Estrabón al menos como gran parte de la Bética y, más concretamente, como la zona bañada por el Guadalquivir, nos permite en primer lugar hacer una valoración respecto a las actividades económicas más importantes de la zona. El orden no es aleatorio, pues abemos la importancia que tiene la Bética por sus productos agrícolas. Conocemos muy bien el prestigio que tienen productos como el trigo[359], el aceite o las salazones. Sin embargo, a excepción de las fuentes escritas, la falta de estudios arqueológicos nos impide conocer la importancia del vino[360]. Otras actividades importantes son las relacionadas con la madera, como la construcción de barcos, la pez o brea, que debieron ser importantes, aunque son más difíciles de contrastar arqueológicamente. La cera, la miel o, incluso, la cochinilla puede estar muy relacionadas con las actividades agrícolas. Para complementar todas estas habría que añadir las marineras, como la pesca o la explotación de la sal marina; y las propias de la ganadería, que también tendrían una gran importancia en la zona[361].

Otros autores, como Pompeyo Trogo[362], hacen una descripción similar. Sin duda, estamos mencionando un interés por hacer constar las virtudes de esta tierra, pero resulta paradigmático el especial interés en hacer destacar a Hispania y, más concretamente su costa, como terreno de grandes riquezas, como nos hace constar Plinio el Viejo,

---

Georgics in Columella and Pliny", *Classical Philology* 102v, 2007, pp. 180–197; Álvarez de Morales, C. "Agrónomos andalusíes y sus legados", en F. Nuez (ed.), *La herencia árabe en la agricultura y el bienestar de Occidente*, Universitat Politècnica de València, Granada, 2002, pp. 9–69.

[353] White, K.D. *Roman Farming*, Cornell University Press, London, 1970, pp. 536; Rees, S.E. *Agricultural implements in pre-Roman and Roman Britain*, BAR British Series 69, 1979; Goodchild, H. "GIS models of Roman agricultural production", en A. Bowman, A. Wilson (eds.), *The Roman agricultural economy: organization, investment and production*, Oxford, 2013, pp. 55–86; Olesti Vila, O., Carreras Monfort, C. "Le paysage social de la production vitivinicole dans l'ager Barcinonensis: exclaves, affranchise et institores", *Dialogues d'histoire* ancienne 39, 2013, pp. 147–189.

[354] Sáez Fernández, P. *Agricultura romana*…; Ariño Gil, E., Díaz, P.C. "La economía agraria de la Hispania romana: Colonización y territorio", *SHHA* 17, 1999, pp. 153–192; Carretero Poblete, P.A. *Agricultura y comercio*…; Remesal Rodríguez, J. "Producción y comercio del aceite…", pp. 193–234; Chic García, G. "El aceite y el vino de la Bética entre el prestigio y el mercado", *Anales de prerromano y arqueología* 27–28, 2012, pp. 331–347; Chic García, G. *Economía de prestigio "versus" economía de mercado*, Sevilla, 2006.

[355] López Amador, J.J., Ruiz Gil, J.A. "Arqueología de los vegetales y la agricultura en El Puerto de Santa María", *Revista de Historia de El Puerto* 39, 2007, pp. 11–39; Lagóstena Barrios, L. "Columela: Una visión provincial de la *Pastio Villatica*", en L. Pons Pujol, (ed.), *Hispania et Gallia: Dos provincias del Occidente Romano*, Universidad de Barcelona, Barcelona, 2010, pp. 93–108

[356] Bowman, A., Wilson, A. "Introduction: quantifying Roman agriculture", en A. Bowman, A. Wilson (eds.), *The Roman agricultural economy: organisation, investment, and production*, Oxford, 2013 pp. 45–66.

[357] Trapero Fernández, P. "Roman viticulture analysis…"; Martín-Arroyo Sánchez, D.J., Remesal Rodríguez, J. "Modelado GIS de la agricultura romana en un marco colonial teórico. Vegetación de ribera y viticultura en *Hasta Regia*", *Spal* 27.1, 2018, pp. 211–235; Lagóstena Barrios, L., Trapero Fernández, P. "La localización de las viñas…". Ruiz Gil, J.A., Lagóstena Barrios, L., Pérez Marrero, J., Martín Mochales, D., Trapero Fernández, P., Catalán González, J. "*Villae* and Figlinae…".

[358] Str. 3.2.6. *'εξάγεται δ' ἐκ τῆς Τουρδητανίας σῖτός τε καὶ οἶνος πολὺς καὶ ἔλαιον οὐ πολὺ μόνον ἀλλὰκαι κάλλιστον: καὶ κηρὸς δὲ καὶ μέλι καὶ πίττα ἐξάγεται καὶ κόκκος πολλὴ καὶ μίλτος οὐχείρων τῆς Σινωπικῆς γῆς. τά τε ναυπήγια συνιστᾶσιν αὐτόθι ἐξ ἐπιχωρίας ὕλης, ἅλες τεόρυκτοὶ παρ' αὐτοῖς εἰσι καὶ ποταμῶν ἁλμυρῶν ῥεύματα οὐκ ὀλίγα: οὐκ ὀλίγη δὲ οὐδὲ ἐκ τῶνὄψων ταριχεία οὐκ ἔνθεν μόνον ἀλλὰ καὶ ἐκ τῆς ἄλλης τῆς ἐκτὸς στηλῶν παραλίας, οὐχείρων τῆς Ποντικῆς*. Es uno de los fragmentos más utilizados como argumento de la importancia económica de la Bética. El texto sigue, hablando de otras muchas actividades como la pesca o la minería.

[359] Diod. Sic. 60.29.5 Como ejemplo de la importancia del trigo bético.

[360] Remesal Rodríguez, J. "Producción y comercio del aceite...", pp. 193–234.

[361] García Vargas, E. "Agricultura, ganadería y pesca: Estado actual de la investigación y perspectivas de estudio", en M.D. López de la Orden, E. García Alfonso (eds.), *Cádiz y Huelva, puertos fenicios del Atlántico*, Universidad de Sevilla, Sevilla, 2010, pp. 139–144.

[362] Trogo Pompeyo (XLIV, 1 -2) extraído de: Blázquez Martínez, J.M. "La Hispania en época de Augusto vista por los escritores contemporáneos. Estrabón y Trogo Pompeyo", *Gerion* 24, 2006, pp. 237–249.

que la sitúa en fertilidad la segunda, después de Italia[363]. No cabe duda de que la zona de estudio contó con una intensa producción agrícola, aunque también de otra índole, como la ganadera y la relacionada con los productos del mar. Los recursos naturales de la zona fueron muy importantes, así se desprende de las distintas citas que nos da Polibio de las riquezas de la Turdetania[364].

La literatura agronómica tiene referencias respecto al cultivo regional de nuestra área de estudio. Sabiendo que tanto Catón como Varrón, con más de un siglo de diferencia, estuvieron en Hispania[365], pensamos que parte de la información que nos remiten bien podría estar basada en su experiencia en estas regiones, pero, más allá de las citas literales que tenemos de ambos para las provincias hispanas, es complicado hacer relaciones directas, cuando además el objetivo de sus obras es distinto[366]. Cronológicamente, Columela coincide con la etapa que se estudia y, además, cuenta con información directa sobre la región, mientras que otras pueden encontrarse de manera velada[367].

Es difícil discutir qué actividades económicas son las que más peso tuvieron en el bajo Guadalquivir, a tenor de los datos que tenemos. Posiblemente exista una coexistencia de múltiples aprovechamientos, exceptuando quizás la minería nuestra franja del bajo Guadalquivir. Actualmente, los campos de Jerez y las campiñas que van desde Sanlúcar a Sevilla son extensiones de cultivo prácticamente ininterrumpido. La bonificación de la marisma ha permitido, incluso, un próspero cultivo de arrozales en la parte alta de lo que fue el paleo-estuario del Guadalquivir. Junto a esto, la zona puede ser perfectamente óptima para el olivo, aunque en la región destaca el vino, como grandes producciones de monocultivo, enfocado al mundo bodeguero, tan importante como es el del vino de Jerez[368]. De ello, para época romana conocemos la epigrafía anfórica, que nos demuestra la existencia de determinados productos vitícolas en ánforas, concretamente, los posibles caldos *Gaditanus*[369] y *Hastense*[370].

Actualmente, la ganadería también tiene en la zona importancia, aunque en un claro segundo lugar, por ello se utilizan las menos óptimas para este tipo de actividades, así como las cinegéticas, siendo precisamente uno de los usos que se da a las zonas en contacto con la marisma. A ello hay que añadir la explotación de la sal, aunque ahora no existe producción salinera siendo este un cambio relativamente reciente. No olvidar la pesca, la piscicultura y por supuesto las salazones[371].

En este sentido, cerámicas encontradas en los yacimientos del marco a estudiar muestran materiales comunes con la zona de la bahía de Cádiz, destacando las ánforas de salazones de la serie Dressel 7/11 y las Beltrán 1 A y B. Ánforas de tipología Dressel 20[372] son muy poco abundantes en el territorio y no parece haber producción local.

Lo que sí parece existir en el territorio de *Hasta Regia* es una producción importante de vino o derivados de la uva. Tenemos argumentos suficientes para suponer una producción vitivinícola en la zona, bajo una serie de condiciones que se desarrollan en este trabajo[373]. De la misma manera interesa contextualizar otra serie de actividades que sabemos tienen especial importancia en la agricultura de la Bética. Por el texto de Estrabón, sabemos que era especialmente fértil en trigo, aceite y vino, a lo que habría que añadir la salazón, como otro producto estrella dentro de estas rutas comerciales hacia el exterior. Otros productos, como la cera, la miel o la pez, son más difíciles de rastrear y comprender hasta qué punto tuvieron importancia en la región. De seguro, la pez o brea fue uno de los más importantes, en cuanto sabemos que tiene especial relevancia para la construcción naval, pero también está involucrada en el proceso vitícola, en las ánforas y *dolia,* para regular el proceso de conversión del alcohol en vinagre y para la conservación, aislamiento de los envases[374]. Por tanto, para el territorio de *Hasta Regia* es seguro que las mismas actividades económicas que podemos suponer para el bajo Guadalquivir se desarrollen aquí. Gracias a la paleo-ribera se intuyen actividades relacionadas con la sal y la pesca, mientras que al interior las tierras serían proclives a la producción cerealista, oleícola o vinatera.

Centrándonos en la viticultura, tenemos múltiples informaciones por las propias fuentes agronómicas. Varrón nos refiere que en la *Ulterior* se utiliza una forma de medida distinta a otras partes[375] y también comenta que las viñas en Hispania son bajas y sin tutores[376]. No hay que

[363] Plin. *HN* 3.7.1. "La Bética, así llamada por el río que la corta por medio, aventaja al resto de las provincias merced a sus ricos cultivos y a una especie de peculiar y esplendida fertilidad". *Baetica, a flumine mediam secante cognominata, cunctas provinciarum diviti cultu et quodam fertili ac peculiari nitore praecedit.*

[364] Hernández Prieto, E. "La economía de guerra romana durante la segunda Guerra Púnica en Hispania", *El futuro del pasado* 1, 2010, pp. 411–23.

[365] Livio 34, 8, 21. César, *Bellum Hisp* 49.

[366] Martín, R. *Recherches sur les agronomes...*

[367] Columela dedica los libros III y IV exclusivamente a la vid, además de parte del V y referencias sueltas por toda la obra, además del libro de los árboles, que igualmente se centra en la vid.

[368] No es así para momentos de la conquista castellana, donde la arboricultura principal de jerez es el olivo.

[369] *C.I.L.* XV, 4570.

[370] *C.I.L.* XV, 4731.

[371] Menanteau, L., Gracia Prieto, F.J., Alonso Villalobos, C. "Las salinas de la Bahía de Cádiz durante la Antigüedad: visión geoarqueológica de un problema histórico", *Spal* 12, 2003, pp. 317–332.

[372] Baratta, G. "Manipulaçoes e fraudes na produçao e venda do vinho na època Romana", *Douro* 13, 2002, pp. 297–310.

[373] Martín-Arroyo Sánchez, D. *Colonización romana y territorio...*, pp. 259 y ss.

[374] Ver 6.6. Cultivos asociados.

[375] Varro *R.R.* 1.10.1. "Así, en Hispania Ulterior se miden en 'yugos', en Campania en *versus*, aquí en la región de Roma y en la latina en 'yugadas'". *Nam in Hispania ulteriore metiuntur iugis, in Campania versibus, apud nos in agro Romano ac Latino iugeris.*

[376] Varro *R.R.* 1.8.1. "Unas son bajas y sin tutores, como en Hispania; otras altas, que se llaman *yugadas*, como sobre todo en Italia". *Aliae enim humiles ac sine ridicis, ut in Hispania, aliae sublimes, quae appellantur iugatae, ut pleraeque in Italia.* Los tutores son las bases sobre las que se asienta la vid. Generalmente eran necesarias para este tipo de producción en emparrado, aunque también lo serían en las vides jóvenes, donde se suele utilizar materiales más endebles como cañas.

olvidar que Varrón estuvo como pretor en la Bética y pudo haber conocido muchas de estas cosas de primera mano. Columela, por su parte, también nos habla de diferentes medidas que se usaban para el caso de la Bética[377] o sobre distintas cavas[378]. Parece que estas prácticas no beben de la tradición latina, por lo que podrían ser las efectuadas por los locales de la zona. Un último ejemplo al respecto puede ser más ilustrador:

> "...después los recogen (higos), luego que están bien secos, en las horas del mediodía, cuando se han ablandado bien con el calor del sol, y, como es costumbre de los africanos y de los hispanos, los ordenan unos junto a otros y los aplastan, reduciéndolos a la figura de estrellas y de florecillas, o a la forma de un pan; luego, los ponen de nuevo a secar al sol y así los guardan en las vasijas"[379].

En este breve ejemplo se puede ver una manera de conservar los higos. Parece que Columela tiene una percepción de ser provincial hispano[380], sin embargo, como se ve en el propio texto no se reconoce entre los habitantes de Hispania que tienen esta técnica. Con ello, queda claro que tanto para Varrón como para Columela existen una serie de agricultores con tradición en el territorio, probablemente naturales de la zona, cuyas técnicas son parcialmente distintas a las que ellos realizan. En el fragmento anterior, tenemos además la referencia a qué horizonte cultural se asemejarán más: las costumbres de africanos e hispanos[381].

Además, Columela nos demuestra de manera constante su conocimiento de la agricultura hispana, en general, y de la Bética en particular. Un buen ejemplo de ello, es el sistema de molienda de la aceituna, denominado *canalis et solea*, al no encontrarse paralelos ni iconografía. Este modelo es similar al tradicional de obtención de aceite por pisada[382], un hecho que prueba por un lado, la pervivencia de determinadas costumbres y usos, y por otro, el enorme conocimiento y arraigo de Columela, el cual habla de cuestiones muy particulares sobre la Bética[383]. Sin duda esta provincia, específicamente en la costa y de manera clara en la zona circundante a la ciudad fenicia más importante, *Gadir*, estuvo bajo una importante influencia fenicio-púnica[384].

En el territorio sabemos de la existencia de viticultura por parte de los fenicios[385], por lo que puede existir un modelo de explotación vitivinícola precedente a la instauración colonial y que se base en otros parámetros que no conocemos[386]. Para la zona concreta de estudio, puede existir una reminiscencia turdetana o fenicio-púnica todavía latente respecto a las técnicas de producción locales. Probablemente este sea el origen de una diferenciación en las posibles prácticas agrícolas de los locales romanizados antes de la instauración colonial. Esto queda plasmado por diversas diferencias en la región del sur peninsular, que conservaba grandes rasgos identitarios[387]. De hecho, tenemos producciones de ánforas fenicias occidentales R-1, posiblemente contenedoras de vino, encontradas tanto en el Castillo de Doña Blanca como en la zona noroccidental gaditana y esteros de Mesas de Asta[388]. Debemos pensar para momentos de la *deductio* con un

---

[377] Columella, *Rust.* 5.1.5. "El acto cuadrado se delimita por pies en cada uno de sus lados. El doble de éste forma la yugada, que deriva su nombre del hecho de "unirse" dos actos. Pero a este acto los campesinos de la provincia Bética llaman «agnua» e igualmente denominan "porca" a la medida de 30 pies de ancho y 180 de largo". *Actus quadratus undique finitur pedibus CXX. Hoc duplicatum facit iugerum, et ab eo, quod erat iunctum, nomen iugeri usurpavit. Sed hunc actum provinciae Baeticae rustici acnuam vocant; iidemque triginta pedum latitudinem et CLXXX longitudinem porcam dicunt.*

[378] Columella, *Rust.* 4.14.2. "Yo estoy muy de acuerdo con esta cava niveladora. Pues la que llaman en Hispania «cava de invierno», cuando se quita la tierra de las vides y se lleva al centro de los entrelíños, me parece vana, porque ya precedió la cava del otoño, que no sólo dejó al descubierto las pequeñas raíces superficiales, sino que hizo pasar las lluvias invernales a las raíces profundas". *Hanc planam fossuram maxime nos probamus. Nam illa, quam in Hispania hibernam appellant, cum terra vitibus detrahitur, et in media spatia interordiniorum confertur, supervacua nobis videtur, quia iam praecessit autumnalis ablaqueatio, quae nudavit summas, et ad inferiores radiculas hibernos transimist imbres.*

[379] Columella, *Rust.* 12.15.5. *Alii pinguissimam quamque viridem ficorum eligunt et harundine vel digitis divisam dilatant atque ita in sole viescere patiuntur; quas deinde bene siccatas meridianis temporibus, cum calore solis emollitae sunt, colligunt et, ut est mos Afris atque Hispanis, inter se compositas comprimunt, in figuram stellarum flosculorumque vel in formam panis redigentes; tum rursus in sole adsiccant et ita vasis recondunt.*

[380] La adscripción cultural que pudiéramos decir de Columela es sin duda romana. Sin embargo, en su discurso hay tintes respecto a la realización de los provinciales, ecuestres etc. Frente a unos grandes terratenientes que concentran grandes fincas sin darles un uso correcto. Martín, R. *Recherches sur les agronomes...*

[381] Esto hay que tomarlo con las convenientes precauciones, especialmente por la diferencia de cronología entre Varrón y Columela. Es precisamente este hecho el que nos indica la posibilidad que siga existiendo una manera tradicional de cultivar que no es la romana.

[382] Usado en Andalucía hasta principios del siglo XX.

[383] Sáez, P. "Columela, De R. R. XII 52,6 canalis et solea", *Habis* 14, 1983, pp. 147–152.

[384] Vallejo Sánchez, J., Castro Páez, E., Niveau de Villedary y Mariñas, A.M. "Los orígenes del vino en la Bahía de Cádiz: Testimonios arqueológicos y literarios", *Duoro* 7, 1, 2002, pp. 47–63.

[385] Chamorro, J.G. "Flotation strategy: method and sampling plant dietary resources of tartessian times at Doña Blanca", *Castillo de Doña Blanca. Archaeo-environmental investigations in the Bay of Cádiz, Spain (750–500 B.C)*, Oxford, 1994, pp. 170–171; Ruiz Mata, D. "Varios aspectos sobre el vino y la bodega turdetana-púnica de la sierra de San Cristóbal, en El Puerto de Santa María (Cádiz)", *Revista de historia de El Puerto* 60, 2018, pp. 9–131.

[386] Cuando Varrón o Columela se refieren a Bética o Hispania, solemos pensar en una generalización de técnicas que estos autores conocen, bien personalmente o por referencias de otros. A pesar de ello, creemos que para el caso de las referencias a la Bética, debemos considerar más probable una asimilación de técnicas a la zona de procedencia de la viticultura fenicia y por tanto que las tradiciones de manera directa o indirecta, beban de estas fuentes. Algo parecido, podría ocurrir en la zona de influencia colonial griega en el noreste peninsular y las referencias a la tarraconense.

[387] Aunque para nosotros es difícil dilucidar cuales eran estas diferencias. Str. 3.4.2. "Pues Menace, más alejada de Calpe, fue destruida hasta los cimientos, aunque conserva vestigios de una ciudad griega, en tanto que Malaca, más cercana, es de configuración fenicia". *Μαινάκη τὴν αὐτὴν νομίζουσιν, ἣν ὑστάτην τῶν Φωκαϊκῶν πόλεων πρὸς δύσει κειμένην παρειλήφαμεν, οὐκ ἔστι δέ: ἀλλ' ἐκείνη μὲν ἀπωτέρω τῆς Κάλπης ἐστί, κατεσκαμμένη, τὰ δ' ἴχνη σώζουσα Ἑλληνικῆς πόλεως, ἡ δὲ Μάλακα πλησίον μᾶλλον, Φοινικικὴ τῷ σχήματι.*

[388] González Rodríguez, R., Barrionuevo, F., Aguilar, L. "Presencia fenicia en el territorio tartésico de los esteros del Guadalquivir", *Actas del IV Congreso Internacional de Estudios Fenicios y Púnicos*, Universidad de Cádiz, Cádiz, 2000, pp. 785–794; López Amador, J.J, Ruiz Mata, D., Ruiz Gil, J.A. "El entorno de la Bahía de Cádiz a fines de la Edad del Bronce e inicios de la Edad del Hierro", *Rampas* 10, 2008, pp. 215–236.

sistema de plantación de vid[389], que pudiera funcionar con unos patrones distintos heredados del mundo fenicio-púnico, por lo que se puede desprender de la información que contamos[390].

De entre los distintos autores agronómicos, Columela es el principal para nuestro caso de estudio, como ya se ha expuesto, bien porque es el agrónomo cuya obra es la más completa para la viticultura, bien por su relación con la zona a estudiar. Sobre este autor existe una enorme cantidad de bibliografía, tanto realizada por nuestro grupo de investigación[391] como en general referida a distintos aspectos que tratan su obra y su persona[392]. Analizamos la obra de este autor, especialmente los apartados referentes a la viticultura, para conocer con mayor precisión los posibles datos que nos refieran, no solamente a esta actividad económica, sino a pasajes concretos que puedan estar referidos a la Bética. Creemos que, como la fuente literaria más importante para este estudio, requiere de una contextualización y análisis concreto, ya que partimos metodológicamente de la crítica razonada de diversos pasajes suyos para trasladarlos a condicionantes geográficos actuales.

Se trata de un agrónomo de origen gaditano, que tiene un profundo conocimiento de la agricultura que le viene por tres ramas, sus lecturas, su observación y su experimentación personal. La primera la tenemos reflejada en el inicio de su obra y en las constantes citas a fuentes griegas y latinas, sin olvidar al que él considera como padre de la agricultura, el cartaginés Magón[393]. Sobre segunda cuestión tenemos los dichos y hechos de gentes que ha conocido y que se traduce en el saber popular, y en muchos casos, regional. La tercera cuestión es la crítica práctica en la que complementa o crea nuevas técnicas. Tanto en la segunda cuestión como en la tercera, podemos encontrar referencias directas a nuestro territorio, especialmente en la observación que tiene de su tío Marco Columela.

Marco Columela es un agricultor bético según nos refiere su sobrino, versado en múltiples artes. No sabemos su ciudadanía, pero dado que Lucio Columela era de *Gades*, podemos intuir lo mismo para su tío. Sin embargo, pudiera existir la posibilidad de que Columela y especialmente su tío pudieran ser colonos de primera o segunda generación o ciudadanos romanos emigrantes a alguna de estas comunidades, cuya primera opción sería *Gades*, sería interesante analizarlo pues demostraría la idoneidad de muchas de las citas para el área de estudio. De la misma manera no conocemos el origen de la familia de Columela y más concretamente la relación entre este y su tío, que pudiera ser más importante de lo que se piensa.

Las citas que hace nuestro autor a su tío Marco Columela siempre son en un tono de profundo respeto[394]. Parece claro, que gran parte de los conocimientos que expresa en sus obras tienen una relación directa con su formación temprana como agrícola, que suponemos fue durante su infancia o juventud junto a su tío. Si la figura de Lucio Junio Moderato Columela, es difícil de dilucidar, lo mismo ocurre con la relación de tío Marco Columela. De éste, solo conocemos los comentarios que nos da su sobrino, que lo refiere como un agricultor con un profundo conocimiento agrícola. Ahora bien, Marco debió tener sus tierras en *Gades* o en las ciudades cercanas[395], aunque no sabemos su ciudadanía, podemos suponer, *a priori*, que sea la misma que la de su sobrino. Lucio Columela cita a su tío en seis ocasiones, cinco de ellas en relación con la viticultura y una con respecto a la ganadería ovina; prueba todo ello, una vez más, la importancia que debió tener en la región la vid. Sobre estos fragmentos se volverá de nuevo en capítulos posteriores, aunque interesa reflejar aquí ahora uno de ellos, el referente a la ganadería, por la información que aporta para este estudio:

> "El color blanco, además de ser el mejor, es también el más útil, porque de este color salen muchísimos; en cambio, el de otro, no. Son también por su propia naturaleza económicamente recomendables el oscuro y el negro, que provee en Italia Polencia, y en la Bética, Córdoba, y también los rojos de Asia, que llaman *erythraíoi*. Pero la

[389] Orfila Pons, M. "Las *villa*e agropecuarias", *Las villas romanas de la Bética*, Universidad de Sevilla, Sevilla, 2016, pp. 93–114.

[390] Esta es una cuestión actualmente en investigación. Por la información que tenemos de las fuentes literarias parece existir dos modelos que funcionan al mismo tiempo. Los parámetros con los que funciona el primero nos son desconocidos, pero es posible rastrearlos seguramente en la tradición púnica.

[391] Lagóstena Barrios, L. "Columela, De re rustica VIII, 16–17: una fuente para el conocimiento de la piscicultura en Baetica", en L. Lagóstena, D. Bernal, A. Arévalo (eds.), *Cetaria 2005. Salsas y salazones de pescado en Occidente durante la Antigüedad. Actas del Congreso Internacional (Cádiz, 7–9 de noviembre de 2005)*, BAR International Series 1886, Oxford, 2007, pp. 109–115; Lagóstena Barrios, L. "Columela: Una visión provincial…", pp. 93–108.

[392] Etienne, R. "Production vinicole et esclavage chez Columelle", *Index* 8, 1978–1979, pp. 206–213; Carandini, A. "Columella's vineyards and the rationality of the Roman economy", *Opus* 2.1, 1983, pp. 177; Calò, A. "Columella viticoltore", en D. Tomasi, C. Cremonesi, (eds.), *L'avventura del vino nel Bacino del Mediterraneo. Itinerari storici ed archeologici prima e dopo Roma. Simposio internazionale,* Istituto Sperimentale per la Viticoltura, Istituto Sperimentale per la Viticoltura, Conegliano, 2000, pp. 255–266; Stefano, R. "Lènologia di Columella", en D. Tomasi, C. Cremonesi, (eds.), *L'avventura del vino nel Bacino del Mediterraneo. Itinerari storici ed archeologici prima e dopo Roma. Simposio internazionale,* Istituto Sperimentale per la Viticoltura, Conegliano, 2000, pp. 269–277; García de Luján, A., Bernabé, G. "La conducción de la viña en el mundo romano, según Columela", *L'avventura del vino nel Bacino del Mediterraneo. Itinerari storici ed archeologici prima e dopo Roma. Simposio internazionale,* Istituto Sperimentale per la Viticoltura, Conegliano, 2000, pp. 279–287; García Armendáriz, J.I. *Agronomía y tradición clásica. Columela en España,* Universidad de Sevilla, Sevilla, 1995; Sáez, P. "Columela, De R. R. xii 52,6 "canalis et solea"", *Habis* 14, 1983, pp. 147–152.

[393] Jiménez Flores, A., García Fernández, J. "Vino y cultura en la turdetania prerromana", *Habis* 37, 2006, pp. 125–144.

[394] Lo menciona hasta cuatro veces, con grandes elogios, solo asimilables a los que refiere a Magón, como padre de la agricultura o al poeta Virgilio con sus geórgicas: Columella, *Rust.* 2.15.4. *quod Marcum Columellam patruum meum, doctissimum et diligentissimum agricolam.* 5.5.15. *M. Quidem Columella patruus meus, vir illustribus disciplinis eruditus ac diligentissimus agricola Baeticae provinciae* 7.2.4 *Marcus Columella patruus meus, acris vir ingeni atque inlustris agricola.* 12.21.5. *Hac conditura Columella patruus meus, inlustris agricola,* 12.40.2 *Hanc ipsam loram Marcus Columella ex aqua veterey…* 12.44.5–6. *Marcus Columella patruus meus*

[395] Lagóstena Barrios, L. "Columela: Una visión provincial de la *Pastio…* ", p. 98.

experiencia ha enseñado a sacar también otras variedades en esta clase de ganado. En efecto, con ocasión de que se trajeran a Cádiz desde un municipio vecino de África unos carneros salvajes y fieros, de un color maravilloso, junto con otras bestias para los organizadores de los juegos, Marco Columela, mi tío paterno, hombre de aguda inteligencia y agricultor de fama, compró algunos y se los trajo a sus tierras y, una vez amansados, los apareó con ovejas tarentinas. Estas primero dieron a luz corderos hirsutos, pero del color de los padres, que luego, acoplados a su vez con ovejas tarentinas, engendraron carneros de lana más suave. Y todos los descendientes de estos últimos heredaron, por su parte, la suavidad de la madre y el color del padre y del abuelo. Columela decía que, de este modo, cualquier rasgo externo que se dé en las bestias salvajes vuelve a aparecer desde la tercera generación y ya mitigada su fiereza"[396].

En este fragmento, podemos ver varias cuestiones de interés[397], para comprender la figura de Marco. En este texto, se nos refiere que él compra unos carneros salvajes desde un municipio vecino de África, en el *municipium Gaditanum*, que iban hacia unos *bestiae munerariis*. Estos juegos podrían tener lugar en la misma ciudad de *Gades*, a la que se le supone un anfiteatro[398], aunque también pudiera ser el puerto redistribuidor para otro lugar donde se realizaría el juego. En cualquier caso, Columela se sitúa geográficamente cerca del municipio gaditano. Esto nos plantea la primera problemática, pues no podemos suponer su ciudadanía en *Gades*. Aunque Lucio Columela dice ser gaditano, no hace referencias así a su tío, que lo califica como gran agricultor bético. Por tanto, Marco Columela, bien pudiera ser de estos colonos que viajan en época tardorrepublicana, comienzos del imperio, a municipios o colonias. En cualquiera de los casos, en los fragmentos de Marco tenemos una certeza absoluta de que se trata de nuestra zona de estudio aproximada, bien en *Gades*, *Hasta* o alguna localidad cercana. Otra de las citas hace referencia al uso de agua de mar para aderezar el vino, hecho que bien nos puede dar una idea de que los *fundi* del tío de Columela no podrían estar muy lejos del mar.

Lucio Columela recibe su segundo *cognomen* de su tío, Marco Columela. Sabemos que el padre de Lucio, también tenía el mismo *praenomen*, y que su tío lo es por parte paterna como describe varias veces, *patruus meus*. Probablemente el primer *cognomen* Moderato lo reciba de su padre, si bien es cierto que aparecen en la zona de la provincia de Cádiz y especialmente en la ciudad de mismo nombre, tanto *Moderato,* como *Iunii.* Cabría la posibilidad, dado que no se hace referencia en las obras de Columela a su padre, que éste hubiera muerto en temprana edad y su tío fuera el que hubiera llevado la educación de su sobrino desde una tierna infancia, hecho que explicaría el segundo *cognomen* y la adoración profesada por su pariente. Esta opción no sería extraña dada la información de la que disponemos. A ello, habría que añadir también la cuestión de que su sobrino pudiera haber heredado todos o parte de los bienes de su tío. Esto, que es difícil de contrastar, podría hacernos pensar que al menos parte de las propiedades de Marco pudieran haber pasado a su sobrino, y, por tanto, que estuvieran reflejadas de alguna manera en las fincas que refiere Lucio en su obra. Por tanto, esta hipótesis sugiere que las citas que se refieren a Marco Columela, y que dan información valiosísima sobre las fincas de la zona de estudio, pudieran estar en propiedad de Columela sobrino en el momento que escribe[399]. Además, de ser posible la hipótesis de que las tierras ceretanas se correspondan con algún lugar en el entorno de Gibalbín y no *Caere*, esto podría indicarnos que quizás se trate de los mismos campos.

Debemos analizar por tanto las propiedades que pudiera tener el agrónomo en la Bética, concretamente en la controvertida *Ceret*[400]. Ya se ha contextualizado a qué puede corresponder esta entidad, que para nuestro territorio pudiera ser el yacimiento en la sierra de Gibalbín. Las dos referencias son las siguientes:

> "Parece prodigioso lo que ha sucedido en nuestros campos ceretanos, a saber: que una vid de tu finca sobrepasara los dos millares de racimos; que en la mía ochocientas plantas, a los dos años de injertadas, alcanzaran siete cúleos de vino, y que las viñas nuevas dieran cien ánforas por *iugerum*, cuando los prados, los pastos y los bosques, si producen cien sestercios por *iugerum*, parece que premian óptimamente al dueño. Apenas podemos recordar cuándo los trigales han producido en la mayor parte de Italia cuatro por uno". "Tú puedes, Silvino, darnos testimonio de lo que digo, si recuerdas bien que, de una vid tempranera que posees en tu campo ceretano, yo saqué injertos para cubrir dos *iugera* en dos años"[401].

---

[396] Columella, *Rust.* 7.2.4. *Color albus cum sit optimus, tum etiam est utilissimus, quod ex hoc plurimi fiunt neque hic ex alio. Sunt etiam suapte natura pretio commendabiles pullus atque fuscus, quos praebet in Italia Pollentia, in Baetica Corduba nec minus Asia rutilos, quos vocant erythraious. Sed et alias varietates in hoc pecudis genere docuit usus exprimere. Nam cum in municipium Gaditanum ex vicino Africae miri coloris silvestres ac feri arietes sicut aliae bestiae munerariis deportarentur, Marcus Columella patruus meus, acris vir ingeni atque inlustris agricola, quosdam mercatus in agros transtulit et mansuefactos tectis ovibus admisit. Eae primum hirtos, sed paterni coloris agnos ediderunt, qui deinde et ipsi Tarentinis ovibus inpositi tenuioris velleris arietes progeneraverunt. Ex his rursus quicquid conceptum est, maternam mollitiem, paternum et avitum rettulit colorem. Hoc modo Columella dicebat, qualemcumque speciem, quae fuerit in bestiis, per nepotum gradus mitigata feritate reddi.*

[397] Por ejemplo, aunque se sobrepasa del hilo de la argumentación, el profundo conocimiento de la naturaleza que muestra tanto tío y sobrino, llega a la intuición de la herencia por parte de los progenitores de determinados rasgos. Todavía están muy lejos Mendel y Darwin, pero sin duda (y junto con las obras de Teofrasto), podemos ver que el conocimiento natural sobre estos procesos era tremendamente avanzado.

[398] Lomas Salmonte, F.J. *Historia de Cádiz...* p. 913.

[399] Todas estas cuestiones están analizadas y publicadas en Lagóstena Barrios, L., Trapero Fernández, P. "The location of Marco Columela's vineyards...".

[400] Historiográficamente se ha situado en varios lugares, como en *Caere*, (Cerveti): Tchernia, A. *Le vin de ltalie romaine...* y en Jerez o cerca de esta ciudad, Tovar Llorente, A. "Columela y el vino de Jerez...".

[401] Columella, *Rust.* 3.3.3. *Nam illa videntur prodigialiter in nostris Ceretanis accidisse, ut aliqua vitis apud te excederet uvarum numerum duorum milium, et apud me octogenae stirpes insitae intra biennium septenos culleos peraequarent, ut primae vineae centenas amphoras iugeratim praeberent, cum prata et pascua et silvae, si centenos sestertios in singula iugera efficiant, optime domino consulere videantur. Nam frumenta maiore quidem parte Italiae quando cum quarto responderint, vix meminisse possumus.* 3.9.6. *Publi Silvine, perhibere nobis potes, cum*

Partimos de la hipótesis de que estas tierras puedan estar refiriéndose a la Bética, aunque como ya hemos indicado no es algo seguro, ya que existen otras opciones, la más probable *Caere* en Italia[402]. De ser la hipótesis correcta, estaríamos ante la reminiscencia de unos *fundi* que bien pudieron haber pertenecido a Marco Columela, siempre y cuando su sobrino pudiera haber heredado parte de sus tierras. Si no fuera el caso, podríamos estar ante la realidad de unas propiedades que conseguiría por otro medio. En cualquiera de las opciones, las referencias a la gran productividad del vino pueden tener relación con el área de estudio, siempre y cuando se parta de la idea de situar a *Ceret* en un lugar cercano, como pudiera ser la ciudad sin nombre en Gibalbín. También es posible estas tierras ceretanas no sean específicamente de una comunidad, sino el nombre de un espacio intermedio y se refiera a otra realidad como por ejemplo un *pagus*[403].

En definitiva, Columela es un autor del que una parte fundamental de sus referencias, sobre la agricultura en general y la viticultura en particular, tienen estrecha relación con el entorno de la zona de estudio. Especialmente su tío Columela refiere prácticas de cultivo que resultan ser muy específicas y que pueden ser aplicables a un modelo SIG. Esta es una importante ventaja a la hora de empezar a analizar la viticultura romana en *Hasta Regia*, pues en pocos casos del Imperio se van a tener tantas referencias seguras sobre el área de estudio o de al menos su contorno. De la misma manera, el profundo conocimiento agronómico de Columela, unido a las referencias a otras formas de cultivar la vid por los locales, hace que se puedan extraer todavía más cuestiones respecto a las prácticas de cultivo típicamente romanas y que serían instauradas al menos con la llegada de los colonos, sino antes, y las prácticas tradicionales que pueden venir de una raíz turdetana o fenicia.

6.2. Condicionantes para la vid

Una vez defendidas las bases de las fuentes literarias, pasamos a ver las distintas prácticas de la viticultura en la región, comenzando por los condicionantes previos necesarios para poder plantar la vid, es decir, todos aquellos requisitos que tiene que tener una finca para el cultivo de la misma. Evidentemente la vid puede ser cultivada prácticamente en cualquier lugar, pero la agronomía romana nos muestra unos sitios preferentes dependiendo de diversos factores físicos, como es el tipo de suelo, orientación, pendiente u otros condicionantes.

La viña dentro de la finca agrícola es de las más caras de plantar y probablemente la que más trabajo de cuidado tiene[404], siendo importante elegir un buen personal para cuidarla[405] y un suelo fértil. Gracias a la agronomía antigua conocemos bien cuáles eran los condicionantes para poner plantaciones. Este conocimiento está expresado ya desde Teofrasto[406].

El primer condicionante y el más importante es la tipología del suelo. Dado que el conocimiento agronómico solo se conocen cuestiones físicas y no químicas, es difícil hacer una asociación directa con suelos actuales[407]. En Catón y Varrón tenemos unos consejos generales[408]. En Virgilio, aunque breve, vemos la preocupación por elegir correctamente el tipo de suelo[409]. En Columela y Plinio el Viejo[410] nos viene desarrollado, siendo generalmente sus características tres: pingüe frente a magro, suelto frente a compacto y húmedo frente a seco[411].

En nuestro territorio existen unas tierras buenas para el viñedo en la actualidad, denominadas como albarizas, barros y arenas, existiendo una propuesta que las relaciona con los tres tipos de suelo que Columela menciona para las viñas de su tío[412].

Para estudiar esto, hemos realizado un modelo en el que se relaciona los suelos generales y sus correspondientes superficies según la propuesta de área nuclear que hemos realizado (Tabla 6.1):

---

pulchre memineris, a me duo iugera vinearum intra tempus biennii ex una praecoque vite, quam in Ceretano tuo possides, insitione facta consummata.

[402] Tovar Llorente, A. "Columela y el vino de Jerez...".

[403] En la tradición local gaditana se ha veniendo a asimilar el concepto de Ceret con Jerez. Lo importante del texto de Columela es la manera de referirse a las propiedades. No dice las tierras en término de Ceret o similar, por lo que *ceratanis* podría ser un *territorium*, *pagus* o más probablemente *agro*. Sería similar a lo ya comentado del bronce de Bonanza, encontrado en el territorio, que refiere a un *pagus veneriensis*, que no tiene que corresponder con la ciudad de *Nabrissa Veneria*.

[404] Sáez Fernández, P. "Sobre algunos tipos de tierras vitícolas..., pp. 521–531.

[405] Este es un aspecto importante para Columela en 1.9, donde para él los trabajadores del campo se resumen en tres grupos: Columella, *Rust.* 1.9.6. "...por ello se han de separar los labradores de los viñadores, los viñadores de los labradores, y ambos de los que hacen las demás faenas". *Propter quod separandi sunt aratores a vinitoribus <et vinitores ab aratoribus>, iique a mediastinis.*

[406] Teofrasto, *Historia Plantarum*, 1.8.1. "Nudoso es el olivo, el abeto y el acebuche. Algunos de éstos crecen en lugares muy sombreados, resguardados de los vientos, y húmedos, y otros en lugares soleados expuestos a las inclemencias y a los vientos, en terrenos ligeros y áridos. Los árboles son más o menos nudosos incluso dentro de un mismo género. Y, en general, son más nudosos los árboles de la montaña que los del llano y más los que crecen en terrenos secos que los que crecen en terrenos pantanosos"

[407] Olson, L. "Columella and the Beginning of Soil Science", *Agricultural History Society* 17, 1943, pp. 65–72.

[408] Cato. *Agr.* 1.2–3. da unos consejos generales, reproducidos con matizaciones por otros agrónomos posteriores: "Repárese en cómo es de próspera la situación de los vecinos: una región que sea buena, debe ser muy rica; que sea de fácil acceso y su recorrido y salida posibles; goce de buen clima, no esté expuesto a la helada, y tenga valor por la buena calidad de su suelo, por su fertilidad. Sí es posible, que esté situado al pie de un monte, orientado al sur, en lugar sano; Haya abundancia de trabajadores, y que tenga fuentes de aguas, y una ciudad importante se encuentren cerca, o el mar, o un río navegable o una vía bien construida y transitada". *Vicini quo pacto niteant, id animum advertito: in bona regione bene nitere oportebit. Et uti eo introeas et circumspicias, uti inde exire possis. Uti bonum caelum habeat; ne calamitosum siet; solo bono, sua virtute valeat. Si poteris, sub radice montis siet, in meridiem spectet, loco salubri; operariorum copia siet, bonumque aquarium, oppidum validum prope siet; aut mare aut amnis, qua naves ambulant, aut via bona celerisque.* Varro *R.R.* 1.9. Dedica todo el subcapítulo a estas cuestiones.

[409] Virgil, *Geor.* 2.230.

[410] Columella, *Rust.* 2.2.1–21 y Plin. *HN Hist.* 17.3–4.

[411] Estas categorías ya están enumeradas por Teofrasto *Causis Plantarum* 2.5.9.

[412] Sáez Fernández, P. "Sobre algunos tipos de tierras vitícolas..., pp. 521–529; Trapero Fernández, P. "Roman viticulture analysis...; Lagóstena Barrios, L., Trapero Fernández, P. "La localización de los viñedos..." Trapero Fernández, P. "Perspectives about the analysis of Roman viticulture in Guadalquivir estuary river", *Riparia* 2, 2016, pp. 55–74.

Tabla 6.1. Distribución de tipos de suelos en el territorio y porcentajes de los mismos. Fuente propia

Unidades edáficas	Área en ha	%
Solonchaks takírico y Solonchaks gleicos	2.633,86	9,535
Regosoles Calcáreos y Cambisoles cálcicos con litosoles, Fluviosoles calcáreos y Rendsinas	1.725,13	6,245
Regosoles éutricos, Regosoles dístricos y Aerosoles álbicos	451.21	1,633
Vertisoles crómicos y Cambisoles vérticos con Cambisoles cálcicos, Regosoles calcáreos y Vertisoles pélicos	2.070,66	7,496
Vertisoles pélicos, Rendsinas y Regosoles calcáreos	4.738,17	17,152
Vertisoles pélicos y Vertisoles crómicos	291,82	1,056
Arenosoles álbicos, Cambisoles húmicos y Gleysoles dístricos	1.191,80	4,314
Vertisoles pélicos, Rendsinas y Regosoles calcáreos	554,70	2,008
Sin dato	15,10	0,045
Regosoles éutricos, Xerosoles hápilicos y Litosoles	134,19	0,486
Vertisoles pélicos, Rendsinas y Regosoles calcáreos	124,90	0,452
Vertisoles crómicos y Cambisoles vérticos con Cambisoles cálcicos, Regosoles calcáreos y Vertisoles pélicos	1.922,39	6,959
Vertisoles pélicos, Rendsinas y Regosoles calcáreos	2.247,22	8,135
Cambisoles vérticos, Regosoles calcáreos y Vertisoles crómicos con Cambisoles cálcicos	78,67	0,285
Vertisoles pélicos y Vertisoles crómicos	857,27	3,103
Cambisoles cálcicos, Luvisoles cálcicos y Luvisoles crómicos con Litosoles y Fluvisoles calcáreos	411,20	1,489
Regosoles Calcáreos y Cambisoles cálcicos con litosoles, Fluviosoles calcáreos y Rendsinas	2.838,65	10,276
Regosoles Calcáreos y Cambisoles cálcicos con litosoles, Fluviosoles calcáreos y Rendsinas	280,11	1,014
Vertisoles pélicos, Rendsinas y Regosoles calcáreos	326,97	1,184
Vertisoles crómicos y Cambisoles vérticos con Cambisoles cálcicos, Regosoles calcáreos y Vertisoles pélicos	102,65	0,372
Luvisoles cálcicos, Luvisoles crómicos y Luvisoles gleicos	258,17	0,935
Vertisoles pélicos y Vertisoles crómicos	3672,49	13,294
Luvisoles cálcicos, Luvisoles crómicos y Luvisoles gleicos	10,68	0,039
Luvisoles crómicos Cambisoles cálcicos y Litosoles	41,03	0,149
Regosoles Calcáreos y Cambisoles cálcicos con litosoles, Fluviosoles calcáreos y Rendsinas	155,94	0,565
Regosoles Calcáreos y Cambisoles cálcicos con litosoles, Fluviosoles calcáreos y Rendsinas	272,83	0,988
Vertisoles pélicos, Rendsinas y Regosoles calcáreos	216,38	0,783

Esta distribución de suelos se puede visualizar en la Figura 6.1. La mayoría de ellos son vertisoles, regosoles, cambisoles y en menor medida salanchaks, estos últimos siendo el suelo típico de marisma. Pasamos a describirlos en orden de mayor a menor idoneidad para la viña[413].

Óptimos son los regosoles calcáreos muy abundantes en el territorio, comúnmente denominados albarizas y el suelo preferido en la actualidad para la producción vitivinícola. Seguidos están los vertisoles (tierras negras arcillosas que se agrietan en verano, pero de carácter plástico en invierno, denominado como bujeo) y los arenosoles, tierras de arenas de uso para la viña tradicional mediante la técnica de navazos o aportes de tierras[414].

Otros suelos buenos son los luvisoles, lavado de arcillas con depósitos aluviales y los cambisoles que configuran la mayor parte de llanuras, buenos para cualquier cultivo. Los fluvisoles se tratan de depósitos aluviales, pero en terrazas próximos a los ríos, muy fértil si se contiene la subida del agua. Otro suelo bueno, pero poco abundante es la rendzina, de alto contenido calizo.

Malos para la agricultura son los planosoles, regiones inundada de suelo pobre; los gleysoles que se corresponden con los fondos de lagos y ríos; los solanchaks tierras de

[413] García del Barrio Ambrosy, I. *Mapa de suelos de la provincia de Cádiz (1). Jerez de la Frontera*, Jerez, 1988. La información cartográfica está extraída de http://www.juntadeandalucia.es/medioambiente/mapwms/REDIAM_Suelos_Andalucia? Consultado el 01–08-2019.

[414] Existen casos documentados de vides romanas en arenas: López Amador, J.J., Ruiz Gil, J.A. "Arqueología de la vid y el vino en El Puerto de Santa María", *Revista de Historia del Puerto* 38, 2007, pp. 11–36.

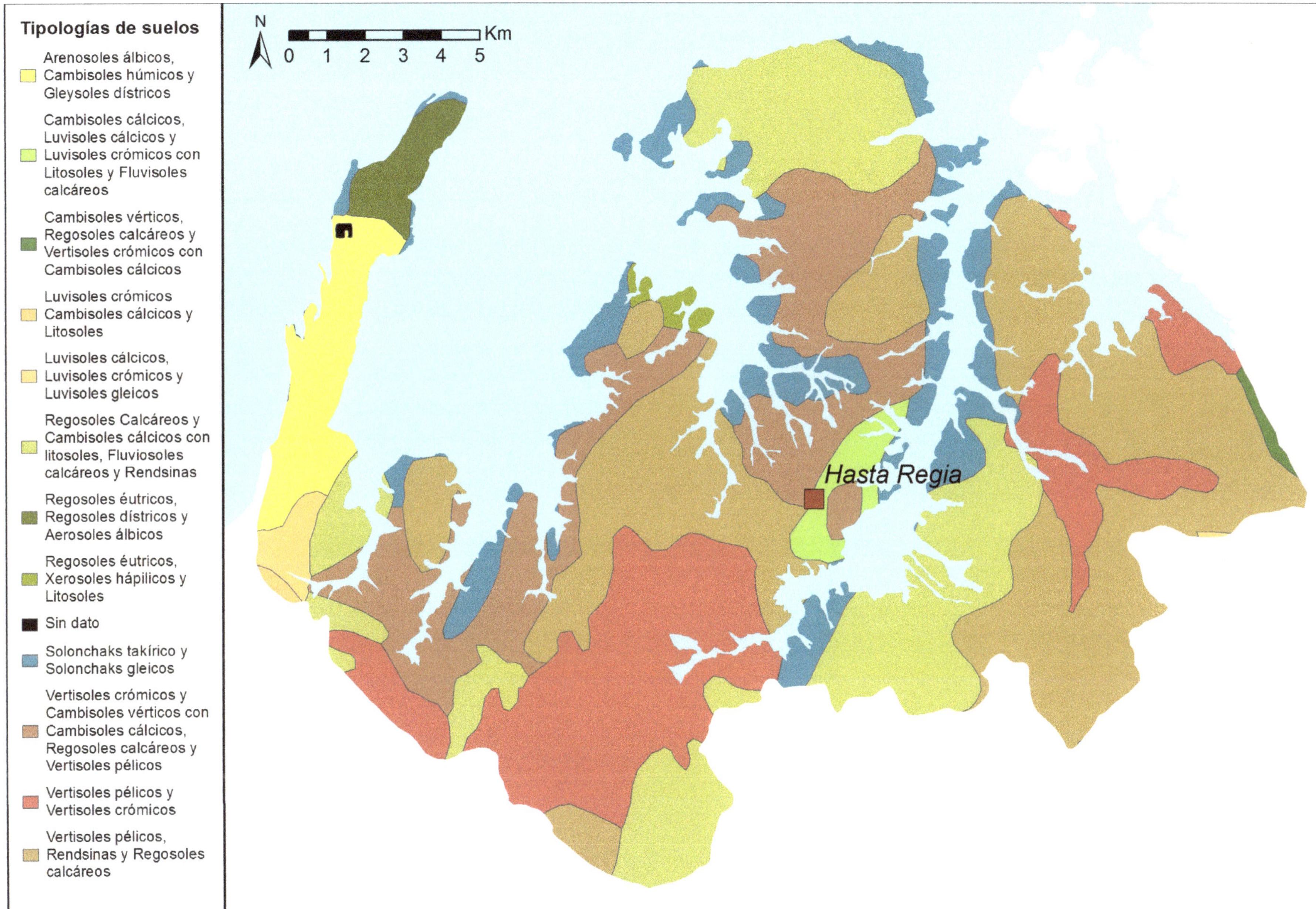

Figura 6.1. Suelos analizados en el texto. Fuente propia.

marismas y los litosoles suelos pobres rocosos que se suelen dejar para ganadería.

Basándonos en los textos referidos a Marco Columela, es posible hacer una correlación entre suelos actuales y descritos por las fuentes para nuestra zona específica:

> "Si no hay ninguna clase de estiércol, conviene mucho hacer lo que recuerdo que mi tío paterno, Marco Columela, labrador muy preparado y trabajador, realizaba en muchas ocasiones: echar greda en los terrenos arenosos y arena en los gredosos y excesivamente densos. Obtuvo así no sólo abundantes mieses, sino que logró también viñas muy hermosas. Afirmaba él que en las viñas no se debe echar estiércol, porque corrompe el sabor del vino, y pensaba que era mejor materia para lograr una vendimia abundante la tierra amontonada al azar o la procedente de los abrojos, o por último cualquier otra traída de otro lugar"[415].

> "Mi tío paterno Columela, ilustre agricultor, solía emplear esta fórmula de aderezo en aquellas propiedades en las que tenía viñas cenagosas. Pero cuando él aderezaba vinos de vides de monte, añadía, en lugar de sal, agua salada cocida hasta quedar en un tercio. Esta, sin duda, aumenta la cantidad de vino y le da mejor olor, pero tiene el peligro de que el vino se echa a perder si el agua está mal hervida; se toma ésta, según ya había dicho, lo más lejos posible de la costa, pues es más líquida y más pura cuanto de más alta mar se ha cogido. Si alguno, como hacía Columela, la guarda y al cabo de tres años la depura y la trasvasa a otras vasijas, y luego tras otro período de tres años la cuece hasta que se reduzca a un tercio, tendrá mucho mejor aderezo para el vino y no habrá peligro ninguno de que los vinos se echen a perder"[416].

En estos dos fragmentos podemos ver características del suelo bastante detalladas, así como distintos tipos de viñas asociadas[417]. Se ha identificado la *cretam* con los regosoles calcáreos, mientras que el *sabulum* se identifica con los suelos de arenas, que también son muy utilizados en la actualidad[418]. Faltaría los suelos de bujeo que se identifican con estas *vineas palustres*. Se trata por tanto de una asociación entre los tres tipos de suelos más productivos del Marco del Jerez para los vinos de Jerez-Xerry.

Analizando con detenimiento estas cuestiones es muy probable que la asociación de *sabulum* con las arenas sea correcta, especialmente con la tipología de arenosoles, pero también luvisoles ya que se trata de una mezcla terreno arenoso y arcilloso. Para el caso de *cretam* y *cretosis* la asociación es más compleja, ya que literalmente sería "greda". Sin embargo, estos términos latinos se han utilizado con diversos significados, por lo que nos detendremos en su análisis.

Varrón en un viaje a la Galia, menciona el término en un caso donde ve enriquecer el suelo con margas de cantera[419]. Virgilio también lo utiliza, siendo clara la diferencia en este caso con otros términos que puedan inducir a error como grava *glarea*[420]. Columela lo utiliza en multitud de ocasiones, pero no parece que para el autor tenga un único significado. Greda, según la RAE, se definiría como "arcilla arenosa, por lo común de color blanco azulado, usada principalmente para absorber grasa y en la fabricación de cerámica". En la obra aparece varias veces con esta acepción a "greda de alfarero"[421]. Un caso claro

[415] Columella, *Rust* 2.15.4. *Si tamen nullum genus stercoris suppetet, ei multum proderit fecisse, quod Marcum Columellam patruum meum, doctissimum et diligentissimum agricolam, saepe numero usurpasse memoria repeto, ut sabulosis locis cretam ingereret, cretosis ac nimium densis sabulu, atque... ligone succident, vim optimae stereorationis exhibebit. Succidi autem lupinum sabulosis locis oportet, cum secundum florem, lubricosis, eum tertium egerit. Nam idem negabat stercus vitibus ingerendum, quod saporem vini corrumperet; melioremque censebat esse materiam vindemiis exuberandis, congesticiam vel de vepribus vel denique aliam quamlibet arcessitam et advectam humum.*

[416] Columella, *Rust* 12.21.5–6. *Hac conditura Columella patruus meus, inlustris agricola, uti solitus est in his fundis, in quibus palustres vineas habebat. Sed idem, cum collina vina condiebat, aquam salsam decoctam ad tertias pro sale adiciebat. Ea porro facit sine dubio maiorem mensuram et odoris melioris, sed periculum habet, ne vitietur vinum, si male cocta sit aqua; sumitur autem haec, ut iam dixeram, quam longissime ab litore; nam liquidior et purior est, quantum altiore mari hausta est. Eam si quis, ut Columella faciebat, reponat et post triennium in alia vasa eliquatam transfundat, deinde post alterum triennium decoquat usque ad partem tertiam, longe meliorem habebit condituram vini, nec ullum periculum erit, ne vina vitientur. Satis est autem sextarios singulos adicere salsae aquae in binas musti urnas, quamvis multi etiam binos inmisceant, nonnulli etiam ternos sextarios, idque [ego] facere non recusem, si genus vini tantum valeat, ut aquae salsae non intellegatur sapor.*

[417] Marín, N., Prieto, A. "Observaciones sobre la forma de producción y circulación del vino en la provincia romana de la Bética", *El vi a l'atiguitat economia producció I comerç al Mediterrani occidental*, 1985, pp. 369–376.

[418] Sáez, P. *Agricultura en la Bética*... p. 12.

[419] Varro *R.R.*. 1.7.8. *In Gallia transalpina intus, ad Rhenum cum exercitum ducerem, aliquot regiones accessi, ubi nec vitis nec olea nec poma nascerentur, ubi agros stercorarent candida fossicia creta*...

[420] Verg. *G.* 2.215. *nam ieiuna quidem cliuosi glarea ruris uix humilis apibus casias roremque ministrat; et tofus scaber et nigris exesa chelydris creta negant alios aeque serpentibus agros dulcem ferre cibum et curuas praebere latebras*

[421] Columella, *Rust.* 6.17.4. "Pero la lesión causada por la primera se cura punzando la parte herida con una lezna de cobre y untándola con greda de Cimola desleída en vinagre". *Sed illius sanatur noxa subula aenea, si locum laesum compungas, cretaque cimolia ex aceto linas.* Columella, *Rust.* 6.17.6. "Es frecuente también encerrar la musaraña viva en arcilla de alfarero; cuando se ha secado la arcilla, se cuelga del cuello de los bueyes". *Solet etiam ipsum animal creta figulari circumdari; quae cum siccata est, collo boum suspenditur.* Columella, *Rust.* 8.2.3. "Con todo, no sufren la castración por haber perdido los órganos genitales, sino quemándoles con hierro candente los espolones, que, cuando han sido consumidos por la fuerza del fuego, se untan con arcilla de alfarero, hasta que sanan las heridas hechas". *Nec tamen id patiuntur amissis genitalibus, sed ferro candente calcaribus inustis, quae cum ignea vi consumpta sunt, facta ulcera dum consanescant, figulari creta linuntur.* Columella, *Rust.* 10.60. "...es bien cierto que aquélla creó las arcillas Prometeas...". *Ista Prometheae genetrix fuit altera cretae. Columella, Rust. 12.46.5.* "Pero también recomienda el mismo autor untar las granadas frescas con una capa espesa de greda de alfarero bien amasada y colgarlas, cuando la arcilla se ha secado, en un sitio fresco; y luego, en el momento en que la necesidad lo requiera, introducirlas en agua y deshacer la greda". *Sed et idem auctor est creta figulari bene subacta recentia mala crasse inlinire et, cum argilla exaruit, frigido loco suspendere, mox, cum exegerit usus, in aqua demittere et cretam resolveré.* Columella, *Rust.* 12.46.7 y 12.47.1 "Muchos arrancan del árbol los membrillos con sus ramitas y, tras haberlos cubierto cuidadosamente con greda de alfarero, los secan al sol; luego, si la greda formó grietas, las cubren con barro y, una vez secos, los cuelgan en sitio fresco. Muchos conservan los membrillos en

de ello es otra referencia a Marco Columela para realizar unas cerámicas utilizando *creta, qua fiunt amphorae*[422]. Se trata de un término parecido a arcilla *argila,* pero no es igual. Probablemente se trata del desengrasante utilizado, *cretam figularem*, pudiendo ser arenas. En otros espacios se suele usar material volcánico como la puzolana, a la que también se denomina a la greda[423]. Esto no tiene sentido para una tipología de suelo, por lo que el autor entiende el término de dos maneras.

La segunda se refiere a una cualidad del suelo. Se menciona varias veces: denso y con greda, en contraposición a tierra más suelta[424]; denso, gredoso y húmedo[425]; gredoso o seco, en contraposición con tierra ligera, suelta y arenosa[426]; gredosa frente a tierra débil y sobre todo roja[427]. Se trata por tanto de un suelo contrario a las arenas y que pudiera ser de naturaleza arcillosa. Sin embargo, sí se hace distinción entre este tipo de suelos arcillosos y lo que él denomina arcilla[428], en concreto *nam per se ipsa creta, qua utuntur figuli, quamque nonnulli argillam vocant,* es decir, la greda que utilizan los alfareros, que algunos llaman arcilla[429]. Esto quiere decir que otras personas confunden estos dos tipos de tierra, que se parecen bastante, pero no son iguales.

Creemos que Columela está hablando de margas yesíferas o calcáreas que tienen un comportamiento muy similar a las arcillas, siendo sin embargo tierras ácidas por su alto componente de carbonato cálcico[430]. Salvando el color en algunos casos, pues las margas pueden ser más amarillas, el tipo de suelo es muy similar, siendo algo como arcillas, pero que se usa como aditivo a las ánforas. P. Sáez[431] propone que estas margas o albarizas, sean las *cretosis* de Columela. Esto tiene sentido, porque en la actualidad requieren de trabajo, especialmente mezcla con arenas para volverlas viables para su cultivo. Lo mismo ocurriría con las arenas que hay que enriquecer. Se trataría por tanto de la práctica que nos está refiriendo Columela de su tío bonificando un tipo y otro de tierras[432].

Respecto a las *palustres vineas*[433], vemos muy poco probable que se trate de viñas en zonas inundables, ya que por las condiciones climáticas del suroeste peninsular, las viñas están más acostumbradas a soportar el calor, que la humedad. Una acepción podría ser una viña regada o de regadío, como puede ser en una huerta[434]. Esta es una práctica habitual en otros espacios, que Columela también recoge con otro término, *aquosis locis*[435]. Sin embargo, *palustres vineas* está en el texto en contraposición a viñas de colina, siendo algo similar a viñas de llanura.

Para indagar más en estos aspectos, Columela cita el término en otras ocasiones. Como con *greda* tiene varias acepciones. La primera hace referencia a espacios palustres tienen una continua connotación negativa[436] que suelen acompañar en la literatura a estos espacios[437]:

hoyos o en tinajas, de la misma forma que las granadas; otros los atan con hojas de higuera, amasan luego greda de alfarero con alpechín..." *Multi cum ramulis suis arbori detrahunt et, creta figulari cum diligenter mala obruerunt, in sole siccant, deinde, si qua rimam creta fecit, luto linunt et adsiccata frigido loco suspendunt. Multi eadem ratione, qua granata, in scrobibus vel dolis servant cydonea, nonnulli foliis ficulneis inligant, deinde cretam figularem cum amurca.*

422 Columella, *Rust.* 12.44.5–6. Ver subcapítulo 4.1.3. productos.

423 Aparece como tal en diccionarios geológicos. https://cit.iec.cat/dgeol/default.asp consultado el 01–01-2020

424 Columella, *Rust.* 2.2.9. "En los parajes densos y abundantes en greda se dejan abiertas; pero donde la tierra es más suelta, si bien algunas se dejan también al descubierto, otras sin embargo se ciegan de forma que a ellas vengan a desembocar las que quedaron abiertas". *Spissis atque cretosis regionibus apertae relinquuntur; at ubi solutior humus est, aliquae fiunt patentes, quaedam etiam obcaecantur, ita ut in patentes ora hiantia caecarum competant; sed patentes latius apertas summa parte declivesque et ad solum coarctatas, imbricibus supinis similes facere conveniet.*

425 Columella, *Rust.* 2.9.3. "La tierra densa, gredosa y húmeda proporciona bien trigo candeal y escaña". *Densa cretosaque et uliginosa humus siliginem et far adoreum non incommode alit.* Columella, *Rust.* 2.9.5. "Si el campo es medianamente gredoso o húmedo...". *si mediocriter cretosus uliginosusve ager est;*

426 Columella, *Rust.* 2.9.17. "Requieren una tierra ligera y suelta y no sólo se reproducen en un suelo arenoso, sino incluso en arena, con tal que el clima sea húmedo o el terreno regado, pues temen al seco y al gredoso". *Nec in sabuloso solo, sed in arena quoque proveniunt, modo humido caelo vel riguo solo. Nam siccum cretosumque reformidan*

427 Columella, *Rust.* 2.10.3. "Como dije, necesita tierra débil y sobre todo roja, pues teme a la gredosa y no se reproduce en un terreno húmedo". *Id, ut dixi, exilem amat terram, et rubricam praecipue. Nam cretam reformidat limosoque non exit agro.*

428 Columella, *Rust.* 3.11.9. "La tierra gredosa se considera útil para la vid, pero la greda sola, de la que se sirven los alfareros y a la que algunos llaman *arcilla,* le va muy mal, y, no menos, la arena sola y todo lo que, como dice Julio Atico, reseca la planta". *Cretosa humus utilis habetur viti: nam per se ipsa creta, qua utuntur figuli, quamque nonnulli argillam vocant, inimicissima est; nec minus ieiunus sabulo, et quicquid, ut ait Iulius Atticus, retorridum surculum facit.* Columella, *Rust.* 5.8.6. "El tipo de terreno más apto para los olivos es el que tiene grava en el fondo, y, encima, una capa de arcilla mezclada con arena. No menos estimable es el suelo en que hay rico sábulo, pero también la tierra más prieta, si es vigorosa y fértil, da buena acogida a este árbol. La arcilla hay que rechazarla del todo, más aún si es un terreno abundante en fuentes y en el que siempre hay humedad. Es también enemigo del olivo el campo magro por el sábulo o la grava pura". *Aptissimum genus terrae est oleis, cui glarea subest, si superposita creta sabulo admista est. Non minus probabile est solum, ubi pinguis sabulo est. Sed et densior terra, si uvida et laeta est, commode recipit hanc arborem. Creta ex toto repudianda est, magis etiam scaturiginosa et in qua semper uligo consistit. Inimicus est etiam ager sabulo macer et nuda glarea.*

429 Sobre estas cuestiones: Galán Huertos, E., Aparicio Fernández, P. "Materias primas para la industria cerámica" en M. A. García del Cura, J.C. Cañaveras Jiménez (coords.), *Utilización de rocas y minerales industriales*, Universidad de Alicante, Alicante, 2006, pp. 31–48.

430 *Estudio agrobiológico de la provincia de Cádiz...*, p. 170.

431 Sáez Fernández, P. "Sobre algunos tipos de tierras...".

432 Sin duda este tipo de bonificación también podría existir entre arenas y arcillas y viceversa, pero ya hemos visto que Columela no habla de un suelo arcilloso, sino algo parecido. Las margas calcáreas son un suelo muy representativo en la campiña de Jerez, pero relativamente raro en otros espacios.

433 Columella, *Rust.* 12.21.5–6.

434 Rodríguez López, R. *El huerto en la Roma antigua, su problemática urbanística y agraria*, Monografías de derecho romano, Madrid 2008; Buzón Alarcón, M. "Las *villae* suburbanas", *Las villas romanas de la Bética*, Universidad de Sevilla, Sevilla, 2016, pp. 115–174.

435 Columella, *Rust.* 5.7. Se refiere a un tipo de viña que se hace en Galia y que tiene su reminiscencia en el valle de Po. Se trata un tipo de viña que está en terrenos más acuosos. Consideramos que se trata de algo radicalmente distinto a las *palustres vineas*, especialmente considerando que esta cita solo aparece en los textos de M. Columela en la región de *Gades*, donde las condiciones climáticas son distintas a las anteriores.

436 Sobre esta problemática: Cañizar Palacios, J.L. "Salubritas e insalubritas..., pp. 1–14.

437 Columella, *Rust.* 1.5.3. *Tertia putealis collina, vel quae non infima valle reperitur. Deterrima palustris, quae pigro lapsu repit. Pestilens, quae in palude semper consistit.*

"La tercera mejor agua es la que se encuentra en los pozos excavados en las colinas o en las partes menos profundas de los valles; es pésima el agua pantanosa, que se desliza con lenta corriente, y es pestífera aquella que siempre está estancada".

Una segunda acepción se refiere a espacios fríos[438], mientras que, a su vez, son los sitios donde viven patos y gansos[439], siguiendo la lógica de asociarlos a espacios de humedal[440], que es la acepción más general del término. Pero hay una sutil diferencia a zonas encharcadas que deben ser desviadas mediante zanjas, especialmente para los pastos[441]. También está en la recomendación sobre el suelo óptimo para los cerdos[442], que pueden ser cualquier terreno. No se trata por tanto de masas de agua, sino de característica del suelo, donde en algún momento del año se encuentre en un estado húmedo, siendo el grado de este muy relativo. La mejor muestra de ello lo tenemos en el siguiente fragmento:

"Se han de elegir para este tipo de ganado pastos espaciosos y palustres, no montañosos, de riego, jamás de secano, mejor rasos que llenos de troncos de árboles y abundante en hierbas espesas y tiernas mejor que altas"[443].

Como podemos ver en el texto anterior, de riego y palustres no son lo mismo. Por todo ello se propone el tipo de suelo sea el de Bujeo[444], vertisoles de composición arcillosa que se agrietan durante el verano pero que en invierno se vuelven muy plásticos pudiendo quedar encharcados mucho tiempo[445].

En este sentido, hay que recordar los consejos que da el autor respecto a la plantación, que se desarrollará a continuación. Sin embargo hay un pasaje relevante sobre las vides en hoyos para que estas tengan piedras en el agujero, ya que ayuda a apartar las aguas del invierno y los calores de verano[446]. Esta es una técnica que viene de los cartagineses, por lo que su asimilación puede ser parecida a nuestra zona de estudio, con un clima más cercano a la actual Túnez[447].

Jutno a los tipos de suelo también se consideran la pendiente del terreno, insolación y orientación. La primera ya la hemos visto en textos de manera secundaria en textos anteriores, siendo una de las principales preocupaciones de los agrónomos:

"A causa de estos tres tipos de relieve se establecen algunas diferencias en lo que se planta, porque se piensa que los granos mejores son de la llanura, las viñas de las colinas, los bosques de las montañas" [448].

Para nuestro caso, teniendo la fuente primaria en el territorio de Columela, la recomendación es similar[449]. La llanura tendría otros aprovechamientos, mientras que un suelo de montaña no es óptimo para la agricultura y sus aprovechamientos se orientarían más hacia actividades cinegéticas, forestales o directamente ganaderas[450]. Los agrónomos aconsejan destinar las zonas llanas para el cultivo de cereales, ya que resultan más sencillas para el arado[451] En nuestro caso de estudio, no tenemos grandes pendientes del terreno, por lo que buena parte del mismo es óptima. De hecho, tenemos una continuidad de uso tanto para olivo y vid desde época cristiana que se remonta a momentos anteriores, ambos cultivos de colina[452] (Fig. 6.2).

Junto con la pendiente, se considera la orientación de los cultivos, existiendo dos realidades que se contraponen,

[438] Columella, *Rust.* 2.11.2. "...y esto debería hacerse antes del invierno y repetirse después de él; en los terrenos fríos y pantanosos, por lo general, se debe escardar pasado el invierno, y no recubrir de tierra, sino removerla con un escardeo nivelado". *In locis autem frigidis et palustribus plerumque transacta hieme sarriri, nec adobrui, sed plana sarritione terram permoveri.*

[439] Columella, *Rust.* 2.14.1. "...exceptuamos las que viven en lugares pantanosos o son nadadoras, como el pato y el ganso, pues éste incluso es dañino". *exceptis tamen palustribus ac nantibus, ut anatis et anseris; nam id noxium quoque est.*

[440] Cañizar Palacios, J.L. "Aproximación histórica al concepto latino de los humedales: la terminología usada en las fuentes escritas", en L. Lagóstena Barrios (coord.), *Qui lacus aquae stagna paludes sunt: Estudios históricos sobre humedales en la Bética,* Cádiz, 2015, pp. 29–60.

[441] Columella, *Rust.* 2.16.5. "...así, si en alguna parte se forma una charca de agua estancada, ha de desviarse con zanjas, puesto que tanto la abundancia como la carencia de agua supone la desaparición de las hierbas". *Itaque si palus in aliqua parte subsidens restagnat, sulcis derivanda est. Quippe aquarum abundantia atque penuria graminibus aeque est exitio.*

[442] Columella, *Rust.* 7.9.6. "Además este ganado aprovecha cualquier disposición del terreno Pace perfectamente tanto en montes como en llanos, aunque mejor en campos pantanosos que faltos de agua". *Omnem porro situm ruris pecus hoc usurpat, nam et montibus et campis commode pascitur, melius tamen palustribus agris quam sitientibus.*

[443] Columella, *Rust.* 6.27.2. *Gregibus autem spatiosa et palustria, nec [non] montana pascua eligenda sunt, rigua, nec umquam siccanea, vacuaque magis quam stirpibus impedita, frequenter mollibus potius quam proceris herbis abundantia*

[444] Sáez Fernández, P. *Agricultura romana...*, pp. 10–24.

[445] A todas estas ideas, se puede complementar una que aparecerá más adelante, respecto al tipo de uva *coccolobin* Columella, *Rust.* 3.2.19, en el que se menciona a una variedad de uva hispana, que está perfectamente adaptada a las inclemencias, pero que no se da con la humedad.

[446] Columella, *Rust.* 3.15.3. "Parece que estas piedras, según dice Magón, apartan de las raíces las aguas del invierno y los calores del verano, y Virgilio, siguiéndole, aconseja que se preserven y fortifiquen las plantas así". *Hi videntur, ut Mago prodit, et aquas hiemis et vapores aestatis propulsare radicibus; quem secutus Virgilius tutari semina et muniri sic praecipit.*

[447] Hidalgo, J. *Tratado de Enología,* Mundiprensa, Madrid, 2003, pp. 151–158.

[448] Var. R.R. 1.6.5. *Propter haec tria fastigia formae discrimina quaedam fiunt sationum, quod segetes meliores existimantur esse campestres, vineae collinae, silvae montanae.*

[449] Columella, *Rust.* 3.1.8. 2 "Si se puede elegir el lugar y el clima para las viñas según el propio deseo, el suelo mejor es, como piensa muy acertadamente Celso, el que no es ni demasiado compacto ni suelto, si bien más cercano al suelto; ni pobre ni muy rico, sino próximo al rico; ni llano ni en pendiente, más bien parecido a una llanura en declive" *At si voto est eligendus vineis locus et status caeli, sicut censet verissime Celsus, optimum est solum nec densum nimis nec resolutum, soluto tamen propius; nec exile nec laetissimum, proximum tamen uberi; nec campestre nec praeceps, simile tamen edito campo.*

[450] Sobre estas cuestiones de preferencias y cultivo de la tierra en general: J. Kolendo, *L'agricoltura...*, p. 85 y siguientes.

[451] Witcher, R.E. "Agrarian spaces in Roman Italy: society, economy and Mediterranean agriculture", *Arqueología espacial: paisajes agrarios* 26, 2006, pp. 341–359.

[452] Martín Gutiérrez, E. "Aproximación al repartimiento rural..."

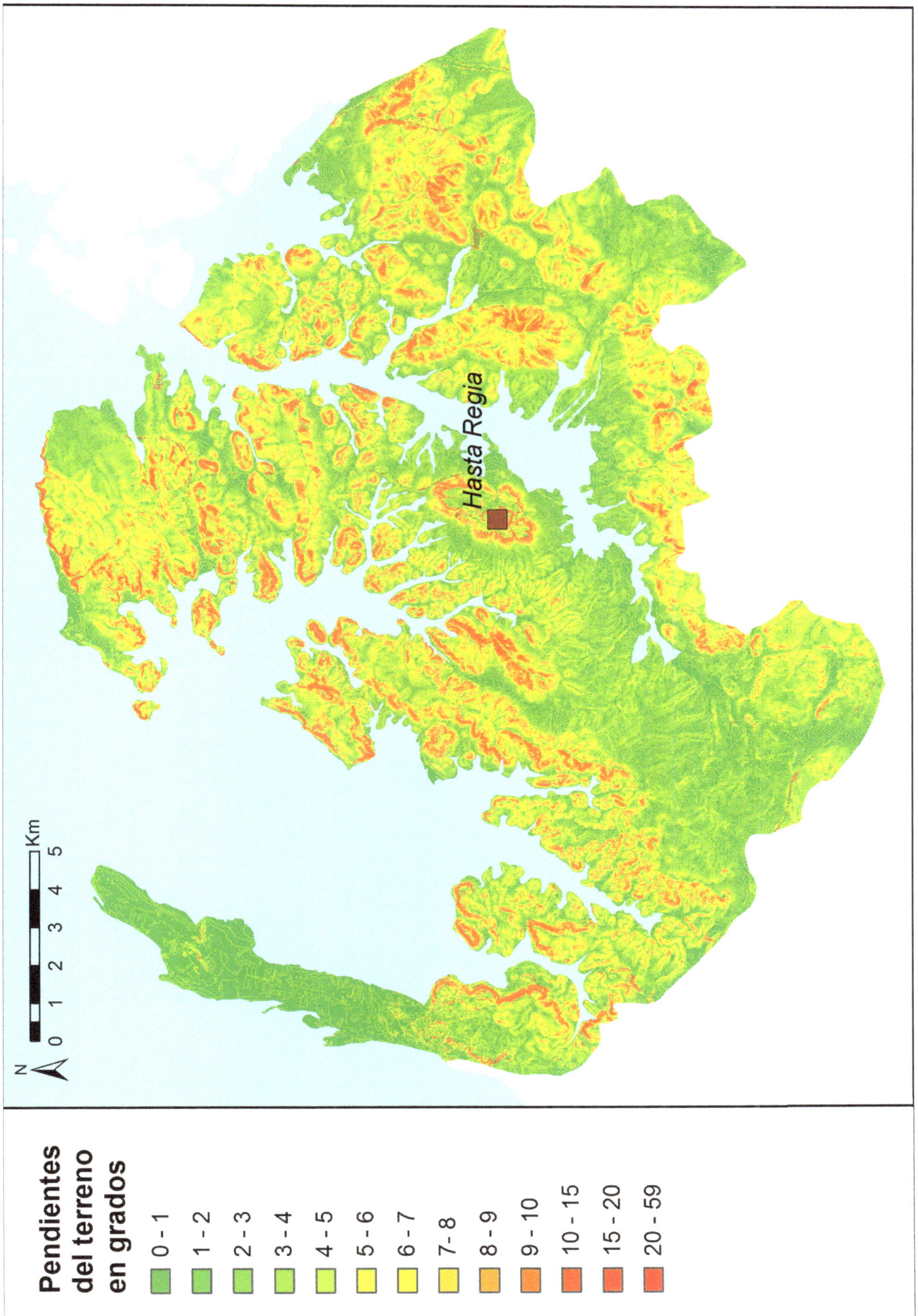

Figura 6.2. Análisis de las pendientes del terreno. Fuente propia.

la orientación del viento y la insolación. Respecto a los vientos, Columela nos dice:

"Demócrito y Magón ponderan la excelencia del campo orientado al norte, pues piensan que las vides se harán muy productivas con esta orientación, aunque se vean superadas con relación a la buena calidad de su vino. A nosotros nos ha parecido lo mejor aconsejar, como regla general, que en lugares fríos las vides miren al mediodía, y en los tibios, al levante, siempre y cuando no las maltraten el Austro y el Euro, como sucede en las costas de la Bética. Si las regiones estuvieran castigadas por estos vientos, mejor será orientarlas al Aquilón y al Favonio"[453].

Esta recomendación general está en otros agrónomos como Virgilio[454], mientras que Catón y Varrón también hacen algunos comentarios generales al respecto[455]. Con respecto a los vientos, queda claro que los predominantemente secos son malos para la agricultura, algo que Columela conocía bien en nuestra zona, donde el viento de Levante es muy fuerte. Si se puede elegir el espacio de cultivo para el viñedo, se pondera una orientación hacia el levante, Sureste, salvando casos concretos como el que menciona para la Bética, donde pondera mejor dicha orientación hacia el Norte u Oeste, dado que el viento de levante, tiene medias de velocidad aproximados de 60–70 km/h, con rachas aún más fuertes[456] (Fig. 6.3).

Por tanto, aquí se halla una contradicción de criterios con la recomendación ideal que hace el autor de los lugares para elegir la viña:

"Además, son defectos del lugar, que llevan generalmente a los viñedos a su ruina, la debilidad y la esterilidad de la tierra, la humedad salada o amarga, la posición inclinada y escarpada, un valle demasiado sombrío y al que no le da el sol…"[457].

Como podemos ver en el fragmento interesa que no estén en un espacio de humedad salada o amarga, pero lo que nos interesa es la cuestión de la insolación. Para nuestro caso de estudio, la insolación potencial será mayor al sur, siendo esta una de las zonas junto con el Este de mayor incidencia de vientos. Por tanto, se trata de un doble criterio a considerar. A pesar de ello hay que pararse a ponderar la importancia de los distintos criterios. Consideramos que el tipo de suelos, pendiente y orientación de vientos son más importantes que el caso de la insolación, especialmente en nuestro territorio donde la orografía no es muy alta.

Por tanto probablemente los cultivos estuvieran orientados al Norte y Oeste[458], algo específico de nuestro territorio, mientras que en otros lugares del Imperio sería Sur y Este. Tenemos que añadir que en nuestra zona existen vientos del Norte de África que suponen un aumento de las temperaturas, junto con gran sequedad. Finalmente hay que añadir otra cuestión, que viene a reforzar la idea de la peligrosidad de estos vientos y a añadir otra problemática al debate:

"Ciertamente mi tío paterno, Marco Columela, hombre erudito en ilustres disciplinas y cuidadosísimo agricultor de la provincia Bética, protegía las viñas sombreándolas con esteras de palmas al comienzo de la canícula, ya que por lo general, en dicha estación, algunas partes de la citada región quedan tan devastadas por el Euro, al que los habitantes denominan Vulturno, que si las vides no se sombrearan cubriéndolas, el fruto se quemaría como con un soplo de fuego"[459].

Marco Columela debió tener unas viñas[460] que serían azotadas por este viento, y, por tanto, ingenia una manera de proteger los frutos de las vides. Esto significa que no solo se cultiva en zonas donde no azota el viento, sino más bien, que este tipo de cultivos suele adaptarse a las condiciones del terreno, y, sobre todo, a la propia disponibilidad de tierras. Ahora bien, la dificultad del pasaje es conocer si la práctica del insigne agricultor Marco Columela era una innovación suya o era una práctica entre otros propietarios[461]. Aquí vemos viable dos opciones: la

[453] Columella, *Rust.* 3.12.6. *Democrito et Magone laudantibus caeli plagam septentrionalem, quia existiment ei subiectas feracissimas fieri vineas, quae tamen bonitate vini superentur. Nobis in universum praecipere optimum visum est, ut in locis frigidis meridiano vineta subiciantur; tepidis orienti advertantur, si tamen non infestabuntur Austris Eurisque velut orae maritimae in Baetica. Sin autem regiones praedictis ventis fuerint obnoxiae, melius Aquiloni vel Favonio committentur.*

[454] Verg. *G.* 2.184–194. "Pero el suelo que es fuerte y empapado de suave humor, y el campo de hierbas cubierto y de gran fertilidad, cuál es el que solemos contemplar muchas veces en el hondo de un valle excavado en la montaña (donde se deslizan los ríos desde las elevadas rocas arrastrando fecundante limo), y lo mismo el suelo que se levanta orientado al Austro y cría el helecho, odiado por el corvo arado, este tal será el que un día te proporcionará robustas vides, que manaran abundante vino, este es en uvas fértil, fértil en vino, cuál es el que libamos en pateras de oro, cuando el grueso Tirreno ha soplado en su flauta de marfil junto a las aras y ofrendamos las entrañas humeantes sobre platos que se encorvan bajo el peso". *at quae pinguis humus dulcique uligine laeta, quique frequens herbis et fertilis ubere campus, qualem saepe caua montis conualle solemus despicere (huc summis liquuntur rupibus amnes felicemque trahunt limum), quique editus Austro et filicem curuis inuisam pascit aratris: hic tibi praeualidas olim multoque fluentis sufficiet Baccho uitis, hic fertilis uuae, hic laticis, qualem pateris libamus et auro, inflauit cum pinguis ebur Tyrrhenus ad aras, lancibus et pandis fumantia reddimus exta.* 2.298 "Tus vinedos no estén orientados hacia el sol poniente". *Neue tibi ad solem uergant uineta cadentem.*

[455] Trapero Fernández, P. "Perspectives about the analysis…" p. 62.

[456] Wheeler, D. "Early instrumental weather data from Cádiz. A study of late eighteenth and early nineteenth century records", *International Journal of Climatology* 15, 1995, pp. 801–810.

[457] Columella, *Rust.* 4.22.8. *…oci porro vitia sunt, quae fere ad internecionem vineta perducunt, macies et sterilitas terrae, salsa vel amara uligo, praeceps et praerupta positio, nimium opaca et soli aversa vallis…*

[458] Columella, *Rust.* 2.3.6.

[459] Columella, *Rust.* 5.5.15. *M. Quidem Columella patruus meus, vir illustribus disciplinis eruditus ac diligentissimus agricola Baeticae provinciae, sub ortu caniculae palmeis tegetibus vineas adumbrabat, quoniam plerumque dicti sideris tempore quaedam partes eius regionis sic infestantur Euro, quem incolae Vulturnum appellant, ut nisi teguminibus vites opacentur, velut halitu flammeo fructus uratur.*

[460] No sabemos si estas viñas serían las palustres o las de monte. Marín, N., Prieto, A. "Observaciones sobre la forma de producción y circulación del vino en la provincia romana de la bética", *El vi a l'atiquitat economia producción i comerç al Mediterrani occidental,* Badalona, 1987, p. 371.

[461] Pudiera existir la posibilidad de que fuera una reminiscencia anterior. Por un lado, puede que Marco Columela tuviera la innovadora idea en

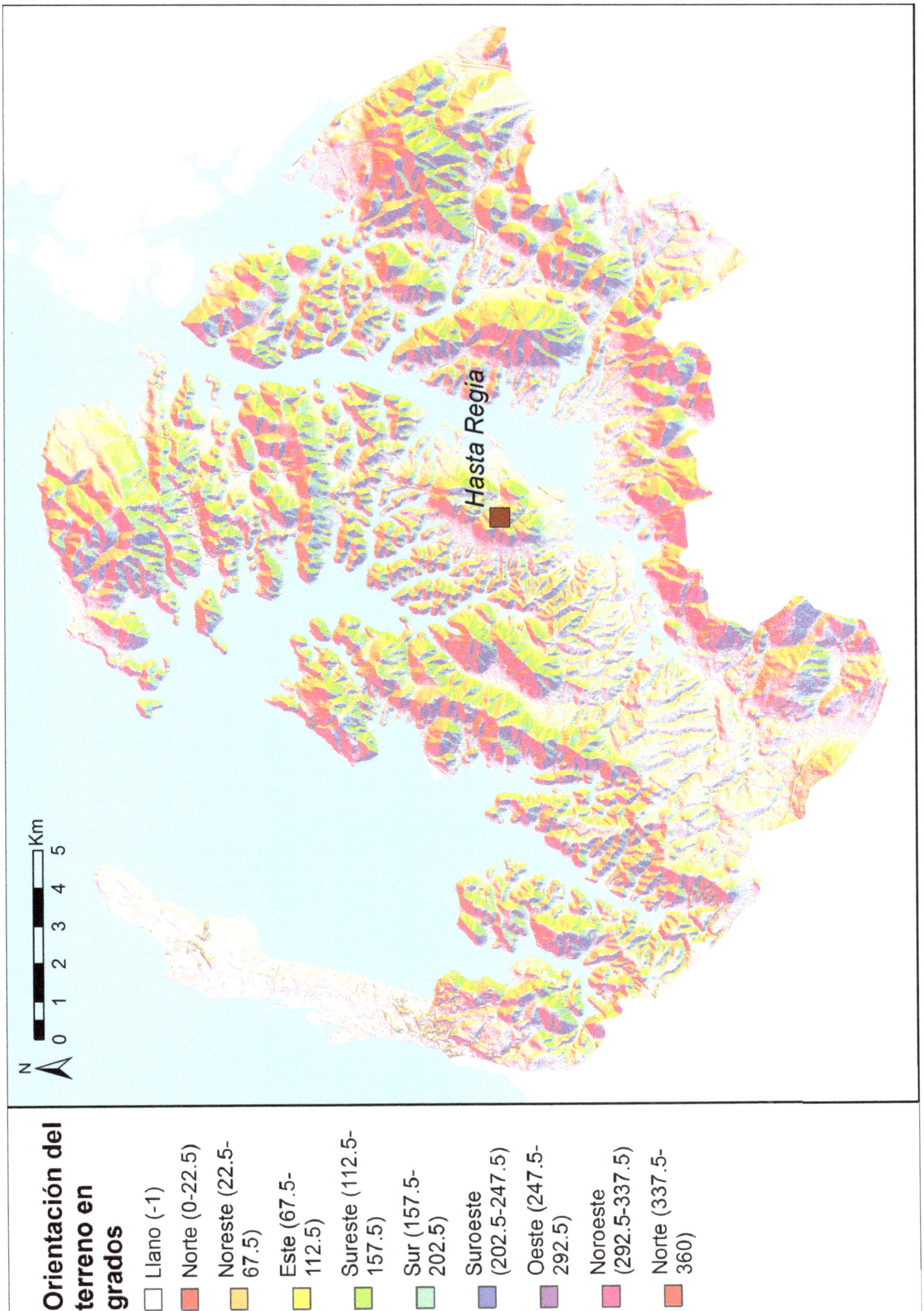

Figura 6.3. Distintas orientaciones del terreno expresadas en grados. Fuente propia.

primera que en la experticia del agricultor hiciera esta invención y pudiera en todo caso popularizarse a partir de ello; o más probablemente, que fuera una técnica tradicional de agricultores previos que Marco adapta a sus cultivos. En cualquier caso, podemos situar esta cuestión con cuarentena, dado que en todo caso se utilizarían preferentemente la orientación respecto a un monte donde proteja de estos vientos.

Otra cuestión relevante de este fragmento es que nos permite concretar con mayor seguridad a que espacio corresponde con bastante precisión. Sabemos que actualmente, y probablemente sería igual en el pasado, el Levante no influye por igual a toda la Bética. De hecho, solo tiene esta incidencia en provincia de Cádiz y especialmente en las regiones costeras, desde Algeciras hasta la boca del Guadalquivir. Sin embargo, en pleno corazón del territorio de *Hasta*, actualmente la influencia de este viento es residual, es decir, no tiene la misma importancia que en la costa. Para otras zonas como la costa Mediterránea el viento es suave y acompañado de agua. Por tanto, la zona descrita se corresponde con esa franja litoral que llegaría hasta el pie de la Sierra de Cádiz.

Como vemos la lectura atenta del texto permite conocer bastante bien su precisa localización, pero hay más. Columela nos dice *Austris Eurisque velut orae maritimae in Baetica*[462], se está refiriendo casi con toda seguridad a la zona de la provincia de Cádiz, si acaso aparte de Huelva. Como hemos dicho el efecto de estos vientos en las actuales costas de las provincias de Málaga, Granada o Almería es el contrario. Esta generalización o aparente error nos confirma que la zona de estudio es la correcta. Si consideramos que Columela creía lo que dice y no es una generalización, la información que nos aporta es todavía más interesante, pues querría decir que su conocimiento de la Bética oriental no era muy bueno y que sus referencias se circunscriben especialmente a la región cercana a *Gades*.

En definitiva, podemos hacer correlación entre los tipos de suelos, pendientes e incluso vientos, dado que contamos con unos datos por las fuentes literarias inauditos. Esta relación nos muestra con seguridad que se trata de un cultivo en el Bajo Guadalquivir y costa gaditana hasta el estrecho de Gibraltar. Marco Columela es un gran agricultor, especializado por las referencias que tenemos de su sobrino en la producción de vino. Sus tierras se encuentran en la región antes descrita, reforzando la idea de que existe una importante producción vitivinícola en la zona. Por las referencias sabemos que tendría más de una finca, por las distintas descripciones. Además, los condicionantes analizados nos permiten poder extrapolar y mensurar las medidas que nos aconsejan los agrónomos, por lo que podemos añadirlos a un SIG y modelizar estas cuestiones, junto con otras que veremos en los capítulos siguientes.

busca de un mayor rendimiento económico. Ahora bien, también es posible que, dadas las condiciones problemáticas con el viento en la zona, esta fuera una práctica habitual en los locales.

462 Columella, *Rust.* 3.12.6.

6.3. Tipologías de vid, uvas y vino

Una vez analizados los tipos de suelos y otros condicionantes físicos donde establecer la plantación, se pasa ahora a analizar las tipologías de vid. El estudio de las propiedades y características de las uvas tiene su propio estudio actual, por lo que se refiere a dicha bibliografía para la actualidad[463]. Sin embargo, para época antigua debemos partir de las tipologías que nos refieren las fuentes literarias para comparar con los cultivos actuales y la arqueología experimental[464].

Identificar los distintos tipos de vides plantadas puede informarnos de los posibles productos asociados, pues el final está directamente relacionado con esta cuestión, junto con las propias técnicas de transformación. Evidentemente, la diferencia de esta producción, también va a depender de manera fundamental en el aporte de dinero, innovación y en definitiva de recursos disponibles en su cultivo[465].

Los agrónomos romanos hacen referencia a una enorme cantidad de tipologías de viña, que en general se clasifican según sus usos y su viabilidad a determinados espacios. Estas listas de tipos, sin embargo, no están completas, pues los propios autores expresan que son incontables y por ello citan las principales[466].

El origen de esta enorme variedad es algo que está en estudio, especialmente en lo que respecta a la búsqueda de las viñas y vinos más antiguos. Para el caso de la viticultura en la Península Ibérica, los orígenes se remontan a los fenicios[467]. La gran variación de tipos dentro de la *vitis vinifera*, sin duda es fruto de una adaptación a determinados

463 Hidalgo, J. *Tratado de Enología…*; Picornell Buendía, M.R., Melero Martínez, J. "Historia del cultivo de la vid y el vino; su expresión en la biblia", *Ensayos* 27, 2012, pp. 217–246; Indelicato, M. "Una vigna "romana" archeo-sperimentale alle pendici dell'Etna", en D. Malfitana, G. Cacciaguerra (eds.), *Archaeologia classica in Sicilia en el Mediterraneo didattica e ricerca nell'esperienza mista CNR et Università*, Catania 2014, pp. 239–250.

464 Martín Oliveras, A. "Nuevas vías de investigación…", pp. 327–335.

465 Carandini, A. "Il vigneto e la *villa* del fondo di Settefinestre nel Cosano: Un caso di produzione agricola per il mercato trasmarino", *Memoirs of the American Academy in Rome* 36, 1980.

466 Verg. *G.* 2.101–104 "No sabría yo pasarte en silencio a ti, rodia, tan bien recibida por los dioses en las segundas mesas, ni a ti, bumaste, de abultados racimos. Pero ni contar podría la variedad de especies, ni cuáles son sus nombres, y de hecho a nada conduciría calcularlas". *non ego te, dis et mensis accepta secundis, transierim, Rhodia, et tumidis, bumaste, racemis. sed neque quam multae species nec nomina quae sint est numerus.* Plin. *HN* 14.20. "Demócrito fue el único que pensó que los tipos de vides podían contarse, declarando que todas las de Grecia le eran conocidas; los demás manifestaron que eran incontables y numerosísimas, como se verá con más claridad a propósito de los vinos. No se hablará de todos, sino de los más notables, puesto que son casi tantos como territorios existen, razón por la cual será suficiente señalar los más celebres o los que, por alguna peculiaridad, anuncian algún portento". *Genera vitium numero conprehendi posse unus existimavit Democritus, cuncta sibi Graecae cognita professus; ceteri innumera atque infinita esse prodiderunt, quod verius apparebit ex vinis. nec omnia dicentur, sed maxime insignia, quippe totidem paene sunt quot agri, quam ob rem celeberrimas vitium aut quibus est aliqua proprietate miraculum ostendisse satis erit.*

467 Jiménez Flores, A.M., García Fernández, J. "Vino y cultura en la turdetania…", p. 127.

lugares, probablemente por la domesticación de especies autóctonas de la *vitis* silvestre[468].

La clasificación de las uvas y vides obedece a su uso posterior como producto final. En este sentido, existen principalmente dos productos primordiales, esto es, la uva de mesa y la uva para fermentación. Más allá de que se vayan a subdividir los tipos después en los productos vitivinícolas, la realidad es que la uva de mesa tiene unas características distintas a las destinadas a vino o derivados, principalmente en su morfología: tamaño, forma de los racimos, grosor del hollejo o número de pepitas. Junto a ello, habría que añadir un tercer tipo, que está relacionado con la uva de mesa fresca, que sería la uva pasa, que incluiríamos en este primer grupo, ya que el resto de uvas están pensadas para la vitificación y no para la alimentación. En esencia, la primera gran diferencia es la uva destinada a consumo por sus azúcares, mientras que la segunda se convierte parte o todos estos azúcares en alcohol[469]. Es importante analizar correctamente esta cuestión para poder discernir los potenciales productos de estos tipos de uva, como un criterio fundamental para determinar los espacios productivos y las tipologías de vinos producidos.

En primer lugar, la producción de uvas de mesa se realiza principalmente cerca de las estructuras edilicias que conforman la *villa*, ya que la manera de su cultivo es más parecida a la de una huerta. Esto es debido al interés de consumo de las mismas, que puede requerir de un mayor cuidado y en determinados casos incluso de regadío[470]. De la misma manera, esta producción estaría mucho más abocada a las cercanías de grandes poblaciones, donde las huertas serían abundantes, para abastecer de productos frescos. Sus tipos son purpureas, *bumasti, dictyli,* líbicas y *cerauniae.* Las que aparte de su sabor también tienen buen aspecto son *stefanitae, tripedaneae, unciariae y cydonitae.* Por último las que se conservan en vasijas durante el invierno son las mencionadas como las *vennuculae*[471]. Marco Columela utilizaba una técnica similar a esta última, para la conserva de las uvas:

> "Mi tío paterno Marco Columela mandaba fabricar en forma de bandejas vasijas anchas de la arcilla con la que se hacen las ánforas y embadurnarlas con pez por dentro y por fuera con una capa bien espesa; una vez preparadas las vasijas, ordenaba coger racimos de uva tinta, de teta de vaca, numisiana y de hollejo duro, meter sus pedúnculos sin tardanza en pez ardiente y disponer en las bandejas antedichas por separado las uvas de cada clase, de forma que los racimos no se tocaran unos con otros; después de esto, poner encima las tapaderas y untarlas con una gruesa capa de yeso, y finalmente empegarlas con pez dura que hubiese sido derretida al fuego, para que no pudiera penetrar ninguna humedad; sumergir luego las vasijas del todo en agua de fuente o de aljibe con unos pesos colocados encima, sin permitir que sobresaliera ninguna parte de ellas. De este modo se conserva muy bien la uva, pero, una vez que se ha sacado, se pone agria si no se consume en el día"[472].

Esta es la única referencia que conocemos del cultivo de este tipo de uvas de mesa en la zona. Es interesante comentar algunos aspectos sobre esta cuestión, por las singularidades de la cita. En primer lugar, encontramos los tipos de uva que son los que Marco solía utilizar como uvas de mesa: *purpureas et bumastos et Numisianas et duracinas uvas*. A estas se les unta en pez los pedúnculos y colocan en unas vasijas que, selladas, quedarán bajo agua en un aljibe con pesos colocados. Este método de conservación de las uvas de mesa reviste de especial importancia, ya que nos describe el proceso completo y nos da información de indicadores arqueológicos que pueden ser de gran interés. En segundo lugar, conocemos las tipologías de uvas que se utilizan a este respecto. Solo la *bumasti* está reconocida como una uva de mesa general, lo cual puede hacernos pensar sobre dos cuestiones. O bien Marco Columela, con su enorme conocimiento agronómico, conocía y utilizaba distintas tipologías de uvas, variedades para mesa y vinificación; o bien que la relación general de uvas de mesa y de vino es meramente orientativa a partir de la experiencia de los autores.

Por otro lado, la cita es interesante, ya que nos está describiendo algún tipo de contenedor, *lata vasa*, probablemente algún tipo de lebrillo abierto, hecho con el mismo material que las ánforas. Estas llevan algún tipo de tapadera, entendemos del mismo material, con yeso y pez. El reconocimiento de esta tipología de cerámica podría servir como indicador de este tipo de producciones. Por último, esta descripción nos da la idea de que se requiere de algún tipo de aljibe o similar, así como pesos, por lo que es importante que ambos elementos arqueológicos pudieran ser reconocidos en prospección[473].

Estas son en esencia los tipos de uvas de mesa más comunes. Sin embargo, cualquier otro tipo de uva podría serlo en la práctica, la principal diferencia entre los

---

[468] Sobre estas cuestiones, ver: Celestino Pérez, S., Blánquez Pérez J. "Origen y desarrollo…", pp. 5–7.

[469] A.A.V.V. *Catálogo general de las variedades y los clones de uva de vino y de mesa,* Rauscedo, 2013, p. 152.

[470] Rodríguez López, R. *El huerto en la Roma antigua...*, p. 72.

[471] Columella, *Rust.* 3.2.1.

[472] Columella, *Rust.* 12.44.5–6. *Marcus Columella patruus meus ex ea creta, qua fiunt amphorae, lata vasa in modum patinarum fieri iubebat eaque intrinsecus et exterius crasse picari; quae cum praeparaverat, tum demum purpureas et bumastos et Numisianas et duracinas uvas legi praecipiebat pediculosque earum sine mora in ferventem picem demitti et in praedictis patinis separatim sui cuiusque generis ita componi, ne uvae inter se contingerent; post hoc opercula superponi et oblini crasso gypso, tum demum pice dura, quae igni liquata esset, sic picari, ne quis umor transire possit; tota deinde vasa in aqua fontana vel cisternina ponderibus inpositis mergi nec ullam partem eorum pati extare. Sic optime servatur uva, sed, cum est exempta, nisi eo die consumitur, acescit.*

[473] Se han tenido en cuenta estos elementos en las prospecciones arqueológicas, sin resultado positivo. Sobre la localización de las fincas de Marco Columela: Lagóstena Barrios, L., Trapero Fernández, P. "La localización de los viñedos…" No se ha podido contextualizar correctamente cuál es el recipiente concreto para esta producción. Resta aquí indicar este posible indicador para revisar en estudios de cerámica actuales: Girón Anguiozar, L. *La cerámica común romana en la bahía gaditana en época romana. Alfarería y centros de producción,* Tesis doctoral, Cádiz, 2018.

diversos tipos es la cantidad de azúcar o la mayor o menor medida de la uva. Pasamos a considerar las variedades de vid o uva, destinadas a producción vitivinícola, en general. En esta categoría tenemos varios tipos de vides, que suelen estar denominadas dependiendo de la calidad de las mismas, primero las que dan lugar a vinos de gran renombre, y después las que menos. También hay interés por hacer notar la productividad de las vides ya que parece que existe, según los autores agronómicos antiguos, una especie de relación entre la calidad de la uva y la baja productividad de la misma[474].

De las mejores vides[475], las *amineas* salvo en clima frío son las que ofrecen vinos de gran sabor. Existen cinco tipos en total; la menor desflorece rápido y aventaja a la mayor porque soporta lluvias y vientos. La mayor se pierde rápidamente y no es apropiada para viñedo ni emparrado a no ser que sea tierra fértil y de vigor. Otra variedad dentro de esta misma es la llamada "geminas" por sus racimos de dos en dos. Son conocidas por cultivarse en Campania, como las colinas del Vesubio y Sorrento. El quinto tipo es la tomentosa, con un vino más suave que las anteriores[476]. La siguiente en calidad es la *nomentana* de buen vino y más fecunda que la anterior, porque la propia planta protege el fruto. A la menor se la llama *rubellanae o faeciniae*. En general son vides resistentes a vientos y lluvias, por lo cual son mejores en climas fríos[477]. La tercera más famosa es la apiana, que tiene tres tipos según Columela y dos según Plinio. Es muy productiva y de buen vino en suelo óptimo, apropiada para lugares fríos pero que se echa a perder con la lluvia[478].

Hasta aquí no hay duda de que estas tres variedades que representan las uvas de mayor calidad, no casualmente también son producciones que vienen de Italia. Columela y Plinio, sin embargo, no tendrán el mismo acuerdo en cuanto a las vides de calidades medias. De segunda fila, pero también fértiles, según Columela, son la *biturica* y la *balisca*, esta última muy interesante pues la menor de sus variedades en Hispania se la llama *coccolobin*[479]. En general, aguantan bien las lluvias y huracanes, dan mucho mosto, prosperan en suelos endebles, aguantando también un clima cálido.

Según Plinio son también de buena calidad la *eugenia, rética* y *alobrógica*, en lugares cálidos, templados y fríos respectivamente[480]. También la *visulla* y la *argitis* menor, criadas en suelos medios pues en buenos crecen demasiado. Esta última puede estar en lugares altos de árboles y dado el tamaño de uva resisten bien el granizo. Las *helvolae* son famosas por su color oscuro, aunque tienen mosto blanco. También productivas son las *precia* mayor y menor. Otro tipo de vides comunes serían la *albuelis*, productiva y de abundantes racimos, las griegas *mareoticas, tasias, izspsithiae* y *sofortias*, todas de gusto agradable pero poco productivas pues tienen pocos racimos y uvas pequeñas. Las *helvennacae*, que los habitantes de las Galias llaman a la mayor *marcus* y aunque la menor soporta bien la lluvia, son en general mediocres. [481] Debemos terminar comentando otras como la *espionia*, de abundante mosto pero más por el tamaño que por la cantidad y la *arceraca* de vino malo pero de una fertilidad enorme[482]. Son muchos más los tipos de uvas que dan las fuentes, pero llegados a este punto los autores dicen[483]:

> "Y hasta aquí los tipos de vid que son más comunes; los demás son propios de determinadas regiones o lugares, o bien una mezcla de injertos de unos y otros"[484].

Por tanto, las propias variedades de uva en el mundo antiguo no están completamente investigadas, por la enorme variedad de tipos. Las más comunes, como podemos observar, se corresponden con las que han tenido una mayor fama, tipologías que o bien gustan por su sabor o posiblemente por su mayor antigüedad. Los lugares que desde más antiguo han tenido producciones vitivinícolas enfocadas al comercio, de donde son nombradas estas variedades. En general, se podría decir que tanto Plinio como Columela pretenden hacer un catálogo amplio de tipos, para que cualquier agricultor pudiera tener conocimiento de una vid apropiada a su clima[485]. De todas estas uvas mencionadas como vitivinícolas, solo la *coccolobin* tiene asegurada su producción como uva para vino en la zona de estudio[486].

---

[474] Esta es una constante en la literatura, que si bien tiene un fundamento lógico. La principal cuestión es la baja inversión para la mejora de estos cultivos y la adaptación de los mismos hacia los que tengan más rendimientos. Tchernia, A. "La vinification des romains", en G. Garrier, *Le vin des historiens: actes du 1er symposium vin et histoire*, 1990, pp. 65–74.

[475] Las referencias literarias sobre estas variedades de uva están comentadas principalmente en Columela 3.2 y siguientes, así como Plinio *HN* 16.21–36. No nos referimos al texto ni traducción, ya que resumimos las principales ideas que se comentan.

[476] Columella, *Rust.* 3.2.8–12, Plin. *HN* 16.21–22.

[477] Columella, *Rust.* 3.2.14, Plin. *HN* 16.23.

[478] Columella, *Rust.* 3.2.17, Plin. *HN* 16.24.

[479] Columella, *Rust.* 3.2.19.

[480] Plin. *HN* 16.25–26.

[481] Columella, *Rust.* 3.2.22–26, Plin. *HN* 16. 30.32.

[482] Plin. *HN* 16.34–35.

[483] Sáez Fernández, P. *Agricultura romana…*, pp. 22–26.

[484] Plin. *HN* 16.36. Marcone, A. *Storia dell'agricoltura romana*, Carocci, Urbino, 1997, p. 176.

[485] No hemos considerado relevante desarrollar estas cuestiones, ya que no podemos aportar mucho más de lo ya publicado. Para más información: Brun J.P. "Los usos antiguos de los productos de la viña y el olivo y sus implicaciones arqueológicas", en *De vino et oleo Hispanice. Áreas de producción y procesos tecnológicos del vino y el aceite en la Hispania romana, Anales de prerromano y arqueología*, 27–28, Anales de Prehistoria y Arqueología, Murcia, 2012.

[486] Plin. *HN* 14. 29–30. "Los dirraquios alaban la *balisca*, que en las Hispanias llaman *cocolobis*. Es de racimo menos apretado, tolera el calor y los austros, es muy perjudicial para la cabeza, pero su producción es abundante. Las Hispanias dan dos clases de esta uva, una de grano alargado y otra de grano redondo; son las últimas que se vendimian. La *cocolobis*, cuanto más dulce, mejor es. Pero, además, la seca pasa a dulce cuando envejece, y la que era dulce, a seca; entonces compiten con el vino albano. Dicen que la bebida procedente de estas vides es utilísima para los males de la vejiga". *baliscam Dyrrachini celebrant, Hispaniae coccolobin vocant. rarior uva, aestus austrosque tolerat, capiti inimica, copia larga. Hispaniae duo genera eius faciunt, unum oblongo acino, alterum rotundo; novissimas vindemiant. quo dulcior est coccolobis, hoc melior. sed et austera transit in dulcem vetustatem, et quae dulcis fuit in austeritatem; tunc Albano vino aemulantur. tradunt vesicae vitiis utilissimum ex iis potum.*

Este tipo de uva es la menor de la variedad *balisca*, y en Hispania se plantaban dos de esta misma. Por la descripción que tenemos de Plinio, que en este caso es más completa que la de Columela, este tipo de uva puede llegar a tener una calidad similar a las del vino albano. Esta tipología se ha venido clasificando como predecesora al menos de la moscatel, cuyas características morfológicas se asemejan mucho a esta variedad actual[487].

Con toda probabilidad, se cultivarían otra serie de variedades en las tierras de la Bética, sin que podamos tener más datos por las fuentes escritas[488]. La cita respecto a las *cocolobis* hace referencia a Hispania, probablemente porque ésta sería la variedad de uva más extendida, puede que incluso la que pudiéramos denominar autóctona. Además, ya no solo sabemos que pueden competir en calidad con la de otros lugares, sino que también son extremadamente resistentes. Por un lado, aguantan huracanes y lluvias, así como el frío, mejor que las aguas[489]. Esta es una cualidad muy importante, ya que esta variedad de vid podría ser la que más se utilizara por su especial resistencia a las inclemencias, aunque parece que es más resistente al frío que a las aguas, pero está mejor que la sequedad. Es decir, que, aunque aguanta el calor, requiere de aguas de vez en cuando. Esta tipología de uva, sin duda parece estar perfectamente adaptada a un clima como el de *Hasta Regia*, donde las temperaturas no van a ser muy extremas, aunque puede conllevar heladas, no tiene por qué estar bajo una humedad excesiva y probablemente tenga momentos de sequedad en verano.

Estrabón alababa el trigo, el vino y el aceite. De estos productos, todos se exportaban en cantidad, refiriéndose a la calidad solo en el caso del aceite. Es por ello que se ha pensado que los vinos de la Bética no revestirían especial calidad. Ahora bien, tenemos citas que ya hemos comentado por Marcial o referencias en la epigrafía anfórica a vinos de calidad, por lo que tiene que existir dicha dualidad[490].

Esta aparente contradicción puede ser fruto de la diferencia cronológica. Probablemente los vinos que pudiéramos denominar como autóctonos, previos al proceso colonial, se realizaran con uvas de variedad *coccolobin* y resultaran de poco agrado para los romanos. Esto pudo cambiar sobre todo en el momento que los colonos se asentaran en la colonia *Hasta Regia*, es decir, que se instaura un sistema de producción y unas prácticas de cultivo diferentes. Esto pudo ocurrir anteriormente, sin duda, pero con seguridad para inicios del cambio de era. Entre las nuevas introducciones debieron existir también variedades de uva fundamentalmente itálicas.

Las variedades en esencia que se conocen para nuestro territorio pudieran ser las *amineae,* muy alabadas por los agrónomos, que producía vino blanco, cultivada por Columela en *Ceret*[491] y sabemos de la existencia de una sub-variedad hispana[492] de la *bumasti.* Además de la ya mencionada *coccolobis,* existen otros tipos de uva cultivada, casi todas asociadas a uva de mesa: *bumasti, numisianae, duracinae, purpureae.* Estas las conocemos porque están citadas como las que cultivaba Marco Columela[493]. Es interesante desarrollar esta última cuestión respecto a estos tipos de uvas partiendo del análisis ya realizado por P. Sáez[494].

La *amineae* es una de las variedades que más renombre tiene dentro del mundo romano y probablemente de la variedad que Columela está pensando como ejemplo de aplicación, como el caso de *Ceret.* Plinio cita precisamente una variedad menor de la aminea hispana[495]. No sabemos si esta es la que utiliza Columela, pero en cualquier caso parece claro que esta variedad se cultivaba en Hispania. Sin embargo, hay que tener cuidado con las cronologías, siendo posible que para momentos de Plinio se hubiera popularizado una variante de la aminea en Hispania que fuera introducida previamente por los romanos.

La variedad *bumasti* en general se trata de uvas de mesa, que se cultivaban principalmente cerca de las propias ciudades. Esta tipología por su descripción puede ser la actual denominada en Andalucía "teta de vaca"[496], por lo que pudiera ser otra reminiscencia del cultivo romano. La *numisianae* es una variedad para vino o conserva en su caso. Columela describe a esta variedad como recién descubierta[497], por lo que pudiera ser una originaria de la Bética. Finalmente, sobre la *duracinae* y *purpureae* se

[487] Billiard, R. *La vigne dans l'Antiquité,* Jeanne Laffitte, Lyon, 1913, p. 313.

[488] Lo mismo ocurre con fuentes arqueológicas, ya que las diferencias de variedades son difíciles de detectar. Las fuentes iconográficas pueden dar mucha información sobre los procesos, pero difícilmente podríamos ver con claridad estos tipos de variedades.

[489] Columella, *Rust.* 3.2.19 "Y estas son las más famosas por su exquisito sabor. Pueden también recomendarse por su producción y fertilidad vides de segunda fila, como es el caso de la bitúrica y de la *balisca* (a la menor de sus dos variedades la llaman los hispanos *coccolobin);* ambas son las más cercanas de todas a las vides de primera clase, porque sus vinos no sólo soportan el paso del tiempo, sino que ganan una cierta calidad con los años. Efectivamente aventajan a todas las otras que antes he citado en fecundidad y en aguante, porque con fuerza resisten los huracanes y las lluvias, dan mucho mosto y no se vienen abajo en suelo endeble; soportan mejor los fríos que las aguas, éstas mejor que la sequedad, y, sin embargo, no se agostan con los calores". *Atque hae pretiosi gustus celeberrimae. Possunt tamen etiam secundae notae vites proventu et ubertate commendari, qualis est Biturica, qualis basilica, quarum minorem cocolubem vocant Hispani, longe omnium primis utraeque proximae. Nam et vetustatem vinum earum patitur, et ad bonitatem aliquam per annos venit. Iam vero ipsae fecunditate praestant omnibus, quas ante rettuli, tum etiam patientia; quippe turbines imbresque <fortissime> sustinent, et commode fluunt, nec deficiunt macro solo. Frigora melius quam humores sustinent, humores commodius quam siccitates, nec caloribus tamen contristantur.*

[490] Ver capítulo 6.1 viticultura en Hasta Regia.

[491] Columella, *Rust.* 3.9.6–7.

[492] Columella, *Rust.* 3.2.19.

[493] Columella, *Rust.* 12.44.5–6

[494] Sáez Fernández, P. *Agricultura romana…*, pp. 22–26.

[495] Plin. *N.H.* 14.41. nigra Aminnea, cui Syriacae nomen inponunt, item Hispana ignobilium probatissima.

[496] González Gordon, M. *Jerez-Xerez-Sherry, Noticias sobre el origen de la ciudad, su historia y su vino*, Jerez, 1970, p. 186.

[497] Columella, *Rust.* 3.2.2. *ut nuper in hos usus explorattae Numisianae.* Sáez Fernández, P. *Agricultura romana…*, p. 26.

tratarían de uvas de mesa, sin que tengamos muchos más datos relevantes sobre ellas.

Pasamos ahora a definir los diversos tipos de productos manufacturados derivados de la uva, para conocer cuáles de estos fueron los que se llevaron a cabo en la Bética y, más concretamente, en el territorio de *Hasta Regia*. Estos tienen una enorme variedad de usos. El más importante es el de la propia alimentación, especialmente el del vino, aunque no hay que desdeñar otra serie de usos como la uva fresca o pasa, el vinagre como conservante u otras muchas utilidades que tienen dichos productos en el aspecto médico.

Podemos clasificar los usos como internos y externos. En el caso del aceite su utilidad externa principal es la de combustible para iluminación, siendo únicamente con eso un bien de primer orden, más allá de lo alimenticio. El vino, sin embargo, tiene como uso principal el interno, siendo el externo mucho más secundario. Por ejemplo, el vinagre era usado por la metalurgia como decapante de metales, el *defrutum* para conservar frutas y aceitunas, mientas que el vinagre, para lentejas y judías[498].

Dentro de los internos, además de su consumo, el vino funcionaba también como droga o medicamento. En su primera acepción es por su potente efecto embriagador que era utilizado sobre todo en rituales y festividades como las del dios Baco, las bacanales[499]. Pero también tiene importantes usos dentro de la medicina, ya que formaba parte de multitud de recetas de medicamentos utilizados durante época romana, tanto el vino como el vinagre[500].

A pesar de ello, la uva tiene mayoritariamente un uso alimenticio, el primero de ellos, uvas frescas, secas o en conserva[501]. Las confitadas en orujo o en vino dulce solían dar dolor de vejiga o de cabeza[502]. Al emperador Tiberio, por ejemplo, le gustaban las ahumadas en las fraguas de África[503]. Es un tipo de consumo distinto del vino que habría que valorar qué peso tenía. El vino tendría un interés por su gran rentabilidad, pero también conlleva un gasto mucho mayor. Sin embargo, una viña que sirva para suministrar uvas o incluso para hacer uvas pasas no tendría que tener el costo de una viña para vino y, por tanto, es posible que estuviera muy extendida, al menos como parte del huerto.

Pero no cabe duda de que el producto estrella era el vino. Éste, a su vez, desde época romana ya estaba dividido en varios tipos[504]:

> Vino dulce, "el vino más saludable es aquel al que no se le ha añadido nada al mosto y es aún mejor si las tinajas no han sido impregnadas"[505]. Es un vino muy estable, se realizaba de uvas muy maduras y de racimos en parte desechados. Los griegos lo llamaron *pramnios* o créticos por Creta que producía un vino dulce famoso. La vitinificación en el mundo antiguo era un problema, pues la conversión del azúcar en alcohol no es fácil de regular, como ya se ha expresado[506]. La otra forma de concentrar el azúcar en el mosto era calentándolo. Un vino cocido con fuerte tasa de azúcar y alcohol. Este vino ya se hacía en Judea[507] e incluso se han documentado hornos específicos para calentar el mosto en estos lugares. No tenemos confirmación de este tipo de forma de producción en la zona, si bien pudiéramos considerarla como plausible, ya que los patrones prerromanos que detectamos en la zona tienen una mayor influencia del mundo fenicio-púnico.

Defrutum y *sappa*: de fuerte poder edulcorante y utilizados en todo tipo de platos, desde condimento para las aceitunas hasta los postres. Las ánforas Haltern 70 de los pecios de Port Vendres II y de Sud Lavezzi 2, contenían olivas negras confitadas en *defrutum*[508].Se trata por tanto de un mosto deshidratado en diversos porcentajes y que no tiene un uso como vino en sí[509].

Vino viejo: dado los lentos procesos de vinificación antiguos se podía llegar a dar vinos picados que tomaban un gusto muy rancio, pero eran acogidos, ya que incluso se acentuaban añadiendo fenogrecos y exponiéndolos al calor.

Vino resinado: fabricado añadiendo pez en las vasijas, ánforas y toneles. Daban un gusto ahumado y casi de alquitrán. La pez se consigue al calentar la madera de las pináceas y es el mismo producto que se utiliza para el calafateado de los barcos[510]. Este es uno de los tipos de vino del que tenemos certeza se producía en nuestra zona, por los textos ya citados de Marco Columela.

---

[498] Manacorda, D. "Il Kalendarium Vegetianum...", pp. 313–332; Real Torres, C. "El vino como alimento y medicina en la sociedad romana", *Fortunatae* 3, 1992, pp. 305–314; Brun J.P. "Los usos antiguos de los productos de la viña y el olivo y sus implicaciones arqueológicas", *De vino et oleo Hispaniae. Áreas de producción y procesos tecnológicos del vino y el aceite en la Hispania romana, Anales de prerromano y arqueología*, 27–28, Anales de Prehistoria y Arqueología, Murcia, 2012.

[499] Martín Oliveras, A. *Arqueologia del vi a l'època romana...*, pp. 107–109

[500] Cato. *Agr.* 70 medicamento para bueyes, 114. Vino bueno para el estómago, 115 vino laxante, 122. Vino para retención de orina, 123. Vino para ciáticos, 126. Remedio de cólico y diarrea, 127. Remedio para la digestión pesada, etc.

[501] Cato. *agr.* 7.2. Varro *R.R.* 1.58. Plin *HN* 23.11. Columella, *Rust.* 12.44.

[502] Plin. *HN* 23.

[503] Plin. *HN* 13.11.

[504] Plin. *HN* 16. Prácticamente todo el libro dieciséis de su obra lo dedica a describir los tipos de vinos.

[505] Plin. *HN* 33.45. También mencionado por Columella, *Rust.* 12.19.2.

[506] Ya en Hesíodo, 609–614. se encuentra descrito el proceso de la conversión de la uva en vino.

[507] Talmud. Men. 8,6.

[508] Liou, B., Domergue, CL.1990 "le commerce de la Bétique au Ie siècle de notre ère: l'épave Sud Lavezzi 2", *Archaeonautica*, 10, 11–123.

[509] Panella, C., Tchernia, A. "Produits agricoles transportés...", pp. 145–165.

[510] Plin. *HN* 14.25.124. "Existe un método de aderezar el mosto en la primera fermentación, que dura nueve días cuando más, rociándolo con pez, para que se le pegue al vino su olor y un cierto sabor picante. Se cree que con la flor de la resina cruda esta operación se realiza con mucha más eficacia y se aviva la suavidad del vino". *Ratio autem condiendi musta in primo fervore, qui novem diebus cum plurimum peragitur, adspersu picis, ut odor vino contingat et saporis quaedam acumina. vehementius id fieri arbitrabantur crudo flore resinae excitarique lenitatem.*

Vino salado: se trata de otro producto muy común ya que la sal actúa como estabilizador y potenciador del sabor. Vinos como *Tethalassomenoi* tenía agua de mar y es un vino muy típico del Mediterráneo oriental, aunque debemos recordar que la Península Ibérica bebe de una tradición fenicio-púnica[511].

Mulsum: es un producto formado por vino y por miel, también muy famoso en la antigua Roma.

Vino agrio: es el vino que beberían los pobres, especialmente por su mala calidad. Aun así, debió ser muy abundante, no ya sólo por la dificultad de controlar el proceso de trasformación de azúcares en alcohol, sino por la gran demanda de este producto en la Antigüedad[512].

Vinagre: junto con la salmuera y la miel consistían los mejores conservantes para productos. La corrupción de los alimentos era un problema muy importante y por ello el uso del vinagre debió estar muy extendido. Una décima parte de vinagre en agua era bebida sana y refrescante llamada *oxycrat* en griego o *posca* en latín. Durante la República y el Alto Imperio era la única bebida de la intendencia militar distribuida entre los legionarios.

Aguapie: bebida que es mezcla de agua con el orujo resultante de las uvas ya prensadas, que aguantaba hasta la primavera siguiente y se daba de beber únicamente a los esclavos. Un producto barato y una manera de conseguir alimentación fácil y rápida para los esclavos[513].

Estos son los diversos productos derivados que conocían los romanos. Para el caso de la Bética, suponemos una importante producción de vino, tal y como nos lo atestigua Estrabón para la Turdetania[514]. Según las citas de Marcial puede que exista un vino de una mayor "calidad" exportado a otros lugares[515]. Este concepto de "calidad" en realidad está referido al gusto que tienen en el Alto Imperio por un tipo u otro de vinos.

Ya hemos comentado que probablemente existen dos modelos de producción vitivinícola, uno heredado del mundo fenicio-púnico o turdetano y otro que sería el romano, que se iría poco a poco implementando, para el caso de *Hasta Regia* probablemente a partir de la *deductio* colonial. Los productos derivados también serían distintos en esta circunstancia y dado que el modelo de producción anterior también seguiría existiendo en momentos de Columela. Probablemente el tipo de vino producido por esta viticultura precedente sería derivado de uva *cocolobin* que es la que se produciría de manera autóctona. Sabemos que se trata de una variedad de uva que es apreciada por los romanos, pero al ser la menor de las *amineas* implica un menor tamaño y mayor cantidad de uva. En definitiva, es un tipo de uva propio para producir grandes cantidades de vino, probablemente en una búsqueda de productos a granel y, por tanto, no del gusto de las bocas más exquisitas.

Por otro lado, tenemos la producción que podemos identificar bajo patrones romanos y que probablemente es la que se impondrá tras la instauración colonial. En este sentido las referencias de Marco Columela son muy interesantes, sabiendo que existía una producción de uva de mesa destinada a la ciudad, por lo que probablemente debemos de localizarla en *villae* periurbanas cercanas a los grandes núcleos como *Hasta* o *Gades*; pero también uvas conservadas en pez, que seguramente pudieran durar más tiempo, y, por tanto, recorrer mayores distancias para su consumo.

Con respecto a los productos puramente derivados de la uva, destacan primero los vinos resinados, que son de los que tenemos referencias a través de las citas que hace Columela de su tío, así como el rebaje de la propia producción con agua salada del mar. Aparte de la información aportada por las fuentes literarias, conocemos a través de la epigrafía anfórica los contenidos de varias ánforas vinarias, concretamente la Haltern 70. Su principal producto parece ser el *defrutum*. Realmente en nuestro territorio solo contamos con algunos estudios parciales de los posibles productos[516] y no se ha realizado un análisis completo sobre la epigrafía referente al vino de la misma. Probablemente puedan existir otros tipos de vino.

En definitiva, conocemos unas tipologías de vinos concretos que sabemos se produjeron en nuestro territorio. Esta información parte fundamentalmente de las fuentes literarias, conociendo las referencias de Marco Columela, pero también de las ánforas Haltern 70. Sin duda, para avanzar en el estudio de estos productos,

[511] Plin. *HN* 16.78.

[512] Molina, J. "Producción y distribución de vinos de baja calidad altoimperiales: La Hirtiola", *Le vi a l'Antiguitat II*, 1998, pp. 461–464; Marangou, A. "Le plus agréable des vins grecs", en D. Tomasi, C. Cremonesi (eds.), *L'avventura del vino nel Bacino del Mediterraneo. Itinerari storici ed archaeologici prima e dopo Roma. Simposio internazionale*, Istituto Sperimentale per la Viticoltura, Conegliano, 2000, pp. 71–85.

[513] Columella, *Rust.* 12.40.2. "Calcula a cuántas metretas corresponde la décima parte del vino que hayas elaborado en un día, y agrega ese mismo número de metretas de agua dulce a los hollejos de los que se ha extraído el vino de un día. Echa allí mismo conjuntamente las espumas del arrope o de la «sapa» y las heces sacadas de la poza y mézclalas, dejando que se ablande la mezcla por una noche sin triturarla; al día siguiente, písala con los pies y, bien mezclado todo de esta forma, ponlo en la prensa; después, lo que hayas escurrido guárdalo en toneles o en ánforas y tápalo cuándo haya dejado de fermentar; pero es mejor conservarlo en ánforas. Marco Columela hacía este mismo aguapié de agua añeja y algunas veces lo conservaba en buen estado más de dos años". *Quantum vini uno die feceris, eius partem decimam, quot metretas efficiat, considerato, et totidem metretas aquae dulcis in vinaceos, ex quibus unius diei vinum expressum erit, addito. Eodem spumas defruti sive sapae et faecem ex lacu confundito et permisceto, eamque intritam macerari una nocte sinito; postero die pedibus proculcato et sic permixtam prelo subicito; quod deinde fluxerit, aut dolis aut amphoris condito et, cum deferbuerit, opturato; commodius autem servatur in amphoris. Hanc ipsam loram Marcus Columella ex aqua vetere faciebat et nonnumquam plus biennio innoxiam servabat.*

[514] *Str.* 3.2.2.

[515] Mart. *Spect.* 13, 114.

[516] Roldán, L. "la presencia del vino en el entorno de jerez en época romana. Elementos arqueológicos e iconográficos", en S. Celestino (ed.), *El vino en la Antigüedad romana: II Simposio de Arqueología del Vino*, Madrid, 1999, 201–224; Heras, M.A. "La vitivinicultura altomedieval y la miniatura mozárabe", *Berceo* 129, pp. 97–112.

sería necesario continuar en el análisis de los contenidos de dichas ánforas en un intento de dilucidar realmente su carga. Dado que los vinos de mayor prestigio son los que provienen en un origen de Italia o Grecia, bien puede ser que el contenedor que se suele utilizar para estos, como la Dressel 1, sea el mismo que se utiliza en la Bética. Siendo esto así, es posible que la producción de esta ánfora sirviera para contener estos vinos, algo así como una imitación. Ahora bien, otros tipos de productos, como puede ser este vino de mala calidad que sabemos se producía en el territorio si seguimos las referencias escritas, puede ser un vino agrio, de poco gusto, al que se untaría pez para regular y conservar mejor. Por tanto, esta producción puede ser la que después se destine a otros lugares, como pueden ser las legiones del norte e ir en ánforas locales como la Haltern 70. Junto a ello, existirían una serie de vinos de otras tipologías, como los mezclados con agua salada, pero también uvas de mesa, que pudieran ir en envases polivalentes como la Dressel 7/11. Estas pueden ser muy interesantes de rastrear hasta la actualidad, ya que tras la conquista islámica pueden mantenerse con más facilidad[517], aunque se siga haciendo vino, su desarrollo como uvas de mesa o pasa continuaría.

6.4. Requisitos previos a la instalación de la viña

La administración necesaria para conseguir un viñedo productivo requiere de una serie de condicionantes previos, que no tienen por qué existir en otros tipos de producciones agropecuarias. En esencia, es necesaria una mano de obra cualificada, así como un desembolso importante para poner en explotación la viña y una serie de herramientas e infraestructuras para trabajarla y después aprovechar sus frutos[518]. Interesa en este sub-capítulo definir estos requisitos, así como analizarlos para el caso de *Hasta Regia.*

Una finca dedicada de manera exclusiva o en gran parte al viñedo, en esencia es lo mismo que cualquier otra explotación agropecuaria. La diferencia sobre todo estriba en las personas que tienen que trabajarla. La vid es un cultivo mucho más especializado que otros y por tanto requiere de unos trabajadores más cualificados, como pueden ser podadores expertos. También es de importancia, como parte de la administración de la finca, proveer de los recursos necesarios para que ella pueda funcionar. Y es que el cultivo de la vid requiere de unos grandes desembolsos, que, bajo una mala dirección, puede resultar contraproducente. En el siguiente fragmento de Columela se puede ver muy bien esta idea:

> "¿Por qué, pues, la vid tiene tan mala fama? «No, en verdad, por deficiencia intrínseca, sino por descuido humano», dice Grecino. En primer lugar, porque nadie pone atención en estudiar los viñedos, y, por ello, la mayoría planta viñas de pésima calidad; y, en segundo lugar, no cuidan convenientemente lo que han plantado, de suerte que se requema por el sol antes de tomar fuerza y crecer; pero es que, si por casualidad ha crecido un poco, lo cultivan negligentemente. Están convencidos ya desde el principio de que no importa en qué lugar van a plantar; al contrario, escogen para ello la peor parte de los campos, como si la única tierra idónea para esta planta fuera la que no puede producir ninguna otra cosa"[519].

El autor ataca de manera clara y concisa contra estos "malos" agricultores, a los que pretende enseñar. Es interesante la percepción que nos muestra sobre la mala fama, *infamis* precisamente por no ser muy productiva y difícil de trabajar. Es algo claro que si la comparamos con un cultivo similar como podría ser el olivo, más allá de la transformación del producto en aceite. Los agrónomos apenas dedicaban texto para describir su cultivo, proporcionalmente con la vid, que resultaba cualitativa y cuantitativamente más laboriosa[520].

De este fragmento también tenemos una idea interesante sobre el uso de las tierras que no producen nada, *quae nihil aliud ferre possit,* para el viñedo, algo que desaconseja y es por ello quizás que muestra especial interés en explicar la correcta manera de cultivar este tipo de producto. Esto refuerza la idea que los agricultores deben considerar el lugar para plantar la vid, pero a la vez confirma que en la práctica se cultivaba en cualquier localización que se pudiera, probablemente por la propia disponibilidad en la finca y/o la negligencia del agricultor.

Junto a estas precauciones, una finca que quisiera dedicar parte o toda su producción a la viticultura requeriría de un gran desembolso económico, principalmente para la mano de obra, materiales y equipamientos; a los que habría que añadir, los propios gastos del periodo entre la plantación y la primera cosecha[521]. Todo lo necesario para establecer un viñedo lo relata Catón[522].

---

[517] Lagardère, V. "Cépages, Raisin et Vin en Al-Andalus (X-XV Siècle)", *Medievales: Langue, Textes, Histoire* 33, 1997, pp. 81–90.

[518] Revilla Calvo, V. "Viticultura y actividades complementarias en el "fundus": el ejemplo de la "Hispania Tarraconensis", *Latomus: revue d'ètudes latines* 58, 1, 1999, pp. 30–55.

[519] Columella, *Rust.* 3.3.4–5. *Cur ergo res infamis est? Non quidem suo sed hominum inquit vitio Graecinus. Primum, quod in explorandis seminibus nemo adhibet diligentiam, et ideo pessimi generis plerique vineta conserunt; deinde sata non ita nutriunt, ut ante convalescant ac prosiliant, quam retorrescant; sed et si forte adoleverint, negligenter colunt. Iam illud a principio nihil referre censent, quem locum conserant; immo etiam seligunt deterrimam partem agrorum, tamquam sola sit huic stirpi maxime terra idonea, quae nihil aliud ferre possit.*

[520] Como ya se ha reseñado, los agrónomos dedican pocas palabras al cultivo del olivo. Si tomamos a Columela como nuestro autor de referencia, podemos ver que de los tres libros que dedica a la arboricultura III, IV y V, los dos primeros y la primera mitad del tercero se centra casi exclusivamente a la vid; mientras que el olivo ocupa una posición nada destacada. De hecho, el cultivo del olivo lo resume en pocos párrafos, en Columella, *Rust.* 5.9.1–18.

[521] Esto suele ser de unos dos años, desde la plantación. Sobre esta cuestión volveremos en el apartado de 5.4 Modelización de la viticultura.

[522] Cato. *Agr.* 11. "Equipo de una viña de cien yugadas: un administrador, una casera, diez peones, un boyero, un arriero, un guardián de los sauces, un porquero, en total dieciséis personas; dos bueyes, dos asnos para tirar de los carros, un asno que haga girar la rueda del molino; tres equipos completos de útiles para la fabricación del vino, tinajas de una

Para una viña de cien *iugera*[523] de tierra, es necesario un total de dieciséis personas. Para Catón estas no tienen que ser especializadas, a excepción del administrador, un boyero, un arriero, un guardián de los sauces y un porquero. Columela es contrario a esta idea, ya que él pondera la importancia de tener un buen viñador:

> "En efecto, aunque pueda parecer que las viñas necesitan grandes desembolsos, siete yugadas no requieren sino el trabajo de un solo viñador, que, en opinión del vulgo, se le puede contratar por poco dinero, y hasta creen que sirve un truhan de subasta. Pero yo, disintiendo del parecer de muchos, creo que es de primera importancia un viñador de alto precio, aunque hayamos tenido que pagar por él seis o, mejor, ocho mil sestercios. Estimo, además, que siete yugadas han costado igual número de miles de sestercios, y que la viña ha sido plantada con todo lo necesario, esto es, con los tutores y las mimbres, a razón de dos mil sestercios por yugada; el precio total sale, hasta el último céntimo, en veintinueve mil sestercios"[524].

Incluyendo los costos de materiales, infraestructuras y de personal, vemos el despliegue que es necesario hacer para poder poner en explotación una viña. Si comparamos los dos cómputos, de Catón y Columela, salvando la distancia cronológica, podemos observar que hay en primer lugar una diferencia cuantitativa, pues en un caso nos referimos a una extensión de 100 *iugera*, aproximadamente 0,25 ha, mientras que, en el segundo caso, la extensión es de 7. La proporción de trabajadores por *iugerum* es similar, esto es, para el caso de Catón es de 100 *iugera*, 16 trabajadores = 6.25 *iugera*, valor próximo al viñador que se puede encargar de 7 *iugera*[525] en Columela. Podemos ver que las personas necesarias para este trabajo rondan esta cifra, ya que aparece reflejada desde Catón a Columela. El modelo está pensado para aconsejar, que no destine una enorme extensión de tierras a la vid, sino que basta con una extensión de 7 *iugera*, en la que se pueden conseguir grandes beneficios.

Tras la elección del suelo y del personal, la siguiente cuestión primordial para poder poner en explotación una finca vitivinícola es los materiales para poder realizar el plantel, a saber, los tutores y las mimbres, *pedamentis et viminibus,* las cuales suponen según el cómputo de Columela un coste de dos mil sestercios por *iugerum*. Esto supone un gasto muy grande de cara a la plantación de un viñedo, ya que, si hablásemos de las cien *iugera* de Catón, con este cómputo de Columela, supondría doscientos mil sestercios solamente los materiales para poder poner en pie las viñas. Sin duda, existen en el mundo romano otros tipos de vides, que no requerirían de parte de esta inversión, sobre todo las que no tienen apoyos o las echadas en el suelo[526].

capacidad de ochocientos culeos que puedan contener el producto de cinco cosechas, veinte tinajas para guardar el orujo, veinte para el trigo, tapaderas y coberteras específicas para las tinajas, seis urnas de esparto, cuatro ánforas de esparto, dos embudos, tres coladores de mimbre, tres coladores para quitarla flor, diez orzas para el mosto, dos carros, dos arados, un yugo para carro, un yugo para el acarreo de racimos, un yugo para asnos, un plato de cobre, una vara de enganchar los asnos que dan vueltas a la rueda del molino, una caldera de cobre de un cúleo de capacidad, una tapadera para la caldera, tres ganchos de hierro, un recipiente de cocina de cobre de un cúleo de capacidad, dos orzas para el agua, un aguamanil, un caldero, un bacín, una palangana, un cubo para agua, una escudilla pequeña, un cucharón, un candelabro, una jarra, cuatro lechos, un escaño, dos mesas, un armario, un arca para la ropa, un armario para poner provisiones, seis escaños largos, una rueda para extraer agua, un modio guarnecido de hierro, un semodio, una jofaina, una tina, una vasija para altramuces, diez cántaros; dos colleras para bueyes, tres albardas de asnos, tres cestas para la recolección de frutos, tres espuertas para el orujo, tres molinos movidos por asnos, uno movido a brazos; en cuanto a los instrumentos de hierro, cinco hoces para cortar junco, seis para cortar zarzas, tres podaderas, cinco hachas, cuatro calzas, dos rejas de arado, diez azadas, seis palas, cuatro azadones, dos rastrillos de cuatro dientes, cuatro angarillas para llevar estiércol, una canasta de juncos para el estiércol, cuarenta hoces pequeñas para la viña, diez hoces pequeñas para arrancar zarzas y malezas, dos hornillas, dos tijeras, una pala de horno, veinte cestillos de Ameria, cuarenta cestos de mimbre para la sementera o cubetas, cuarenta palas de madera, dos artesas, cuatro colchones, cuatro cobertores, seis almohadas, seis colchas, tres toallas, seis centones para esclavos". *Quo modo uiniae iug. C instituere oporteat. uilicum, uilicam, operarios X, bubulcum I, asinarium I, salictarium I, subulcum I: summa homines XVI. boues II , asinos plostraríos II , asinum molarium I. uasa torcula instructa III Dolia, ubi quinqué uindemiae esse possint culleum DCCC, Dolia, ubi uinaceos condal, XX, frumentaria XX, opercula doliorum et tectaria priua , urnas sparteas sex, amphoras sparteas II I , infidibula II , cola uitilia III , cola qui florem demant III , urceos mustarios X; plostra II , aratra II , iugum plostrarium I, iugum uinarium I , iugum asinarium I, orbem aheneum I, molile I; aheneum quod capiat culleum I, operculum aheni I, uncos ferreos III , ahenum coculum quod capital culleum, urceos aquarios II , nassiternam I, peluim I, matellionem I, trulleum I, situlum aquarium I, scutriscum I , trullam I , candelabrum I , matellam I , lectos IIII , scamnum I , mensas I I , abacum I , arcam uestiariam I , armarium promptarium I, scamna Ionga VI, rotam aquariam I, modium praeferratum I, semodium I, labrum eluacrum I, solium I, labrum hipinarium I, serias X; Ornamenta bubus II, ornamenta asinis instrata III, semuncías III , sportas faecarias I II , molas asinarias III , molas unas trusatilis; ferramenta: falces sirpiculas V, falces siluaticas VI, arborarias III , secures V, cuneos IIII , uomeres II , ferreas X, palas VI, rutra IIII , rastros quadridentes II , erales stercorarias IIII , sirpiam stercorariam I, falculas uiniaticas XL, falculas rustarias X, foculos II , forpices II , rutabulum I; corbulas amerinas XX, quala sataria uel alueos XL, palas ligneas XL, luntris II , culcitas IIII , instragula IIII , puvuinos VI, operimenta VI, mappas III , centones pueris VI.*

[523] *Iugerum* = 2.518,21 m².

[524] Columella, *Rust.* 3.3.8. *Nam un amplissimas impensas vineae poscant, non tamen excedunt septem iugera unius operam vinitoris, quem vulgus quidem parvi aeris, vel de lapide noxium posse comparari putat; sed ego plurimorum opinioni dissentiens pretiosum vinitorem in primis esse censeo; isque licet sit emptus<sex, vel potius> sestertiis octo milibus. , cum ipsum solum septem iugerum totidem milibus nummorum partum, vinesque cum sua dote, id est cum pedamentis et viminibus binis milibus in singula iugera positas duco; fit tum in assem consummatum pretium sestertiorum XXIX milium.*

[525] Martín-Arroyo Sánchez, D.J., Remesal Rodríguez, J. "Modelado GIS de la agricultura romana...".

[526] Sobre esto ver Columella, *Rust.* 5.4.1–2. "He comprobado que los tipos de viñas provinciales son numerosos. Pero de las que yo en persona he conocido, las más apreciadas son como arbustos de pequeño tallo sin apoyo, que se mantienen erguidas por sí mismas. Después, las que, apoyadas en ayudas, se colocan cada una en un yugo (los campesinos las llaman "canteriadas" a continuación, las que, atadas a cañas clavadas en derredor, se doblan girando en círculo con sus sarmientos sujetos a las cañas que las sostienen algunos las llaman "aracadas" El último tipo es el de las vides echadas, las cuáles, como arrojadas en seguida del tronco de nacimiento, se extienden por la tierra". *Vinearum provincialium plura genera esse comperi. Sed ex iis, quas ipse cognovi, maxime probantur velut arbusculae brevi crure sine adminiculo per se stantes; deinde quae pedaminibus adnixae singulis iugis imponuntur; eas rustici canteriatas appellant. Mox quae defixis arundinibus circummunitae per statumina calamorum materiis ligatis in orbiculos gyrosque flectuntur; eas nonnulli characatas vocant. Ultima est conditio stratarum vitium, quae ab enata stirpe confestim velut proiectae per humum porriguntur.*

Muy probablemente, la cita de Catón sobre uno de los trabajadores que menciona como guardián de los sauces, *salictarium,* venga en este sentido, es decir, que para la correcta gestión de un viñedo sería necesario a su vez reservar un espacio de cultivo de otros árboles y plantas, con el objeto de poder abastecer de estos productos, como tutores y cordelería. Por supuesto, esto también sería necesario para otras actividades de la propia *villa*[527].

Por otro lado, en el texto de Catón podemos ver las variadas herramientas utilizadas en las labores de la vid. En general, podríamos pensar que se tratan de las mismas que se utilizan para otras labores agrícolas, pero resulta que en determinados casos existen algunas que sólo se usan para la vid o, al menos, es su utilidad específica. Muchos de los productos que menciona Catón no son exclusivos del ciclo productivo vitivinícola, pero se entiende que tendrán que disponerse de ellos al menos en determinados momentos del mismo, especialmente en lo que a animales y recipientes se refiere. Las herramientas y utensilios necesarios para las cavas y el acopio de los recursos vegetales para los tutores o yugos, serían las mismas de las que dispondría el agricultor para cualquier otra actividad. Igualmente, podemos pensar del arado o azadas para trabajar la tierra.

Sin embargo, sí que existen determinadas herramientas asociadas directamente a los trabajos del viñedo, por lo que entre otras cuestiones, puede resultar como un fósil guía para el estudio de estas actividades agropecuarias[528]. Por ejemplo, tenemos el *pastinum*[529] que es un instrumento de hierro en forma de horquilla que ayuda a la hora de plantar una nueva vid. Este tipo de herramienta realmente no tiene por qué ser especifica de la vid y de hecho sería más común usarla en la huerta[530]. Otra herramienta también relacionada con la vid pero no en sí para su uso es la laya *bipalio*, en concreto para el cultivo de la caña[531]. De la misma forma, se utilizan barrenas, *perforata terebra*, que sirven para la realización de injertos[532].

Pero más allá de estas herramientas generales existen otras más concretas para la viña. La primera se denomina cigüeña *ciconiam* y es un instrumento a modo de regla, que funciona introducida en la tierra, para conocer la profundidad a la que realizar la cava o zanja. Columela realiza una mejora a este instrumento añadiendo unas varillas de forma de cruz griega y mediante un nivel, para poder controlar la inclinación del suelo que podía inducir a error para la persona que cavase[533].

La podadera, *falx uinitoria,* es, sin duda, el utensilio más especializado, pues es diseñado específicamente para la viña y tiene en palabras del propio Columela la siguiente descripción[534]:

> "la parte más cercana a la empuñadura, que tiene un filo recto, se llama «cuchillo», por la semejanza que tiene con él; la curvada, «seno»; la que sigue a la curvatura, «escalpelo»; la que viene después, de forma ganchuda, «pico»; la superpuesta a ésta, que se parece a una media luna, se llama «hacha», y la que, como una especie de ápice, se inclina hacia adelante, se llama «punta»"[535].

A todo ello habría que añadir todos los contenedores y utensilios mencionados por Catón, que entre otros serían embudos, coladores, carros, calderos, cubos, espuertas, molinos, hoces, podaderas, calzas, rejas de arado, azadas, palas, azadones, rastrillos, tijeras, cestillos, etc[536]. Finamente no debemos olvidar las estructuras necesarias para el correcto procesado y transformación de los productos, que serán comentadas más pormenorizadamente en capítulos posteriores[537].

En general, podríamos decir que las gestiones y recursos necesarios para poner en funcionamiento un viñedo suponen una complicación igual o similar en

[527] Ver capítulo 6.6. cultivos asociados.

[528] En contextos arqueológicos. Es muy difícil poder encontrarlas en prospecciones y en el caso de los materiales de museo, se encuentran descontextualizadas.

[529] Aunque no es su traducción literal podría identificarse por plantador. White, K.D. *Farm equipment of the Roman World,* Cambridge University Press, Cambridge, 1975, pp. 19–24.

[530] Columella, *Rust.* 3.18.1. "Pero Julio Ático enterró el trozo del sarmiento, del que estamos hablando, con la cabeza torcida y encorvada de forma que no se escapara del «plantador». *Pastinum* llaman los agricultores a un instrumento de hierro ahorquillado con el que se ponen las plantas, de donde también se llamó «repastinar» a la operación de volver a plantar viñas viejas. Este era con propiedad el nombre que se le daba a la viña que se replanta cada año; ahora, por el hábito de no mirar al pasado, se llama «repastinado» a cualquier terreno que se remueve y se prepara para plantar viñas. Pero retomemos nuestro plan". *ed Iulius Atticus praetorto capite et recurvato, ne pastinum effugiat, praedictum semen demersit. Pastinum autem vocant agricolae ferramentum bifurcum, quo semina panguntur. Unde etiam repastinari dictae sunt vineae veteres, quae refodiebantur. Haec enim propria appellatio restibilis vineti erat; nunc antiquitatis imprudens consuetudo quicquid emoti soli vineis praeparatur, repastinatum vocat. Sed <redeamus> ad propositum.*

[531] Columella, *Rust.* 4.32. "La caña se planta en terreno cavado a menos profundidad, pero es mejor hacerlo con la laya". *Arundo minus alte pastinato, melius tamen bipalio seritur.*

[532] Columella, *Rust.* 4.29.7. "Se injerta, pues, la vid, bien haciéndole una hendidura, bien dejándola entera y perforándola con un taladro". *Inseritur autem vitis vel recisa vel integra perforata terebra.*

[533] Columella, *Rust.* 3.13.11. "Para realizar este trabajo, nuestros mayores, imaginando una especie de máquina, fabricar una regla de la que sale por un lado una varilla, que, penetrando hasta la profundidad que conviene darle a la zanja, toca por el otro extremo la parte superior del borde. A este instrumento de medida llaman los del campo «cigüeña»; pero también puede inducir a error, porque es de suma importancia que se ponga recto o inclinado". *Sed huic operi exigendo quasi quandam machinam commenti maiores nostri regulam fabricaverunt, in cuius latere virgula prominens ad eam altitudinem, qua deprimi sulcum oportet, contingit summa ripae partem. Id genus mensurae ciconiam vocant rustici. Sed ea quoque fraudem recipit, quoniam plurimum interest, utrum eam pronam an rectam ponas.* La mejora que plantea Columela sigue en Columella, *Rust.* 3.13.12–13. White, K.D. *Farm equipment…*, p. 39.

[534] Columela, "De los trabajos del campo…" es. pp. 106.

[535] Columella, *Rust.* 4.25. *ut capulo pars proxima, quae rectam gerit aciem, culter ob similitudinem nominetur; quae flectitur, sinus; quae ab flexu procurrit, scalprum; quae deinde adunca est, rostrum appellatur; cui superposita semiformis lunae species securis dicitur.*

[536] Sobre estos instrumentos, una investigación de referencia es White, K.D. *Farm equipment…*; White, K.D. *Agricultural implements of the Roman World,* Cambridge University Press, Cambridge, 2010, p. 85 y 109.

[537] Ver capítulo 6.7. Proceso de transformación.

mantenimiento y gasto inicial que la ganadería. Sin duda son muchos los errores que se podían cometer, como ya hemos comentado anteriormente; la elección de un mal terreno, el hecho de no tener un personal adecuado que plante y cuide la viña, así como la falta o excesivo coste de los materiales y utensilios para ponerla en funcionamiento.

En conclusión, la necesidad de acopio de materiales para la puesta en práctica del viñedo hace que sea una de las actividades agrarias que requieren de mayor inversión. De la misma forma, la persona encargada de ella debe ser especializada, por lo que doblemente se complica su puesta en marcha. De ahí que Columela busque presentar en sus libros un modelo de plantación vitivinícola mostrando las ganancias potenciales del mismo. En lo que respecta a *Hasta*, no tenemos citas concretas que se refieran a nuestro territorio y el encontrar arqueológicamente este tipo de indicadores en el territorio es muy complejo, en muchos casos por los materiales perecederos o la reutilización de los mismos. En cualquier caso, es necesario analizar estas cuestiones para poder incidir en las prácticas de cultivo y modelar algunas de estas cuestiones en el capítulo final.

6.5. Técnicas de cultivo

El cultivo de la vid es una de las actividades agrarias más especializadas que existen en el mundo romano, tal y como ocurre en la actualidad. Los distintos pasos que deben darse para poder tener una viña productiva son variados. Ya hemos visto lo que hace falta para elegir un buen tipo de suelo, su orientación y pendiente, así como la preparación necesaria para poner en explotación la viña. A continuación, trataremos las distintas labores agrícolas que se realizan, desde los trabajos, pasando por los injertos y recomendaciones que daban los agrónomos. El objeto de esta descripción es situar el marco general de dichas labores para el Imperio e ir retrotrayéndonos hacia nuestra zona de estudio. De la misma manera, sería primordial, en la medida de lo posible, entender la pervivencia de estas técnicas, para su potencial transferencia a la actualidad[538].

Una vez que se procedía a plantar el cultivo, la vid requería de la utilización de barbados, pequeñas plantas a sembrar. Éstas se recomiendan que no sean plantas compradas, sino que se generen en el propio vivero de la finca principalmente por el problema de transporte que puede estropearlas. La mayor parte de la información sobre esto está en relación a qué tipo de tierra tenían que tener, pues no debe ser ni muy endeble ni húmeda, en general una tierra de mediana calidad. La explicación se encuentra en que un traspase de una tierra buena a una peor haría que la vid se marchitara, mientras que, si se cambia de un suelo mediano a uno pobre, se acusaría una diferencia menor. Por la misma lógica, si se quiere cambiar de suelo pobre a uno rico, será muy productiva, pero como en el vivero ha estado debilitada, tardará más en crecer[539].

Otro aspecto a tener en cuenta es la elección de los cabezudos, es decir, la rama que se le va a extraer a la vid ya madura para trasplantar. Columela sobre este aspecto es muy crítico, pues no hay que elegir las estacas más fecundas, ni tampoco las que menos, sino las medianas teniendo menor alimento, por ejemplo las que estando en una posición intermedia de la planta producen muchos racimos, porque de esa manera sabemos que es productiva y resistente[540]. Parece ser que la elección de las estacas a trasplantar es una preocupación del autor que no estaba muy extendida entre sus contemporáneos[541].

[538] Un caso de estudio: Boissinot, P., Puig, C. "Archéologie du champ et viticulture méridionale. Pourquoi les traces de vignobles sont-elles si peu fréquentes au Moyen Age ?", *Archéologie du Midi Médiéval* 23, no. 1, 2005, pp. 17–26; Sáez Fernández, P. *Agricultura romana*..., pp. 27–33.

[539] Columella, *Rust.* 3.4.1–2. "Quien está firmemente decidido a hacer un viñedo, guárdese sobre todo de confiar en la diligencia ajena antes que, en la propia, y no compre el barbado; mejor plante en su finca la clase de estaca más experimentada y haga un vivero con el que pueda cubrir de viñas su campo. Los plantones que, como extranjeros, se traen de otras regiones son menos adecuados para nuestro suelo que los de aquí, y por esto, como extraños, acusan el cambio de clima y tierra; además, no ofrecen una garantía fiable de su buena calidad, al no ser seguro si el que los ha reunido ha plantado un tipo de estaca suficientemente conocido y experimentado". *Cui vineta facere cordi est, praecipue caveat, ne alienae potius curae quam suae credere velit, neve mercetur viviradicem. Sed genus surculi probatissimum domi conserat, faciatque vitiarium, ex quo possit agrum vineis vestire. Nam quae peregrina ex diversa regione semina transferuntur, minus sunt familiaria nostro solo, quam vernacula; eoque velut alienigena reformidant mutatam caeli locique positionem. Sed nec certam generositatis fidem pollicentur, cum sit incertum, an is, qui conseruerit ea, diligenter exploratum probatumque genus surculi posuerit.* Columella, *Rust.* 3.5.1. "El vivero no debe ponerse ni en tierra endeble ni en húmeda, sino en jugosa, y mejor en mediana que en rica, a pesar de que casi todos los autores han destinado el lugar más fértil para el plantel, opinión que en modo alguno considero ventajosa para el agricultor. Pues sucede que las plantas puestas en un suelo bueno, por muy rápido que agarren y crezcan, si se trasplantan, al hacerse barbados, a un suelo peor, se resecan y no pueden desarrollarse". *Vitiarium neque ieiuna terra, neque uliginosa faciendum est; succosa tamen ac mediocri potius quam pingui. Tametsi fere omnes auctores huic rei laetissimum locum destinaverunt. Quod ego minime reor esse pro agricola. Nam depositae stirpes valido solo, quamvis celeriter comprehendant atque prosiliant, tamen cum sunt viviradices factae, si in peius transferantur, retorrescunt nec adolescere queunt.*

[540] Estas cuestiones están perfectamente explicadas en Columella, *Rust.* 3.6 y 3.10. Sobre esta idea Columela piensa que la zona más fértil es la parte alta, pues el empuje que tiene la savia en el árbol hace que las partes bajas no puedan alimentarse bien y por ello es que se endurecen y dejan de ser fértiles.

[541] Columella, *Rust.* 3.10 .6–7. "Este parecer, consecuencia de la falta de conocimiento para elegir las estacas, trae consigo viñas poco fecundas en principio y, luego, demasiado estériles. ¿Qué agricultor, en verdad, a lo largo de tantos años ha aconsejado a los que escogen el cabezudo lo que poco antes acabamos de decir? Es más, ¿quién no encarga este trabajo al más ignorante y al que no sabe siquiera hacer otro trabajo? Y así, por esta costumbre, vienen los más necios a ocuparse de la tarea más importante, y también los más faltos de carácter; pues al más inútil, como he dicho, al que no es capaz de realizar ningún otro trabajo, se le encarga semejante menester. Este, además, incluso si tiene algún conocimiento para escoger el cabezudo, no lo aplica y lo pasa por alto por su dejadez, y, para completar el número de cabezudos que el capataz le ha ordenado, trabaja sin cuidado ni escrúpulos. Terminar la tarea es su única preocupación, cuando, como formación y para ejecutar sus conocimientos, sólo ha recibido de sus maestros esta regla: no cortar el sarmiento pampinario, todo lo demás sirve para estaca". *Haec autem opinio, quae orta est ex inscientia seminum eligendorum, primum parum fecundas vineas, deinde etiam nimis steriles reddit. Quis enim omnino iam per tam longam seriem annorum agricolae malleolum legenti praecepit ea, quae paulo ante rettulimus? Immo quis non imprudentissimum quemque, et eum qui nihil aliud operis facere valeat, huic negotio delegat? Itaque ex hac consuetudine veniunt imprudentissimi ad rem maxime necessariam, deinde etiam infirmissimi; nam inutilissimus quisque, ut dixi, qui nullum alium laborem. ferre queat, huic officio applicatur. Is porro etiam si quam*

Para plantar las viñas lo ideal es previamente remover el terreno con varias cavas dejando unos entreliños de cinco a siete pies[542]. Si se hace con arado entonces de siete a diez. Pero en muchos lugares no se cava para plantar, sino que se crean zanjas de seis pies de anchura y se dejan sin cavar otra distancia similar, dándole una profundidad de tres pies[543]. En general, la profundidad debe ser en llano dos y medio, inclinado tres y escarpado cuatro pies. Tras esto se tienen los entreliños, con el uso de cuerdas y cañas donde se coloca algo de color, para poder hacer las calles[544]. A esto le seguiría el agostado, que consiste en arrancar toda la maleza y raíces que pudiera haber, teniendo cuidado en el apelmazamiento de la tierra, que si es excesivo puede dañar las raíces. Con esto tenemos configuradas las principales labores a la hora de la plantación.

Respecto a los períodos, se suele hacer en primavera u otoño, siendo en general la primavera si el clima es lluvioso y el suelo rico. En el caso de los climas más cálidos, como puede ser el de nuestro caso de estudio, se recomienda en otoño[545], especialmente en suelos más áridos o en zonas de colina más escarpadas.

La plantación de la vid tiene dos formas de realizarse: barbados y cabezudos. En primer lugar, los barbados suelen ser la técnica utilizada en las provincias, técnica no romana que consiste en plantar el sarmiento del vivero directamente y que en opinión de los agrónomos es una técnica peor que la otra. Los cabezudos, por otro lado, es una técnica más avanzada utilizándose como porta injertos en vides ya maduras. Se utiliza una raíz y tronco de vid ya aclimatada al suelo injertándole la variedad que interesa cultivar. De esta manera, crece más rápido y resiste mejor las inclemencias del tiempo. Aunque es una técnica ya conocida por los romanos, la mejor descripción del proceso la tenemos en Alonso de Herrera:

> "Hay otras dos maneras de plantones: destas los unos llaman cabezudos, que son los sarmientos que podan; otros hay barbados, que tienen sus raicicas. De los cabezudos los que prenden salen muy mejores, mas no son tan ciertos como los barbados, porque de los unos muchos se pierden y de los barbados pocos yerran; y por eso los antiguos agricultores procuraron de los cabezudos, que ellos llaman maleólos, hacer barbados, juntando en uno lo bueno de ser cabezudos y lo seguro haciéndolos barbados"[546].

Se emplee una técnica u otra, hay que trasplantarlo lo más fresco posible y una vez en el lugar cortarla totalmente, dejando sólo un tallo fuerte, alisando los nudos y cortes. Para evitar que las raíces de distintas cepas se entrelacen, lo ideal es colocar piedras junto a ellas. Éstas, además, son buenas porque ayudan a apartar el agua en el invierno y protegen del calor en el verano[547]. Por último, es bueno añadir el orujo junto con estiércol en el lugar de la cepa. Esto supone un aporte similar al que se ha utilizado durante mucho tiempo a las viñas de la comarca de Jerez. Estas se plantaban con restos diversos en sus raíces, pues ayuda a airear la zona y a que no se compacte el suelo mucho. El hecho de utilizar el orujo es principalmente para prevenir que determinados insectos puedan atacar a las raíces de la planta[548].

---

scientiam eligendi malleoli habet, eam propter infirmitatem dissimulat, ac superponit; et ut numerum, quem vilicus imperavit, explere possit, nihil curiose nihil religiose administrat. Unumque est ei propositum, peragere laboris sui pensum; cum tamen, ut et sciat, et quod sciat exsequatur, hoc solum praeceptum a magistris accipit ne pampinariam virgam deplantet, cetera omnia ut seminibus contribuat.

[542] El pie es una medida de longitud que equivale a 0,2957 m.

[543] Esto se explica en Columella, *Rust.* 3.13. La cava consistiría en mover la tierra de forma sistemática, al contrario que las zanjas que serían solo hacer agujeros longitudinales donde plantar la viña, algo que permitiría ahorrar en tiempo y dinero, pero que no remueve la tierra de igual manera. Es importante conocer este tipo de sistemas de plantación, pues en la práctica, pueden ser reconocidos en prospecciones de campo.

[544] Columella, *Rust.* 3.15.2. "Esta medida resulta muy apropiada para la disposición al tresbolillo: en efecto, a igual número de pies que hayas fijado como espacio de los entreliños, se cosen a una cuerda piececillas de púrpura o de cualquier otro color llamativo y, una vez dispuesta, se extiende por el repastinado, y junto a cada pedacito de púrpura se clava una caña, y así se trazan los liños a espacios iguales. Después que se ha hecho todo esto, viene a continuación el cavador y, dejando sin cavar espacios alternativos en el liño, hace el hoyo, de caña a caña, no menos profundo de dos pies* y medio en lugares llanos; en los inclinados, de dos pies y tres cuartos, y en los escarpados, incluso de tres pies. Una vez que se han hecho los hoyos según esta medida, se colocan los barbados de modo que, desde la mitad del hoyo, se abran cada uno en direcciones contrarias y se enderecen junto a las cañas en los extremos opuestos de los hoyos". *Haec in quincuncem vinearum metatio expeditissima ratione conficitur. Quippe linea per totidem pedes, quot destinaveris interordiniorum spatiis, purpura vel quolibet alio conspicuo colore insuitur. Eaque sic denotata per repastinatum intenditur, et iuxta purpuram calamus defigitur. Atque ita paribus spatiis ordines diriguntur. Quod deinde cum est factum, fossor insequitur, scrobemque alternis omissis in ordinem spatiis a calamo ad proximum calamum non minus altum quam duos pedes et semissem planis locis refodit; acclivibus in dupondium et dodrantem, praecipitibus etiam in tres pedes. In hanc mensuram scrobibus depressis viviradices ita deponuntur, ut a media scrobe singulae in diversum sternantur, et contrariis frontibus fossarum ad calamos erigantur.*

[545] Sáez Fernández, P. *Agricultura romana*..., p. 18.

[546] de Herrera, A. *Agricultura General de Gabriel Alonso de Herrera*, I, 1818, p. 347.

[547] Columella, *Rust.* 5.5.4. "Menciona que Magón aconseja en las vides en hoyos sin soporte que no se rellenen del todo de tierra, pues así las raíces crecen más profundas al principio, algo práctico en un lugar cálido, pero no en lluvioso pues se encharcaría la vid. En cuanto al cuidado que exige la plantación, no debe ser otro que el que propuse en el libro tercero. Una sola cosa añade a este método de plantar Magón el cartaginés: que se pongan las plantas de forma que no se cubra enseguida con tierra todo el hoyo, sino que más o menos su mitad se rellene poco a poco en el bienio siguiente, pues piensa que así la vid se ve obligada a echar las raíces hacia abajo. Yo no negaría que esto tenga su utilidad en terrenos secos, pero cuando la zona es muy húmeda o lo normal es un cielo lluvioso, considero que en absoluto hay que hacerlo, pues el agua excesiva que se asienta en los hoyos semillenos mata las plantas antes de que se fortalezcan". *Unum tamen huic consitioni Mago Carthaginiensis adicit, semina ita deponantur, ne protinus totus scrobis terra compleatur, sed dimidia fere pars eius sequente biennio paulatim adaequetur. Sic enim putat vitem cogi deorsum agere radices. Hoc ego siccis locis fieri utiliter non negaverim; sed ubi aut uliginosa regio est, aut caeli status imbrifer, minime faciundum censeo. Nam consistens in semiplenis scrobibus nimius humor, antequam convalescant, semina necat. Quare utilius existimo repleri quidem scrobes stirpe deposita, sed cum semina comprehenderint, statim post aequinoctium autumnale debere diligenter atque alte ablaqueari, et recisis radiculis, si quas in summo solo citaverint, post paucos dies adobrui. Sic enim utrumque incommodum vitabitur, ut nec radices in superiorem partem evocentur, neque immodicis pluviis parum valida vexentur semina.*

[548] Columella, *Rust.* 3.16.5. "El mismo autor cartaginés aprueba que se aplique el orujo de la uva mezclado con estiércol a las plantas puestas ya en los hoyos". *Idemque Poenus auctor probat vinacea permixta stercori depositis seminibus in scrobe admovere.*

Con todo ello, en la Antigüedad existía un problema para conocer cuál era el tipo de vid que se sembraba, algo lógico que podemos pensar que incluso hoy día se daría. Se aconseja que se planten las vides por tipos, separadas unas de otras, ya que los periodos de maduración varían y pueden estropear un buen vino al recoger parte de la cosecha verde o pasada[549].

Las vides se podían plantar de diversas formas. En esencia, existen las vides con tutores, la vid echada sobre el suelo o directamente la vid sin tutores. De todas ellas, la preferida por los agricultores romanos era la primera, pues entre otras cuestiones, protege la vid al estar separada del suelo. Para las vides con tutores, se requiere como es lógico un tutor, es decir, un rodrigón que sirva de apoyo. Al principio de la plantación, sin embargo, no se aconsejan tutores muy fuertes, con lo que bastarían dos cañas viejas y varas de zarzas para atarse las pértigas transversales, a modo de hileras. El nombre que recibe esto es "canterio", *canterium*. Para atar la vid, lo ideal es usar la retama o el junco, pues si se usa sauce u olmo al secarse se puede cortar. También pueden servir las hojas de cañas secadas y la anea[550]. Este yugo es bueno colocarlo entre cuatro y siete pies de altura, salvo en lugares muy cálidos donde es mejor que esté más cerca del suelo para que guarde la temperatura[551].

Para el caso de las vides de la Bética, las propias de los locales antes de los romanos, sabemos que eran sin tutores, como comenta Varrón[552]. Es importante desarrollar estas variedades de colocar las vides. Columela[553] detalla en esencia tres formas de vides provinciales. Las que no tienen soporte *stratae*, cuyos sarmientos se extienden por el suelo, y las *velut arbusculae brevi crure sine adminiculis per se stantes*, exentas, pero que se mantienen erguidas ellas solas como arbusto. Esta segunda categoría son las que él conoce personalmente, *sed ex iis, quas ipse cognovi*, por lo que es una práctica que coincide con la expuesta anteriormente por Varrón y por tanto Columela se estaría refiriendo probablemente a la Bética. Además, podemos intuir que estas prácticas, que nos describen Varrón y Columela, estarían en la Bética antes y durante de los procesos de la instauración colonial que estudiamos[554].

> "…en la práctica se suelen plantar tres tipos de viñas: la que se apoya en yugos, la que se extiende por el suelo y, la tercera, tomada de los cartagineses, que se mantiene erguida por sí misma, como los árboles"[555].

Una vez la vid ya está plantada existe una serie de actividades que hay que realizar, todas ellas periódicas, pero los primeros años tienen especial interés. Y es que la vid, si se cultiva bien, puede durar muchos años. Con la azada se tiene que mover la tierra con la mayor frecuencia posible, para que la dureza del suelo no reduzca la posibilidad de que la vid salga adelante. También es necesario despampanar, quitar los pámpanos, y solo dejar uno que tenga mucho vigor, siendo mejor al principio dos por si uno de ellos resulta dañado. La idea general es que se guíe una sola vara y que queden dos yemas junto a la tierra y otras yemas junto al nudo viejo del sarmiento desde donde se pueda retoñar[556].

---

549 En Columella, *Rust.* 3.20. Desarrolla esta idea durante el capítulo, por ejemplo Columella, *Rust.* 3.20.4. "Es el trabajo más difícil de los que se hacen en el campo, porque requiere sumo cuidado para escoger las plantas, y, al mismo tiempo, para distinguirlas y separarlas es preciso tener, en alto grado, buena mano y pericia". *Est enim oomnium rusticorum operum difficillimum, quia et summam diligentiam legendis desiderat seminibus, et in his discernendis maxima plerumque felicitate et prudentia opus est.*

550 Columella, *Rust.* 4.12–13. Se comenta como rodrigar y atar la vid. Este tipo de trabajo, como los otros comentados requiere de una gran presteza y manos expertas, ya que pueden dañar a la vid joven. Este fragmento tiene enorme relevancia de cara a la relación con la "riparia".

551 Columella, *Rust.* 4.19. "Acerca de la posición del yugo, a qué altura de la tierra hay que elevarlo, es más que suficiente decir que la posición más baja es de cuatro pies, la más elevada es de siete, altura que, no obstante, hay que evitar en las viñas recientemente plantadas. En verdad, la primera colocación de las viñas no debe ser ésta, sino que hay que guiarla vid hasta esta altura a través de una larga serie de 2 años. Por lo demás, cuanto más húmedos son el suelo y el clima, y más suaves los vientos, tanto más alto hay que poner el yugo, pues la fertilidad de las vides permite que se extiendan a mayor elevación, y la uva, al estar alejada de la tierra, se echa a perder menos, y esta es la única manera de que reciba de lleno el soplo de los vientos, que secan rápidamente la niebla y el rocío nocivo y contribuyen mucho a la desfloración y a la buena calidad del vino. Al contrario, la tierra endeble e inclinada, y la abrasada por el calor o la sometida a tempestades fuertes pide un yugo más cercano a la tierra. Pero si todo coincide con nuestros deseos, la altura justa de la viña es de cinco pies; y, sin embargo, no hay duda de que las viñas proporcionan un mosto de mejor sabor en la misma medida en que trepen a yugos más altos". *De positione iugi, quatenus a terra levandum sit, hoc dixisse abunde est: humillimam esse quattuor pedum, delsissimam septem. Quae tamen in novellis seminibus vitanda est. Neque enim haec prima constitutio vinearum esse debet, sed per annorum longam seriem ad hanc altitudinem vitis perducenda est. Ceterum quanto humidius est solum et caelum, placidioresque venti, tanto est altius attollendum iugum. Nam laetitia vitium patitur celsis evocari, fructusque submotus a terra minus putrescit; et hoc uno modo perflatur ventis, qui nebulam et rorem pestiferum celeriter adsiccant, multumque ad deflirescendum et ad bonitatem vini conferunt. Rursus exilis terra et acclivis torrensque aestu, vel quae vehementibus procellis obnoxia est, humilius iugum poscit. At si cuncta competunt voto, iusta est altitudo vineae pedum quinque; nec tamen dubium, quin vites tanto melioris saporis praebeant mustum, quanto in editiora iuga consurgunt.*

552 Varro *R.R.* 1.8.1. "Unas son bajas y sin tutores, como en Hispania; otras altas, que se llaman *yugadas*, como sobre todo en Italia". *Aliae enim humiles ac sine ridicis, ut in Hispania, aliae sublimes, quae appellantur iugatae, ut pleraeque in Italia.*

553 Columella, *Rust.* 5.4.1–2.

554 Imágenes extraídas del comienzo del III libro en Columela, "De los trabajos del campo…".

555 Columella, *Rust.* De Arb. 4.1 … *Vinearum autem fere genera in usu tria sunt, iugata, humi proiecta et deindetertia, <quae> est a Poenis usurpata, more arborum in se consistens.*

556 Columella, *Rust.* 4.8.2. "Por esto, se debe cortar, cuando caves, todo lo que ha nacido dentro del pie y medio. Pero la forma de cortar no es la misma que se ha propuesto para la parte superior de la vid, pues de ninguna manera se tiene que alisar la herida ni aplicar la podadera a la misma madre, puesto que, si cortas la raíz junto a la cepa, muchas más nacerán del corte, o bien el agua invernal retenida en los hoyuelos que deja el descalce quemará las heridas nuevas con las heladas del invierno y penetrará hasta la médula. Para evitarlo, será lo mejor retirarse como a un dedo del tronco y cortar allí las pequeñas raíces, que, arrancadas de esa forma, no se multiplican más y defienden a la cepa de los restantes daños". *Quare quicquid intra sesquipedem natum est, cum ablaqueaveris, recidendum est. Sed huius non eadem ratio est amputandi, quae traditur in superiore parte vitis. Nam minime adlevanda plaga est, minimeque applicandum ferramentum ipsi matri; quoniam si iuxta truncum radicem praecideris, aut ex cicatrice plures enascentur, aut hiemalis, quae ex pluviis consistit in lacusculis ablaqueationis aqua, brumae congelationis nova vulnera peruret, et ad medullam penetrabit. Quod ne fiat, recedere ab ipso codice instar unius digiti spatio conveniet, atque ita radiculas praecidere; quae sic ademptae non amplius pullulant, et a cetera noxa truncum defendunt.*

La poda se suele realizar en primavera y aquí Columela nos da otro dato interesante sobre la Bética:

> "Yo estoy muy de acuerdo con esta cava niveladora. Pues la que llaman en Hispania «cava de invierno», cuando se quita la tierra de las vides y se lleva al centro de los entreliños, me parece vana, porque ya precedió la cava del otoño, que no sólo dejó al descubierto las pequeñas raíces superficiales, sino que hizo pasar las lluvias invernales a las raíces profundas"[557].

Este tipo de cava se ha realizado hasta hace poco en la zona del Marco del Jerez y puede ser una posible reminiscencia venida ya desde época romana o incluso anterior, dado que parece ser algo exclusivo de aquí[558]. De hecho las dos cavas que Columela describe, la de invierno junto con la de otoño, se corresponden muy bien con las técnicas de la deserpia y del alomado que se han venido utilizando en Jerez desde hace mucho tiempo[559].

Cuando la vid llega a su madurez, a los dos o tres años de edad, hay que cambiar y colocar un tutor o rodrigón más fuerte, pues la estaca de caña ya es débil. En general se puede decir que existen cuatro tipos de tutores. El primero es el robusto de encina, enebro, etc. El segundo tipo es la estaca formada de ramas. El tercero es la que se usa al principio como tutor, la caña y el cuarto sería la propia vid como tutor natural de la viña[560].

Sobre los injertos, en esencia se conocen tres tipos. Por un lado, el más sencillo y más utilizado es simplemente haciendo una hendidura y atándolo con sogas. También existe otro más difícil y concreto que consiste en dejar entero el injerto y perforarlo con un taladro. Es mejor usar junco que mimbre, pues este último, al secarse, puede dañar al injerto[561]. El tercer tipo de injerto es dividir el vástago en dos hasta la médula. Los tres tipos quedan bien resumidos por Catón:

> "La manera de injertar la vid es la siguiente. Córtese el vástago al que se vaya a hacer el injerto, y divídase por la mitad de la médula. En esta abertura sujétense vástagos cortados en punta haciéndolos concurrir médula con médula. Hay otra manera de injertar la vid: si hay dos cepas contiguas se cortarán en punta dos retoños tiernos de una y otra, y se sujetarán ambos poniendo contacto sus médulas tras cortar su corteza oblicuamente. Hay aún una tercera manera de hacer el injerto: se taladrará la cepa a la que se vaya a hacer el injerto y en la abertura se introducirá la cepa a la que se vaya a hacer el injerto y en la abertura se introducirán dos retoños de la vid del género que se quiera, cortados oblicuamente hasta la médula"[562].

Tras estas labores, en esencia falta tener una serie de tareas de mantenimiento de la viña, principalmente el despampano, la poda y evidentemente las labores agrícolas de dirección de las varas, protección y recogida de la uva. Las cavas para una viña nueva tendrían que ser todas las posibles, mientras que una madura, tres veces al año[563].

El último paso del cuidado de la viña sería la propia recogida de la uva, la vendimia. A grandes rasgos, se realiza de la misma manera y fechas que en la actualidad teniendo en cuenta el tipo de uva y su maduración. Los utensilios que se suele utilizar son la *falx vinatoria* y cestos hechos de esparto.

El libro IV de Columela, en esencia, desarrolla con gran detalle estas cuestiones generales sobre los distintos tipos de tareas que tiene la vid. Como podemos ver, el nivel de complejidad se puede ver en el número de tareas, así como la precisión y adaptación a diferentes espacios que existen para las técnicas.

Sin embargo, si analizamos las peculiaridades que observamos en la Bética, son muchos los matices. En primer lugar, tenemos que detenernos a ver la cuestión de las vides con tutores, que es una práctica empleada en Italia suponiendo un enorme gasto económico. En las provincias, eran más comunes las vides sin apoyo, que se mantienen erguidas sin más. También en estas se dan otros tipos como son las "canteriadas", vides con un yugo, y las "caracadas", que atadas a cañas clavadas en derredor se doblan girando en círculo con los sarmientos sujetos por las cañas. También, como último tipo, encontramos las vides echadas, extendidas por la tierra[564].

---

557 Columella, *Rust.* 4.14.2. *Hanc planam fossuram maxime nos probamus. Nam illa, quam in Hispania hibernam appellant, cum terra vitibus detrahitur, et in media spatia interordiniorum confertur, supervacua nobis videtur, quia iam praecessit autumnalis ablaqueatio, quae nudavit summas, et ad inferiores radiculas hibernos transimist imbres.*

558 López Amador, J.J., Ruiz Gil, J.A. "Arqueología de los vegetales…", pp. 11–39.

559 Sáez, P. Agricultura romana…, pp. 28–30.

560 Varro *R.R.* 1.8.4 "Asimismo hay, en general, cuatro tipos de tutores: uno robusto, el mejor de los cuales suele traerse al viñedo de la encina y del enebro y se llama 'rodrigón'. El segundo, una estaca de una rama, mejor dura, porque resiste más; cuando la tierra destruye su parte inferior, lo podrido se elimina y se pone lo de abajo arriba. El tercero, porque la falta de estos elementos envía a las cañas como recurso; atadas, pues, algunas con cortezas, las meten en tubos de barro cocido con el fondo agujereado, a los que llaman 'puntas', para que pueda drenar la humedad ocasional. El cuarto es el tutor natural de su propia clase, cuando se forma la viña haciendo pasar los sarmientos de las vides de árbol en árbol; algunos llaman *rumpi* a tales sarmientos". *Pedamentum item fere quattuor generum: unum robustum, quod optimum solet afferri in vineam e querco ac iunipiro et vocatur ridica; alterum palus e pertica, meliore dura, quo diuturnior; quem cum infimum terra solvit, puter evertitur et fit solum summum: tertium, quod horum inopiae subsidio misit harundinetum. Inde enim aliquot colligatas libris demittunt in tubulos fictiles cum fundo pertuso, quas cuspides appellant, qua umor adventicius transire possit. Quartum est pedamentum nativum eius generis, ubi ex arboribus in arbores traductis vitibus vinea fit, quos traduces quidam rumpos appellant.*

561 Columella, *Rust.* 4.29 Solo cita estos dos primeros.

562 Cato. *Agr.* 48.2. *uitem sic inserito: praecidito quam inseres, eam mediam diffindito per medullam: eo surculos praeacutos artito: quos ineres. medullam cum medulla componito. Altera insitio esl: si uitis uitem continge utriusque uitemtener»m priiearuiio, obliquo inter sese medullam cum medulla libro colligato.*

563 Columella, *Rust.* 4.5.1; 4.28.1.

564 Jashemski, W.F. "The discovery of a large vineyard at Pompeii: University of Maryland Excavations", American *Journal of Archaeology* 77(1), 1973, pp. 27; Figueiral, I., Bouby, L., Buffat, L., Petitet, H., Terral, J.F. "Archaeobotany, vine growing and wine producing in Roman

Las distintas peculiaridades de los trabajos agrícolas ya fueron estudiados y compendiados por P. Sáez Fernández[565]. En resumen, para la Bética las técnicas se adaptan un poco. Se practica una cava especial, la de invierno, que es una peculiaridad que se ha mantenido hasta la actualidad en la zona de Jerez[566]. La poda se realizaba con sumo cuidado, siendo su momento idóneo durante el otoño[567]. En cuanto al despampano, parece ser que no se aplicaba con la intención de proteger a la vid de los cálidos vientos del sur, que podían secarlos y por ello se dejaban el mayor tiempo posible[568]. Por último, estaba muy extendido el uso del injerto, pues ya se practicaba en esta zona, como hemos visto anteriormente.

Comprender cómo era el cultivo antes de la llegada de los romanos puede resultar interesante para el territorio, pues parecen ser técnicas venidas del mundo púnico o turdetano. Si se considera la información que nos lega Columela y hacemos hincapié en las diferencias que él mismo da, podemos ver que el cultivo habitual en la Bética difiere sobremanera del romano. Concretamente, es reveladora la información sobre la manera de armar las vides, que en las provincias solía ser sin apoyos, todo lo contrario que en el resto del mundo romano donde abundaba la vid *iugerum*[569].

Igual ocurre con el sistema de plantación por cabezudos, típico de las provincias, frente al sistema de barbados, parecidos a porta-injertos más avanzados[570]. No cabe duda de que esta forma de plantación tuviera su origen en momentos anteriores, pero no por ello quiere decir que no existan las otras formas de plantación extranjeras a la Bética, traídas desde fuera. De hecho, son muchas las características que conectan los espacios rurales sur peninsulares con los de Cartago, pues han tenido la misma evolución histórica y es bastante probable que muchas técnicas de cultivo se produjeran en paralelo de un lugar a otro, más allá incluso del cultivo de la vid[571].

En el caso concreto de *Hasta Regia*, sin embargo, parece claro que la manera de plantar la vid que encontramos debe ser la romana con tutores, si bien pueden existir adaptaciones a las prácticas locales, la mayor parte de la producción seguiría este patrón. No hay que olvidar que se introducirían nuevas variedades de uva con la instauración colonial, buscando hacer vino para unos consumidores que ya gustaban de los vinos Itálicos. No conocemos, sin embargo, hasta qué punto esta tipología de plantación con tutores se extendería entre los provinciales que comenta Columela. Suponemos que la manera romana sería una práctica más desarrollada, con un mayor coste económico al comienzo, pero que daría mejores rendimientos o permitiría adaptar mejor ciertas variedades de vid.

Por tanto, en el territorio de estudio, *Hasta Regia,* debió ser más importante la práctica romana, aunque no tiene que ser así para las ciudades cercanas, que podían tener las prácticas anteriores. De la misma manera, los locales *peregrini*, que vivieran en *Hasta* y que pudieran cultivar tierras sin *propietas* o arrendadas de las tierras comunales de la colonia, puede que continuaran con estas otras prácticas. Ciertamente estas pudieron ser introducidas mucho antes del cambio de era, pero dado que tanto Varrón, como especialmente Columela las citan, parece plausible plantear que sería muy común incluso ya entrado el siglo I d.C. y su origen debe remontarse a antes del paso

Southern France: The site of Gasquinoy (Béziers, Hérault)", *Journal of Archaeological Science* 37(1), 2010, pp. 139–149.

[565] Para más información sobre esto: Sáez Fernández, P. *Agricultura romana*..., pp. 1–30.

[566] Columella, *Rust.* 4.8.2.

[567] Columella, *Rust.* 5.5.18. "No es grande la diferencia de poda entre la viña echada y la que se mantiene de pie junto a su apoyo, excepto que a la vid yacente deben dejársele sarmientos más cortos, y también se le dejan espolones más reducidos, a la manera de verrugas. Pero después de la poda, que en una viña de este tipo conviene que se haga en otoño, se dobla toda la vid hacia el otro entreliño; así, la parte que había estado ocupada se excava o se ara, y, cuando ha quedado cultivada, vuelve a recibir la misma vid, de forma que la otra parte también pueda ser cultivada". *Nec magna est putationis differentia cubantis et stantis rectae vineae, nisi quod iacenti viti breviores materiae submitti debent, reseces quoque angustius in modum furunculorum relinqui. Sed post putationem, quam utique autumno in eiusmodi vinea fieri oportet, vitis tota deflectitur in alterum interordinium; atque ita pars ea quae fuerat occupata, vel foditur vel aratur, et cum exculta est, eandem vitem recipit, ut altera quoque pars excoli possit.*

[568] Columella, *Rust.* 5.5.14. "...en los lugares secos y cálidos, soleados, las uvas deben estar cubiertas por los pámpanos, y si la vid tiene demasiado pocos, el fruto ha de ser protegido con hojas traídas a propósito, y, a veces, con paja". *locis autem siccis calidisque et apricis e contrario palmitibus uvae contegantur; et si parum pampinosa vitis est, advectis frondibus et interdum stramentis fructus muniatur.*

[569] Columella, *Rust.* 5.4.1. "He comprobado que los tipos de viñas provinciales son numerosos. Pero de las que yo en persona he conocido, las más apreciadas son como arbustos de pequeño tallo sin apoyo, que se mantienen erguidas por sí mismas. Después, las que, apoyadas en ayudas, se colocan cada una en un yugo (los campesinos las llaman canteriadas); a continuación, las que, atadas a cañas clavadas en derredor, se doblan girando en círculo con sus sarmientos sujetos a las cañas que las sostienen (algunos las llaman caracadas)". *Vinearum provincialium plura genera esse comperi. Sed ex iis, quas ipse cognovi, maxime probantur velut arbusculae brevi crure sine adminiculo per se stantes; deinde quae pedaminibus adnixae singulis iugis imponuntur; eas rustici canteriatas appellant. Mox quae defixis arundinibus circummunitae per statumina calamorum materiis ligatis in orbiculos gyrosque flectuntur; eas nonnulli characatas vocant.*

[570] Columella, *Rust.* 3.14.2–3. "Hay dos procedimientos para plantar: cabezudos o barbados; ambos utilizados por los agricultores, si bien más en las provincias el cabezudo, pues no les gustan los planteles ni tienen práctica en hacer barbados. Los agricultores de Italia, la mayoría, desaprobaron con razón el plantar cabezudos, dado que el barbado es preferible por sus numerosas ventajas. En primer lugar, se pierde menos, pues, por su fortaleza, soporta mejor el calor, el frío y las demás inclemencias del tiempo; en segundo lugar, crece más pronto, lo que trae consigo que con mayor rapidez esté a punto para dar frutos, y, por último, no hay duda de que la planta trasplantada da con frecuencia un fruto mejor. Puede, sin embargo, plantarse el cabezudo en lugar del barbado en tierra suelta y ligera; por el contrario, la tierra compacta y densa ciertamente prefiere ya la vid hecha". *Sationis autem duo genera, malleoli vel viviradicis, quod utrumque ab agricolis usurpatur, et in provinciis magis malleoli. Neque enim seminariis student, nec usum habent faciendae viviradicis. Hanc sationem cultores Italiae plerique iure improbaverunt, quoniam plurimis dotibus praestat viviradix. Nam minus interit, cum et calorem et frigus ceterasque tempestates propter firmitatem facilius sustineat; deinde adolescit maturius. Ex quo evenit ut celerius quoque sit tempestiva edendis fructibus; tum etiam nihil dubium est, saepius translatum * * potest tamen malleolus protinus in vicem viviradicis conseri soluta et facili terra. Ceterum densa et gravis utique vitem desiderat.*

[571] Van Dommelen, P., Gómez Bellard, C. *Rural landscapes of the punic world*, Monographs in Mediterránean Archaeology II, London, 2008.

de Varrón como pretor de la Bética. Sobre estas realidades, faltaría la confirmación arqueológica de las mismas. Es posible conocer los sistemas de plantación romanos a partir de excavaciones y de prospecciones no invasivas, por lo que resulta una perspectiva de estudio a desarrollar en futuras investigaciones[572].

6.6. Cultivos asociados

Como hemos podido ver en el apartado anterior, hay una serie de materiales de origen vegetal que son necesarios para los distintos tipos de plantaciones de la viña, para aguantar y atar la vid, así como para las distintas las herramientas, contenedores vegetales, etc. En este subcapítulo desarrollamos estas cuestiones, que la mayor parte de estas materias se suelen encontrar en zonas de "riparia", es decir, cercanas al medio fluvial-marino[573]. Estos espacios, supuestamente marginales en las sociedades antiguas, debieron tener una serie de aprovechamientos económicos muy importantes, especialmente en relación a la plantación de la vid. Estas cuestiones han sido ya trabajadas en diversas publicaciones anteriores[574].

En primer lugar, se recomienda que estos recursos vegetales sean plantados en la misma finca, ya que, si no es así, el coste económico se incrementa mucho:

> "Ya que he expuesto los preceptos que me parecía que podían ser útiles para plantar y cultivar las viñas, es preciso ahora enseñar la manera de buscar estacas, rodrigones y mimbres. Estas, en verdad, se preparan antes, como si fueran dotes para las viñas. Si carece de ellas, el agricultor no tiene base para plantar viñedos, al tener que buscar fuera de su finca todo lo que necesita. Y no sólo el precio de la compra aumenta el gasto del agricultor, como Ático dice, sino que además su adquisición es muy dificultosa, pues hay que acarrearlas en el invierno, tiempo muy desfavorable para ello. Por esta razón hay que tener plantados mimbrerales, cañaverales y bosques corrientes o sembrados expresamente de castaño. Ático piensa que cada yugada de mimbrerales puede bastar para atar veinticinco yugadas de viña; cada yugada de cañaveral, para rodrigar veinte de viña; y una yugada de castaños da para estacar tantas yugadas de viñas cuantas arrodrigona la yugada de cañaveral"[575].

Por tanto, es un cultivo complementario, pero de gran importancia. Continuando la cita anterior, Columela dice que cada *iugerum* de mimbrerales puede bastar para atar veinticinco *iugera* de viña, la de cañaveral veinte y la de castaño veinticinco de nuevo. Una pequeña parte del terreno de la finca tenía que utilizarse para este tipo de productos. Claro está, existe una diferencia clave con el tipo de vid a cultivar, pues si hablamos de vides sin tutores este tipo de cultivos no serían tan necesarios. Esta práctica hemos visto que sería la que utilizarían los provinciales según Columela, que para el caso de la Bética sería la población turdetana romanizada. Este cómputo, por tanto, solo se puede aplicar a la manera romana de plantar la vid, ya que para este otro caso no serían necesarios estos materiales, al menos para los tutores.

Es por ello que hay que tener plantados mimbrerales, cañaverales y castaños o en su defecto tener en el *fundus* una zona boscosa de donde poder sacar los rodrigones. Lo mejor para soportar la vid es el álamo, después el olmo y el tercero el fresno. Entre ellos, el álamo es rechazado por los agricultores, pues no da fronda a los animales, todo lo contrario que el fresno, que es muy bueno para cabras y ovejas, o el olmo, así como para pasto de bueyes[576]. El roble también es recomendable para las viñas y por tanto el castaño citado antes, que se le parece mucho y además crece muy deprisa[577]. También son posibles el olivo, la encina, el alcornoque; y en una menor medida, el enebro, el laurel, el ciprés, las sabinas silvestres y los saucos[578].

[572] López Amador, J.J., Ruiz Gil, J.A. "Arqueología de la vid...", 2007, pp. 11–36.

[573] Martín Gutiérrez, E. "El aprovechamiento de humedales y marismas en el término de Cádiz: segunda mitad del siglo XIII" en L. Lagóstena Barrios (ed.), *Qui lacus aquae stagna paludes sunt*, 2015, pp. 121–149.

[574] Martín-Arroyo Sánchez, D., Trapero Fernández, P. "La explotación romana de la vegetación riparia y el análisis espacial de la ocupación rural", en L. Lagóstena Barrios (ed.), *Qui lacus aquae stagna paludes sunt*, Cádiz, 2015, pp. 243–260; Martín-Arroyo Sánchez, D. "Modelización de la ratio riparia/*vinea*: el emparrado romano entre *Hasta Regia* y *Gades*", en L. Lagóstena Barrios (ed.), *Lacus autem ídem et stagnus, ubi inmensa aqua convenit. Estudios históricos sobre humedales en la Bética II*, Cádiz, 2016, pp. 105–125. Interesante a este respecto también es la obra Segura Munguía, S., Torres Ripa, J. *Historia de las plantas en el mundo antiguo*, Universidad de Deusto, Bilbao, 2009, pp. 487. La cual permite la interdisciplinariedad de comparar las plantas en la actualidad con sus paralelos en el mundo antiguo.

[575] Columella, *Rust.* 4.30.1. *Quoniam constituendis colendisque vineis, quae videbantur utiliter praecipi posse, disseruimus, pedaminum iugorumque et viminum prospiciendorum tradenda ratio est. Haec enim quasi quaedam dotes vineis ante praeparantur. Quibus si deficitur agricola, causam faciendi vineta non habet, cum omnia, quae sunt necessaria, extra fundum quaerenda sint; nec emptionis tantum (sicut ait Atticus) pretium onerat vitis rationem, sed est etiam comparatio molestissima. Convehenda sunt enim tempore iniquissimo hiberno. Quare salices viminales atque arundineta vulgaresque silvae, vel consulto sitae [e] castaneis, prius facienda sunt. Salicum viminalium (ut Atticus putat) singula iugera sufficere possunt quinis et vigenis iugeribus ligandae vineae; arundineti singula iugera vigenis iugandis; castaneti iugerum totidem palandis, quot arundineti iugandis.*

[576] Columella, *Rust.* 5.6. "Quien quiera tener una poblada arboleda para vides, con una distribución a distancias iguales y, fructífera, procurará que no haya claros cuando se pierdan árboles, retirando cualquiera de ellos tan pronto como esté afectado por la vejez o el mal tiempo y poniendo en su lugar un vástago nuevo. Ello, por otra parte, se consigue fácilmente si se tiene preparado un vivero de olmos; no me cuesta trabajo prescribir a continuación de qué manera y de qué tipo de olmos ha de formarse". *Qui volet frequens et dispositum arbustum paribus spatiis fructuosumque habere, operam dabit, ne emortuis arboribus rarescat, ac primam quamque senio aut tempestate afflictam submoveat, et in vicem novellam subolem substituat. Id autem facile consequi poterit, si ulmorum seminarium paratum habuerit; quod quomodo et qualis generis faciendum sit, non pigebit deinceps praecipere.*

[577] Columella, *Rust.* 4.33.1. "El castaño se parece mucho al roble y, por consiguiente, es apropiado para apoyar las viñas". *Castanea roboribus proxima est, et ideo stabiliendis vineis habilis.*

[578] Columella, *Rust.* 4.26.1. "Terminadas estas faenas, viene, como dije antes, la labor de adosar y de atar la viña al yugo, para cuyo sostén es mejor el rodrigón que la estaca y, ciertamente, no cualquiera, pues para ello el más idóneo es el de olivo hendido con cuñas; después, la encina, el alcornoque y maderas semejantes, si las hay. Ocupa el tercer lugar

Para las estacas es mejor utilizar sauces. También se usa la caña como estacas o incluso como apoyo de la vid cuando todavía es joven. Ésta se puede plantar en las orillas de ríos. En un lugar más seco es mejor utilizar la retama. El mimbre es mejor plantarlo en lugar de regadío aunque también se puede en un campo llano y fértil[579]. Un buen ejemplo de la importancia de estos espacios ribereños lo podemos ver en este fragmento sobre la recomendación de qué materiales usar para atar la vid:

> "Tiene mucha importancia qué tipo de lazo se va a utilizar para atar las plantas; en efecto, mientras la vid es joven, hay que enlazarla con uno lo más suave posible, porque si lo atas con mimbres de sauce o de olmo, la propia vid, al crecer, se corta a sí misma. La mejor es la retama o el junco cortado en las lagunas, o la anea; con todo, las hojas de caña, secadas a la sombra, tampoco realizan mal este cometido"[580]

Merece la pena considerar que este tipo de cultivos asociados podrían tener un valor económico en sí, especialmente en los lugares donde no se tenga la posibilidad de obtenerlos, o bien para un agricultor que no dispusiera de grandes extensiones. En este caso, si la superficie de terreno que tiene no puede más que dedicarla al cultivo de la vid o del cereal, no podría tener una zona solo para cañaveral, por ejemplo. Lo ideal es que cada finca fuera autosuficiente, aunque pudiera existir la posibilidad de que un propietario tuviera una carestía de parte de estos productos. En este sentido, pueden existir plantaciones específicas adaptadas a este tipo de recursos. Si bien para la vid son importantes, esta solo es una de las facetas donde sería necesaria su uso, pues en la práctica estos recursos serían primordiales para otras actividades: agrícolas. ganaderas o de otra índole, por ejemplo, o simplemente de combustible.

En el momento de la instauración de la colonia *Hasta*, muy probablemente los colonos implementaran el sistema de plantación con tutores. En esta circunstancia, sería necesario poner en explotación gran parte de estos recursos que podríamos denominar de "riparia". Es probable que se sirvieran de las zonas comunales de la colonia, para que pudieran ser así explotados por todos o parte de los ciudadanos de la misma[581].

Junto a este producto, no podemos olvidarnos de uno que debió tener especial relevancia, la brea o pez. Esta resina de árboles, extraída al calentar un madero, se utilizaba de manera sistemática en muchos de los contenedores anfóricos de vino. Sin duda debió existir una producción de difícil rastreo arqueológico, pues solo requería crear un pequeño horno improvisado en el campo donde calentar la resina. Este producto tendría que tener especial importancia en el mundo antiguo, sobre todo si pensamos en la brea, necesaria para el calafateado de los barcos. La mejor descripción del procedimiento y usos de la brea lo encontramos en Teofrasto[582].

No conocemos si la pez sería producida por cada propietario en sus fincas, o si, por el contrario, determinadas personas se dedicarían a su producción para otros. Esta segunda opción es la más probable, ya que estamos hablando de recursos madereros importantes, siendo en esencia una actividad forestal. El principal árbol que se utiliza para la producción de pez es el pino, que se produce en abundancia pero con poca calidad en Hispania[583]. El único recurso forestal que sabemos que existió con seguridad en época antigua en nuestra zona, precisamente debe ser esta tipología de árboles, que puede sobrevivir en zonas dunares[584]. Las piceas son plantas gimnospermas, probablemente autóctonas en toda la zona. Siendo esto así,

el rodrigón redondeado, y se considera el mejor de todo el de enebro, después, el de laurel y el de ciprés. Igualmente son de utilidad para sostén las sabinas silvestres y también los saúcos, estimables por el uso que tiene su estaca". *Hac peracta, sequitur, ut ante iam diximus, adminiculandae iugandaeque vineae cura, cui stabiliendae melior est ridica palo, neque ea quaelibet: nam est praecipua cuneis fissa olea, quercus et suber, ac si qua sunt similia robora; tertium obtinet locum pedamen teres, idque maxime probatur ex iunipero, tum ex lauru et cupressu. Recte etiam faciunt ad eam rem silvestres pinus, atque etiam sambuci probabiles usu statuminis.*

579 Columella, *Rust.* 4.32.1. "La caña se planta en terreno cavado a menos profundidad, pero es mejor hacerlo con la laya, Aunque es muy resistente y no rehúsa ninguna tierra, se planta con mayor resultado en un terreno desmenuzado que en uno compacto, en el húmedo mejor que en el seco, en valles mejor que en pendientes; con mayor provecho en las orillas de los ríos, al borde de los senderos y entre los matorrales, que en medio de los campos". *Arundo minus alte pastinato, melius tamen bipalio seritur. Ea cum sit vivacissima, nec recuset ullum locum, prosperius resoluto, quam denso; humido, quam sicco; vallibus, quam clivis; fluminum ripis et limitibus ac vepretis commodius quam mediis agris deponitur*

580 Columella, *Rust.* 4.13.2. *Vinculi genus quale sit, quo religantur semina, plurimum refert. Nam dum novella vinea est, quam mollissimo nectenda est, quia si viminibus salicis aut ulmi ligaveris, increscens vitis se ipsa praecidit. Optima est ergo genista, vel paludibus desectus iuncus, aut ulva. Non pessime tamen in umbra siccata faciunt in hunc usum arundinum quoque folia.*

581 Carlsen, J. "Land, labour and legislation in late republican Italy", en J. Carlsen, E. Lo Cascio (eds.), *Agricoltura e scambi nell'Italia tardo-repubblicana*, Edipuglia, Bari, 2010, pp. 303–315.

582 Theoph. 9.3.1–3. "Esta es la manera que tienen de hacer la pez mediante combustión. Cuando ya han dispuesto un espacio llano, a manera de era, con una inclinación que debe ser suave para que la pez fluya al medio, parten los troncos y colocan los trozos en la misma forma que colocan los suyos 10s carboneros, pero sin dejar, como éstos, una bufarda. Ponen los trozos derechos y apoyados unos en otros, de modo y manera que adquieran altura en consonancia con su número. Dicen que el dispositivo está terminado cuando la circunferencia de la base mide ciento ochenta codos y la altura alcanza cincuenta o a lo sumo sesenta; o bien cuando la base circular mide cien codos y la altura otros cien, siempre que la lefia este embebida de pez. Dispuesta así la pila y cubriéndola con ramaje, echan tierra encima hasta taparla completamente, de manera que en modo alguno se vea el relumbro del fuego, porque, si sucede esto, la pez se malogra. Se pega fuego en el lugar donde se abrió un paso y, luego, rellenando también esta parte con leña y amontonando tierra, vigilan subidos en una escala y miran aquellas partes por donde ven salir el humo y echan constantemente tierra para que, en manera alguna, asome el fuego. Se prepara un conducto para la pez a través del montón para que pueda fluir a un pocillo situado a una distancia de quince codos, y, al tacto, se nota que la pez, al fluir, se enfría. El montón está ardiendo unos dos días con sus noches, porque en el segundo día, antes de la puesta del sol, se ha consumido y se derrumba. Justo esto sucede, cuando la pez deja de correr. Durante todo este tiempo está la gente despierta y vigilante para que el fuego no salga al exterior".

583 Plin. *HN* 14.127. "Se obtiene de la resina de la picea; en Hispania, en cambio, se saca una muy poco apreciada del pino silvestre, pues su resina es amarga, seca y de olor muy fuerte". *fit e piceae resina, in Hispania autem e pinastris minime laudata. est enim resina earum amara et arida et gravi odore.*

584 Porta, J., López-Acevedo, M., Roquero, C. *Edafología para la agricultura y el medio ambiente*, Mundiprensa, Madrid, 2003, p. 797.

deberíamos considerar la importancia de esta actividad económica de entre todas las que tendrían la zona de *Hasta*, con respecto a otra serie de aprovechamientos en la sierra, abocados a otros por la diferencia de flora y fauna.

Sobre este producto suponemos que existía algún tipo de producción especializada, no solamente para el calafateado de ánforas y *dolia*, sino también para la construcción naval[585]. La disposición de estos materiales, probablemente, haría que los armadores de barcos en *Gades* tuvieran que tener disponibilidad de este producto. Si fuera esto así, es más que probable que los particulares no tuvieran que tener que producir su propia pez, pues sería un producto del mercado[586].

Todas estas actividades pueden estar de una manera clara relacionada con las actividades vitícolas. De entre ellas, destacamos las que son directamente necesarias para plantear un nuevo viñedo, como son la caña, el esparto y el castaño u otro tutor. Este tipo de productos vegetales está muy relacionado con los espacios de "riparia", que como ya hemos comentado, son espacios que tienen unas necesidades hídricas, que para nuestro marco de estudio solo pueden conseguirse en el área inmediata de la paleo-ribera o en su caso en arroyos y manantiales del mismo.

Ante esta cuestión, se pueden modelar las áreas potenciales de tener estas condiciones, que a su vez serían las ideales para estos posibles cultivos. Relevantes es el caso de las zonas de arroyos para las cañas, así como la paleo-ribera para el esparto. Los tutores como especies arbóreas no necesitarían de esta condición. Por tanto, se pueden modelar, mediante las líneas de arroyos y ribera, las áreas que pudieran ocupar estos espacios. Se ha realizado un buffer de una distancia igual a 10 metros de lado, lo cual supone un área muy pequeña. Esta ha sido comparada con el ancho máximo de la mayor parte de los arroyos de la zona. Bajo esta premisa, modelamos el territorio considerando estos valores y la propuesta de Catastro (Fig. 6.4)[587].

De un total de 26.400 ha del territorio, se realiza un análisis con un buffer de 10 metros para los arroyos, dando un total de 479,9 ha del mismo que pueden tener esta potencialidad de espacios de "riparia" de agua dulce. Para el caso de la paleo-ribera, se ha utilizado un buffer de 20 metros, ya que después se ha recortado la propia línea de antigua costa, quedando 10, saliendo unos valores muy similares a los anteriores de 490.9. Esto supone aproximadamente que un 0.4 % del territorio puede quedar en unas condiciones buenas para el cultivo de especies vegetales como el esparto en la paleo-ribera y otro 0,4 % de especies de agua dulce en la cercanía de arroyos. Por tanto, el total potencial del territorio para estas especies sería de un 0,8 %, un porcentaje realmente bajo, si consideramos sobre todo los entrantes y salientes que tiene la paleo-desembocadura del Guadalquivir. Estos valores deben de ser puestos en común con el potencial de producción vitivinícola de la región, por lo que serán comparados y analizados con mayor detalle en el capítulo 5.3. Modelización de la viticultura antigua.

Para concluir este apartado, debemos resaltar la importancia del estudio de estos espacios para acercarnos a las realidades productivas del mundo antiguo, donde el simple aprovisionamiento de determinados recursos requiere de una serie de intereses, mano de obra, inversiones, etc. Para el caso que nos ocupa con la viticultura romana, sin duda el territorio debió tener una cierta especialización de los diversos *fundi,* si bien no sabemos si los propietarios de las diversas fincas producirían sus productos o si tendríamos unos que lo producirían para el resto. De la misma manera, debió existir una actividad económica relacionada con la producción de pez, que no debe resultarnos extraña y de la que no existen estudios monográficos en nuestra región, a pesar de contar con información literaria y la referencia arqueológica a través de los contenidos anfóricos. Finalmente, este tipo de recursos que en muchos casos requieren de condiciones concretas para su producción, como es el acceso al agua, resultan unas situaciones de estudio muy interesantes para poder modelar las necesidades de las diversas áreas y poder acercarnos aún más a comprender las diversas actividades económicas del territorio. Concretamente, podemos ver que prácticamente todo el territorio tendría unas condiciones buenas para acceder bien a una zona de arroyo o a la paleo-ribera. Más allá de la propia problemática que pueden tener los arroyos para poner un cultivo en sus alrededores, fruto de la escorrentía temporal a lo largo del año, sí es muy interesante comprender este tipo de actividades y sus implicaciones, pues probablemente el agricultor antiguo utilizara todos los recursos disponibles, incluyendo estos.

6.7. Proceso de transformación

Una vez contextualizadas las distintas partes y procesos de la primera fase de la producción vitícola, desarrollamos a continuación los factores vinícolas, respecto a la transformación de la uva en vino o sus derivados. En este apartado se van a resumir los procesos que tienen lugar, desde la recogida de la uva hasta su transformación en producto final.

[585] Existen pocas referencias literarias del uso de la pez para el calafateado de barcos, aunque parece lógico que debió existir. Podemos verlo por ejemplo en Plutarco. Plut. *Quaest. Conv.* 5.3.1. "…Apolodoro por ser una planta marítima ni porque sea amiga del viento, como el mar (pues también esto lo dicen algunos), sino fundamentalmente por la construcción de barcos; pues él y los árboles afines, los pinos marítimos y abetos, proporcionan las maderas más aptas para la navegación, así como la tintura de la pez y resina, sin la cual la utilidad de los ensamblajes en el mar es nula". *προσήκειν· οὐχ ὡς Ἀπολλόδωρος οἴεται παράλιον φυτὸν οὖσαν οὐδ' ὅτι φιλήνεμός ἐστιν ὥσπερ ἡ θάλασσακαὶ γὰρ τοῦτό τινες λέγουσιν· ἀλλὰ διὰ τὰς ναυπηγίας μάλιστα· καὶ γὰρ αὐτὴ καὶ τὰ ἀδελφὰ δένδρα· πεῦκαικαὶ στρόβιλοι· τῶν τε ξύλων παρέχει τὰ πλοϊμώτατα· πίττης τε καὶ ῥητίνης ἀλοιφήν· ἧς ἄνευ τῶν συμπαγέντωνὄφελος οὐδὲν ἐν τῇ θαλάττῃ* Plutarco, *Obras morales y de costumbres*, Traducción por M. López Salvá, Gredos, Madrid, 1989.

[586] Martínez Maganto, J., Petit, M.D. "La pez y la impermeabilización de envases anfóricos romanos. Estudio analítico de una muestra e interpretaciones histórico-económicas", AEspA 71, 1998, pp. 265–274; Bernal, D., Petit, M.D. "Caracterización de resinas en ánforas romanas por cromatografía de gases. Resultados y aplicaciones en España", *Alebus* 4–5, pp. 84–90; Petit, M.D., Martínez Maganto, J. "Transporte de alimentos y ánforas romanas: la pez y sus componentes a través de análisis orgánicos", *Caesaraugusta* 73, 1999, pp.309–318.

[587] Ver sub capítulo 7.2 Modelización de las *villae*.

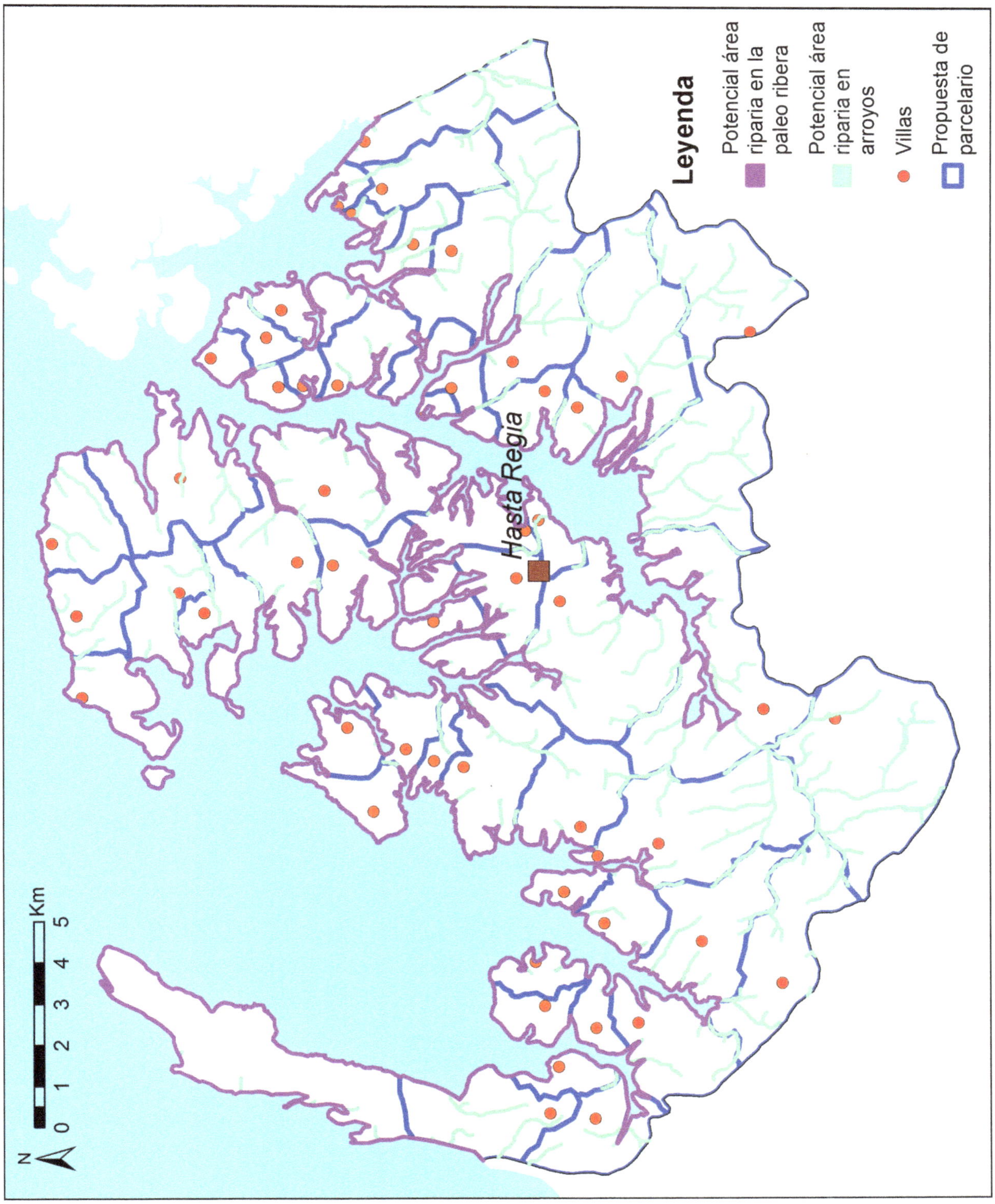

Figura 6.4. Potencial áreas de Riparia en arroyos y paleo-ribera a partir de análisis buffer de 10 metros. Fuente propia.

Historiográficamente, ha habido un gran desarrollo de investigaciones a este respecto, especialmente en las que tocan a la vinificación, aunque también de manera muy clara a toda la información arqueológica derivada de esta actividad[588]. La información literaria agronómica se centra principalmente en los aspectos productivos, más que en los de transformación del producto[589]. Esto, unido al estudio de los lugares de prensa y almacenaje de los productos derivados de la uva, supone un importante laboratorio de ejemplos particulares, que han permitido comprobar la información literaria y avanzar en el estudio de estos elementos arqueológicos que sí se nos han conservado.

Es por ello que gran parte de la investigación sobre la viticultura, se ha centrado desde la arqueología en el reconocimiento de los *torcularia* o áreas productivas vinícolas u oleícolas, ya que los trabajos en el campo dejan huellas arqueológicas que podemos interpretar. Hay que destacar la labor de varios investigadores, referentes en este aspecto, que han tratado estas cuestiones de manera pormenorizada, en publicaciones de cierta actualidad y que suponen un punto de partida bien estudiado[590].

El mayor desarrollo de la investigación de la oleicultura en la Bética hace que los ejemplos de estudio para este tipo de producto sean mayores en términos cualitativos que para el vino. En el estado actual de la cuestión y dado que no poseemos apenas datos arqueológicos materiales fruto de excavaciones, tan solo de prospecciones en el territorio a estudiar, no es posible en esta investigación llegar al nivel de precisión que se realizan en estos trabajos. Desarrollamos la cuestión teórica respecto a la transformación, teoría para la modelización y muy relacionado con los indicadores de estructuras de transformación del capítulo 5.1[591].

El proceso de elaboración del vino es un principio aparentemente sencillo, pues se recoge la uva, se estruja y se fermenta durante un tiempo, proceso en el que se transforman sus azúcares en alcohol. La enología viene a confirmar que, a pesar de la aparente sencillez, el proceso tiene una enorme complejidad. Sin embargo, no parece existir un conocimiento tan amplio en el mundo romano sobre estas cuestiones, como veremos más adelante. Este fragmento de Varrón es muy ilustrativo de dicho conocimiento y consejo que se dan sobre el proceso:

> En los viñedos, cuando madure la uva, conviene hacer la vendimia de tal forma que tengas en cuenta en qué variedad de uva y en qué lugar del viñedo debes comenzar a recoger, pues tanto la precoz como la mezcla que llaman "tinta", maduran pronto, por lo que han de ser cosechadas antes, como la parte más soleada de la plantación y de la viña debe descender de la vid en primer lugar. En la vendimia, la uva no sólo se recoge, sino que también se escoge por los diligentes: se recoge para beber, se elige para comer. De esta forma, la recogida se lleva a la sala de prensado y de ahí a la tinaja vacía la escogida, en cesta separada, de donde se pone en ollas y se la mete en tinajas llenas de orujo de uva, una parte se pone en el fondo de la cisterna en ánfora empegada, otra se cuelga al aire en la despensa. De las uvas que se hayan pisado, los escobajos y los hollejos han de ponerse bajo la prensa para que, si le queda algo de mosto, se exprima en el mismo lagar. Cuando cesa de fluir bajo la prensa, algunos recortan los bordes y prensan de nuevo; llaman de segunda prensada al nuevamente exprimido, y conservan separadamente lo que se ha exprimido porque tiene sabor a hierro. Los hollejos exprimidos de las uvas se echan en tinajas y se añade agua: esto se llama aguapié (*lora*), de 'uvas lavadas' (*lota acina*), y se le da a los trabajadores en el invierno en lugar de vino"[592].

El primer paso tras la vendimia es la extracción del mosto. Este es un principio simple, que abunda en la literatura científica, aunque cimentado sobre pocas referencias literarias, existe sin embargo una vasta información arqueológica de estos lugares de pisado y prensado.

De todos estos espacios, los primeros a considerar son los *calcatoria*, estructuras de pisado, configurados como cubetas de distintas formas y volumen donde contener la uva a pisar. Podían estar hechos de obra o ser temporales de madera, lo cual justifica el bajo grado de ejemplares detectados por la arqueología. Para el caso de las

588 Diversos trabajos en : Frankel, R. *Wine and oil production in antiquty in israel and other Mediterranean contries,* Sheffield, 1999, pp. 206; Tchernia, A., Brun, J.P. *Le vin romain antique,* Glenat, Paris, 1999, pp. 159; M.C. Amouretti, J.P. Brun (eds.), *La production du vin et de l'huile en Mediterranée*, Ecole Francaise d'Athènes, Atenas, 1993, pp. 91–106.

589 Rabanal, M.A. "El vino en el mundo antiguo", *Hispania antiqua* 23, 1999, pp. 285–319; Tchernia, A. "Le vignoble italien du I siècle avant note ère au III siécle de notre ère : répartition et évolution", *BCH,* 1993, pp. 283–296; Cerrillo, E. "La produccición doméstica del vino en la Antiguedad romana. Entre las recomendaciones de los agrónomos y las evidencias arqueológicas", en S. Celestino (ed.), *El vino en la Antigüedad romana: II Simposio de Arqueologia del Vino*, Universidad Autónoma de Madrid, Madrid, 1999, pp. 63–78.

590 Brun, J.P. *Le vin et l'huile dans le Méditerranée antique...*; Van Limbergen, D. "*Vinum picenum* and *olive picena.* Wine and oil presses in central Adriatic Italy between the Late Republic and the Early Empire. Evidence and problems", *Babesch* 86, 2011, pp. 71–94; Blázquez, J.M. "El entorno de las *villae* en los mosaicos de Africa e Hispania", *L'Africa romana X,* 2, 1994, pp. 1171–1187; Peña Cervantes, Y. *Torcularia. La producción de vino y aceite en Hispania,* Tarragona, 2010, pp. 284; Martín Oliveras, A. *Arqueologia del vi...*

591 Conocemos lugares de transformación en la Bética, como el caso de la *cella vinaria* de Loma de Ceres: Marín, N., Hita, J.M., Marfil, P.F. "Informe de la excavación arqueológica de emergencia en Loma de Ceres. 1987–1988, Molvízar-Granada", *Anuario Arqueológico de Andalucía",* 1989, pp. 220–227.

592 Varro *R.R.* 1.54.1–3. *In vinetis uva cum erit matura, vindemiam ita fieri oportet, ut videas, a quo genere uvarum et a quo loco vineti incipias legere. Nam et praecox et miscella, quam vocant nigram, multo ante coquitur, quo prior legenda, et quae pars arbusti ac vineae magis aprica, prius debet descendere de vite. In vindemia diligentis uva non solum legitur sed etiam eligitur; legitur ad bibendum, eligitur ad edendum. Itaque lecta defertur in forum vinarium, unde in dolium inane veniat; electa in secretam corbulam, unde in ollulas addatur et in Dolia plena vinaciorum contrudatur, alia quae in piscinam in amphoram picatam descendat, alia quae in aream in carnarium escendat. Quae calcatae uvae erunt, earum scopi cum folliculis subiciendi sub prelum, ut, siquid reliqui habeant musti, exprimatur in eundem lacum. Cum desiit sub prelo fluere, quidam circumcidunt extrema et rursus premunt et, rursus cum expressum, circumcisicium appellant ac seorsum quod expressum est servant, quod resipit ferrum. Expressi acinorum folliculi in Dolia coiciuntur, eoque aqua additur; ea vocatur lora, quod lota acina, ac pro vino operariis datur hieme.*

construidas con *opus caementicium*, solían tener formas rectangulares, con orificios de salida del mosto.

El siguiente apartado del proceso será el prensado, que generalmente se realizará mediante prensas construidas para este fin. A veces podían existir zonas de pisado, pero no de prensado, ya que la producción vitivinícola efectuada no era tan importante y por tanto no requería de esta inversión. Normalmente, cuando se justifica un gran volumen de producción vitivinícola, está asociado al número y tamaño de prensas que tiene el *torcularium*. Al igual que en la actualidad, se prensaba varias veces las uvas, lo cual supone en la práctica poder disponer de distintas calidades del mismo producto, como hemos visto al final del fragmento de Varrón.

Los elementos arquitectónicos asociados a la producción del vino son principalmente los pertenecientes al sistema de pisado y prensado. Aunque no es necesaria la existencia de ambos sistemas, para el caso de grandes producciones tiene que darse lugar el prensado, ya que rentabiliza mucho más la producción.

A nivel de reconocimiento arqueológico de dichas estructuras, es difícil concretar cuál de estos elementos se corresponden con estructuras de procesado de aceite y cuáles de vino. En esencia, se puede confundir la zona de pisado, con las de almacenamiento de aceite. Con respecto a las instalaciones de prensado, no existen tipologías claras sobre cuál es la diferencia en el uso de uno y otro producto, pues probablemente se utilizarían ambos. En la práctica, más allá de realizar analíticas químicas para determinar los productos, en general la asociación a muelas de molino o la disposición de un gran almacén de *dolia*, suelen ser los indicadores tradicionales de uno y otro producto[593].

El proceso de vinificación tiene lugar principalmente en el área de extracción, en un lugar que recibe el nombre de *lacus,* junto a las estructuras de pisa o prensado. Tras unos siete u ocho días, se traslada por regla general a una sala de almacenaje anexa, denominada *cella vinaria*, donde continuará el proceso de vinificación, generalmente por un periodo mayor a unos seis meses[594]. Consiste en que las levaduras llamadas *Saccharomyces cerevisiae*, que vienen ya en el exterior de las uvas, una vez que se ha pisado, degraden el azúcar para transformarlo en alcohol etílico. Este proceso además da otra serie de compuestos, como anhídrido carbónico, calor y diversos ácidos, como el láctico y acético. La temperatura media debe situarse entre los 14 o 25–30 grados, que es la temperatura de actividad de dichas bacterias[595].

La aparente facilidad del proceso se complica por la dificultad de lograr dos aspectos fundamentales. El primero está relacionado con la temperatura, que requiere ser medianamente constante, sin altibajos, dentro del rango antes marcado. El segundo, cuya solución no conocían bien en época romana, consiste en la estabilización del vino ya que no es un producto químicamente estable, pues su proceso natural, tras el efecto de las levaduras, es que las bacterias acéticas degraden el alcohol y lo conviertan en ácido acético, vinagre. Para poder frenar este proceso químico, en la actualidad, se añade azufre y se controla la proliferación de bacterias acéticas, potenciando la fermentación maloláctica.

Viendo estas cuestiones, podemos comprender la problemática de la conservación del vino por temperatura y de su propia química. Para solucionar estos problemas los romanos suelen utilizar lugares de almacenaje especiales, generalmente *dolia* enterrados en el suelo, *dolia de fossa*, donde se podía regular mejor la temperatura. Sin embargo, dependiendo de los lugares del Imperio, parece que se suelen utilizar distintas versiones de esta técnica, ya que las condiciones climatológicas son distintas. Por ejemplo, en el Sur de Italia, se suelen utilizar los *dolia de fossa* de manera sistémica, completamente enterradas, por la mayor amplitud térmica, frente por ejemplo a la zona del Norte de la península itálica, donde estas solo están enterradas a la mitad[596].

También tiene directa relación con el tamaño de los mismos *dolia*, ya que como hemos dicho, la reacción es exotérmica y crea un aumento de temperatura que puede acabar con las levaduras, donde un menor volumen de producto, se puede enfriar como mayor facilidad. Así, de manera general, los *dolia* al Sur de Italia tienen una media de 11 hectólitros, frente a las 18 del Norte[597]. Para el caso de África y Oriente, por la mayor amplitud térmica y puede que por cuestiones tradicionales, se fermenta generalmente en las mismas ánforas, mientras que en la Galia se suele utilizar toneles como recipientes para la fermentación, hecho atestiguado por la falta de *dolia* para el almacenaje en dichos ambientes[598].

[593] Brun, J.P. "La discrimination entre les installations oléicoles et vinicoles: discussions", en M.C. Amouretti, J.P. Brun (eds.), *La production du vin...*, pp. 626.

[594] Estas cuestiones están extraídas principalmente de Peña Cervantes, Y. *Torcularia. La producción de vino...*, pp. 30–50.

[595] Hidalgo, J. *Tratado de Enología...* p. 545 y ss.

[596] Dias Viegas, C., Carretero, P.A., Petit Domínguez, M.D., Rucandio, M.I., Vigil de la Villa, R., García Giménez, R. "Characterization of *Dolia...*, pp. 243–251 ; Peña Cervantes, Y. *Torcularia. La producción de vino...*, p. 85.

[597] Podríamos definir la media en torno a unos 13 hectolitros por *dolium*. Brun, J.P. *Archéologie du vin et de l'huile dans l'Empire romain*, Errance, Paris, 2004, p. 5.

[598] Peña Cervantes, Y. *Torcularia. La producción de vino...*, pp. 33–34; Brun, J.P., Gilles, K.J. "La viticultura Antique en Rhénanie", *La viticulture en Gaule, Gallia* 58, 2001, pp. 165–179; Balmelle, C., Barraud, D., Brun, J.P. et all. "La viticulture Antique en Aquitaine", *La viticulture en Gaule, Gallia* 58, 2001, pp. 129–164; Lequèment, R. "Le vin africain à l'époque impériale", *Antiquités africaines* 16, 1980, pp. 185–193; Blanc, N., Gury, F. "Étude typologique des corbeilles de vendange sur les sculptures de Gaule romaine", *Archéologie de la vigne et du vin*, 1990, pp. 31–56; Mattingly, D.J. "Painting, presses and perfume production at Pompeii", *Oja* 9, 1990, pp. 71–90; Salcedo, F. "La iconografía del vino en el mundo Romano", en S. Celestino (ed.), *El vino en la Antigüedad romana: II Simposio de Arqueología del Vino*, Universidad Autónoma de Madrid, Madrid, 1999, pp. 97–115; Eitan, D. "Selected oil and wine installations in ancient Israel", en M.C. Amouretti, J.P. Brun (eds.), *La production du vin...*, pp. 91–106.

Para el caso concreto de Hispania, ya hemos comentado que Varrón refiere una diferencia cuantitativa de tamaño y por ende capacidad entre los *dolia*, *orcae* en Hispania, frente a *dolia* para Italia[599]. Esta cuestión parecer suponer que los recipientes utilizados en Hispania, de manera genérica, suelen ser más pequeños que las italianos, probablemente por la búsqueda de un mayor control térmico, aunque también puede haber otras causas[600].

Respecto a la segunda cuestión fundamental en el proceso de transformación de la uva al vino, el paso del alcohol a ácido acético, los romanos no sabían cómo realizar correctamente esta corrección. En general solían utilizar yeso o fragmentos de puzolana, que tenían un efecto corrector de estas bacterias acéticas. A pesar de ello, era muy común usar algún otro aditivo, que en general configura los principales productos vitivinícolas en el mundo romano. Fruto de esta necesidad de conservación y reducción del proceso de conversión al vinagre, se le echaba por ejemplo agua de mar. De la misma manera se empegaba con pez o brea[601], que servía tanto para impermeabilizar, como corregir este proceso. También podían incrementarse los azúcares del vino por reducción del mosto, caso del *defrutum* o la *sappa*, o incluso con aditivos como la miel, como el *mulsum*. La mayor parte de los vinos buenos y sus derivados pertenecen a estas categorías, lo cual hace que haya una diferencia sustancial respecto a los productos finales actuales y los antiguos. El vino romano debía de ser fundamentalmente blanco y no tinto, ya que se procuraba separar lo antes posible el hollejo del producto, para disminuir el número de bacterias acéticas que pasarán a la fermentación[602].

Dentro de los distintos tipos de prensado, el primero a considerar es el propio pisado, el más sencillo y probablemente de los sistemas más extendidos y utilizados en pequeñas explotaciones. El segundo sistema más simple y antiguo es la prensa de torsión, que consiste en un saco tupido que es comprimido con ayuda de varas de madera desde sus extremos. Este es un sistema conocido ya desde el Imperio Antiguo egipcio. Las más elaboradas son las prensas de cuña, prensas de tornillo directo y las prensas de viga, que a su vez se dividen en torno y tornillo. Todos estos sistemas han sido estudiados y analizados en publicaciones recientes[603].

En conclusión, con respecto al territorio de *Hasta*, pocos han sido los indicadores de transformación[604]. Sí hemos podido documentar un posible *calcatorium* excavado en el yacimiento de Crespellina[605]. Este y otros indicadores de la producción vinaria en el territorio nuclear de *Hasta Regia* ya han sido analizados anteriormente. Con este acercamiento a la transformación de la uva en vino hemos podido ver las peculiaridades de la Bética, especialmente respecto a las estructuras y contenedores asociados a ella.

599 Varro *R.R.* 1.13.6. "Más provechosa, dice Fundanio, es ciertamente la finca a causa de los edificios, si dispones la edificación más con el espíritu de economía de los antiguos que con el lujo de los de ahora, pues aquellos operaban en proporción al beneficio, estos lo hacen por indómitos deseos. Por eso, las casas rústicas de aquellos costaban más que las de recreo y ahora en la mayoría de los casos ocurre, al contrario. Entonces se alababa la casa si tenía buena cocina rústica, amplios establos, bodega y despensa de aceite en función del tamaño del campo y pavimento inclinado hacia el lagar, porque frecuentemente, donde se guarda el vino nuevo, con el hervor del mosto se rompen las orzas en Hispania y también las tinajas en Italia. De igual manera procuraban que hubiese en la finca todo el material que se necesita para el cultivo". Fundanius, *Fructuosior, inquit, est certe fundus propter aedificia, si potius ad anticorum diligentiam quam ad horum luxuriam derigas aedificationem. Illi enim faciebant ad fructum rationem, hi faciunt ad libidines indomitas. Itaque illorum villae rusticae erant maioris preti quam urbanae, quae nunc sunt pleraque contra. Illic laudabatur villa, si habebat culinam rusticam bonam, praesepis laxas, cellam vinariam et oleariam ad modum agri aptam et pavimento proclivi in lacum, quod saepe, ubi conditum novum vinum, orcae in Hispania fervore musti ruptae neque non dolea in Italia.*

600 Ver capítulo 5. Indicadores de producción vitivinícola.

601 Forbes, R.J.*Studies in ancient technology II*, Leiden, 1993, pp. 153–167.

602 Peña Cervantes, Y. *Torcularia. La producción de vino...*, p. 32; Tchernia A."Le vinification...", pp. 65–73. Se volverá sobre los tipos de vino más adelante, asociados a sus formas cerámicas.

603 Peña Cervantes, Y. *Torcularia. La producción de vino...*, durante todo el capítulo segundo desarrolla los distintos tipos de prensas y sus problemáticas. De la misma manera en la obra de Martín Oliveras, A. *Arqueologia del vi a l'època romana...*.

604 En los trabajos de prospección que hemos realizado hemos intentado identificar estas estructuras. Solo en un caso, en el cortijo Cápita, al noreste de Mesas de Asta, pudimos documentar un pie de prensa que tienen en el mismo cortijo, aunque no puede ser utilizado como indicador, ya que el encargado del cortijo nos indicó que todas esas piezas habían sido traídas de otra finca anterior, en las Cabezas de San Juan.

605 Ver capítulo 5.1 estructuras de transformación vitivinícola.

7

Modelado de la viticultura

Abstract: With the previous chapters, we establish the parameters and indicators necessary to propose a model of ancient viticulture. In order to approach the ancient landscape and economy we have to start from representations of reality. We use Geographical Information Systems as a space for the integration of various sources of information, allowing us to compare ancient parameters with their present-day counterparts. Therefore, an analysis of the fundus of the villas is created based on knowledge of their location, materials, and the modelling of their possible cadastre. With this information, we can analyse the suitability of the spaces for agricultural use, by using techniques such as the comparative study of the edaphological layers. In particular, we propose a model of the optimal production sites of ancient viticulture in the territory comparing it with the current one which enables us to carry out economic studies such as the analysis of the total size of the estate required, the number of workers, or the wine production capacity.

En el capítulo anterior hemos definido las distintas técnicas referidas a la producción vitivinícola. Con todo el proceso desarrollado, nos proponemos plantear un modelo de estudio de la viticultura en *Hasta Regia*, analizando especialmente el proceso productivo, a partir de los indicadores físicos y del poblamiento, para exponer un modelo histórico basado en los sistemas de información geográfica. Es por ello que el recorrido realizado para llegar a este capítulo son las bases fundamentales y la contextualización general necesaria, para poder incidir en cuestiones concretas e intentar aproximarnos a la realidad productiva. A partir de ella, viendo varios modelos explicativos, se intentará comprender y ponderar otras fases del proceso vitivinícola, como es el de la transformación del producto y su distribución.

El esquema sigue un orden práctico, partiendo de la metodología y estado de la cuestión actual en el conocimiento de este tipo de modelos, así como expresar los parámetros que ya se han contextualizado y formarán parte del modelo. Tras ello, se analiza en primer lugar el poblamiento villático, cuáles son sus valores, qué relaciones geográficas tiene entre sí y con el resto de entidades y recursos naturales. En segundo lugar, se analiza el centro de esta investigación, respecto a la producción vitivinícola, ejemplificando a través de parámetros históricos cuál es el potencial productivo de la zona de estudio y qué implicaciones tiene ello.

7.1. Metodología

Para establecer un modelo de análisis del territorio, el método a seguir tiene que partir de seleccionar los diversos elementos de los que se va a componer. A modo de infraestructura necesaria para poder construir un modelo de análisis, requerimos de elementos mesurables, como principal materia prima con los que trabajar. En el caso del estudio del pasado, es necesario utilizar forzosamente elementos que no sabemos con certeza su correlación histórica, por ejemplo, relación de parámetros geográficos con los dados por las fuentes agronómicas. Es por ello que partimos de cierta reserva y se plantean hipótesis de interpretación, para valorar estos cambios e intentar que su incidencia sea mínima. La seguridad a partir de estos datos supone siempre una pequeña precaución que debemos comprender, especialmente por la importancia de conocer estos parámetros.

En el caso de los SIG, esta es una realidad palpable, ya que necesitamos trabajar con capas de información, muchas de ellas que vienen de la actualidad. Sin duda, la orografía principal no ha sufrido grandes cambios en el tiempo, así como por ejemplo los principales cauces de ríos, que no sus recorridos. Esta información suele tener dos problemas de origen cualitativo. De un lado, la propia incertidumbre sobre los posibles cambios ocasionados en el tiempo, con especial incidencia en áreas muy cambiantes por efecto natural o humano, como puede ser precisamente la paleo-ribera del Guadalquivir, un espacio de "riparia" por definición. Por otro, la calidad del dato a trabajar, pues mucha de la información actual que podemos conseguir está pensada para otros tipos de usos, por lo que en muchos casos la precisión que alcanzan no es suficiente para análisis concretos.

Continuando con esta idea, el uso de información geográfica y ambiental, para poder introducirla en un SIG y trabajarla en combinación con indicadores y fuentes históricas, supone una dificultad respecto a la calidad de este dato. Tenemos, por suerte, unas buenas bases de datos de información de forma libre, que nos permiten el acceso a gran cantidad de recursos online y descargables creados por diversas agencias públicas[606]. A pesar de ello, hay que considerar que la calidad de los datos a veces no resulta suficiente para el nivel de análisis micro que se pueda plantear. Por ejemplo, a la hora de la consideración de suelos, estos están basados en hojas militares 1:25000 o 50000 por lo que dificulta llegar a niveles más concretos de datos.

Esta problemática se debe suplir y complementar con el conocimiento directo de la zona de estudio, ya que, en muchos casos, se nos puede olvidar que el primer análisis y los datos con los que realizarlo deben estar basados en la propia experiencia real del territorio. De esta manera se pueden corregir vastos errores que puedan existir en los mismos, y se tiene una constancia real de que las preguntas históricas y geográficas planteadas tienen su correspondencia con la realidad.

A los datos geográficos actuales, habría que añadir toda una serie de datos provenientes de otras disciplinas, pero que son complementarios en estos análisis, como pueden ser los recursos climáticos, paisajísticos o incluso económicos y culturales, que merezcan la pena considerar, a modo de comparativa. De entre estos, destacarán por su especial interés, los que puedan ser referidos con momentos anteriores, caso de utilizar fuentes históricas que no son de época romana.

Pero fundamentalmente, para un análisis histórico del territorio productivo como es la viticultura, lo más importante es comprender la mentalidad del momento estudiado, para este caso la Bética romana del I d.C. Las distintas fuentes de información, que nos acercan a este conocimiento, son la base fundamental para poder plantear cualquier tipo de modelo histórico, ya no solo basado en SIG, sino en cualquier otro tipo. Al fin y al cabo, la capacidad de poder superponer capas de información y de analizarlas del SIG de nada sirve si no se tiene un conocimiento histórico del momento que se pretende estudiar. Este, a su vez, podríamos dividirlo en dos formas; de un lado las ideas generales que suponen el marco general sobre el que nos asentamos y que nos permiten un cierto alejamiento de nuestra manera de pensar actual; y una serie de parámetros o indicadores que podemos reconocer en el territorio. La combinación de estas dos realidades, junto con los valores reales del territorio actual, es lo que nos permiten analizar este tipo de cuestiones.

En este punto, entramos sin embargo en una cuestión peligrosa y es la cuantificación de los datos históricos. Saber que para Columela un tipo de tierra era la preferida para la viña, no nos dice qué porcentaje de agricultores seguirían sus enseñanzas, en qué grado de aplicación se realizaba y hasta qué punto se puede aplicar a otras zonas no contrastadas. Precisamente, los capítulos anteriores han servido para desarrollar gran parte de estas preguntas históricas, así como para sentar las bases mediante las cuales poder proceder a dilucidar estas realidades. Sin duda, existirán varios modelos de interpretación posibles, pues de una manera u otra se asientan sobre hipótesis, más o menos sólidas. La cuestión fundamental es que los parámetros tengan al menos paralelos dentro del mundo romano, para poder trasladar este conocimiento general a determinados contextos específicos.

Tenemos muchos casos de estudio anteriores realizados con una metodología similar y que sirven de referencia para el planteamiento de este modelo. Ya hemos planteado la labor realizada dentro del Seminario Agustín de Horozco, como precedente directo de estos trabajos de investigación. Fuera de esta zona específica de estudio, tenemos varios casos interesantes de análisis recientes aplicados en general a la agricultura antigua[607].

La bibliografía en este sentido es muy amplia y nos interesa sobre todo destacar los trabajos que establecen el estado de la cuestión sobre la cual plantear el modelo[608]. Existen determinadas cuestiones que han sido las más trabajadas por parte de los investigadores y que aquí se desarrollan con cierta desigualdad. Por ejemplo, la cuestión de la intervisibilidad[609] o los costes de distancia de ruta entre

[606] La mayor parte de la información que se utiliza en esta investigación viene de la Infraestructura de Datos Espaciales de Andalucía, ide*Andalucía*.es y del Centro Nacional de Información Geográfica, centrodedescargas.cnig.es. Gracias a la magnífica red de infraestructuras espaciales de España podemos tener acceso a una gran y variada cantidad de información, sin la cual esta investigación no sería posible. De entre otras muchas webs institucionales de recursos consultadas destacaríamos: Instituto Geológico y Minero de España, info.igme.es; Portal General del Catastro, catastro.minhap.gob.es; Infraestructuras de Datos Espaciales de España, idee.es y Cliente de Descargas de Andalucía, ide*Andalucía*.es/clientedescarga. Visitado el 15–12–2020.

[607] Bodocs, A., Kovács, B., Anderkó, K. "The impact of the Roman agriculture on the territory of Savaria", *DissArch Ser.* 3, 2014, pp. 321–332; Arcila Garrido, M., Fernández Enríquez, A. "El uso de los SIG para el análisis de la relación entre vegetación potencial y poblamiento histórico en la provincia de Cádiz", *Revista internacional de ciencia y tecnología de la información geográfica* 16, 2015, pp. 205–230; Bernigaud, N., Ouzoulias, P., Lepetz, S., Wiethold, J., Zech-Matterne, V., Séguier, J.M., Reddé, M. "Exploitations agricoles et pratiques agro-pastorales dans les ampagnes du nord-est de la Gaule (II s. S. AV. J.-C.-V S. AP. J.-C.): L'apport des données de l'archéologie préventive d'île-de-France et de Lorraine", en M. Reddé (ed.), *Méthodes d'analyse des différents paysages ruraux dans le Nord-Est de la Gaule romaine. Études comparées (hiérarchisation des exploitations; potentialités agronomiques des sols; systèmes de production; systèmes sociaux)*, Paris, 2016, pp. 63–137.

[608] Destacar solamente los principales trabajos sobre esta modelización del territorio y la economía romana. Sobre agricultura: Goodchild, H. *Modelling Roman agricultura production in the Middle Tiber valley, Central Italy,* Birmingham 2007. Desde el punto de vista vitivinícola destacarían las investigaciones de Revilla Calvo, V. "La introducción del sistema de la *villa* en Hispania: vino y viticultura en el litoral oriental de la Península Ibérica", en M.D. Dopico Cainzos, M. Villanueva Acuña (eds.), *Clausus est Ianus. Augusto e a transformación do Noroeste hispano,* Diputación de Lugo, Lugo, 2016, pp. 361–384; Martín Oliveras, A., Martín-Arroyo Sánchez, D.J., Revilla Calvo, V. "The wine economy in Roman Hispania...".

[609] Brughnmans, T., Keay, S., Earl, G. "Understanding inter-settlement visibility in Iron Age and Roman southern Spain with exponential random graph models for visibility networks", *Journal of archaeological method and theory* 22, 2015, pp. 58–143.

las distintas entidades del territorio[610], que no resultan ser los criterios fundamentales en el análisis que se plantea[611].

Principalmente seguimos de cerca un enfoque metodológico en el que se analizan no solamente las distintas entidades del territorio, sino también los componentes naturales que los rodean[612]. Por otro lado, existen muchos trabajos de referencia de análisis del territorio histórico, considerando los parámetros naturales de la zona[613]. Podríamos decir que existen diversas formas de acercarse a este tipo de estudios, pero para nuestro caso es fundamental no solamente la técnica, sino el conocimiento y la información histórica del momento a investigar. En este sentido, lo ideal es conseguir una mezcla de varias de estas metodologías, donde se pueda desarrollar un modelo integrador, a partir de parámetros físicos mesurables y que a su vez sean asimilables a diversas realidades históricas que nos interesen contrastar, de las que tengamos suficiente conocimiento para comprobar si sus valores son aceptados dentro del paradigma.

Por ello, gran parte del planteamiento metodológico pretende innovar en la manera de acercarnos a la manera de relacionar estas dos cuestiones, partiendo precisamente de un tipo de estudio SIG concreto, especialmente enfocado en las tipologías de suelos y la relación de estos con las características que nos dan los agrónomos respecto a los mejores lugares. Aquí hay principalmente dos cuestiones principales a analizar; de un lado los mejores lugares donde situar la *villa*[614], el espacio productivo; y de otro, las mejores condiciones para poner una explotación vitivinícola[615].

Es por ello que situamos los dos apartados que siguen a esta reflexión metodológica centrándonos, por un lado, en las entidades poblacionales como son las *villae* y, por otro, en las propias explotaciones vitivinícolas. La relación de los datos aportados por estos modelos puede servir como punto de partida para poder entender diversas cuestiones, tales como cuál es el patrón de poblamiento y extensión aproximada de las diversas fincas o cuál es el rendimiento productivo máximo de una determinada *villa* para unas características geográficas e históricas dadas.

A todo lo ya comentado, hay que decir que la viticultura en el mundo antiguo era una de las actividades agrícolas más rentables y, por tanto, tuvo gran importancia. Conocemos muy bien su cultivo gracias a los agrónomos latinos, ya que todos dedican una buena parte de su obra a estas actividades, tal y como hemos analizado. Dentro de la producción agrícola que conlleva una transformación intensa como la del aceite y el vino, el olivo resultaba más importante si cabe, aunque también hay que tener en cuenta que su cultivo era mucho más sencillo[616]. A pesar de que era rentable, hay que tener en cuenta que son muchos los trabajos necesarios para que se dé una buena producción y por ello en parte los agrónomos latinos le dan tanta importancia. El caso de Columela es el más representativo[617], pues se aconseja al lector que se plante con las inversiones adecuadas para tener una enorme rentabilidad. El hecho de que se recomiende quiere decirnos que no se hacía así y que se descuidaba su cultivo[618].

Columela también alecciona a sus contemporáneos en su obra a no cultivar grandes extensiones de tierra, en parte porque no se saca la máxima productividad. Debemos recordar que los agrónomos escriben a los de su propia clase, la élite romana[619]. La medida que podemos

[610] Verhagen, P., Brughmans, T., Nuninger, L., Bertoncello, F. "The long and winding road: combining least cost paths and network analysis techniques for settlement location analysis and predictive modelling", en I. Romanowska, P. Murrieta Flores, C. Papadopoulos, A. Chrysanthi (eds.), *Proceedings of the 40th conference in computer applications and quantitative methods in archaeology*, Amsterdam University Press, Amsterdam, 2013, pp. 357–366; Kaye, S. "Roman marching camps in Britain: GIS, statistical analysis and hydrological examination of known camp sites, resulting in the prediction of possible camp sites", *Zenodo,* 2013; Kaye, S. "Observations on marching Roman legionaries: velocities, energy expenditure, colmn formations and distances", *Zenodo,* 2013, p. 45; Brughmans, T., Poblome, J. "Mercury: an agent based model of tablaware trade in the Roman East", *Journal of artificial societies and social simulation* 19 (1) 3, 2016, pp. 1–18; Brughmans, T., Poblome, J. "Roman bazaar or market economy? Explaining tableware distributions through computational modelling", *Antiquity* 90, 2016, pp. 393–408;

[611] En esencia, el análisis de costes suele estar condicionado al medio terrestre y para el caso que nos ocupa, podemos decir que gran parte de las comunicaciones se realizarían por medio fluvial-marino. En este sentido, se ha desarrollado una metodología propia, que puede servir de punto de partida para futuros trabajos.

[612] Grau Mira, I. *La organización del territorio en el área central de la Contestania ibérica,* Alicante, 2002; Sheldon Weaverdyck, E.J. *Rich farm, poor farm: a geographic study of urban-rural relations in Severan Pannonia,* tesis doctoral California, Berkeley, 2010, pp. 97; Gspurning, J., Lamm, S., Marko, P., Sulzer, W., Tiefengraber, S. "Geospatial technologies for investigationg Roman settlement structures in the Noric-Pannonian borderland", *CHNT* 19, 2014, pp. 17.

[613] Jasiewics, J., Stepinski, T.F. "Gemorphons: a pattern recognition approach to classification and mapping of landforms", *Geomorphology* 182, 2013, pp. 147–156; Argyriou, A.V., Teeuw, R.M., Rust, D., Sarris, A. "SIG multi-criteria decision analysis for assessement and mapping of neotectonic landscape deformation: A case study from Crete", *Geomorphology* 253, 2016, pp. 262–274; Argyriou, A.V., Sarris, A., Teeuw, R.M. "Using geoinformatics and geomorphometrics to quantify the geodiversity of Crete, Greece", *International journal of applied earth observation and geoinformation* 51, 2016, pp. 47–59; Argyriou, A.V., Teeuw, R.M., Sarris, A. "GIS-based landform classification of bronce age archaeological sites on Crete island", *PLoS ONE* 12(2), 2017, pp. 1–23.

[614] Stancic, Z., Veljanovski, T., Podobnikar, T. "Understanding Roman settlement patterns through multivariate statistics and predictive modelling", *Nato asi series a life science* 321, 2000, pp. 147–156; Casarotto, A., Pelgrom, J., Steck, T.D. "Testing settlement models in the early Roman colonial landscapes ov Venusia (291 B.C.), Cosa (273 B.C.) and Aesernia (263 B.C)", *Journal of field archaeology* 41.5, 2016, pp. 568–86.

[615] Olson, L. "Columella and the Beginning…", pp. 65–72; Martín-Arroyo Sánchez, D.J., Remesal Rodríguez, J. "Modelado GIS de la agricultura romana…".

[616] Verg. *G.* 2.420–425. Nos habla de la facilidad del cultivo del olivo, mientras que en los versos anteriores 400–420 describe los trabajos de la vid. Esta es una idea compartida por todos los tratadistas antiguos.

[617] Dedica un capítulo completo a esta problemática. Columella, *Rust.* 3.2.1–15; Columela, *De los trabajos del campo*, traducción y notas por A. Holgado Redondo, Ministerio de Agricultura, Pesca y Alimentación, 1988; Marín Díaz, M.A. *Emigración, colonización….*

[618] Columella, *Rust.* 3.3.1. "…que muchos no se atreven y temen dedicar el campo a este cultivo, y consideran preferible una finca de prados y pastos e, incluso, de bosque talar".

[619] Columella, *Rust.* 1.3.12 "…pues sólo hemos de adquirir tanto terreno como nos sea menester, para que parezca que hemos comprado una finca que podemos gobernar, no una finca que nos sirve de carga y que priva a otros de su disfrute, como hacen los más poderosos, quienes poseen comarcas enteras que ni siquiera son capaces de recorrer y que

considerar estándar para la extensión del viñedo a cultivar sería de cien *iugera* (siendo una *iugerum* 0.25 Ha, o media centuria). Es sin duda una medida arbitraria elaborada por Catón que ya Varrón crítica[620]. Esta, evidentemente, no sería la extensión tipo del viñedo, sólo una cantidad sobre la que hacer cálculos. La real distaría mucho, siendo en una gran finca bien administrada uno de los cultivos principales[621].

Paralela a esta cuestión está el coste y rentabilidad de la viña, pues puede ser un indicador del tamaño necesario para la finca. En un primer momento es invertir mucho dinero previamente, en comparación con otros cultivos, devolviendo los bienes que ha invertido en ella. Como se ha visto anteriormente, esto es un problema contra el cual Columela pretende combatir. En su libro tercero hace un estudio sobre la rentabilidad de la viña[622]. Es muy interesante el análisis que él realiza e interesante igualmente es la bibliografía que existe alrededor del mismo[623]. No es cuestión de entrar a debatir si los datos aportados eran fidedignos o no. Lo relevante está en que se trata de un producto agrario que no tiene un control fiscal importante como sí lo podrían tener otros productos agrícolas como es el cereal o el aceite. Por tanto, se convierte en un producto con el que se puede especular, de ahí la gran variedad de distintos vinos y la gran diferencia que existe entre calidades.

El cálculo de Columela dice que es necesario un buen viñador por el que se pague hasta ocho mil sestercios. Aconseja siete *iugera* que valen siete mil sestercios y además dos mil sestercios por *iugerum* de todo lo necesario para la vid, es decir, tutores y mimbres[624]. Por tanto, el coste total de poner en explotación el lugar costaría veintinueve mil sestercios. Si la producción es de la peor calidad, pero está bien cultivada puede dar un cúleo[625] de vino por *iugerum* o cuarenta urnas y cada una se puede vender a trescientos sestercios, dando un total de dos mil cien sestercios el conjunto de siete *iugera*. El cálculo total de Columela tiene muchos más elementos, pues también incluye entre otras cosas el pago del préstamo. En cualquier caso, el interés reside en que él hace un estudio por lo bajo, pues un cúleo por *iugerum* le parece insuficiente, siendo lo ideal sería tres y por otro lado está poniendo un precio de trescientos sestercios, pudiendo ser este el precio mínimo de venta[626].

Por un lado, la cantidad de dinero a invertir es muy grande, ya que unas dos hectáreas de terreno cuestan siete mil sestercios, mientras que el material para poder poner la viña en funcionamiento es de dos mil por siete, catorce mil sestercios. Si esa misma superficie de tierra se cultiva de otros productos, este coste sería muchísimo menos. En definitiva, el coste de un viñedo es muy alto y pocas personas podrían permitirse el poder poner una explotación en activo. Además, a todo ello hay que añadir el aparente inmovilismo del campo, de manera que no se solía invertir en mejoras agrícolas. Quizás fuera más lógico dado el cálculo invertir el dinero en veintiuna *iugera* en vez de siete y destinarlas a otro cultivo.

7.2. Modelización de las *villae*

En esta modelización, nos interesa partir de las *villae* del territorio, para poder definir cuáles serían sus aprovechamientos. Nos centraremos en dos cuestiones fundamentalmente. De un lado, la proposición de un catastro basado en el patrón de asentamiento. Por otro lado, el estudio del *fundus* desde una metodología novedosa, que consiste no en analizar el total del área asimilada a la *villa*, sino un área que con toda probabilidad pertenecería a la misma, a partir de unas distancias desde el centro del yacimiento en cuestión.

Sobre el reconocimiento de parcelarios y centuriaciones romanas hay una amplia y variada historiografía, partiendo en nuestro caso de la tesis de Martín-Arroyo, que analiza estas cuestiones para el fenómeno cesaroaugusteo y aplica estos criterios a nuestro territorio de estudio[627]. No debemos dejar de citar los trabajos de Hermon[628] y Compatangelo[629], como modelos de referencia para este tipo de análisis, entre otros[630].

abandonan a los ganados para que las pisoteen, o a las fieras para que las devasten y expolien, o bien las tienen ocupadas con deudores y esclavos encadenados".

620 Cato. *Agr.* 10.1. Varro *R.R.* 1.18.1–5.

621 Cato. *Agr.* 1.7. Nos dice: "A la pregunta de qué predio es el mejor, respondo esto: en una extensión de cien yugadas en el mejor emplazamiento de todo el terreno, la viña es el cultivo preferente, sobre todo si es productora de abundante vino…". Interesante resulta el orden de preferencia: 1. Viña, 2. Huerta, 3. Sauces, 4. Olivar, 5. Praderas, 6. Trigo, 7. Bosque, 8. Alameda y 9. Encinar.

622 Columella, *Rust.* 3.3.

623 Duncan-Jones, R. *The economy…*, pone en entredicho la contabilidad efectuada por Columela. Contrario a esta opinión Etienne R. "La comptabilité de Columelle", *Les «Dévaluations» à Rome. Epoque républicaine et impériale* 2, 1980.

624 Ver capítulo 6.5. Técnicas de cultivo.

625 Culeo=525,27 Litros.

626 Pereira Menaut, G. "El Edicto de Domiciano sobre el vino y la economía política romana en el Alto Imperio", *El vi a L'atiguitat economia poducció I comerç al Mediterrani Occidental*, Museo de Badalona, Barcelona, 1985, pp. 349–364.

627 Martín-Arroyo Sánchez, D. *Proyección territorial…* Dedica 2 terceras partes de su tesis doctoral a incidir en estos aspectos.

628 Hermon, E. "Le concept d'ager publicus et l'équivalence ager occupatorius / ager arcifinius dans la definition des terres publiques par les gromatici", en D. Conso, A. Gonzales, J. Guillaumin (eds.), *Les vocabulaires techniques des arpenteurs romains. Actes du colloque international*, PUFC, Besanzón, 2002, pp. 183–192.

629 Compatangelo, R. "Le cadastre de Pierre de la Péninsule sallentine: polysémie des formes de *limitatio* d'un cadastre Antique", *Mefra* 101, 1989, pp. 365–402; Compatangelo, R. "Unité de mesure agraire et cadastres romains: stabilité et variabilité des mesures en Italie méridionale", *Histoire & mesure* 3.4, 1990, pp. 221–257.

630 Olesti Vila, O. "La *sortitio* de *Ilici* un ejemplo de la precisión agrimensoria", en D. Conso, A. González, J.Y. Guillaumin, (eds.), *Les vocabulaires techniques des arpenteurs romaines. Actes du colloque international*, PUFC, Besanzón, 2002, pp. 47–61; Camerieri, P. "La centuriazione dell'*ager Nursinus*", en S. Sisani (Coord.), *Nursia e l'ager Nursinus. Un distretto sabino dalla* praefectura *al municipium*, Edizioni Quasar, Roma, 2013, pp. 25–34; Camerieri, P., Manconi, D. "La *pértica* della colonia latina di *Spoletium* nel quadro dei nuovi studi sulle centuriazioni della valle umbra", en P.L. Dall'Aglio, G. Rosada (coords.), *Sistemi centuriali e opere di assetto agrario tra età romana e primo medioevo. Aspetti metodologici, ricostrutivi e interpretatitivi*,

La problemática aquí radica en que la mayor parte de las *villae* estudiadas se encuentran en la línea de paleo-ribera, por lo que, si estas se corresponden con fincas de colonos, entendemos que debieron de haberse repartido en la *deductio*. Para intentar dilucidar esta cuestión, planteamos un modelo alternativo basado en el posible parcelario real del territorio, el catastro que podemos conocer con mediana seguridad gracias al patrón de las principales *villae* del territorio[631]. El poblamiento en este territorio no ha sido tratado desde una perspectiva integradora y, mucho menos, centrado en una época concreta. Partimos de un territorio que se conoce principalmente por prospecciones superficiales, donde las excavaciones arqueológicas son muy escasas[632]. A nivel metodológico, nuestro referente directo para el estudio de estos espacios lo tenemos en Cataluña, donde se conoce muy bien el poblamiento rural ya que fue sistematizado y se han realizado profusas excavaciones en espacios productivos, lo cual permite una serie de estudios muy precisos sobre aspectos que trataremos en capítulos posteriores, sobre rendimientos y costes de cultivos[633]. Así pues, planteamos inicialmente un análisis Thiessen para conocer las diversas distancias medias entre los yacimientos (Fig. 7.1).

Estos valores han sido ajustados a la paleo-ribera, dando una distribución del poblamiento muy característica, donde las fincas serían muy grandes, entre las 250 y 500 Ha, coincidiendo con los patrones clásicos de los agrónomos. Existen varios polígonos que deben de corresponder con vacíos en la investigación o áreas que no formaran parte de las fincas, caso de *saltus*. En cualquier caso, esta aproximación matemática, no resulta histórica, por lo que, para plantear un posible catastro, hay que introducir los parámetros utilizados por los agrimensores para delimitar las parcelas. En este sentido, el principio es el mismo que para el caso de definir el territorio de las *civitates*[634].

Partiendo de este análisis de distancias medias, buscamos en la zona posibles límites naturales o artificiales para proponer su posible limitación. En este sentido los criterios han sido:

- El primer límite natural y claro ha sido la propia paleo-ribera, si bien en el caso de pequeñas islas, estas han sido incluidas al centro de la *villa* más cercana.
- Se han buscado criterios naturales para delimitar las fincas, casos de los arroyos, pero también la divisoria de cuencas. Mediante el uso de herramientas SIG de hidrología, se pueden componer las posibles cuencas de un área, así como modelar posibles zonas de arroyos que no estén recogidos en la cartografía, por ser simples lugares de escorrentía de agua. Estos han sido los criterios principales, ya que el delimitador más importante entre las diversas colinas de la campiña jerezana, son precisamente estas elevaciones y los arroyos que forma.
- No se han reconocido criterios humanos, caso de amojonamientos y similares, aunque se ha tenido en cuenta los caminos actuales, en la medida que pudieran corresponder con la propuesta de delimitación de centurias antes expresada.

Con ello, se ha realizado una propuesta de mapa catastral (Fig. 7.2) que, en base a las distancias medias, pero también los criterios antes expuestos, puede ser un reflejo bastante aproximado del catastro del territorio.

Para poder hacer una modelización de estos aspectos, nos basamos principalmente en la información sobre el tamaño de las fincas y la distancia entre los yacimientos. Las propiedades rústicas en época romana variaban entre un enorme grupo de tamaños, desde 50–100 ha en época de Catón hasta las 500–1.500 que nos presenta Columela[635]. Estableciendo un cálculo de polígonos Thiessen, una herramienta GIS que permite calcular las distancias medias entre puntos, y utilizando los límites territoriales propuestos de la colonia, junto con la huella del Guadalquivir; es posible determinar cuál sería el tamaño de dichas parcelas, considerando distancias medias y límites naturales-políticos, caso de los límites del catastro planteados. Hay que recordar que este enfoque no considera a las pequeñas propiedades que pudieran existir entre las grandes fincas, pero es un método teórico que nos permite aproximarnos a la realidad productiva antigua.

De un total de 54 *villae* en el territorio, la mayoría estarían situadas en un espectro que alcanza entre los 250 y 500 Ha, partiendo por tanto probablemente de un sistema más cercano al de Columela que al de Catón, algo lógico por la cronología altoimperial de estas fincas. La media de

Fabrizio Serra Editore, Ravena, 2009, pp. 363–67; Erdkamp, P. "Soldiers, Roman citizens and latin colonists in mid-republican Italy", *Ancient society* 41, 2011, pp. 109–146; Camerieri, P., Manconi, D. "La centuriazione della colonia latina di *Spoletium* tra via Flaminia e via della Spina. Pianificazione territoriale e forme insediative in età romana", en G. Guerrini, L. Rambotti (coords.), *Spina e il suo territorio. Storia ambiente e tradizioni popolari*, Pro Loco Spina di Campello, Perugia, 2013, pp. 42–52; 3; Camerieri, P. "Il *castrum* e la pértica di *Fulginia* in destra *Tinia*", en G. Galli (Coord.), *Foligno città romana. Ricerche storico – urbanístico – topografiche sull'antica città di* Fulginia, Il Formichiere, Foligno, 2015, pp. 75–121.

[631] Lo normal sería partir de un sistema centuriado para el caso de las colonias, pero no ha podido ser reconocido. Es por ello que se plantea un modelo alternativo basado en los datos reales, utilizando los centros de poblamiento. Puede ser viable plantear la existencia de un modelo de reparto no centuriado o incluso que beba de un ordenamiento previo.

[632] Lagóstena Barrios, L. "Estructura de la ocupación rural romana en las campiñas Hastenses y Gaditanas: aportación de la exploración GPR a su conocimiento" *Arqueología y sociedad de los espacios agrarios: en busca de la gente invisible en la materialidad del paisaje*, Mérida, (en prensa).

[633] Martín Oliveras, A., Martín-Arroyo Sánchez, D.J., Revilla Calvo, V. "The wine economy in Roman Hispania. Archaeological data and modellization", Instrumenta, Barcelona, 2017, pp. 189–238; Revilla Calvo, V. "Viticultura, territorio y hábitat en el litorial nororiental de Hispania Citerior durante el Alto Imperio", en J.M. Noguera Celdrán, J.A. Antolinos Marín (eds), *De vino et oleo Hispaniae. Areas de producción y procesos tecnológicos del vino y el aceite en la Hispania romana*, Anales de Prehistoria y Arqueología, Murcia, 2012, pp. 79–95; Revilla Calvo, V. "Hàbitat rural, sistemes agraris i dinàmiques de la romanització a les terres de l'ebre", *Miscel-lània del CERE* 28, 2018, pp. 247–262.

[634] Ver capítulo 3. Colonia *Hasta Regia*.

[635] Martín-Arroyo Sánchez, D.J., Remesal Rodríguez, J. "Modelado GIS de la agricultura romana…", p. 215.

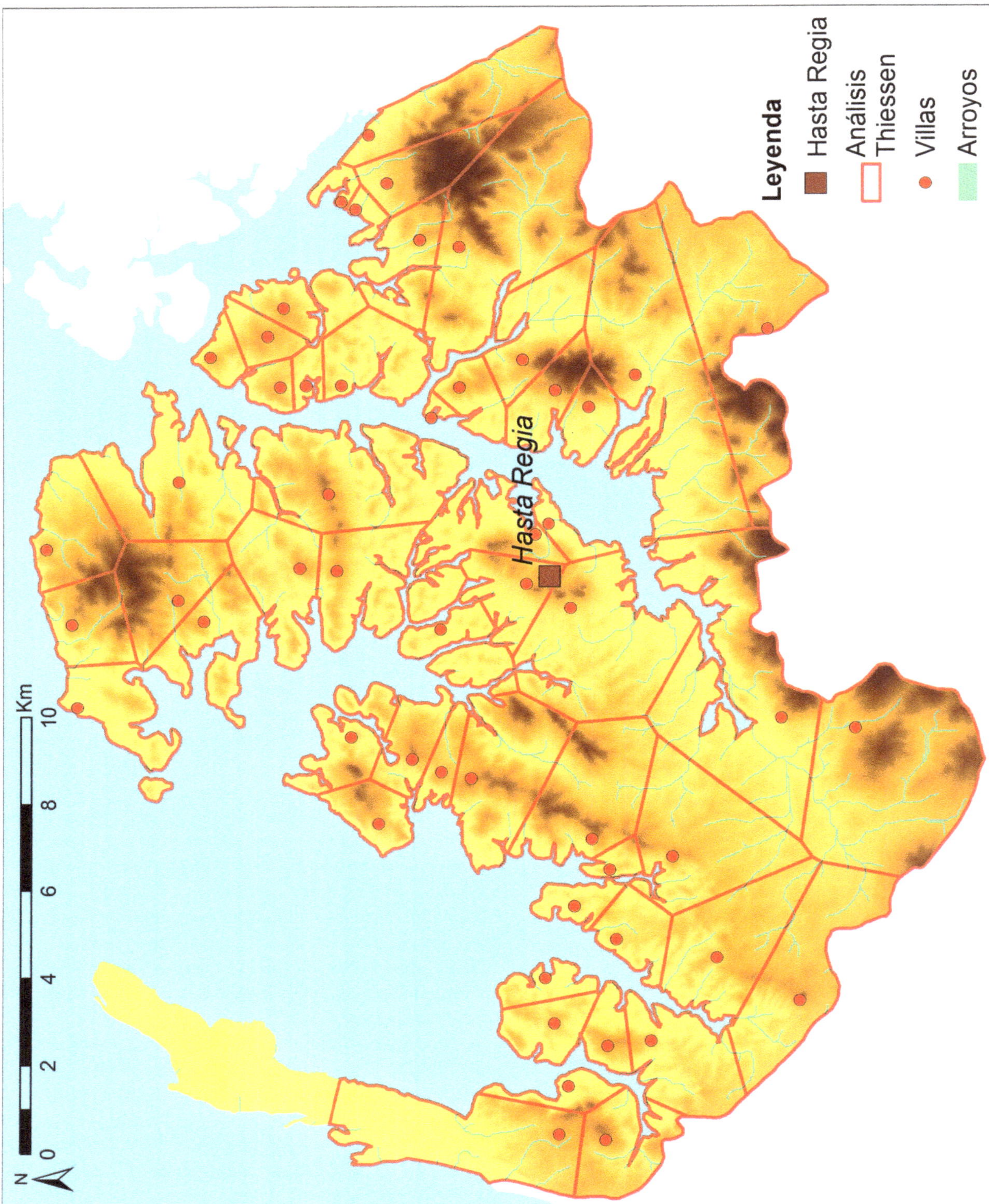

Figura 7.1. Análisis Thiessen para determinar las distancias medias entre las villas. Fuente propia.

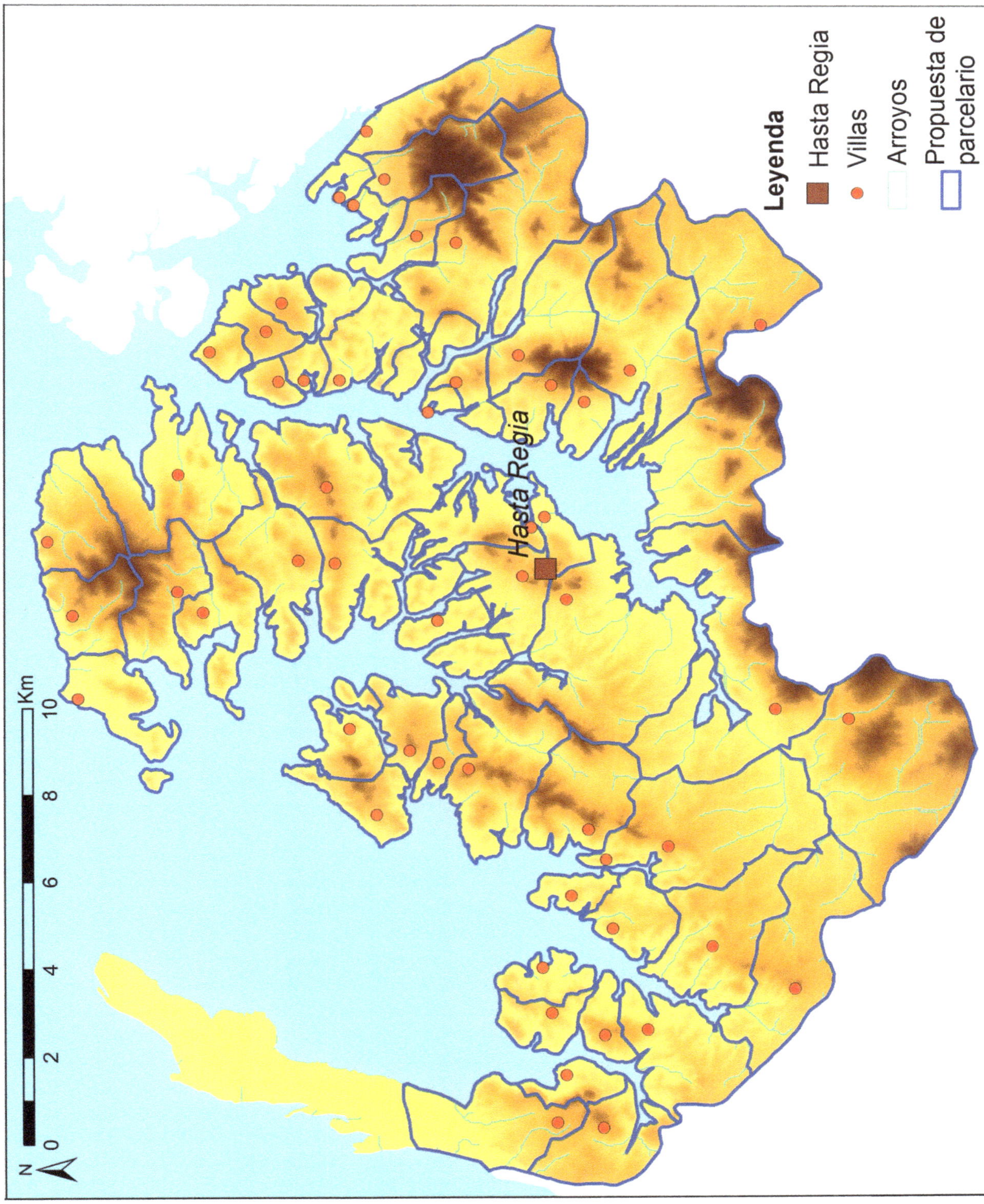

Figura 7.2. Propuesta de parcelario en base a las distancias medias, paleo-ribera, orografía, arroyos y cuencas vertientes. Fuente propia.

estos valores es de 437, mientras que la mediana es 355. Es propio en este caso hipotético, ver la posibilidad de que gran parte de las grandes extensiones de tierras modeladas a través de estas *villae*, tuvieran una posible de 355 ha de media. La mediana refleja más fielmente la realidad, ya que si quitamos las extensiones más altas de 1.000 ha, la media de dichos valores se asemeja a esta mediana, 337.

Esto es un dato matemático, pero puede tener cierta realidad. En primer lugar, porque hemos seleccionado cuidadosamente las *villae* del territorio a tratar, con estudio de los materiales y visita de muchas de ellas. En segundo lugar, porque un estudio de esta índole, trata de ver las distancias medias, que, si bien las distintas *villae* no tienen que estar en lugares equidistantes entre sí, claro es al menos que el área que ocupa un *fundus* debe de ser limítrofe con el siguiente. Pudiera ocurrir que existieran pequeñas propiedades entre estos lugares, que redujeran el área de las mismas. En cualquier caso, una media de estas distancias puede servir para comprender un posible patrón de territorialidad. 350 ha, sería aproximadamente 1.800x1.800 m, en caso de cuadrada, lo cual excede con creces una centuria. La posibilidad de que exista un sistema basado en la centuriación y a su vez tenga este tipo de patrones de grandes fincas es contrario.

Por supuesto, este modelo no implica que estas entidades poblacionales, que hemos relacionado con *villae* en el territorio, tengan que tener esta extensión de territorio. Primero, puede existir una serie de yacimientos que no han sido encontrados, prospectados o gravemente destruidos por el paso del tiempo. Segundo, no todas las *villae* detectadas pueden serlo en realidad o más concretamente serlo en un mismo momento cronológico, pues, aunque en la horquilla que nos movemos de época altoimperial es pequeña, bien pueden ocurrir abandonos y ocupación de otros momentos[636].

Pese a ello, y partiendo de estas precauciones, podemos suponer que estas *villae* funcionan en el mismo momento cronológico y que, por área calculada de distancias entre ellas, deben de ser fincas de un tamaño medio grande, aproximadamente 350 ha. Las mayores probablemente tengan la problemática de ser áreas donde falta información espacial de yacimientos no descubiertos. Las más pequeñas son fincas de un tamaño mucho más moderado, la más pequeña de 25 Ha, que realmente no se trata de una porción de tierra despreciable.

Si calculamos la distancia de una *villa* hacia otra más cercana, la media es de aproximadamente 1.200 metros. En el lapso de un kilómetro de distancia, bien pudiera existir otra serie de entidades en relación con estas estructuras, pero sin duda la distancia entre distintas *villae* es un determinante a tener en cuenta, ya que partiendo de que no dudamos de la localización de las *villae* seleccionadas, estos centros pueden relacionarse con patrones de asentamiento.

Con todo ello, se puede intentar precisar un primer sistema de ordenamiento del territorio, en el que hipotetizar los yacimientos que pertenecen a un centro, véase una *villa* o los que pudieran ser independientes, como tierras de pequeños propietarios. Podríamos suponer que para zonas periféricas o de poco interés para la principal *villa*, el propietario aprovechara para arrendar ese tramo de tierra a colonos. Discernir entre pequeño propietario y colono ya es una realidad mucho más compleja (Tabla 7.1).

Como método para poder intuir otro tipo de patrones en el territorio, se ha realizado un análisis de distancia que supere el límite medio propuesto y correlacionando las diversas entidades secundarias menores con las *villae*. Partiendo de una media de explotación que pudiera estar en 350 ha como máximo, los diversos yacimientos que pudieran estar dentro de esta media, como un patrón, podrían pertenecer a la misma *villa*, caso de otra serie de edificaciones, como una parte de la *pars rustica*. Por ello, se realiza un buffer (polígono en área circular alrededor del punto dado a la distancia que se desee) que aproximadamente mediría unos 1.000 metros (350 Ha = Pi X Radio al cuadrado). De un total de 177 entidades del territorio (54 son *villae*, por lo que nos quedamos con 123) 53 quedan fuera de estos buffers generados (Fig. 7.3).

Con este dato, podemos intuir que la mayor parte de los yacimientos que pudiéramos considerar como secundarios, en realidad, no serían lugares ajenos a las propias *villae*, sino que estarían integrados dentro de estos centros de producción. Estamos hablando de diversas estructuras, que pudieran ser desde pequeñas casas, *ergastula,* lugares para guardar los materiales y producciones, etc.[637] Las que quedan fuera de este rango, bien pudieran ser interpretadas en otro sentido, especialmente si consideramos la posibilidad de la existencia de pequeños campesinos o colonos.

Hay determinados casos que merecen la pena mencionar con más detenimiento. Especialmente los asociados a alfares en la zona, ya que algunos no parecen tener una relación directa con una *villa* del territorio y su patrón, a su vez, parece ser muy distinto al de las *villae*. Esto ocurre principalmente hacia el interior o más concretamente en los efectos bordes del territorio. Este segundo caso es normal, ya que no estamos considerando la población territorial al otro lado del área de estudio. Llamativa también es la concentración de población en lo que hoy es el pinar y poblado de la Algaida, donde no hemos considerado situar una *villa*, aunque existan varios yacimientos en la zona, ninguno de los cuales parece tener entidad suficiente para ello, al tratarse de una barra de arena litoral.

[636] Fernández Ochoa, C., Salido Domínguez, J., Zarzalejos Prieto, M. "Las formas de ocupación rural en Hispania. Entre la terminología y la proaxis arqueológica", *CuPAUAM* 40, 2014, pp. 111–136.

[637] Carneiro, A. "A *villa* romana, entre la construçao literaria e a realidade construída", *AAC* 27, 2016, pp. 77–96.

Tabla 7.1. Cálculo de distancia lineal de cada villa a otra villa más cercana. Fuente propia

***Villa* de origen**	***Villa* más cercana**	**Distancia en metros**
Alamedinilla III	Espartina	1053,461
Alventus	Redondón	1998,526
Berango I	Espartina	874,972
Camino Monasterejos II	Casita Palomares	2840,05
Carranza	Casa del Hornillo	1086,947
Casa de Águila	Loma de Maina	1016,033
Casa de la Gallarda	Viña de Arcade	1730,961
Casa del Hornillo	Carranza	1086,947
Casarejo 3	El Olivar Casarejo	858,4755
Caseron de Evorilla	Cortijo de Ébora 5	1099,476
Casita Palomares	cerro de los Castillejos	783,952
Cerro Capita	Mojón Blanco	768,5323
Cerro de las Vacas	Redondón	1905,673
cerro de los Castillejos	Casita Palomares	783,952
Cerro Gibraltar	El Pastor	592,7853
Corchitos 2	Corchitos 3	385,6382
Corchitos 3	Corchitos 2	385,6382
Cortijo de Alijar	Loma del Alijar	2186,863
Cortijo de Cestelo	Finca el Olivillo	1487,674
Cortijo de Ébora 5	Caserón de Evorilla	1099,476
Cortijo de la Fuente 1	Carranza	1155,12
Cortijo de Monteagudo	Monjas	1509,886
Crespellina	El Olivar Casarejo	1853,173
El Cementerio	Loma de Espartina VIII	978,2954
El Olivar Casarejo	Casarejo 3	858,4755
El Pastor	Cerro Gibraltar	592,7853
El Peñón	Cerro Gibraltar	822,2632
El Pino 1	Zarpa 2	3246,854
Espartina	Berango I	874,972
Finca el Olivillo	Loma de Cartuja 3	828,7362
Haza de la Torre 2	Montegil de Buenavista1A/1B	1235,279
La Galguera	Pozos del Rosario	1180,854
Loma de Cartuja 3	Finca el Olivillo	828,7362
Loma de Espartina VIII	El Cementerio	978,2954
Loma de Maina	Casa de Águila	1016,033
Loma de Ventosilla	Finca el Olivillo	1195,662
Loma del Alijar	Cortijo de Alijar	2186,863
Mojón Blanco	Cerro Capita	768,5323
Mojón Blanco II	Mojón Blanco	1412,3
Molino de Monteagudo 1	Monjas	1718,255
Monjas	Viña Cabeza Alcaide	735,1706
Montegil de Buenavista1A/1B	Corchitos 2	959,193
Olivillo alto	Loma de Ventosilla	1242,965
Painobo	Viña Cabeza Alcaide	714,3226
Portugalejo I	Portugalejo II	931,6228
Portugalejo II	Portugalejo I	931,6228
Pozos del Rosario	La Galguera	1180,854
Redondón	Cerro de las Vacas	1905,673
Regajo 1	Regajo 3	401,6811
Regajo 3	Regajo 1	401,6811
Viña Cabeza Alcaide	Painobo	714,3226
Viña de Arcade	Casarejo 3	1730,961
Viña Rosario	Pozos del Rosario	2271,559
Zarpa 2	Berango I	1317,518
	Media total	**1198,269**

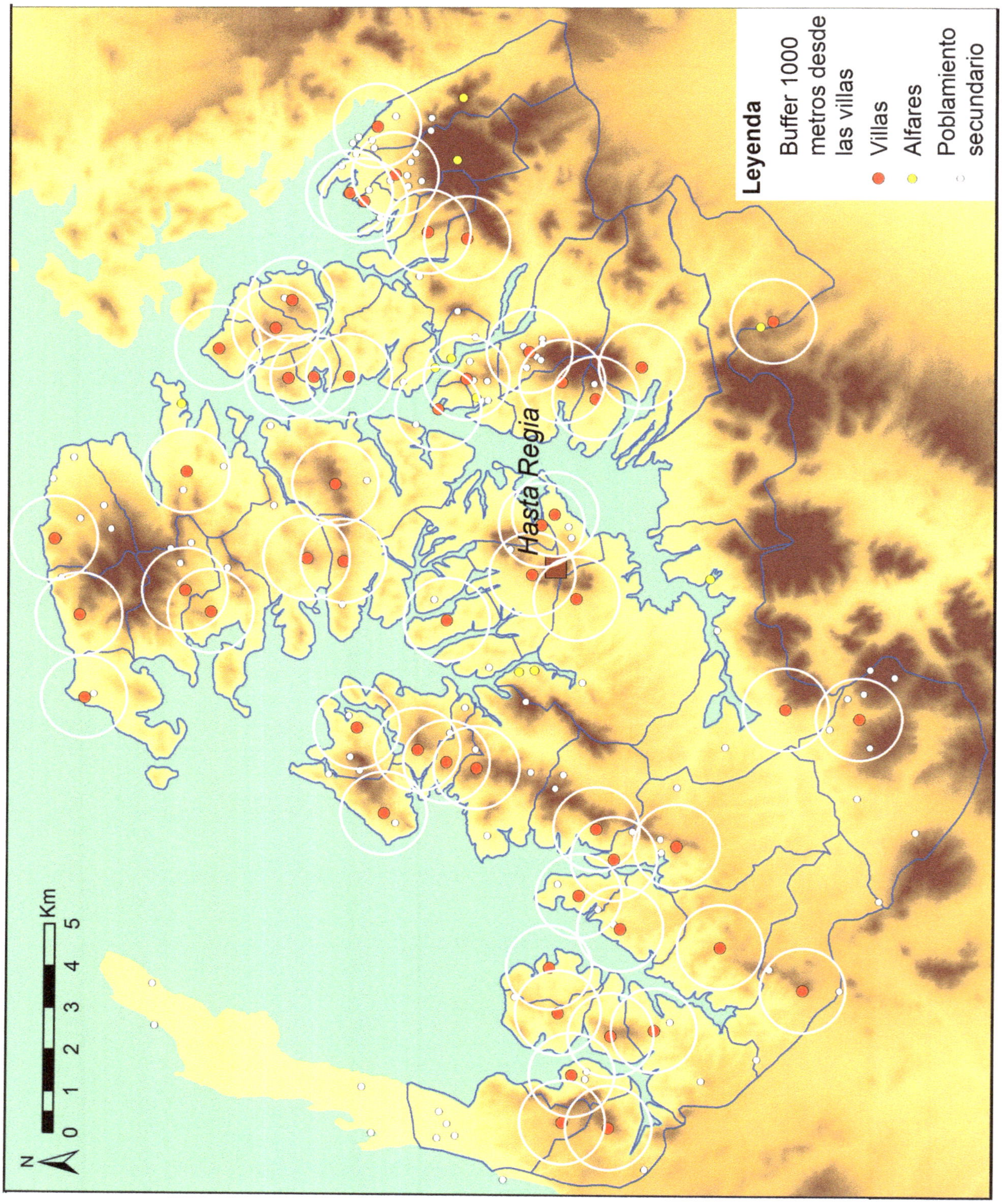

Figura 7.3. Poblamiento, límite del catastro propuesto y buffer desde las villas de 1000 m. Fuente propia.

El patrón de asentamiento, por tanto, está en primer lugar condicionado con la paleo-ribera. En segundo lugar, parece centrarse en determinados lugares idóneos donde la población se ha mantenido durante mucho tiempo. Estas ideas ya están plasmadas desde Pemán, pasando por Esteve, cuando hace una relación respecto al origen de la propia ciudad en Mesas de Asta[638]. Así mismo aparece está cuestión mencionada como conclusión de las prospecciones efectuadas desde el Museo de Jerez[639]. El poblamiento inmediatamente anterior a la llegada de Roma se localiza en pequeñas elevaciones del territorio, concentrado en estas lomas. El sistema clásico de *oppida* como centros del territorio, también se mantendría, al menos en la consideración de que *Hasta* y *Ebora*, al menos, lo fueron en el pasado[640].

Con los inicios del mundo romano y utilizando la cerámica de barniz negro o las ánforas grecoitálicas como indicador del poblamiento republicano, aparece un patrón igualmente disperso, concentrado en prácticamente los mismos espacios y estando muy ligado a la paleo-desembocadura del Guadalquivir. A grandes rasgos, los plausibles abandonos y nuevas entidades rurales creadas se producen en los mismos arcos de acción, siempre en una vertiente muy cercana a la costa, algo que se romperá parcialmente en el Imperio. Del total de *villae* y poblamiento secundario estudiado, sigue estando su mayoría centrada en las áreas inmediatamente cercanas a la costa, si bien para momentos del cambio de siglo, indicado generalmente con la sigillata itálica, podemos ver que algunos yacimientos también se localizan más al interior. Este patrón se reproduce en otras áreas cercanas, donde el común indicador vuelve a ser la cercanía a estos espacios marítimos fluviales[641]. Curiosamente, el patrón suele ocurrir al contrario en otros lugares donde el traslado de la población se produce desde la sierra, donde se localiza el *oppidum* hacia una posición menos segura pero más accesible, generalmente en la costa[642].

Respecto a la realidad de la *villa* productiva en el territorio, existe un aparente poblamiento disperso que se detecta en esta región. Amplios espacios fértiles al interior se localizan prácticamente vacíos de yacimientos arqueológicos. Estos vacíos pueden ser efectivamente por la falta de investigación, áreas donde nunca se han llevado a cabo prospecciones arqueológicas intensivas. Sin embargo, en muchos de estos lugares, sí que se han realizado trabajos sin muestras de yacimientos de importancia[643].

Con todo ello, la evidencia más clara, es que hay un patrón de asentamiento disperso, donde la mayor parte de la población se concentra en estos cerros. Sin duda y si pensamos en una centuriación de la región, poco sentido tendría el mantenimiento de esta manera de organización. Esto puede obedecer al mantenimiento de un patrón de asentamiento anterior, que parcialmente se mantenga para momentos de la instauración de la *deductio* colonial, puede que por el aprovechamiento de espacios anteriores[644], siendo un factor muy importante a la hora de determinar la viticultura en la región, ya que pueden existir importantes reminiscencias del mundo cartaginés o turdetano[645]. Las áreas más cercanas a la paleo-ribera no parece existir un patrón ordenado, como la posible *centuria* que supuestamente tendría una colonia tipo, algo lógico si consideramos la dificultad de repartir estas zonas por la propia morfología del territorio con la línea de paleo-ribera. También puede que precisamente estas reminiscencias anteriores sean las que condicionen este patrón en las cercanías de la paleo-ribera, con la posibilidad de que se hayan repartido lotes de tierras a los colonos, en otros espacios más sencillos de ordenar al interior, pero también estas otras áreas delimitadas solamente por catastro[646].

Pasamos ahora al modelado SIG basado en el territorio de las propias *villae*. Este método propio desarrollado, se basa en esencia en la problemática que tenemos a la hora de analizar un determinado yacimiento arqueológico. Generalmente, dedicamos nuestros esfuerzos en conocer muy bien su dispersión de materiales, así como los condicionantes geográficos que lo rodean. Sin embargo, la integración con el medio que lo circunda, su potencial paisaje histórico, es difícil de integrar desde un punto de vista SIG[647].

En un análisis del paisaje histórico, generalmente nos interesa poder contextualizar determinados parámetros básicos que somos capaces de reconocer en el mundo antiguo, con los diversos aprovechamientos económicos que podemos intuir. Junto a ellos, se puede tratar de conocer cuáles son los cambios potenciales en el mismo, especialmente respecto a las masas forestales, climatología o cambios fisionómicos en los cauces de agua[648].

---

638 Esteve Guerrero, M. *Miscelánea arqueológica jerezana,* 1979, p. 125.

639 Ramos Muñoz, J., González Rodríguez, R. "Prospección arqueológica…".

640 Otros ejemplos de análisis parecidos se pueden encontrar en: Garcia-Dils de la Vega, S. *Colonia Augusta Firma…*; López Medina, M.J. *Ciudad y territorio…*; López Castro, J.L., Martínez Hahnmüller, V., Pardo Barrionuevo, C.A. "La ciudad de *Baria* y su territorio", *Mainake* 32–1, 2010, pp. 109–132; Beltrán Llores, F. "El Territorium Caesaraugustanum…"; Revilla Calvo, V. "Hàbitat rural, sistemes agraris…"; López Castro, J.L. *Hispania poena. Los fenicios en la Hispania romana (206 a.C. – 96 d.C.),* Crítica, Barcelona, 1995.

641 Fornell Muñoz, A. "Poblamiento romano en el valle del Guadalete (Cádiz)", *Flor.* 15, Granada, 2004, pp. 73–113.

642 Jiménez Hernández, A., Conlin Hayes, E. "Aproximación al mundo rural romano en el territorio de Carmo", *Romula* 11, 2012, pp. 27–57; Fumadó Ortega, I. "*Oppidum.* Reflexiones acerca de los usos antiguos y modernos de un término urbano", *Spal* 22, 2012, pp. 173–184.

643 Caso de las distintas memorias de prospección para construcción en la zona, que no aportan datos significativos al poblamiento.

644 López Rosendo, E. "El yacimiento arqueológico de los *Villa*res/ Monte Alto y los orígenes tartésicos y romanos de la población de Jerez", *Revista Historia de Jerez* 13, 2007, pp. 9–34.

645 Prados Martínez, F. "El desarrollo de la viticultura y el consumo del vino en el ámbito cartaginés", *Espacio, tiempo y forma, Serie II, Historia Antigua* 13, 2000, pp. 45–64; González Rodríguez, R. "Excavaciones de urgencia en el Cerro Naranja (Jerez de la Frontera, Cádiz)", *Anuario Arqueológico de Andalucía,* 1985, pp. 90–96.; Poblete Carretero, P.A. "Las *Villae* Agrícolas…".

646 Rodríguez Neila, J.F. "Ciudad y territorio…" 1994, p. 478.

647 Garrido González, P. *La ocupación romana del Valle del Guadiamar y la conexión minera,* Universidad de Sevilla, Sevilla, 2011.

648 Carandini, A. "I paesaggi agrari dell'Italia Romana visti a partire dell'Etruria", *Publications de l'École Française de Rome* 198, 1994, pp. 167–174.

Sin embargo, si nuestro interés es comprender los aprovechamientos agrícolas de los suelos que tenemos alrededor de la propia *villa*, tenemos que recurrir a un análisis distinta escala o simplemente quedarnos con los datos genéricos que tenemos a partir de la propia percepción del suelo[649]. No resulta sencillo integrar el estudio a escala reducida que tenemos para el caso de un determinado yacimiento, con la manera de acercarnos a él, desde el punto de vista de la agricultura. Generalmente podemos intuir que las tierras de cultivo de esa determinada *villa* son buenas, pero es complejo dilucidar cuanto, más si cabe, comprender la tipología de unidades edáficas y la geología de la zona circundante a la propia *villa*, con la cual poder establecer los lugares buenos o no para estas actividades agrarias. Sin duda, aun en la actualidad, los suelos se reparten según su uso agrícola, y no sería muy distinto en la Antigüedad, por lo que comprender la tipología de suelos en las cercanías de una serie de yacimientos puede suponer un enfoque metodológico novedoso, en la manera de aproximarnos a estas problemáticas[650].

En la siguiente figura 7.4 se expresa en un esquema de Model Builder, Herramienta de ArcGis que permite la integración de diversos procesos en uno. En un primer momento utilizamos una capa de información puntual, como es el centroide de las diversas *villae* que consideramos en el estudio. Ello se cruza con una capa de información espacial, como puede ser las distintas unidades edafológicas del suelo. Se procede a realizar un pequeño análisis que consiste en utilizar un recorte de esta capa espacial para un área dada alrededor de cada una de las *villae*. Con ello lo que se consigue son pequeños trozos de raster o capa espacial de datos, para cada una de las entidades consideradas. Tras ello, se realiza un proceso, en el que se añaden unos campos que calcularán el porcentaje de un determinado tipo de suelo, para cada uno de estos resultados dados, así como otro que recolecta los valores para devolverlos de nuevo a una capa de información.

Este proceso solo tiene un valor que nosotros debemos introducir y es el tamaño del área de recorte. Si se elige una zona de análisis muy grande, podemos estar considerando las zonas de cultivo de otra de estas *villae*. Por el contrario, si se elige un área muy pequeña, puede no resultar significativo. En nuestro caso de estudio, tras probar con varios módulos, nos hemos decantado por utilizar un valor intermedio que sea comparable con un valor histórico, como puede ser 10 *actus* o media centuria. Esto es 710X355 m, que, para convertirlo en área circular, se trataría de un radio desde el centro de nuestro análisis de 283,25 m, lo cual daría un área de 252050 m^2, que sería media centuria.

Este es un valor teórico, elegido por varias razones. La primera es corresponder a una medida romana, que sirve como ejemplo de uno de estos módulos. Junto a ello, supone una distancia directa de casi 300 metros desde el propio yacimiento, por lo que se analiza de manera clara el área que con toda seguridad estaría dentro de la propia *villa*. Este valor es especialmente correcto para el caso de la viticultura, pues como actividad agrícola requiere de mayores cuidados, suele estar situada en zonas de colina y por tanto cerca de las propias *villae*, lo cual facilitaría el trabajo de las mismas. Además, siendo este el área que se suele repartir a los colonos, media centuria, sería el origen de explotación de estas zonas, aunque después crecieran con el tiempo. Por último, el área de explotación de la vid aconsejado por Columela es de 7 *iugera*, lo cual equivale aproximadamente a 17.627 m^2 [651], siendo por tanto la finca definida dentro de esta media centuria, más que suficiente para tener esta potencial explotación vitivinícola.

Con esto se puede calcular de manera fidedigna, el área porcentual de una determinada capa, alrededor de un punto dado. Solamente existe una problemática externa al propio análisis, que es la calidad del dato dado. Concretamente, dependiendo de la resolución del raster, se puede realizar los análisis con mejor o peor precisión. Para este caso de estudio, se ha utilizado solamente dos grupos de datos: las unidades edáficas y la geología del terreno. Se consideraron inicialmente otra serie de parámetros que podrían interesar en el estudio, como capas climatológicas e hídricas. Sin embargo, no se dispone en la actualidad de unas capas de información con suficiente resolución como para que este tipo de análisis fueran representativos.

A la hora de elegir los condicionantes de la agricultura de dichas *villae*, consideramos que los criterios principales son los de los propios suelos, que, en definitiva, van a limitar los posibles aprovechamientos. Además, esta es una constante geológica, por lo que difícilmente cambiaría a lo largo del tiempo. Otros condicionantes, como la orientación o la pendiente del terreno, tendrán más importancia en el capítulo siguiente, sobre la modelización de los viñedos en general. Con este método de trabajo, se puede utilizar cualquier capa de información que interese y poder extraer estos datos estadísticos, que pueden ser relacionados específicamente con cada *villa*. Por ejemplo, se puede utilizar una capa de cultivos actuales, para ver cuáles serían las producciones ahora en dichos yacimientos.

Las tablas 7.2 y 7.3 hacen alusión a cada una de estas analíticas del territorio, expresando los valores de

[649] Simon, B. "Roman settlement pattern and LCP modelling in ancient Northeastern Pannonia (Hungary)", en D. Bartus (ed.), *Dissertationes archaeologicae ex instituo archaeologico universitatis de Rolando Eotvos nominatae* 3, Budapest, 2015, pp. 105–126.

[650] Lagóstena Barrios, L., Trapero Fernández, P. "La localización de los viñedos…".

[651] Sic. Fl. *Agrim.* 158.20.21; Varro *R.R.* 1.10.2. "La yugada, el que tiene dos *actus* cuadrados. Un *actus* cuadrado tiene 120 pies de ancho y otros tantos de largo: esta medida se llama en latín *acnua*". *Iugerum, quod quadratos duos actus habeat. Actus quadratus, qui et latus est pedes CXX et longus totidem: is modus acnua latine appellatur. Iugeri pars minima dicitur scripulum, id est decem pedes et longitudine et latitudine quadratum.*

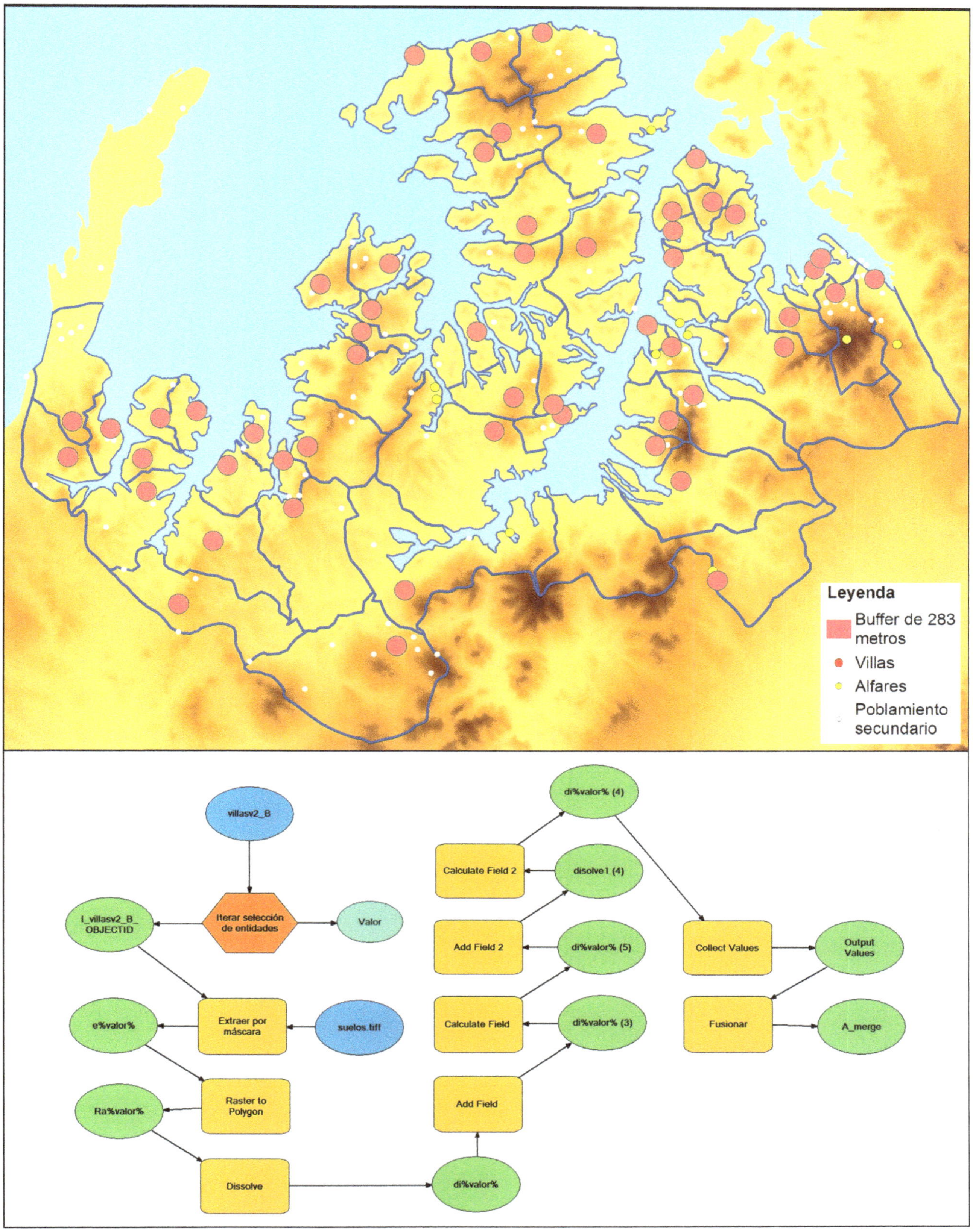

Figura 7.4. Áreas analizadas con el modelo y esquema de las herramientas utilizadas en el mismo. Fuente propia.

Tabla 7.2. Análisis de villae respecto a las unidades edáficas. Fuente propia

	Solonchaks takirico y Solonchaks gleicos	Regosoles Calcáreos y Cambisoles cálcicos con litosoles, Fluviosoles calcáreos y Rendsinas	Vertisoles pélicos y Vertisoles crómicos	Vertisoles crómicos y Cambisoles vérticos con Cambisoles cálcicos, Regosoles calcáreos y Vertisoles pélicos	Cambisoles cálcicos, Luvisoles cálcicos y Luvisoles crómicos con Litosoles y Fluvisoles calcáreos	Vertisoles pélicos, Rendsinas y Regosoles calcáreos	Regosoles éutricos, Xerosoles hápilicos y Litosoles	Luvisoles cálcicos, Luvisoles crómicos y Luvisoles gleicos
Cerro de las Vacas		100,0						
Camino Monasterejos II	4,6	95,4						
Casita Palomares		100,0						
Cerro Capita		93,2		6,8				
Cerro Gibraltar		16,2						83,8
El Cementerio				100,0				
Mojon Blanco			100,0					
El Pastor		45,0						55,0
El Peñon				100,0				
Loma de Espartina VIII	2,3					97,7		
Espartina		69,2		30,8				
Berango I						100,0		
Zarpa 2	13,8	86,2						
Portugalejo I	11,9	21,7		66,4				
Portugalejo II	42,6					57,4		
Montegil de Buenavista1A/1B			13,8			86,2		
Corchitos 2			91,1			8,9		
Corchitos 3			100,0					
Haza de la Torre 2						100,0		
Crespellina				34,6		64.4		
El Olivar Casarejo		100,0						
Olivillo alto				17,1		18,7	64,2	
Cortijo de Cestelo						100,0		
Redondón	100,0							
cerro de los Castillejos				89,1		10,9		
Mojon Blanco II	84,5					15,5		
Viña Cabeza Alcaide	59,2					40,8		
Painobo						100,0		
Monjas		100,0						
Loma de Cartuja 3	48,7			51,3				
Finca el Olivillo			100,0					
Loma del Alijar						100,0		
Loma de Ventosilla				58,9		41,1		
Cortijo de Monteagudo	52,6	47,4						
Molino de Monteagudo 1				100,0				
Cortijo de Alijar	3,6			96,4				
Cortijo de Ébora 5		17,4		82,6				
Caseron de Evorilla						100,0		
Loma de Maina	59,2					40,8		
Casa de Aguila	77,4			22,6				
Cortijo de la Fuente 1				100,0				
Carranza			84,1			15,9		
Casa del Hornillo	100,0							
Casa de la Gallarda						100,0		
Viña de Arcade						100,0		
Alventus						100,0		
Viña Rosario				99,8	0,2			
Casarejo 3		100,0						
Regajo 1				50,2	49,8			
Regajo 3				67,5	32,5			
Pozos del Rosario				41,7		58,3		
La Galguera		95,1	4,9					
El Pino 1	21,6			78,4				
Alamedinilla III		100,0						

Tabla 7.3. Análisis de villae respecto a las unidades geológicas. Fuente propia

	Unidad olistostrómica. Con olistolitos de unidades infrayacentes.	Margas azules y blancas. Cuenca.	Margas azules y blancas. Localmente limos, arenas, diatomitas y silex. Cuenca.	Areniscas, arenas y limos amarillos. Frente deltaico.	Calcarenitas, calizas de algas y brechas, arenas y limos amarillos. Plataforma.	Margas azules. Cuenca.	Areniscas calcáreas, arenas, limos amarillos y margas. Litoral	Marisma alta	Marisma media	Canales de marisma	Suelos vérticos	Coluviales y aluviales indiferenciados	Cono de deyección	Masa de agua
Cerro de las Vacas			100,0											
Camino Monasterejos II			48,9						49,0					2,1
Casita Palomares			46,5			47,9						5,6		
Cerro Capita			74,2	25,8										
Cerro Gibraltar			48,2			51,8								
El Cementerio			100,0											
Mojon Blanco			38,9								57,9	3,2		
El Pastor			100,0											
El Peñon			95,8	4,2										
Loma de Espartina VIII		9,4	14,0				76,2					0,4		
Espartina			100,0											
Berango I			100,0											
Zarpa 2			97,4						2,6					
Portugalejo I			99,4							0,6				
Portugalejo II			84,5						15,5					
Montegil de Buenavista1A/1B			34,1						31,4	2,4	32,1			
Corchitos 2			21,8						43,5	3,3	32,4			
Corchitos 3		0,2	18,0		15,5						66,3			
Haza de la Torre 2			100,0											
Crespellina		73,7	1,1					15,4				9,8		
El Olivar Casarejo		22,1	38,0					0,9				24,4	14,6	
Olivillo alto		96,0								4,0				
Cortijo de Cestelo			100,0											
Redondón			16,5			5,9			40,7	36,9				
cerro de los Castillejos			100,0											
Mojon Blanco II	9,2		90,8											
Viña Cabeza Alcaide			87,4						2,2	8,5		1,9		
Painobo			98,1									1,9		
Monjas			89,5			10,5								
Loma de Cartuja 3		57,5						2,9				40,5		
Finca el Olivillo			34,0						26,4		41,6			
Loma del Alijar						100,0								
Loma de Ventosilla		6,8	82,2									11,0		
Cortijo de Monteagudo			83,7			16,2								
Molino de Monteagudo 1		1,1	78,3			20,6								
Cortijo de Alijar		64,4	32,6											
Cortijo de Ébora 5		26,8	60,8								12,4			
Caseron de Evorilla			100,0											
Loma de Maina			99,0						1,0					
Casa de Aguila		2,0	97,9									0,1		
Cortijo de la Fuente 1		22,0	78,0											
Carranza			63,0								37,0			
Casa del Hornillo		89,5						0,8				9,7		
Casa de la Gallarda			100,0											
Viña de Arcade			99,9											
Alventus			100,0											
Viña Rosario						53,9	46,1							
Casarejo 3			100,0											
Regajo 1						45,6							54,4	
Regajo 3						36,7	41,1						22,2	
Pozos del Rosario			100,0											
La Galguera			100,0											
El Pino 1						95,5						4,4		
Alamedinilla III			100,0											

porcentaje de cada tipología específica de suelo o unidad geológica que encontramos dentro del radio de este centro villático. Este tipo de análisis supone la certeza de analizar la zona inmediatamente cercana, por lo que no tendríamos el problema de vacíos del poblamiento, que pueden hacer que nuestros polígonos teóricos sean muy grandes. Además, se ha utilizado una medida basada en valores romanos, aproximadamente 10 *actus*, que, si bien están en una circunferencia en torno al propio yacimiento que registramos como la parte edilicia de la *villa*, sin duda es una aproximación teórica aceptable.

En la tabla 7.2 vemos los valores de tipologías de suelos que están en esta área limitada a los propios yacimientos. Nos encontramos con una serie de suelos específicos, de la amplia variedad del territorio, solo aparecen representados ocho de ellos[652]. Al igual de los que aparecen, también tienen especial relevancia los que no, concretamente hablamos de tipologías de suelos que pueden resultar malas para la agricultura. Curiosamente, no aparecen *villae* dentro de estos rangos, tan solo el del solonchaks, que es el suelo de marisma. Por ejemplo, si vemos suelos como los de Redondón o Casa del Hornillo, podemos ver que la totalidad del suelo, sería de este tipo, siendo precisamente en esta cuestión donde está el error en la calidad del dato, ya que los valores con los que trabajamos son muy genéricos e inducen a error, para zonas que sin duda se encuentran en lugares actualmente fértiles. Ciertamente, parte del suelo alrededor de estas *villae* tiene que tener este componente, precisamente por la cercanía que tienen a estos espacios de la paleocosta. A pesar de ello, podemos ver cómo los suelos mayoritarios son los vertisoles de diverso tipo, exceptuando algunos casos aislados de cambisoles y algunos regosoles. Dado que hemos contextualizado los mejores suelos para la viticultura como los regosoles, podemos establecer en estos datos que no hay una preferencia por ellos, siendo más comunes otros más intermedios como los vertisoles.

Ahora bien, si comparamos estos valores con la tabla 7.3 que nos muestra la geología del territorio, podemos observar que hay una tendencia clara y lógica alrededor de las margas azules y blancas, que en esencia son las tierras albarizas, muy abundantes en la zona sin lugar a dudas. De la misma manera, con este análisis, vemos que también existen zonas de marisma, representadas de diversas maneras en estas cartografías geológicas, al menos en la mitad de los casos[653]. Donde no abundan los suelos de margas, sobresalen los de tipo vértico, por lo que tendríamos idoneidad de este tipo de geología para toda la zona de estudio.

Gracias a estos resultados, podemos ponderar la potencialidad agrícola de estos asentamientos, algo que ya podíamos hacer uno por uno, pero difícilmente comparar en conjunto. Precisamente, a la hora de elegir el lugar de la *villa*, sin duda una de las cuestiones para elegir su ubicación, pasa por el tipo de suelo y la potencialidad de sus usos. No tenemos en la zona porcentualmente *villae* situadas en zonas llanas, ya que es prácticamente nula la proporción de suelos como cambisoles, tierras de llanura por definición. Además, si vemos otra tipología como los luvisoles, podemos comprender que, a pesar de ser un grupo edafológicamente representativo de la zona, solo tiene impacto en dos zonas, Cerro Gibraltar y El Pastor.

Con esta información queda demostrada en primer lugar una homogenización de los criterios de tierras que muestran estas *villae*, por lo que sus potenciales usos agrícolas son muy similares. De la misma forma, resulta interesante comparar cuáles son las tipologías de suelos menos representativas en estos espacios, pues probablemente no tuvieran un uso primario dentro de este organigrama romano y se reservarán para otra serie de aprovechamientos.

Por último, viendo este patrón, y antes de incidir en la cuestión vitivinícola en sí, es necesario comentar la potencialidad del desarrollo de este tipo de análisis como método de estudio del paisaje histórico. Por ejemplo, en el caso que se está mostrando, claramente existen unos valores muy homogéneos en ambos análisis, por lo que puede ser fruto de dos realidades. De un lado, la propia naturaleza del terreno, y de otro, que sigue algún patrón de poblamiento histórico. Comparar este tipo de resultados en el territorio, por ejemplo, con yacimientos de otras cronologías, puede dar lugar a comprender si alguno de estos criterios estaría relacionado con un valor histórico que desconocemos.

7.3. Modelización de la viticultura antigua

En este apartado vamos a modelizar los distintos criterios físicos que no hemos considerado en el anterior estudio, junto con las tipologías de suelos mejores para la viticultura. Para este fin, se va a utilizar una reclasificación de los tipos, otorgando una serie de valores numéricos a los distinto. En esencia, se van a descartar en el análisis, los suelos que tengan condiciones malas para la agricultura, especialmente planosoles y otros edafológicamente más pobres. Tras ello, los cambisoles, por ejemplo, son suelos que suelen estar en llano y que generalmente se reservarían para el trigo. A grandes rasgos, los mejores serán los regosoles calcáreos, a los que seguirán los vertisoles y luvisoles o arenosoles, que son las recomendaciones que hace Columela y los mejores suelos actuales para la viticultura (Tabla 7.4)[654].

[652] Para más información respecto a los tipos de suelos y sus usos agrícolas, ver capítulo 6.2. condicionantes para la vid.

[653] Este análisis tiene una mayor calidad de dato que el anterior, por lo que los valores corresponden más fielmente con la realidad.

[654] Tereso, J.P., Ramil-Rego, P., Almeida-da-Silva, R. "Roman agriculture in the conventus Bracaraugustanus (NW Iberia)" *Journal of Archaeological Science*, 40(6), 2012, pp. 2848–2858; Corzo Sánchez, J.R. "Notas sobre la organización agrícola de la Bética", *Segovia y la arqueología romana*, Segovia, 1977, pp. 163–170.

Tabla 7.4. Valores asignados para el modelo a los distintos tipos de suelos. Fuente propia

Valor	Unidad Edáfica
0	Solonchaks takírico y Solonchaks gleicos
2	Fluvisoles calcáreos
1	Cambisoles vérticos, Vertisoles crómicos y Cambisoles cálcicos con Regosoles calcáreos
1	Cambisoles cálcicos, Luvisoles cálcicos y Luvisoles crómicos con Litosoles y Fluvisoles calcáreos
3	Arenosoles álbicos, Cambisoles húmicos y Gleysoles dístricos
0	Planosoles éutricos, Luvisoles gleicos y Luvisoles Plínticos
6	Regosoles Calcáreos y Cambisoles cálcicos con litosoles, Fluvisoles calcáreos y Rendsinas
4	Luvisoles cálcicos, Cambisoles cálcicos y Luvisoles crómicos con Regosoles calcáreos
5	Vertisoles pélicos, Rendsinas y Regosoles calcáreos
5	Vertisoles crómicos y Cambisoles vérticos con Cambisoles cálcicos, Regosoles calcáreos y Vertisoles pélicos
6	Regosoles éutricos, Regosoles dístricos y Aerosoles álbicos
5	Vertisoles pélicos y Vertisoles crómicos
6	Regosoles éutricos, Xerosoles hápilicos y Litosoles
1	Cambisoles vérticos, Regosoles calcáreos y Vertisoles crómicos con Cambisoles cálcicos
4	Luvisoles cálcicos, Luvisoles crómicos y Luvisoles gleicos
4	Luvisoles crómicos Cambisoles cálcicos y Litosoles
1	Cambisoles cálcicos y Regosoles calcáreos con Litosoles, Fluvisoles calcáreos y Cambisoles vérticos
0	Planosoles móllicos, Vertisoles pélicos, Phaleozems calcáreos con Rankers arenosos

Esta asignación de valores no refleja la mejor o peor disposición de los distintos suelos, de hecho, consideramos como buenos todos los que están asociados con valores de cinco, ocho y diez. La diferenciación aquí está en poder distinguir qué tipos de suelos aparecen después cuando se combinen con otros tipos de criterios. De esta manera, el simple cálculo matemático que sume los valores dará una composición distinta, si se trata de un tipo de suelo u otro[655].

A esto hay que añadir otros indicadores. El siguiente texto puede dar una idea de cuáles son los agentes negativos para las viñas:

> "Además, son defectos del lugar, que llevan generalmente a los viñedos a su ruina, la debilidad y la esterilidad de la tierra, la humedad salada o amarga, la posición inclinada y escarpada, un valle demasiado sombrío y al que no le da el sol…"[656]

Para el caso de la modelización de las pendientes del terreno, tenemos que considerar a este punto, la realidad de que gran parte del territorio es óptimo desde este punto de vista, por las suaves colinas que jalonan la zona de estudio[657]. Se ha considerado la pendiente del terreno para determinar las zonas que son susceptibles de tener colinas, unas medias de pendiente de 7 grados, como límite de las zonas llanas y hasta 11 como zona ideal de colina; valores dados a través de considerar las propias elevaciones del territorio. Con todo ello, los valores más altos de este gradiente no pueden ser considerados como óptimos, ya que serán demasiados escarpados[658]. Estos valores son reclasificados en SIG de manera que se aplica un valor de 10 para las pendientes menores de 7 grados; de 20 entre 7 y 11; y finalmente de 30 para más de 11 grados. La aplicación de estos valores se hace así con el objeto de poder diferenciar, con una simple suma matemática, los valores de las distintas combinaciones. En este caso el valor de 26 correspondería por ejemplo a los suelos de regosoles calcáreos en un gradiente de entre 7 y 11, mientras que el 25 sería el mismo gradiente, pero otra tipología de suelo.

A estos valores, se les añade por último la orientación del terreno como variable a considerar en la zona. Estrictamente, deberíamos partir de una orientación media de las mejores zonas hacia donde mayor luminosidad haya, es decir, al Sur. El Este suele estar bien considerado, pero, dado que para la zona por influencia del viento de Levante está desaconsejado, habría que ponderar su uso[659].

La realidad es que, para la zona de estudio en la actualidad, el viento de Levante no afecta con la misma intensidad que para el caso de la costa actual de la Bahía de Cádiz. Por ello se considera en este análisis que el Este de los cerros puede ser una buena posición, al igual que la del Oeste. La orientación Norte no suele ser aconsejada por su menor luminosidad y seguimos teniendo la Sur como mala, pues, aunque no afecte el Levante, sí que tienen especial incidencia en la zona los vientos cálidos que vienen desde el Estrecho y que pueden suponer graves problemas para este tipo de cultivo tan delicado.

[655] Sáez Fernández, P. "El Vino en la Bética…", pp. 13–32.
[656] Columella, *Rust.* 4.22.8.
[657] Columella, *Rust.* 3.1.8
[658] Según Varrón Varro *R.R.* 1.6.5. Los granos mejor en la llanura, vides en colinas y bosques en montañas.
[659] Columella, *Rust.* 3.12.6.

Por tanto, ponderaremos las distintas orientaciones generales, donde consideraremos como óptimas las zonas al E y O, como intermedias las inmediatamente en conexión SE, SO, NE y NO y finalmente como peores las N y S. Esto se hará con valores de centenas para combinarlos en una suma de los distintos procesos de SIG con los demás. En este sentido, los valores 100 estarán asociados a N y S, 200 a los intermedios y 300 a E y O. Para el caso de zonas del terreno que sean planas, se considerarán como si fueran intermedias. Los valores sacados de este análisis requieren de otro tratamiento más, que consiste en unificar los polígonos resultantes.

El modelo saca píxeles dispersos pero muy próximos entre sí, dando manchas de lugares óptimos para el viñedo. Sin embargo, a la hora de calcular las áreas totales, esto es un problema, por lo que se realiza un buffer de 5 metros en torno a estos polígonos para unificarlas, ya que la plantación del viñedo, donde se eligiera, sería extensiva.

El territorio tiene un total de 26.409 ha, de las que un total de 1.492 ha se corresponde con suelos de alta calidad para la viticultura basándonos en los datos anteriormente expuestos. Esto supone aproximadamente 5.6% del total de las tierras. En la actualidad el peso específico en el territorio de la viticultura es más alto, sobre las 4.000 ha dedicadas al cultivo del viñedo. Este análisis, sin embargo, resulta en parte parcial, ya que está tomando las medidas unitarias a partir del pixel de datos que se analiza, de 5x5 metros. Sin duda, no existirían agujeros en área de la producción, por lo que, si se considera la potencialidad de fincas continuas, estos resultados podrían ser mayores (Fig. 7.5).

Podemos plantear unos valores de producción vitivinícola aproximados de unos 3 cúleos por *iugerum*. Esta media se consigue gracias a la información aportada por Columela respecto al rendimiento mínimo que considera. Hablando específicamente de estos cómputos, tenemos varios ejemplos que muestran la posible productividad de las viñas para época romana[660]. En los textos de Catón y Varrón, se da un rendimiento de seiscientas urnas por *iugerum* de tierra; para el caso de los campos de Séneca cada *iugerum* produce ocho cúleos; en el caso de los campos ceretanos de Silvino, una vid sobrepasa los dos millares de racimos; en la de Columela, ochocientas plantas a los dos años de injertadas alcanzan los dos millares de racimos, junto con las viñas nuevas que producen cien ánforas por *iugerum*[661].

Se propone un mínimo de trescientas o al menos doscientas ánforas por *iugerum* como valores medios, si bien Grecino, tirando muy por lo bajo, dice que aunque fueran 20 ánforas, sería igualmente rentable[662]. La mínima rentabilidad de estas producciones sería de un cúleo por *iugerum*[663]. Por último, Columela acaba recomendando quitar las viñas que produzcan menos de 3 cúleos por *iugerum*[664].

El valor de 3 cúleos viene precisamente de este último valor aportado por Columela a modo de recomendación. En la siguiente tabla se ve la productividad que tendría cada una de las fincas, a partir de los parámetros antes dados:

[660] Para el análisis de estos valores nos servimos de la siguiente tabla de referencia, para la transcripción de las las distintas medidas de peso, volumen y área. Columela, *De los trabajos del campo…*, p. 317. Iugerum: 2518,21 m² / Ánfora: aprox. 26,26 L / *Culleus*: 20 ánforas 527,27 L / Urna: ½ de ánfora 13,132 L.

[661] Columella, *Rust.* 3.3.2–3. "Entre tanto, lo que en primer lugar deben saber los estudiosos de la agricultura es que la rentabilidad de la viña es muy grande. Pasando por alto aquella antigua productividad de los campos sobre la que primero Marco Catón, y luego Terencio Varrón, dijeron que cada yugada de viña había llegado a producir seiscientas urnas de vino este dato lo asegura con rotundidad Varrón en el libro primero de la agricultura, y que era normal que sucediera no en una sola región, sino también en el campo faventino y en el gálico, que ahora está añadido al piceno, en estos tiempos, ciertamente, la región nomentana es famosa por su extendida reputación, y principalmente las propiedades que allí tiene Séneca, hombre de gran inteligencia y conocimiento, en cuyos campos se ha demostrado que cada yugada de viña le ha dado normalmente ocho cúleos. Parece prodigioso lo que ha sucedido en nuestros campos ceretanos, a saber: que una vid de tu finca sobrepasara los dos millares de racimos; que en la mía ochocientas plantas, a los dos años de injertadas, alcanzaran siete cúleos de vino, y que las viñas nuevas dieran cien ánforas por yugada, cuando los prados, los pastos y los bosques, si producen cien sestercios por yugada, parece que premian óptimamente al dueño. Apenas podemos recordar cuándo los trigales han producido en la mayor parte de Italia cuatro por uno". *Interim studiosi agricolationis hoc primum docendi sunt, uberrimum esse reditum vinearum. Atque ut omittam veterem illam felicitatem arvorum,quibus et ante iam Cato Marcus, et mox* Varro *Terentius, prodidit singula iugera vinearum sescenas urnas vini praebuisse—id enim maxime adseverat in primo libro rerum rusticarum* Varro *nec una regione piovenire solitum, verum et in Faventino agro et in Gallico, qui nunc Piceno contribuitur; his certe temporibus Nomentana regio celeberrima fama est inlustris, et praecipue quam possidet Seneca, vir excellentis ingenii atque doctrinae, cuius in praediis vinearum iugera singula culleos octonos reddidisse plerumque, compertum est. Nam illa videntur prodigialiter in nostris Ceretanis accidisse, ut aliqua vitis apud te excederet uvarum numerum duorum milium et apud me octingenae stirpes insitae intra biennium septenos culleos peraequarent; ut primae vineae centenas amphoras iugeratim praeberent, cum prata et pascua et silvae, si centenos sestertios in singula iugera efficiant, optime domino consulere.*

[662] Columella, *Rust.* 3.3.7. "Pero quien haya unido diligencia y conocimiento, no recogerá, por más que yo quisiera creerlo, trescientas o, al menos, doscientas ánforas por yugada. Mas Grecino, calculando a lo bajo, dice textualmente: «Aunque no recojan veinte ánforas de cada yugada, superarán fácilmente en incremento del patrimonio a todos esos que se dedican al cultivo del heno y de las verduras»". *At si qui cum scientia sociaverint diligentiam, non, ut ego existimo, quadragenas vel certe tricenas, sed ut Graecinus, minimum computans licet, inquit, amphoras vicenas percipient ex singulis iugeribus, omnis istos, qui faenum suum et holera amplexantur, incremento patrimonii facile superabunt. Nec in hoc errat; quippe ut diligens ratiocinator calculo posito videt id genus agricolationis.*

[663] Columella, *Rust.* 3.3.10. "Efectivamente, aunque las viñas sean de la peor calidad, con todo, si se han cultivado bien, cada yugada dará un cúleo de vino, y aunque las cuarenta urnas se vendan a trescientos sestercios, que es el precio mínimo de venta, los siete cúleos importan al fin dos mil cien sestercios, suma que sobrepasa la del interés al seis por ciento". *Quippe ut deterrimi generis sint vineae, tamen si cultae, singulos utique culleos vini singula earum iugera peraequabunt; utque trecentis nummis quadragenae urnae veneant, quod minimum pretium est annonae, consummant tamen septem cullei sestertia duo milia et centum numos.*

[664] Columella, *Rust.* 3.3.11. "Bien entendido que este cálculo, tal como lo hemos expuesto, está basado en el cómputo de Grecino. Nosotros, por el contrario, pensamos que hay que arrancar la viña en la que la yugada produzca menos de tres cúleos. Téngase en cuenta, además, que los cálculos anteriores los hemos hecho como si no hubiera barbados, que se sacan del agostado, cuando este hecho sufraga con su valor todo el gasto de la viña, si el campo está cultivado al modo de Italia y no al de las provincias". *ea porro summa excedit usuram semissium. Atque hic calculus quem posuimus, Graecini rationem continet. Sed nos exstirpanda vineta censemus, quorum singula iugera minus quam ternos culleos praebent. Et adhuc tamen sic computavimus, quasi nullae sint viviradices, quae de pastinato eximantur; cum sola ea res omnem impensam terreni pretio suo liberet, si modo non provincialis sed Italicus ager.*

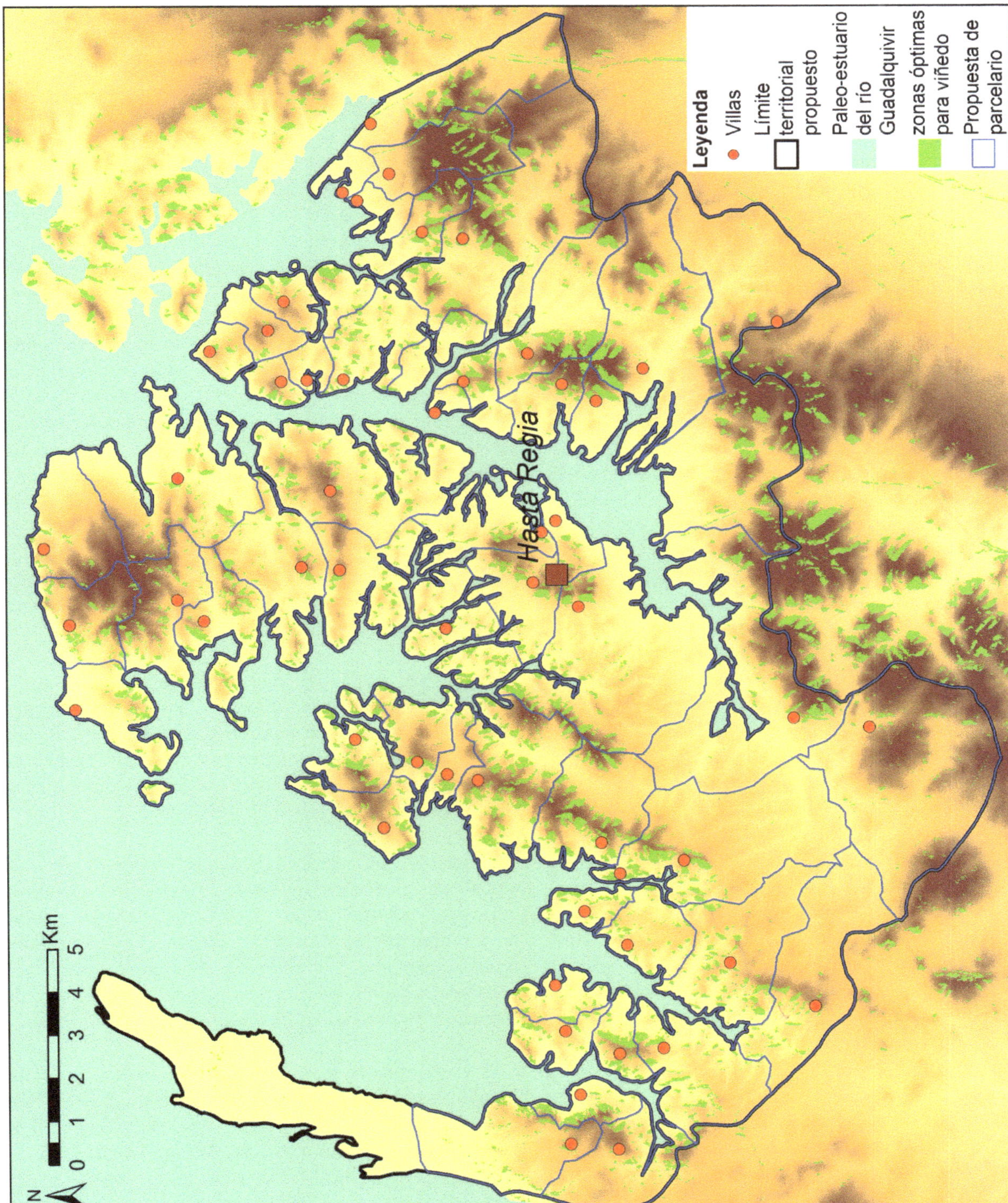

Figura 7.5. Zonas óptimas para viñedo según los preceptos de la agronomía latina. Fuente propia.

Tabla 7.5. Distintos rendimientos de la vid según el texto de Columela. Fuente propia

	Urnas / *Iugerum*	Ánforas / *Iugerum*	Cúleos / *Iugerum*	Litros / *Iugerum*	Litros / m²	Litros / Ha
Máximos de Catón y Varrón	600	300	15	7.879,200	3,129	31.288,892
Fincas de Séneca	320	180	8	4.202,240	1,669	16.687,409
Viñas nuevas de Columela	200	100	5	2.626,400	1,043	10.429,631
Mínimo rentable de Grecino	40	20	1	525,280	0,209	2.085,926
Recomendación de Columela	120	60	3	1.575,840	0,626	6.257,778

De todos los valores que se expresan, el menos recomendado de añadir al sistema es el del propio cómputo que hace Columela para sus viñas en *Ceret*, ya que solo nos da la productividad por el número de plantas, ochocientas vides que producen 7 cúleos, valor imposible de llevarlo al cálculo anterior, pues existen multitud de modelos de distribuir las vides[665]. De la misma forma, el caso de Silvino es paradigmático, pero no debe de interpretarse como representativo de la producción. Columela también critica los valores máximos expresados por Catón y Varrón, precisamente por ser demasiado altos. En general, podríamos decir que estaríamos entre la gran productividad de las fincas de Séneca y el mínimo que nos expresa Grecino, poniendo unos valores como los 3 cúleos de Columela, como una media aproximada[666].

Si se comparan estos valores con los actuales, podemos intuir si estos niveles de producción estarían muy alejados de la realidad. Para el caso del Marco del Jerez, se ha mantenido durante mucho tiempo un máximo de producción de unos 11.428 kilos de uva por hectárea, esto supone aproximadamente unos 80 hectolitros por ha o lo que es lo mismo 8.000 litros ha[667]. Este es un valor a partir del límite de producción del Marco en la actualidad, teniendo en cuenta que esta producción está limitada, pudiendo ser mucho más.

Aquí entra la cuestión del mayor rendimiento o mayor calidad. Sin duda, la zona de estudio no ocupa ni una cuarta parte de lo que en la actualidad es el Marco del Jerez, aunque sí toma gran parte de las zonas que son especialmente buenas, como el Norte del Jerez actual, toda Trebujena y buena parte de Sanlúcar. Estos valores máximos de producción no son para nada descabellados, considerando una producción media para el territorio, que son estos tres cúleos de vino.

A esta reflexión habría que añadir la cuestión de cuál sería el rendimiento de la vid para el territorio que estudiamos. Dado que no hablamos de vinos de calidad, podemos suponer que al menos el vino bético sí sería producido en grandes cantidades. Siendo esto así, y comparando la producción que nos da Columela para sus tierras en *Ceret*, esta producción debiera ser mayor de la ya expresada. Sin embargo, hay que hacer una matización muy importante. No toda la producción vitivinícola se dedicaría al vino, todo lo contrario, en un principio, sobre todo si consideramos otros usos que conocemos de la vid, a los que ya hemos aludido. Probablemente, las áreas más cercanas a las ciudades, como pueden ser las *villae* periféricas de *Hasta Regia,* pudieran no solo destinar sus tierras a la producción de vino, sino también a uvas frescas o incluso pasas. De la misma forma, conociendo la exportación de productos como el *defrutum*, sin duda parte de estas producciones se destinarían a estos usos o producción como el vinagre. La cuestión relevante aquí es, si para este tipo de producciones, que no son tan principales, sería necesario utilizar las mejores tierras de cultivo o bastaría con usar unas tierras más normales.

En cualquier caso, podemos partir de un valor como el ya expuesto de tres cúleos medios por producción, ya que, aunque no sea un valor especialmente alto para unas viñas que pudieron tener gran rendimiento, de esta manera podemos compensar las posibles restantes que no se dediquen precisamente a producir vino.

Continuando con esta idea, podemos aportar un ejemplo actual. En la campaña de 2002, se estima una superficie cultivada en torno a las 10.000 ha con una media de rendimiento de 10.000 kg por ha, lo cual supone aproximadamente 100 millones de kilos de uva, que proporcionalmente pueden ser más de 70 millones de litros de vino producidos en el año[668].

Con estos valores fruto de la modelización, podemos estimar la producción vitivinícola de *Hasta Regia* en los 9.336.135 litros anuales, a partir de una extensión ideal de viñedo de 1.492 ha y a un rendimiento de tres cúleos, aproximadamente 6.257,778 L/ha. Esto supone, si lo comparamos con el cómputo del Marco del Jerez, una producción hasta cinco veces menor, pues, aunque el valor total lo es diez, ciertamente la proporción de territorio es de 1 a 5.

[665] Columella, *Rust.* 5.3.5.
[666] Indelicato, M., Malfitana, D., Cacciaguerra, G. "The archaeology of wine in Italy: a sicilian experiment", en R. Alonso, D. Canales, J. Baena (eds.), *Playing with the time. Experimental archaeology and the study of the past,* CSIC, Madrid, 2017, pp. 321–325.
[667] Sabiendo que la media de las botellas es de unos 75 cl y que hace falta aproximadamente un kilo de uva. AA.VV. *Estudio de costes del cultivo del viñedo en el Marco de Jerez*, Jerez, 2002.

[668] AA.VV., *Estudio de costes del cultivo*..., p. 5.

Podríamos entrar en una reflexión respecto a si esta potencial producción total que estamos contextualizando estaría destinada al propio consumo de la zona o si por el contrario son valores que pueden ser expresados en términos de excedente para la exportación. Para ello haría falta considerar la población total del territorio a estudiar, que pudiéramos situar en un máximo de diez mil personas. Solo resta, comprender el posible consumo que tendría una persona de media de este tipo de productos. Se han hecho varias estimaciones teóricas y generalistas, que suelen coincidir en torno a los 250 litros por persona al año[669]. En cualquier caso, puede valer como un parámetro máximo, sobre todo si se calcula para el total de la población, como una media representativa[670].

Con estos valores, la producción del territorio sería suficiente para el abastecimiento a una población aproximada de 45.000 personas, lo cual superaría por mucho la hipotética población que pudiéramos pensar en *Hasta* y aun incluyendo otras ciudades de gran población como *Gades,* la producción superaría lo esperado, más todavía si añadimos a este análisis, las posibles áreas anexas al territorio de *Hasta*, que no están consideradas en el estudio y cuyas condiciones son muy similares para el cultivo del vino.

Este análisis muestra la potencialidad de producción a partir de unos parámetros históricos dados, donde la discusión se puede tratar respecto al uso de estos determinados valores para la producción. Sin embargo, es una manera muy acertada de acercarnos a poder modelizar y poner en números las potencialidades de una determinada región para producir diversos productos, como es el caso de la viticultura. En el capítulo siguiente, matizaremos algunas de estas cuestiones, especialmente en la búsqueda de un acercamiento a unos valores territoriales más próximos a los expresados por los agrónomos. En cualquier caso, resulta significativo que los resultados expresados se insertan con facilidad en el esquema que mostramos y no se contradicen con los valores reales de las producciones actuales e históricas.

De esta manera, queda demostrada la importante producción potencial en el territorio, que debe ser entendida, en cualquier caso, en términos de excedente para la comercialización del producto. A esta cuestión hay que recordar una de las condiciones principales del territorio que hace que sea especialmente buena para ello y son las buenas comunicaciones por vía marítimo-fluvial que tiene la zona. Salvando el caso de otras comunidades como *Nabrissa Veneria*, que bien pudiera entrar en este mismo patrón, el resto de las zonas productoras no tendrían la misma capacidad de transporte, por lo que las *villae* de la zona no solamente no serían productivas en término de rendimiento, sino también en términos de costos de transporte.

Este análisis supone una aproximación genérica y teórica de la producción del territorio. Sin embargo, debe complementarse con un enfoque que integre no solamente la viticultura, sino otras actividades que estarían dentro de la misma explotación. Con ello se puede establecer un modelo teórico y utilizando la herramienta SIG que permita interrelacionar los datos de los que disponemos.

Partimos de los trabajos de Martín-Arroyo, que nos muestran un modelo de análisis de estas actividades agrícolas, principalmente basado en las áreas de "riparia" necesarias para poner en cultivo el viñedo[671]. Estos parámetros básicos están basados en la cita de Columela sobre la necesidad de un viñador por cada 7 *iugera* de viña[672]. Se parte del consumo de trigo por persona para esta persona, que se estima aproximadamente unos 51 *modii* de trigo por año[673]. Viendo el rendimiento total que puede tener el trigo en el mundo romano, que suele ser de tres a uno y basado en el área de producción de esta cantidad por Columela[674], sería necesarias 4,25 *iugera* de tierra dedicada al trigo para el consumo del viñador. Este valor se incrementa, añadiendo la semilla que es necesaria para la próxima cosecha y un sistema trienal de rotación de las mismas, con lo que ascendería a 18,414 *iugera* para el mantenimiento de la misma.

Este valor se pone en relación con la proporción que nos dice también Columela de las tierras que hay que reservar para poder poner en explotación la viña, a saber, mimbreral, cañaveral y castañar. Se refiere a que cada *iugerum* de mimbreral vale para atar veinticinco de viña, de cañaveral para rodrigar veinte de viña y de castañar para estacar lo mismo que la caña[675]. Esto supone unas proporciones de 0,63 *iugera* de "riparia" (se eliminan del modelo el castaño, que no tiene estas necesidades hídricas) y se pone en relación con el total de tierra no "riparia" necesaria, a saber, las 7 *iugera* de viña, las 18.414 de trigo para el viñador y la parte reservada a castaño, que asciende a 0,35, dando un valor aproximado de 25,764 de no "riparia" por cada 0,63 de "riparia". Además, finaliza con la corrección en caso de considerar la caña como de no "riparia", cuya proporción sería de 26,114 frente a 0,28.

[669] Purcell, N. "Wine and wealth in ancient Italy", *JRS* 75, 1985, pp. 1–19.
[670] El tema del vino como consumo, está ampliamente estudiado, teniéndose muchas fuentes de información sobre el mismo. Por ejemplo, existe la cuestión moral sobre la bebida en la mujer, por lo que su consumo, en general, debió ser menor al del hombre. J.P. Brun, *Le vin et l'huile dans la Méditerranée antique...*; Martín Oliveras, A. *Arqueologia del vi a l'època romana...*, pp. 209–222.

[671] Martín-Arroyo Sánchez, D., Trapero Fernández, P. "La explotación romana de la vegetación... "; Martín-Arroyo Sánchez, D. "Modelización de la ratio riparia/*vinea...*"; Martín-Arroyo Sánchez, D., Remesal Rodríguez, J. "Modelado GIS de la agricultura romana..."; Martín-Arroyo Sánchez, D., Castro García, M. "GIS-based Modelling for the riparia/Vinea Ratio: from Portus Gaditanus to Nabrissa Veneria", en Remesal Rodríguez, J., Revilla Calvo, V., Martín-Arroyo Sánchez, D.J., Martín i Oliveras, A. (eds.), *Paisajes productivos y redes comerciales en el imperio romano*, Instrumenta, Barcelona, 2019, pp. 73–88.
[672] Columella, *Rust.* 3.3.8.
[673] Cato. *Agr.* 56. R. Duncan-Jones, *The economy...*, p. 147.
[674] Columella, *Rust.* 2.9.1.
[675] Ver capítulo 6.6. Cultivos asociados; Martín-Arroyo Sánchez, D., Remesal Rodríguez, J. "Modelado GIS de la agricultura romana...", p. 217.

La aplicación de este modelo viene a intentar comprender la potencialidad del cultivo de este tipo de productos, relacionándolos con la potencialidad de la "riparia", como lugar preferente y no marginal dentro de la agricultura romana. Este tipo de análisis, sin embargo, no consigue grandes resultados en nuestra área de estudio, ya que solamente cinco de las 54 *villae* en estudio no se encuentran con acceso a la paleo-ribera, lugar idóneo para el cultivo de algunos de estos productos de "riparia"[676]. Con ello, la mayor parte de las *villae* del territorio cumplen con este criterio. Una consideración distinta sería la de analizar la potencialidad de arroyos, ríos, manantiales como fuente de agua para este tipo de cultivos. Aquí la problemática de análisis es múltiple, pues nos contamos en la zona con que los estudios de este tipo de componentes naturales no están lo suficientemente desarrollados como para plantear un estudio serio sobre el particular[677]. Por otro lado, dada la pequeña extensión de tierra necesaria y la potencialidad del territorio a tener pozos, dado un manto freático que ocupa toda la zona de estudio, pudiera existir la posibilidad de un riego de estos determinados recursos en caso de necesidad[678].

En definitiva, no es posible aproximarse a la realidad de estudio a partir de un espacio como el descrito, donde además no aparecen lagunas potenciales, que puedan servir como eje de estudio. En su lugar, creemos interesante partir de estas ideas y desarrollarlas como método de acercarnos a esta potencial producción vitivinícola.

Se ha hecho un modelo que calcula la proporción de tierra dedicada a cereal a partir de la necesidad de abastecer a una persona, viñador, que va a trabajar 7 *iugera* de tierra. Ahora bien, si consideramos una escala distinta, concretamente la que hemos modelado para el territorio de *Hasta*, podemos hacernos una idea de la fuerza de trabajo necesaria para poner en explotación estas viñas, la cantidad de tierras de labor, en trigo, necesarias para abastecer de alimentos y los condicionantes de otros cultivos asociados para las viñas.

Pero creemos que no es posible un acercamiento a esta realidad simplemente desde el punto de vista de la propia viticultura porque, entre otras cuestiones, estamos considerando la tierra de cereal necesaria para que coma un viñador, pero no los propios trabajadores de dicha tierra, que también necesitarían de parte de la producción para su propia alimentación. Siendo esto así, habría que incluir al personal mínimo que debiera tener la *villa* en explotación para poder comprender de manera clara la potencialidad de esta producción.

Es por ello que partimos de una serie de condicionantes históricos previos, como el modelo de Catón, que implica 13 esclavos por 100 *iugera* de vino y 15 esclavos por 240 *iugera* de olivos[679]. Este cómputo es un valor aproximado, que probablemente no tuviera una relación directa con el caso columeliano. De todas formas, estamos hablando de las medidas de gestión de una propiedad, no tanto en sí de la extensión mínima[680]. Varrón hace unas valoraciones muy interesantes respecto al número de trabajadores comentados por Catón para cada una de estas actividades[681]. A través de Varrón, también conocemos la opinión de Saserna en la que de manera genérica nos refiere que es necesario una persona para cada ocho *iugera*[682].

Ya hemos comentado que proporcionalmente se pueden asimilar los valores de trabajo de Catón, con respecto a lo que nos recomienda Columela, con la diferencia de que, para este segundo el trabajo de viñador es especializado. Pero para ver los trabajadores mínimos necesarios en las tierras de cereal sin duda hay que considerar de nuevo a Columela, que es el que más información nos refiere respecto al número de personas para trabajar dichas tierras, con una proporción de ocho personas y dos yuntas de bueyes para cada doscientas *iugera*[683]. Estos valores

[676] Evidentemente hay que considerar la problemática de la propia salinidad de estas aguas. Sin embargo, podemos establecer la existencia de un medio más proclive a reservar estos espacios de ribera a estas plantas o similares, ya que otros tipos de aprovechamientos agrícolas no serían posibles.

[677] Es una pena que no existan buenas capas de información en este sentido, pues, aunque es correcta la información de manantiales, no tiene el rigor suficiente para poder establecer potenciales lugares donde se daría este tipo de cultivos, solo estando catalogados los lugares principales.

[678] Bowman, A., Wilson, A. "Introduction: quantifying Roman agriculture…", pp. 45–66; Frank, T. *An economic history of Rome*, 2004; Wilson, A. "Quantifying Roman economic performance by means of proxies: pitfalls and potential", en F. De Catalay (ed.), *Quantifying the greco-roman economy and beyond*, Edipuglia, Bari, 2014, pp. 147–167.

[679] El Bouzidi, S. "La conception de la *villa* rustica chez Caton. Entreprise agricole oú simple ferme rurale?", *Gerión* 21.1, 2003, pp. 167–196.

[680] Lo Cascio, E. *Crescita e declino: studi di storia dell'economia romana*, L'Erma di Bretschneider, Roma, 2009, p. 33.

[681] Varro *R.R.* 1.18.1. "Catón, sobre los esclavos, señala dos objetivos según un tipo dado de campo y sobre lo que se siembra, estableciendo dos fórmulas para olivares y viñedos. Una, en la que recomienda de qué manera conviene disponer 240 yugadas de olivar; dice, pues, que en ese caso hay que tener 13 esclavos: un encargado, una encargada, cinco peones, tres boyeros, un burrero, un porquero, un pastor. Prescribe otra regla para 100 yugadas de viña cuando dice que conviene tener 15 esclavos: un encargado, una encargada, diez peones, un boyero, un burrero y un porquero".

[682] Varro *R.R.* 1.18.2. "Saserna dice que es bastante un hombre para ocho yugadas: las debe cavar en 45 días, aunque cada una de las yugadas pueda hacerla en cuatro jornadas, pero deja 13 jornadas por enfermedad, mal tiempo, pereza y negligencia".

[683] Columella, *Rust.* 2.12.7–9. "De todo este total de días de trabajo se deduce que un campo de doscientas yugadas puede cultivarse con dos yuntas de bueyes, un número igual de gañanes y seis peones, con tal de que no tenga árboles. Si hay arbolado, Saserna asegura que el mismo campo se puede cultivar perfectamente añadiendo tres hombres. Este cálculo nos enseña que una yunta de bueyes puede ser suficiente para 125 modios de trigo y otros tantos de legumbres, de modo que la siembra otoñal sea en total 250 modios, y además se podrán sembrar no menos de 75 modios de simiente tremesina. Lo que también se prueba así: las semillas que se siembran a la cuarta reja necesitan, para veinnticinco yugadas, 115 jornadas de labor, pues esta porción de tierra, por muy dura que sea, se alza en cincuenta jornadas, se bina en veinticinco, se tercia y se siembra en cuarenta; las restantes legumbres ocupan sesenta días de trabajo, esto es, dos meses; se computan además, entre días de lluvia y de fiesta, en los que no se ara, cuarenta y cinco días; así mismo treinta días, una vez terminada la sementera, para descansar. Hacen en total ocho meses y diez días; restan, del año, tres meses y veinticinco días, que podemos emplear o en la siembra de tremesinos o en transportar el heno, los forrajes, el estiércol y otras cosas útiles". *Hac consummatione operarum colligitur posse agrum ducentorum iugerum subigi duobus iugis bovum totidemque bubulcis et sex mediastinis, si tamen vacet arboribus. At ubi sit arbustum, tamen eundem modum Saserna tribus hominibus adiectis adseverat probe satis excoli. Quae nos ratio docet sufficere posse iugum bovum tritici centum viginti quinque modiis totidemque leguminum, ut sit in assem autumnalis satio modiorum ducentorum quinquaginta, et posthac nihilo*

pueden servir de base para trabajar en un potencial modelo en el que integrar las distintas actividades agrícolas, necesarias para entender la viticultura romana.

Si comparamos con la época medieval, podemos tener una media aproximada de 1,5 aranzadas de viña, que es lo que se suele arrendar a una familia campesina. Esto supone aproximadamente 6.708 m^2 [684], que si lo comparamos con las 7 *iugera* que puede llevar un viñador esclavo, sería de 17.627,47 m^2. Este es un dato medio interesante para poder contextualizar una cuestión primordial y es que difícilmente todas las actividades agrícolas, que tenemos en el trabajo de una viña, pueden ser desarrolladas por parte de una única persona. El viñador se dedica estrictamente a las labores constantes que requiere la viña, como es la cava, poda, despampano, etc. Sin embargo, para poner en cultivo la vid y especialmente en la vendimia, serían necesarias otras personas, ya sean otros esclavos de la misma finca o bien trabajadores asalariados contratados para estas temporadas[685].

En principio, deberíamos establecer estos parámetros básicos, considerando además la potencialidad del análisis a estas otras ocho personas que se dedicarían por entero al cultivo del trigo. Entendemos que no tienen que dedicar todo su tiempo al cultivo del trigo, que es mucho más estacional que la vid y, por ende, estas personas pudieran estar en otras actividades, caso de las ganaderas o en el cuidado de las huertas. Si además de ello, consideramos la existencia de olivar, Catón nos da una media de las personas que podemos tener asociadas, con lo que podemos ponderar los trabajadores necesarios para poner en explotación una zona de cereal, de olivar y de viñedo.

Consideramos que para la alimentación de un esclavo, partiendo del modelo antes expresado, es necesario 6,138 *iugera* de trigo[686]. De la misma manera, que el sistema romano de plantación sería bianual, por lo que el área total necesaria sería de 12,276[687]. Si además añadimos una finca ideal de 200 *iugera* de tierra de labor dedicada a trigo, sumariamos el consumo de las ocho personas necesarias para que este sistema funcione, lo cual sería 98,208 *iugera* de tierra, más el viñador, 110,484 *iugera*. Esto supone una extensión de tierra aproximada de casi 28 hectáreas, dedicadas a la producción cerealística para el propio consumo.

En la siguiente tabla 7.6 exponemos los datos y resultados de este modelo, bajo los siguientes criterios:

- Se han utilizado las áreas potenciales de viñedo antes analizadas en comparación con el total del territorio, identificando el *fundus* teórico que se ha asignado con el modelo de catastro.
- De la misma forma, se han utilizado los valores de potencial "riparia", del sub-capítulo 6.6. Cultivos asociados, para añadir en esta tabla los valores estimados de posible área para estos usos.
- Tras ello se ha realizado un análisis de las áreas mínimas de cañaveral y mimbreral que se corresponde con la "riparia" mínima necesaria para ser autosuficiente. Junto a ello, consideramos otros cultivos como el del castaño, que no serían estrictamente riparia.
- Finalmente proponemos la cantidad de personas que pudieran ser necesarias, c una media de un viñador por 7 *iugera* y de ocho trabajadores por doscientas *iugera* de cereal, a lo que añadimos a sus posibles mujeres e hijos duplicando este valor y sumándole también al capataz y su mujer.

Con esto tenemos un modelo teórico que nos daría la mínima extensión real necesaria para poder cultivar unas áreas de vid, que han sido modeladas como óptimas, en el contexto de un determinado *fundus* que se corresponde a su vez con las distancias medias entre yacimientos analizados y criterios históricos para su delimitación.

Este análisis debe de entenderse con precaución, especialmente en la propia consideración de la pequeña y mediana propiedad que seguro existiría entre las grandes fincas vitivinícolas. Es por ello que el parámetro principal son las áreas óptimas de viñedo, que simplemente responde a la cuestión de, si estas zonas fueron plantadas de vid, qué cantidad de otros recursos serían necesarios. Bajo esta premisa, el modelo aborda la potencialidad teórica llevada a la práctica, pues los parámetros utilizados están basados por entero en la agronomía clásica.

Los valores que se pueden observar en la tabla no son extraños para una zona productiva como es la de Jerez, donde la viticultura actual supera en área y productividad estos valores (Fig. 7.6). Sí destaca a simple vista la cantidad de personas que consideramos, aproximadamente ochocientos cincuenta para todas las *villae* principales de la zona. Igualmente comentar Cerro Gibraltar o Corchitos 2 y 3 donde el modelo no ha registrado apenas zonas óptimas para el viñedo, a pesar de ser zonas con importantes restos arqueológicos que nos muestran *villae* potenciales de la zona. Quizás el efecto de los datos elegidos, especialmente la tipología de suelos, sea la explicación para estos

minus conserantur trimestrium modii quinque et septuaginta. Hoc deinde sic probatur. Semina, quae quarto sulco seruntur in iugeribus viginti quinque, desiderant bubulcorum operas centum decem et quinque; nam proscinditur is agri modus, quamvis durissimi, quinquaginta operis, iteratur quinque et viginti, tertiatur et conseritur quadraginta. Cetera legumina occupant operas sexaginta, id est menses duos. Pluviales quoque et feriarum computantur, quibus non aratur, dies quinque et quadraginta; item peracta sementi, quibus requiescunt, dies triginta. Sic in asse fiunt octo menses et dies decem. Supersunt tamen de anno tres reliqui menses et dies quinque et viginti, quos absumamus aut in satione trimestrium aut in vecturis faeni et pabulorum et stercoris aliorumque utensilium.

684 Borrero Fernández, M. *La organización del trabajo. De la explotación de la tierra a las relaciones laborales en el campo andaluz (siglos XIII-XVI)*, Universidad de Sevilla, Sevilla, 2003.

685 Meiggs, R. "Farm forestry in the ancient Mediterranean", *Network paper* 8b, 1989, p. 15.

686 Valor calculado por el propio consumo y la semilla necesaria para volver a plantar. Martín-Arroyo Sánchez, D., Remesal Rodríguez, J. "Modelado GIS de la agricultura romana…", p. 217.

687 No existe constancia real de la existencia del sistema trienal para época altoimperial. García Moreno, L.A. "La tecnología rural en España durante la Antigüedad Tardía (SS. V-VII)", *Memorias de Historia Antigua* 3, 1979, pp. 217–237.

Tabla 7.6. Áreas de fincas analizadas con respecto a los viñedos óptimos, zonas de riparia, trabajadores y otros. Fuente propia

	Fundus total en ha	Área de viñedo óptimo en ha	viñedo %	Área modelada de Marisma en ha	Área modelada de Arroyos en ha	Cultivo mínimo de cereal necesario en ha	Mínima área necesaria total en ha	Mínima área de riparia en ha	Mínima área de otros cultivos (castaño...) en ha	Mínimo número de trabajadores de la viña	Otros trabajadores necesarios para el cultivo de trigo	Total de personas (capataz, esclavos y familia)
Alamedinilla III	590,8	62,9	10,7	2,2	16,9	465,9	537,6	5,7	3,1	9,0	9,0	37,9
Alventus	373,7	19,1	5,1	17,7	2,1	158,5	180,3	1,7	1,0	2,7	2,7	12,9
Berango	172,0	14,5	8,4	5,1	2,2	125,9	142,4	1,3	0,7	2,1	2,1	10,3
Carranza	607,8	16,4	2,7	7,8	11,7	139,6	158,3	1,5	0,8	2,3	2,3	11,4
Casa de la Gallarda	1.355,2	39,2	2,9	24,1	30,6	299,2	343,8	3,5	2,0	5,6	5,6	24,4
casa del Águila	163,9	28,6	17,4	5,3	1,3	225,1	257,8	2,6	1,4	4,1	4,1	18,3
Casa del Águila	443,0	23,2	5,2	6,3	7,0	187,1	213,5	2,1	1,2	3,3	3,3	15,2
Casarejo 3	547,7	25,9	4,7	12,4	8,2	206,3	235,8	2,3	1,3	3,7	3,7	16,8
Caseron de Evorilla	206,0	10,3	5,0	6,4	0,2	96,6	108,3	0,9	0,5	1,5	1,5	7,9
Casita Palomares	442,1	18,5	4,2	4,9	8,3	154,5	175,6	1,7	0,9	2,6	2,6	12,6
Cerro Capita	294,3	24,9	8,5	12,7	2,4	199,1	227,5	2,2	1,2	3,6	3,6	16,2
Cerro de las Vacas	460,5	4,0	0,9	6,2	10,1	52,8	57,4	0,4	0,2	0,6	0,6	4,3
Cerro de los Castillejos	387,4	35,9	9,3	13,3	5,0	276,4	317,3	3,2	1,8	5,1	5,1	22,5
Cerro Gibraltar	96,4	0,3	0,4	3,3	0,1	26,9	27,3	0,1	0,1	0,1	0,1	2,2
Corchitos 2	111,2	0,1	0,1	6,1	4,1	24,7	24,7	0,1	0,1	0,1	0,1	2,0
Corchitos 3	99,6	0,2	0,2	6,5	2,1	25,6	25,8	0,1	0,1	0,1	0,1	2,1
Cortijo de Alijar	829,8	16,0	1,9	0,9	20,5	136,9	155,2	1,4	0,8	2,3	2,3	11,2
Cortijo de Cestelo	1.122,7	24,9	2,2	2,1	30,9	199,1	227,5	2,2	1,2	3,6	3,6	16,2
Cortijo de Ébora 5	187,6	12,3	6,6	8,1	1,6	111,1	125,2	1,1	0,6	1,8	1,8	9,1
Cortijo de Monteagudo	285,1	38,1	13,4	14,2	0,8	291,9	335,4	3,4	1,9	5,4	5,4	23,8
Crespellina	915,6	38,4	4,2	27,3	12,3	293,6	337,3	3,5	1,9	5,5	5,5	23,9
El Cementerio	47,6	2,7	5,7	3,4	0,5	43,7	46,8	0,2	0,1	0,4	0,4	3,6
El Olivar Casarejo	474,3	20,4	4,3	16,2	3,1	167,8	191,1	1,8	1,0	2,9	2,9	13,7
El Pastor	109,7	15,6	14,2	4,1	0,6	134,0	151,8	1,4	0,8	2,2	2,2	10,9
El Peñón	358,9	30,6	8,5	9,8	3,5	238,8	273,6	2,7	1,5	4,4	4,4	19,5
El Pino 1	1.771,1	72,6	4,1	7,0	44,9	533,8	616,6	6,5	3,6	10,4	10,4	43,5
Espartina	240,5	12,7	5,3	4,5	4,2	113,9	128,4	1,1	0,6	1,8	1,8	9,3
Finca el Olivillo	105,6	29,6	28,0	4,4	1,4	232,3	266,1	2,7	1,5	4,2	4,2	18,9
Haza de la Torre 2	628,4	40,9	6,5	2,2	15,5	311,1	357,7	3,7	2,0	5,8	5,8	25,3
La Galguera	1.320,0	71,8	5,4	19,5	26,5	528,3	610,2	6,5	3,6	10,3	10,3	43,0
Loma de Alijar	720,6	37,8	5,2	5,9	15,2	289,5	332,5	3,4	1,9	5,4	5,4	23,6
Loma de Cartuja 3	560,5	52,2	9,3	5,1	7,2	390,7	450,3	4,7	2,6	7,5	7,5	31,8
Loma de Espartina VII	348,3	40,8	11,7	13,5	1,2	310,5	356,9	3,7	2,0	5,8	5,8	25,3
Loma de Maina	584,8	32,7	5,6	10,7	10,1	253,8	291,1	2,9	1,6	4,7	4,7	20,7
Loma de Ventosilla	142,4	11,4	8,0	8,3	0,2	104,5	117,5	1,0	0,6	1,6	1,6	8,5
Los Villares	865,9	27,6	3,2	24,2	12,8	218,1	249,5	2,5	1,4	3,9	3,9	17,8
Mojón Blanco	177,3	1,3	0,7	3,0	1,6	33,5	35,0	0,1	0,1	0,2	0,2	2,7
Mojón Blanco 2	122,0	2,5	2,1	4,5	0,1	42,4	45,3	0,2	0,1	0,4	0,4	3,5
Molino de Monteagudo	266,6	28,4	10,6	11,4	0,4	223,5	255,8	2,6	1,4	4,1	4,1	18,2
Monjas	265,9	20,3	7,6	9,4	2,8	166,6	189,7	1,8	1,0	2,9	2,9	13,6
Montegil de Buenavista	432,5	36,3	8,4	0,0	7,0	278,9	320,2	3,3	1,8	5,2	5,2	22,7
Norieta Grande	162,9	32,4	19,9	5,1	1,2	251,4	288,3	2,9	1,6	4,6	4,6	20,5
Olivillo Alto	291,3	11,9	4,1	6,1	3,9	108,1	121,7	1,1	0,6	1,7	1,7	8,8
Painobo	721,0	72,3	10,0	14,5	11,5	531,5	614,0	6,5	3,6	10,3	10,3	43,3
Portugalejo	1.314,3	114,4	8,7	11,6	26,6	826,8	957,2	10,3	5,7	16,3	16,3	67,3
Portugalejo II	262,5	30,2	11,5	5,8	7,6	236,0	270,4	2,7	1,5	4,3	4,3	19,2
Pozos del Rosario	381,0	25,6	6,7	10,5	4,7	204,2	233,4	2,3	1,3	3,7	3,7	16,6
Redondón	380,7	21,6	5,7	3,4	8,2	175,8	200,4	1,9	1,1	3,1	3,1	14,3
Regajo 1	156,7	7,6	4,9	5,6	3,6	78,1	86,8	0,7	0,4	1,1	1,1	6,4
Regajo 3	359,9	17,9	5,0	23,3	3,1	150,3	170,7	1,6	0,9	2,6	2,6	12,2
Viña Cabeza Alcaide	142,0	7,9	5,6	4,7	2,3	80,1	89,1	0,7	0,4	1,1	1,1	6,5
Viña de Arcade	1504	13,0	0,9	0,0	41,8	115,5	130,3	1,2	0,6	1,9	1,9	9,4
Viña Rosario	410,3	27,1	6,6	24,2	2,4	214,5	245,3	2,4	1,4	3,9	3,9	17,5
Zarpa 2	1.087	68,3	6,3	16,2	26,0	503,3	581,2	6,1	3,4	9,8	9,8	41,0
Media	**489,1**	**27,6**	**4,4**	**9,1**	**8,9**	**218,3**	**249,8**	**2,5**	**1,4**	**3,9**	**3,9**	**17,8**
Totales	**26.409**	**1.492**		**490,9**	**479,9**	**1.1788**	**13.488**	**134**	**74,6**	**213,1**	**213,1**	**854,2**

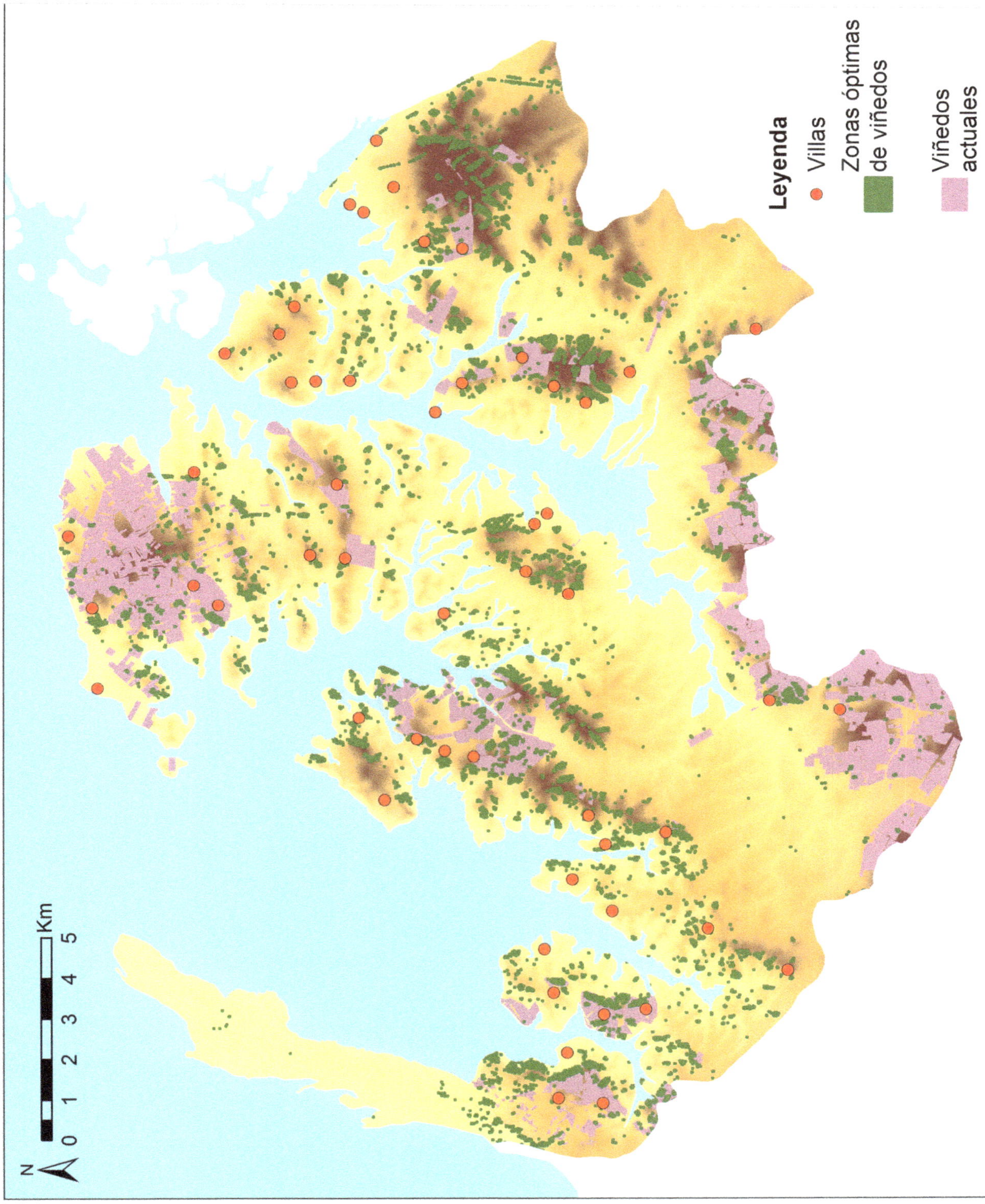

Figura 7.6. Zonas óptimas para plantar la vid comparada con los viñedos actuales. Fuente propia.

valores, ya que todos estos yacimientos se encuentran muy cerca de la paleo-ribera. De ahí la importancia que hemos manifestado en varias ocasiones de la calidad del dato inicial, que, por el momento, es el que tenemos.

También es de destacar en la tabla las áreas máximas que se necesitan para el viñedo, sumando la propia zona de vid, con las de "riparia" y otros cultivos, y finalmente la estimada de cereal para mantener a los propios integrantes de la finca. Existen *fundi* que son más pequeños que las áreas que se han propuesto, especialmente en los casos de los más pequeños. Esta contradicción es un valor en sí del propio modelo, pues puede servir para corregir y contemplar la viabilidad de una determinada explotación vitivinícola teórica. Probablemente los *finia* definidos entre estos *fundi* no se ajusten a la realidad existente de fondo. Es interesante los casos de *villae* como Lomas de Espartinas VIII, Portugalejo 2 o Cortijo de Monteagudo, cuya idoneidad del cultivo de la vid es muy alto, pero el área potencial del mismo no sería suficiente en nuestro modelo teórico para producir los propios consumos alimenticios y de requisitos de la vid para esa finca. Esto seguramente venga a confirmar que no toda la zona óptima se utilizaría para el cultivo de la vid, pues aún en un caso de especialización de la vid, no se abandonarían otros cultivos de manera secundaria.

Si suponemos por un momento, que la finca estuviera únicamente dedicada a la producción vitivinícola, este sería el terreno mínimo que debería de tener, en condiciones como nos describe Columela, una finca gestionada por esclavos. Evidentemente, sobre esta cuestión puede existir controversia, ya que la alimentación de las personas en la *villa* no sería solamente de trigo, como el cultivo de otras especies vegetales en el barbecho o la propia ganadería que pudiera haber en la finca. Ahora bien, nos parece una aproximación metodológica consistente, pues se basa por entero en valores expresados por la agronomía.

Junto con ello, hay que considerar si realmente harían falta ocho personas por cada doscientas *iugera* de tierras de cereal. Probablemente estemos aquí ante un tipo de trabajo que implicaría a asalariados, posibles campesinos o colonos libres que pudieran realizar determinadas labores de apoyo. En cualquier caso, si estos parámetros son posibles para la *villa* descrita por Columela, estos trabajadores ocuparían otras labores una vez terminada la siembra y recogida, como puede ser ayudar en el propio mantenimiento de la viña u otras actividades. Es por ello que creemos que el análisis es bastante veraz y exportable a otros espacios. Finalmente, habría que destacar la potencialidad de realizar este mismo modelo con la producción de aceite, que sin duda debió existir en un segundo plano en nuestro territorio, pero resulta principal en otros espacios de la Bética o fuera de ella.

8

Conclusiones y perspectivas

Abstract: This last chapter summarises the main contributions of the monograph. These can essentially be divided into two main groups. The first contribution is an archaeological contrast of the preferential wine-growing agriculture in the territory of *Hasta Regia* colony. This proposes new lines of research in other European areas, by suggesting possibilities for future work and drawing attention to various issues that appear in a place of production and which can surely be recognised and studied in the places of the arrival of wine and other grape derivatives throughout the Roman Empire. The other contribution is the very model of analysis using Geographic Information Systems based on historical sources. This model is a catalogue of techniques and analyses that can be applied to other areas of study, thus allowing empirical verification and the advancement of knowledge for territories that have similar conditions or agricultural activities, even if they are not wine-producing.

En este libro se ha realizado un análisis histórico territorial y paisajístico desde lo general a lo específico, para evaluar los distintos condicionantes que afectan a la viticultura en el Bajo Guadalquivir y la colonia *Hasta Regia.* Estos parámetros se utilizan en un modelo propuesto, que nos permite sacar una serie de conclusiones. La primera es la demostración que en el territorio de estudio tuvo lugar una importante producción vitivinícola en época romana. Con ello podemos decir que hemos ampliado el estado de la cuestión, si bien todavía queda mucho por hacer, especialmente en el caso de prospecciones y excavaciones de estos espacios productivos. Hemos reconocido una serie de indicadores que habría que contrastar mediante el registro arqueológico, especialmente en lo que se refiere a los alfares. A pesar de esta problemática, hemos sido capaces con pocos datos de elaborar un modelo robusto, donde se integran de manera multidisciplinar distintas disciplinas y fuentes históricas.

Por todo ello creemos que nuestra principal aportación con este monográfico es doble: de un lado la actualización del conocimiento de la viticultura en el Bajo Guadalquivir, con lo que ello implica. Por otro lado, el método que hemos seguido, mediante el cual se puede modelar el territorio y paisaje antiguo, permitiéndonos comprender y contrastar cuestiones de la sociedad romana.

Ya se había apuntado que la región de estudio podía ser un área de producción vitivinícola. Sin embargo, no se había realizado ningún estudio monográfico y completo que determinara la naturaleza y alcance del mismo. Con este estudio se puede ver que las referencias literarias conocidas, especialmente a través de Columela, se aplican a la Bética y más concretamente, a la franja litoral existente entre la desembocadura del Bajo Guadalquivir y el Estrecho de Gibraltar. Igualmente se han reconocido una serie de indicadores en el territorio, como las técnicas tradicionales de época romana que han subsistido en el saber tradicional; los espacios de producción, como es el lagar de Crespellina o la indicación de los *laterculi* como parte de estas salas de prensa; las ánforas vinarias que se producen en el territorio; y los *dolia* donde se almacenan.

Hay que hacer notar que esta investigación, aunque se circunscribe a un área local, su aplicación es mucho más grande. Su importancia reside en las distintas rutas de abastecimiento de productos dentro del Imperio Romano a través de la *annona.* En ellas, sabemos que el vino u otros productos derivados de la uva, procedían de la Bética. Hasta el momento solo se habían encontrado la Haltern 70 como ánfora tipo asociado a producciones secundarias y por distintos talleres de la provincia. La pregunta abierta, de si existía un área preferente para estas producciones, como sí ocurre con el aceite o las salazones, ahora está más cerca de concluirse. El área del Bajo Guadalquivir reúne las condiciones idóneas para esta producción, que continúa hasta la actualidad, ya que gran parte del territorio está integrado en el actual Marco del Jerez, una región de producción de vinos de alto prestigio internacional. Además, gracias al estudio conocemos que para época romana existe una producción, que, sin llegar al monocultivo, sí debió priorizar esta producción, probablemente dentro de los circuitos de comercio annonarios ya existentes.

Esta es una cuestión que siempre ha tenido duda, dado que no conocemos la distribución del vino al mismo nivel que el aceite. Más allá de la diferencia de no existir un Monte Testaccio de ánforas vinarias, la realidad es que el estado de la investigación no ha ido en paralelo. Nuestra hipótesis de partida, es que el vino bético seguiría los mismos cauces que el aceite, lo cual podría explicar por qué no aparecen en el territorio referencias epigráficas a intermediarios de esta producción.

Además, con los datos de esta investigación se puede ahora valorar cuestiones en otras regiones que antes no se tendrían que tener en cuenta, a modo de perspectivas de investigación. En concreto, hemos asociado la producción de las ánforas vinarias Dressel 1 con la Haltern 70. Probablemente las primeras tendrían que venir de rutas similares a las de la segunda, llegando a los mismos espacios. Es muy probable que no se hayan reconocido como imitaciones de Dressel 1 y por tanto hay que aconsejar su revisión en los lugares de llegada. Esto también vienen a proponer una posible solución a la cuestión del vino bético. Dado que la Haltern 70 sigue sin mostrar contenidos de tipo estrictamente vinario, sino derivados como el *defrutum*, es muy probable que este contenedor transportara esos productos y que tengamos que buscar en estas imitaciones de Dressel 1 el verdadero contenido en vino.

Esta cuestión tiene un matiz que debemos señalar respecto a la cronología. Creemos que en el espacio de estudio hay una reminiscencia de técnicas agrícolas anteriores, que pueden ser púnicas, aunque su origen no termina de ser claro, pudiendo ser de otras culturas como la turdetana. La cuestión es que, para el momento de la instauración colonial, existen una serie de prácticas diferentes a las romanas, muchas de ellas que sobreviven hasta momentos en los que escribe Columela. Es muy probable que, para momentos previos a la fundación cesariana, el vino bético no fuera especialmente apreciado, siendo su calidad baja y producción alta, idónea para utilizarse en derivados de la uva. Los posibles vinos producidos pudieran ser exportados en ánforas de imitación greco itálicas, también reconocidos en el territorio.

Pero tras la llegada de los colonos de *Hasta* o incluso antes a través de otros fenómenos como las colonizaciones viritanas, se establece un segundo modelo de corte romano, produciendo vino de calidad y que probablemente se envasara en ánforas Dressel 1, continuando entre los locales las producciones y técnicas anteriores.

Una de las principales pruebas que sustenta estas hipótesis, viene de la mano del estudio de las *dolia*. Hemos detectado que el estado de la cuestión respecto a estos envases es primario, siendo su tipología, al menos en borde, todavía muy precaria. De hecho, en nuestro territorio hemos detectado diversas morfologías para envases muy pequeños que no cuadran con las clásicas *dolia* de almacenamiento. Esto se debe a que en la provincia se utilizaban las *orcae* como hemos visto por un fragmento de Varrón. Esto es un hecho indiscutible, ya que en las prospecciones y estudio de materiales se han detectado fundamentalmente recipientes de muy pequeño tamaño. Esta diferencia respecto al modo itálico solo puede significar que las prácticas en la región tenían unas características propias. El reconocimiento de este tipo de recipientes en otras provincias y el estudio del fenómeno de las *dolia* como transporte de vino, es una necesidad para continuar avanzando en estas investigaciones.

Todos estos aportes al estado de la cuestión son relevantes por sí mismos, pero el método empleado tiene, si cabe, una mayor proyección y utilidad para otros investigadores. Nuestro modelo ha comenzado evaluando todas las cuestiones existentes en el marco de estudio, partiendo de la contextualización del paisaje y territorio histórico, para ir a la realidad política de la colonia *Hasta Regia* y bajar hasta el poblamiento rural. El método empleado puede ser perfectamente comprobado y reproducido a otros espacios de estudio, siendo especialmente útil en la combinación de otras fuentes de información no históricas, especialmente las geográficas a través de los SIG.

Ahora bien, creemos firmemente que todo el análisis debe partir de la lectura atenta de las fuentes de información y el conocimiento de la mentalidad romana. De esta manera el método de estudio puede mejorarse y comprobarse. Esta es una realidad que cada vez se está aplicando a más estudios, dado que al final no es tan relevante el conocimiento de la técnica, como del momento histórico y saber cómo integrar esos datos[688].

Metodológicamente partimos de la percepción del paisaje a través del estudio de los espacios de ribera, Riparia, lugares vulnerables y cambiantes que se han venido viendo como marginales. Sin embargo, son primordiales para poder comprender muchas de las cuestiones asociadas a la economía antigua, no solo por los productos que estos espacios pueden ofrecer, sino por la gestión integral de los recursos. En nuestra zona de estudio existe un importante espacio, el *Lacus Ligustinus* que además ha tenido profundas transformaciones con respecto a su estado actual. Probablemente sea uno de los casos dentro del Imperio Romano donde las condiciones de la paleo costa cambien más. Esto significa que el paisaje antiguo sería muy distinto, y, por tanto, los aprovechamientos también.

Para el caso específico de la colonia *Hasta Regia*, hemos realizado una breve contextualización de su evolución y cuales pudieran ser sus límites territoriales. A pesar que el estudio se centra en la viticultura, hemos podido analizar cuestiones relevantes, pudiendo ver su distribución de poblamiento, sus posibles entidades secundarias, el funcionamiento de las comunidades limítrofes, la tipología de entidades del territorio. Esto supone una actualización del estado de la cuestión de esta colonia Bética, donde además se ha revisado concienzudamente el poblamiento rural, aportando al estado de la cuestión sus localizaciones de manera más exacta, pero, sobre todo, los materiales de los que consta. Es muy importante para este tipo de modelos poder confiar en los datos con los que realizamos los análisis, pues existen multitud de ejemplos donde la falta de concreción es lo que dificulta la elaboración de modelos de análisis fidedignos. De hecho, este estudio deja la puerta abierta a otros tipos de análisis, como puede ser la producción de salazones en el territorio u otros productos no analizados, pero igualmente reflejados en

688 En el siguiente artículo se usa uno de estos modelos realizado por nosotros, siendo bastante realista por estar basado en las fuentes antiguas. Stubert, L., Martín i Oliveras, A., Märker, M., Schernthanner, H., Vogel, S. "Viticulture in the Laetanian Region (Spain) during the Roman Period: Predictive Modelling and Geomatic Analysis", *Geosciences* 10, 206, 2020, 1–28.

los datos. Nos hemos circunscrito a época altoimperial, si bien hemos intentando ser lo más rigurosos posibles, por lo que tenemos en muchos casos la evolución histórica de los yacimientos rurales.

Respecto a la colonia en sí, hemos podido avanzar en su conocimiento en el medio rural, pero no en el urbano. La Unidad de Geodetección de la Universidad de Cádiz, de la que soy miembro, ha estado y continuará trabajando en esta cuestión con la aplicación de tecnologías no invasivas, como la geofísica y teledetección.

Finalmente, nuestro método se ha centrado en el modelado de la viticultura romana usando los SIG. Hemos necesitado hacer un balance de las distintas condiciones y prácticas, como tipos de suelos y técnicas de cultivo para evaluar cuales serían los parámetros. En este aspecto hemos tenido la ventaja de poder contar con muchas referencias literarias específicas a la zona, por lo que se ha podido comprobar cuestiones como los tipos de uva más comunes, las técnicas tradicionales que se han conservado, así como la asociación de los requisitos de la viña como es el tipo de suelo.

El modelo ha consistido en combinar todas estas cuestiones en un mismo proyecto SIG. El monográfico va acompañado con una serie de cartografías donde se realizan análisis concretos dependiendo del tema a tratar. Toda esta información aporta nuevos datos de por sí, aparte de servir de base para el modelado final.

Creemos que es muy importante un correcto uso de estas herramientas, dado que existen multitud de publicaciones científicas donde los SIG no se utilizan de manera correcta. En nuestro caso el modelo que aportamos está basado en la mentalidad revisada de los agrónomos romanos en base a los datos arqueológicos de los que disponemos. Con ello se ha creado un modelo que representa la realidad histórica. Se trata de un método científico, al fin y al cabo, solo que el margen de error es más grande, ya que es prácticamente imposible comprobar empíricamente en el pasado si nuestras hipótesis se cumplen.

En el modelado final aportamos dos grandes formas de ver el espacio. La primera es en el modelado de las propias *villa*, donde se analiza desde diversos puntos de vista, como son sus condicionantes o sus distancias en modelos de coste a otros elementos relevantes del territorio. Si tuviéramos que quedarnos con un aporte metodológico, destacaríamos el estudio no solo del yacimiento sino del *fundus* como parte integral. Esta es una problemática existente en la actualidad, donde se realizan estudios a pequeña escala del territorio, viendo por ejemplo las comunicaciones entre villas; o a gran escala para conocer los espacios productivos como restos arqueológicos de la propia parte edilicia. Sin embargo, proponemos un método para poder combinar ambas cuestiones, en base a analizar de manera individualizada los condicionantes espaciales en cada villa. Con ello es posible ver cuestiones como los tipos de suelos que tendría acceso cada espacio productivo específicamente, con lo que podríamos modelar la mayor o menor idoneidad de cada lugar para distintos tipos de aprovechamientos.

De la misma manera, en el modelo de la viticultura se integran todos los parámetros para proponer un mapa de zonas potenciales para el viñedo. Aunque se trata de una aproximación teórica, donde los valores utilizados pueden ser transformados, se trata de un modelo que nos permite poder comprender realidades que de otra manera sería imposible. Por ello en el texto se pone en relación con el trabajo necesario y las necesidades alimenticias, dando unas aproximaciones que permite incluso calcular, de manera parcial, la cantidad de mano de obra para cada *fundus*.

Lo relevante de este método no es solo los resultados que aporta, sino la propia filosofía que lleva detrás. Se trata de una aproximación que busca aportar nuevos datos y poder ser autoconclusivo y revisable. Un ejemplo de ello es que hemos calculado el total de *fundus* necesario para cada una de las villas con los datos aportados y algunas de ellas se salen de esta realidad. Este aparente error en el modelo, no es más que su principal fortaleza, dado que nos permite realizarlo en un sentido y otro, pudiéndonos dar la posibilidad de revisar la veracidad de nuestros argumentos.

El modelo de análisis aportado en este monográfico supone, en definitiva, un caso de estudio donde todavía falta mucha información por descubrir. Antes sería necesario un gran volumen de información arqueológica de calidad para que este estudio se realizara, tal y como se puede ver en el dispar estado de la investigación en muchos espacios del Imperio Romano. Sin embargo, en la actualidad, es posible acercarse de una manera bastante precisa a la mentalidad, condiciones del territorio y paisaje, gracias a la modelización mediante los Sistemas de Información Geográfica, por lo que se trata de un modelo con una alta tasa de aplicabilidad a otros espacios, para el estudio de la economía antigua.

9

Glosario de términos

Aedificium, i: Literalmente edificio. Literally building.

Ager, Agri: Literalmente "Campo". Sin embargo, tiene distintos usos. Literally "Field". However, it has different uses.

1. ***Ager***: Significa el territorio que se adscribe a una *civitas*, similar a *territorium*, aunque también se usa en conceptos más grandes y generales como *Italicus ager* (Columella, *Rust.* 3.3.11), que sería lo referente a todo el suelo itálico, a todos los territorios de la Península Itálica. Means the territory attached to a *civitas*, similar to *territorium*, although it is also used in larger and more general concepts such as *Italicus ager*, which would refer to the Italic soil, to all the territories of the Italic Peninsula.
2. ***Ager Publicus***: Espacios públicos de distinta índole, pueden ser propiedad del Estado Romano, de una determinada *civitas* o simplemente espacios libres como ríos o mares. Lo contrario sería el ***Ager Privatus***. Public spaces of different kinds, they can be the property of the Roman State, of a specific *civitas* or simply free spaces such as rivers or seas. The opposite would be ***Ager Privatus***.
3. ***Ager Publicus Provincialis***: Se trataría de un tipo de espacio público que solo se aplica en los territorios conquistados en las provincias pasando a pertenecer al Estado Romano. This is a type of public space that only applies to the territories conquered in the provinces that belong to the Roman State.
4. ***Agro***: literalmente campo con una connotación geográfica y no jurídica siendo generalmente el espacio de varios *fundus*, que estarían integrados en la figura jurídica del *pagus*. Literally field with a geographical and not juridical connotation, being generally the space of several fundus, which would be integrated in the juridical figure of the pagus.

Annona, e: Institución que se encarga del abastecimiento de víveres y otros productos necesarios a Roma y a las legiones. Institution in charge of the supply of food and other products necessary for Rome and the legions.

Aquôsus, a, um: Acuoso, húmedo o lluvioso. *Aquosis vineas* (Columella, *Rust.* 5.7) serían viñas en suelos de regadío. Es distinto a ***Palustres vineas***, que en esta investigación relacionamos con viñas en suelos que durante una época del año pueden quedar anegados, como son los suelos de vertisoles o bujeo. Watery, humid or rainy. *Aquosis vineas* would be vineyards on irrigated land. It is different from ***Palustres vineas***, which in this research we relate to vineyards on soils that during a certain time of the year can be waterlogged, such as vertisols or bujeo soils.

Argiliu, a, um: Arcilla en su sentido actual. Clay in its current sense.

Bipalio: Laya, herramienta de dos brazos para arar la tierra manualmente. A two-armed tool for ploughing the land by hand.

Calcatorium, ii, i: Cubeta para el pisado de la uva que puede ser de madera o construida. Bucket for treading grapes, which can be made of wood or built.

Canalis et Solea: Sistema de prensado del aceite pisando la aceituna. System for pressing the oil by treading the olives. (Sáez Fernández, P. "Columela, De R. R. XII...")

Canterium: tipo de emparrado hecho con estacas delgadas y largas que se atraviesan con otras para sostener las parras. Hoy no se mantiene este sistema. Se utilizan mejor los sistemas de espaldera alta. A type of trellis made of long, thin stakes that cross each other to support the vines. This system is no longer used today. High trellis systems are more commonly used.

Casa: Construcción aislada en el campo, aunque también se utiliza en el medio urbano. En el campo sería similar a *Tugurium*. Isolated construction in the countryside, although it is also used in urban areas. In the countryside it would be similar to *Tugurium*.

Castrum, i: Utilizado a veces como sinónimo de *Oppidum*, pero sin la connotación de centro administrativo, siendo su denominación por sus capacidades defensivas. Un ***Castellum*** es un *castrum* de menor tamaño. Sometimes used as a synonym for *Oppidum* but without the connotation of an administrative centre, being named for its defensive capabilities. A ***Castellum*** is similar to a *Castrum*, only smaller.

Cella Vinaria: Espacio productivo donde se prensa y almacena el vino. Productive space where wine was pressed and stored.

Ciconiam: Cigüeña, instrumento a modo de regla, que funciona introducida en la tierra, para conocer la profundidad a la que realizar la cava o zanja. Stork-like instrument used as a ruler, which is inserted into the ground to determine the depth at which to dig or dig a trench.

Civitas, is: Entidad básica del ordenamiento romano correspondiente con una unidad poblacional independientemente de su rango. Generalmente solían tener derechos latino o romano, ser federadas. Basic entity of the Roman order corresponding to a population unit regardless of its rank. Generally, they used to have Latin or Roman rights, to be federated.

Coccolobin: Tipo de uva que se cultivaba en Hispania. A type of grape grown in Hispania.

Contributio: Fusión de dos o más comunidades autónomas en una sola entidad ciudadana, que asumía y centralizaba las funciones administrativas y judiciales. Merger of two or more autonomous communities into a single civic entity, which assumed and centralised administrative and judicial functions.

Conventus iuridici: Ordenamiento entre ciudades dentro de las provincias hispanas con fines jurisdiccionales. Arrangement between cities within the Hispanic provinces for jurisdictional purposes.

Creta, ae: Literalmente greda, sin embargo, se utiliza con varias acepciones: Literally greda, however, it is used with several meanings:

1. Tipo de suelo contrario a la arena, pero sin ser arcillas, en nuestro territorio las margas o regosoles. Type of soil contrary to sand but without being clay, in our territory marls or regosols.
2. Tipo de "greda" que se utiliza como aditivo para la cerámica, pudiendo ser por ejemplo la puzolana. Type of "greda" which is used as an additive for ceramics, for example pozzolana.
3. ***Cretosis***: cualidad de los suelos relacionado con lo anterior. Quality of soils related to the above.

Culleus, i: Medida de volumen de líquido que equivale aproximadamente a 20 ánforas 527,27 L. Measurement of liquid volume, approximately equivalent to 20 amphorae 527.27 L.

Deductio, nis: Proceso de fundación de una colonia y reparto de tierras entre colonos. Process of founding a colony and distributing land among colonists.

Defrutum: Mosto deshidratado a la mitad para usos culinarios y conservante al ser edulcorante. Half dehydrated must for culinary uses and preservative as it is a sweetener.

Dolium, i: Envase cerámico de gran tamaño, fundamentalmente para conservar alimentos. Large ceramic container, mainly for preserving foodstuffs.

Falx uinitoria: Herramienta de poda especializada para la viña. Specialised pruning tool for vines.

Finis, a: Cualquier elemento geográfico natural o humano que sirve para delimitar parcelas o comunicados cívicas. Los ***confinia*** sería estos mismos límites entre dos comunidades. Any natural or human geographic feature that serves to delimit parcels of land or civic boundaries. The ***confinia*** would be these same boundaries between two communities.

Fundus, i: Espacio comprendido en los límites de una finca agrícola con un núcleo de gestión y producción. Space included in the limits of an agricultural estate with a management and production nucleus.

Glarea, ae: Grava, no confundir con *creta*. Gravel, not to be confused with *creta*.

Iugerum, a: Medida de superficie de 2.518,21 m^2. Measurement of surface area of 2,518.21 m2.

Iuno Regina: Advocación de la diosa Juno que aparece en nuestro territorio, existiendo un santuario supuestamente localizado en la Algaida. En Estrabón aparece mencionado como ***Lux Dubia***. Advocation of the goddess Juno that appears in our territory, with a sanctuary supposedly located in Algaida. It is mentioned in Strabo as ***Lux Dubia***.

Lacus Ligustinus: Nombre que le da Avieno a la desembocadura del Guadalquivir, completamente navegable con marea alta. Name given by Avienus to the mouth of the Guadalquivir, which is completely navigable at high tide.

Laterculi: Ladrillos de pequeño módulo que se utilizaban para el *opus spicatum* o espina de pez. Small bricks used for the opus spicatum or fishbone.

Marcii Reges: Un grupo de la familia Marcia relacionada por parentesco con César y posible origen del nombre de la colonia *Hasta Regia*. A group of the Marcia family related by kinship to Caesar and possible origin of the name of the colony *Hasta Regia*.

Modius, ii: Medida de capacidad para áridos, equivalente a 1/3 de ánfora 8,60 L. Measure of capacity for aggregates, equivalent to 1/3 amphora 8,60 L.

Mulsum: Producto combinado de vino y miel de gran fama en el mundo antiguo. Combined wine and honey product of great fame in the ancient world.

Municipium, i: Tipo de *civitas* que adopta instituciones políticas y administrativas romanas, pero de menos prestigio que la colonia. A type of civitas adopting Roman political and administrative institutions, but of less prestige than the colony.

Oppidum, i: Termino genérico de los romanos para designar a una entidad poblacional fuertemente defendida en altura. A generic term used by the Romans to designate a strongly defended settlement on high ground.

Orcae: Literalmente "orza", término muy utilizado para recipientes de gran tamaño medievales, que para época romana debe ser algún tipo de *dolium* pequeño. Literally "daggerboard", a term widely used for large medieval vessels, which in Roman times must have been some kind of small *dolium*.

Pagus, i: Figura administrativa y fiscal interna de la *civitas* para organizar el catastro. Internal administrative and fiscal figure of the civitas to organise the cadastre.

Pars: Organización de una villa. La ***urbana*** se corresponde con la residencia de los propietarios, la ***rustica*** con las habitaciones de los trabajadores y animales, y la ***fructuaria*** con los campos de cultivos y aquellos elementos de almacenaje y transformación. Villa organization. ***Urbana*** corresponds to the residence of the owners, ***Rustica*** part to the living quarters of the workers and animals, and the ***Fructuaria*** to the fields of crops and those elements of storage and transformation.

Pastinum: Instrumento de hierro en forma de horquilla para plantar similar a la azada. Iron fork-shaped planting tool similar to the hoe.

Pedamentis: Tutores para soportar la viña. stakes for supporting vines.

Peregrinus, a, um: Término para designar a la población libre pero que no tenían la ciudadanía latina o romana. Term used to designate the free population who did not have Latin or Roman citizenship.

Perforata terebra: Herramienta similar a la barrena para realizar injertos en la vid. Tool similar to an auger for grafting vines.

Pertica: División territorial en *centurias* de una *deductio* colonial. También es una medida de longitud equivalente a 10 pies o aproximadamente 3 metros. Territorial division of a colonial deductio into centurias. It is also a measure of length equivalent to 10 feet or approximately 3 metres.

Posca: bebida con una décima parte de vinagre en agua. Drink with one tenth of vinegar in water.

Possessio, nis: "Posesión" de algo. En el mundo antiguo se indica por ejemplo en fincas rústicas alquiladas o similar, es decir, que no tienen la *Propietas*. En los casos de los *oppida stipendiaria,* sus habitantes la *possessio* de las tierras, pero no la *propietas* ya que serían propiedad del *ager publicus provincialis.* Literary Possession of something. In the ancient world, it is indicated for example on rented rustic estates or similar, i.e. not having the ownership. In the cases of the *oppida stipendiaria*, their inhabitants possessed the *possessio* of the land, but not the *propietas* since they would be the property of the *ager publicus provincialis*.

Sabulo, nis: Literalmente arena. ***Sabulosis*** sería la propiedad de la tierra, arenoso. literally sand. ***Sabulosis*** would be the property of the land, sandy.

Salictarium: Término utilizado para el trabajo de cuidador de la plantación de sauces. Term used for the work of the caretaker of the willow plantation.

Saltus: Término contrapuesto al de *ager* al ser el espacio no cultivado y por tanto no repartido. Term opposed to *ager* as it is the uncultivated space and therefore not distributed.

Sappa: Mostro deshidratado a un tercio de uso culinario y como conservante de alimentos. Dehydrated sample at one third for culinary use and as a food preservative.

Territorium, i: Literalmente territorio, espacio delimitado por los *finis* de la *civitas*, comprendiendo el *ager* y *saltus* del mismo. Literally territory, space delimited by the *finis* of the *civitas*, including the *ager* and *saltus* of the same.

Torcularium: Nombre de la estancia de la *pars fructuaria* para el prensado del aceite y vino. Name of the room in the pars fructuaria for pressing oil and wine.

Trapetum: Molino formado por dos piedras semiesféricas suspendidas para el prensado de la aceituna. Mill consisting of two suspended hemispherical stones for pressing olives.

Tugurium, ii, i: Similar a *Casa* se refiere en origen a edificaciones en localizaciones extranjeras, para momentos iniciales de la República. Similar to *Casa* refers originally to buildings in foreign locations, for the early Republic.

Vicus, i: lugar habitado que no tiene la cabecera de un territorio, integrado dentro de una *civitas*. Inhabited place that does not have the head of a territory, integrated within a *civitas*.

Viminibus: Término referente a los mimbres y otros cordeles necesarios para atar la viña. Term referring to the wickerwork and other twine necessary for tying up the vineyard.

10

Bibliografía

Traducciones y fuentes:

AA.VV., *Geopónica o extractos de agricultura de Casiano Baso*, traducción y comentarios de M.J. Meana, J.I. Cubero, P. Sáez, Madrid, 1998.

Avieno, *Fenómenos. Descripción del orbe terrestre. Costas marinas*, traducción por J. Calderón Felices, I. Moreno Ferrero, Madrid, 2001.

Catón, *De Agri Cultura*, traducción por A.M. Perales Alcalá, Instituto Histórico del Derecho, Madrid, 1976.

Estrabón, *Geografía*, traducción por J. L. García Blanco y J. García Ramón, Madrid, 1991.

César, *Guerra civil,* introducción P.J. Quetblas, traducción por J. Calonge Ruiz, Madrid, 2011.

Columela, *De los trabajos del campo*, traducción y notas por A. Holgado Redondo, Ministerio de Agricultura, Pesca y Alimentación, Madrid, 1988.

Hesíodo, *Obras y fragmentos*, introducción y traducción por A. Pérez Jiménez, A. Martínez Díez, Madrid, 1978.

Paladio, *Tratado de agricultura. Medicina veterinaria. Poema de los injertos,* traducción y notas por A. Moure Casas, 1990.

Plinio el joven, *Cartas*, Introducción, traducción y notas de J. González Fernández, Ed. Gredos, 2005.

Plinio el viejo, *Historia Natural*, traducción y notas por F. manzanero Cano, I. García Arribas, M.L. Arribas Hernáez, A. Moure Casas, J.L. Sancho Bermejo, 2010.

Plutarco, *Obras morales y de costumbres,* traducción por M. López Salvá, Gredos, Madrid, 1989.

Pomponio Mela, *Corografía*, traducción por I.A González de Salas, J. Martínez, Clásicos de Historia 82, Madrid, 2015.

Teofrasto, *Historia de las plantas*, introducción y traducción por J.M. Días-Regañón López, Madrid, 1988.

Tito Livio, *Historia de Roma desde su fundación*, introducción por A. Sierra, traducción por J.A. Villar Vidal, Madrid, 1990.

Varrón, *Rerum rusticarum*, Introducción y traducción por J.I. Cubero Salmerón, Consejería de Agricultura y pesca, Madrid, 2010.

Virgilio, *Georgicas*, traducción de J.L. Vidal, Madrid, 1990.

Vitrubio, *De Architectura*, traducción por J.L. Oliver Domingo, Madrid, 1997.

Bibliografía:

AA.VV., *Catálogo general de las variedades y los clones de uva de vino y de mesa,* Rauscedo, 2013.

AA.VV., *Estudio agrobiológico de la provincia de Cádiz*, Instituto Nacional de Edafología y Agrobiología del Consejo Superior de Investigaciones Científicas, Cádiz, 1963.

AA.VV., *Estudio de costes del cultivo del viñedo en el Marco del Jerez*, Consejería de Agricultura y Pesca, Jerez dela Frontera, 2002.

AA.VV., *Mapa geológico de España. E. 1:50000. Jerez de la Frontera. Segunda serie - Primera edición,* Madrid, 1988.

AA.VV., *Plan general de ordenación urbanística. Trebujena. 1.c. Catálogo,* Trebujena, 2006.

Abad Casal, L. *El Guadalquivir, vía fluvial romana*, Diputación Provincial de Sevilla, Sevilla, 1976.

Abascal Palazón, J.M. "Los tres viajes de Augusto a Hispania y su relación con la promoción jurídica de ciudades", *Iberia* 9, 2013, pp. 63–78.

Aguarod Otal, M.C. "Cerámica común romana: cocina, conserva, preparación de alimentos, almacenaje y mesa", *Al-qannis: Boletín del Taller de Arqueología de* Alcañiz 10, 2003, pp. 127–165.

Aguilera, A. "El contenido de las Haltern 70 según los *tituli picti*", *Culip VIII i les àmfores Haltern 70. Monografies del Casc 5,* 2004, p. 119.

Aguilera, A. "Defrutum, sapa y caroenum. Tres nombres y un producto: arrope", *Culip VIII i les àmfores Haltern 70. Monografies del Casc 5,* 2004, pp. 120–132.

Álvarez de Morales, C. "Agrónomos andalusíes y sus legados", en F. Nuez (ed.), *La herencia árabe en la agricultura y el bienestar de Occidente*, Universitat Politècnica de València, Granada, 2002, pp. 9–69.

Amela Valverde, L. "Las colonias "cesarianas" del mediodía peninsular. Una síntesis", *Hispania Antiqua* 40, 2016, pp. 85–117.

Amouretti, M.C., Brun, J.P. *La production du vin et de l'huile en Mediterranée*, Ecole Francaise d'Athènes, Atenas, 1993, pp. 626.

André, J. *Aspects du vocabulaire agricole latin,* L'Erma di Bretschneider, Roma, 1981.

Angulo Sáenz, T., Porres Castillo, F. "Inventario arqueológico: Metodología, procedimientos y nuevas tecnologías", *Berceo* 151, 2006, pp. 87–105.

Aragón, E., Trapero, P., Rodríguez, J., Munar, S. "La Conectividad Marítima de la Isla de Formentera durante el Bajo Imperio a través de su patrimonio arqueológico subacuático" en R. González Villaescusa, K. Shörle (eds.), *La fortification tardo-antique de Can Blai (Formentera, Baléares) et la surveillance côtière en Méditerranée occidentale*, Ausonius, 2021, en prensa.

Arcila Garrido, M., Fernández Enríquez, A. "El uso de los SIG para el análisis de la relación entre vegetación potencial y poblamiento histórico en la provincia de Cádiz" *Revista internacional de ciencia y tecnología de la Información Geográfica* 16, 2015, pp. 205–230.

Argyriou, A.V., Sarris, A., Teeuw, R.M. "Using geoinformatics and geomorphometrics to quantify the geodiversity of Crete, Greece", *International Journal of Applied Earth Observation and Geoinformation* 51, 2016, pp. 47–59.

Argyriou, A.V., Teeuw, R.M., Rust, D., Sarris, A. "GIS multi-criteria decision analysis for assessment and mapping of neotectonic landscape deformation: A case study from Crete", *Geomorphology* 253, 2016, pp. 262–274.

Argyriou, A.V., Teeuw, R.M., Sarris, A. "GIS-based landform classification of bronze age archaeological sites on Crete island", *PLOS ONE* 12(2), 2017, pp. 1–23

Ariño Gil, E., Díaz, P.C. "La economía agraria de la Hispania romana: Colonización y territorio", *SHHA.* 17, 1999, pp. 153–192.

Arteaga, O., Schulz, H.D., Roos, A.M. "El problema del lacus ligustinus. Investigaciones geoarqueológicas en torno a las marismas del bajo Guadalquivir", *Tartessos: 25 años después, 1968–1993,* 1995, pp. 99–135.

Arteaga, O., Barragán Mallofret, F., Roos, A.M., Schulz, H.D. "Primicia cartográfica del río Guadalquivir hace 6500 años", *Revista Atlántica-Mediterránea de Prehistoria y Arqueología Social* 18, 2016, pp. 139–161.

Baena del Alcázar, L., Berlanga Palomo, M.J. "La colonia Salaria: el último descubrimiento en arqueología clásica de D. Manuel de Góngora y Martínez", *Baetica. Estudios de Arte, Geografía e Historia* 27, 2005, pp. 261–282.

Balmelle, C., Barraud, D., Brun, J.P. et all. "La viticulture antique en Aquitaine", *La viticulture en Gaule, Gallia* 58, 2001, pp. 129–164.

Baratta, G. "Manipulaçoes e fraudes na produçao e venda do vinho na època Romana", *Douro* 13, 2002, pp. 297–310.

Barrionuevo, F. "Prospección arqueológica superficial del extremo noroccidental de la provincia de Cádiz: campaña de 1997", *Anuario Arqueológico de Andalucía*, 1998, pp. 21–28.

Barrionuevo, F., Aguilar, L., González, R. "Prospección arqueológica superficial del extremo noroccidental de la provincia de Cádiz. Campaña 1994", *Anuario Arqueológico de Andalucía,* 1994.

Bastos Zarandieta, A. "Aplicación de las TIG al estudio de Don Juan Gavala sobre el proceso de colmatación de un espacio histórico: el Lacus Ligustinus", *SIAGA*, 2012, pp. 21–29.

Beltrán Fortes, J. "Los tiempos romanos: La ciudad de Conobaria" en J. Beltrán Fortes, J.L. Escacena Carrasco (eds.), *Arqueología en el Bajo Guadalquivir. Prerromano y antigüedades de Las Cabezas de San Juan*, 2007, pp. 119–181.

Beltrán Llores, F. "El Territorium Caesaraugustanum", en I. Aguilera Aragón, J. L. Ona Gónzalez, (eds.), *Delimitación comarcal de Zaragoza,* 2011, pp. 93–101.

Beltrán Lloris, M. *Cerámica romana: tipología y clasificación,* Libros Pórtico, Zaragoza, 1978.

Bernal, D., Lorenzo, L. "Las estructuras de la villa documentadas en la intervención arqueológica de 1998", en D. Bernal, L. Lorenzo (eds.), *Excavaciones arqueológicas en la villa romana del Puente Grande (los Altos del Ringo Rango, Los Barrios, Cádiz),* Universidad de Cádiz, Cádiz, 2002, pp. 102–136.

Bernal, D., Petit, M.D. "Caracterización de resinas en ánforas romanas por cromatografía de gases. Resultados y aplicaciones en España", *Alebus* 4–5, pp. 1994–1995, pp. 84–90.

Berni Millet, P. "Tipología de las Haltern 70 bética", en C. Carreras Monfort, R. Morais, E. González Fernández (coords.), *Ánforas romanas de Lugo,* Lugo, 2011, pp. 80–107.

Bernigaud, N., Ouzoulias, P., Lepetz, S., Wiethold, J., Zech-Matterne, V., Séguier J.M., Reddé, M. "Exploitations agricoles et pratiques agro-pastorales dans les ampagnes du nord-est de la Gaule (II s. S. AV. J.-C.-V S. AP. J.-C.): L'apport des données de l'archéologie préventive d'île-de-France et de Lorraine", en M. Reddé (ed.), *Méthodes d'analyse des différents paysages ruraux dans le Nord-Est de la Gaule romaine. Études comparées (hiérarchisation des exploitations; potentialités agronomiques des sols ; systèmes de production ; systèmes sociaux),* París, 2016.

Billiard, R. *La vigne dans l'Antiquité,* Jeanne Laffitte, Lyon, 1913.

Billiard, R. *L'agriculture dans l'antiquité d'après les Géorgiques de Virgile*, E. de Boccard, Paris, 1928.

Blanc, N., Gury, F. "Étude typologique des corbeilles de vendange sur les sculptures de Gaule romaine", *Archéologie de la vigne et du vin*, 1990, pp. 31–56.

Blázquez J.M. (coord.), *Producción y comercio del aceite en la antigüedad. Primer Congreso Internacional,* Universidad Complutense de Madrid, Madrid, 1980.

Blázquez Martínez, J.M. "El entorno de las *villae* en los mosaicos de África e Hispania", *L'Africa romana X,* 2, 1994, pp. 1171–1187.

Blázquez Martínez, J.M. "La Hispania en época de Augusto vista por los escritores contemporáneos. Estrabón y Trogo Pompeyo", *Gerion* 24, 2006, pp. 237–249.

Bödőcs, A., Kovács, B., Anderkó, K. "The impact of the Roman agriculture on the territory of Savaria", *DissArch Ser.* 3, 2014, pp. 321–332.

Boissinot, P., Puig, C. "Archéologie du champ et viticulture méridionale. Pourquoi les traces de vignobles sont-elles si peu fréquentes au Moyen Age*?", Archéologie du Midi Médiéval* 23, 2005, pp. 17–26.

Bonilla Martos, A.L. "Poblamiento y territorio en el Suroeste de la provincia de Jaén en época romana", *Arqueología y territorio* 2, 2005, pp. 193–209.

Bonmati, V., Álvarez, F. *Nebrija historiador: estudio preliminar traducción y notas*, Lebrija, 1992.

Bonsor, J. *Tartesos,* "Excavaciones practicadas en 1923 en el Cerro del Trigo, Término de Almonte (Huelva)", *Junta Superior de Excavaciones Y Antigüedades* 97, 1928, pp. 1–28.

Borja Romero, F. "La desembocadura de Guadalquivir en la segunda mitad del Holoceno. Síntesis paleogeográfica", en L. García Sanjuán, J.M. Vargas Jiménez, V. Hurtado Pérez, T. Ruiz Moreno, R. Cruz-Auñón Briones, (eds.), *El asentamiento prehistórico de Valencina de la Concepción (*Sevilla*). Investigación y tutela en el 150 aniversario del descubrimiento de la Pastora,* Universidad de Sevilla, Sevilla, 2013, 93–113.

Borja, F., Hunt, M., Ubera, J.L., Zazo, C., Dabrio, C.J., Goy, J.L., Barral, M.A., Llergo, Y., Borja, C. "EL registro holoceno del estuario del Guadalquivir en el área de Sevilla, aproximación geoarqueológica", *Resúmenes XII reunión nacional de Cuaternario,* 2007, pp. 101–102.

Borrego Soto, M.A. "El vino y el cultivo de la vid en Al-Andalus y jerez", *Jerez, cultura y vino*, 2015, pp. 177–193.

Borrero Fernández, M. *La organización del trabajo. De la explotación de la tierra a las relaciones laborales en el campo andaluz (siglos XIII-XVI),* Universidad de Sevilla, Sevilla, 2003.

Bowman, A., Wilson, A. "Introduction: quantifying Roman agriculture", en: A. Bowman, A. Wilson (eds.), *The Roman agricultural economy: organisation, investment, and production,* Oxford University Press, Oxford, 2013 pp. 45–66.

Bravo Jiménez, S. "Un ejemplo de producción artesanal en el Mundo Romano: el uso de *tegulae* con inscripción *m petrudicius* en Carteia (San Roque, Cádiz)", *Espacio, Tiempo y Forma, Serie II, Historia Antigua* 1, 23, 2011, pp. 437–452.

Brughmans, T., Poblome, J. "Mercury: an agent based model of tableware trade in the Roman East", *Journal of Artificial Societies and Social Simulation* 19 (1) 3, 2016, pp. 1–18.

Brughmans, T., Poblome, J. "Roman bazaar or market economy? Explaining tableware distributions through computational modelling", *Antiquity* 90, 2016, pp. 393–408.

Brughmans, T., Keay, S., Earl, G. "Understanding inter-settlement visibility in iron age and Roman southern spain with exponential random graph models for visibility networks", *Journal of Archaeological Method and Theory* 22, 2015, pp. 58–143.

Brun, J.P. *Le vin et l'huile dans la Méditerranée antique. Viticulture, oléiculture et procédés de transformatio*n, Editions Errance, París, 2003.

Brun, J.P. *Archéologie du vin et de l'huile dans l'Empire romain*, Errance, París, 2004.

Brun, J.P., Gilles, K.J. "La viticultura Antique en Rhénanie" *La viticulture en Gaule, Gallia* 58, 2001, pp. 165–179.

Bueno Delgado, J.A. "El bronce de Bonanza", *AFDUA,* 2004, pp. 154–165.

Buzón Alarcón, M. "Las *villae* suburbanas", *Las villas romanas de la Bética*, Universidad de Sevilla, Sevilla, 2016, pp. 115–174.

Calò, A. "Columella viticoltore", En D. Tomasi, C. Cremonesi, (eds.), *L'avventura del vino nel Bacino del Mediterraneo. Itinerari storici ed archeologici prima e dopo Roma. Simposio internazionale,* Istituto Sperimentale per la Viticoltura, Conegliano, 2000, pp. 255–266.

Camerieri, P. "La centuriazione dell'*ager Nursinus*", en S. Sisani (Coord.), *Nursia e l'ager Nursinus. Un distretto sabino dalla praefectura al municipium*, Edizioni Quasar, Roma, 2013, pp. 25–34.

Camerieri, P. "Il *castrum* e la pértica di *Fulginia* in destra *Tinia*", en G. Galli (Coord.), *Foligno città romana. Ricerche storico – urbanístico – topografiche sull'antica città di Fulginia*, Il Formichiere, Foligno, 2015, pp. 75–121.

Camerieri, P., Manconi, D. "La *pértica* della colonia latina di *Spoletium* nel quadro dei nuovi studi sulle centuriazioni della valle umbra", en P.L. Dall'Agglio, G. Rosada (Coords.), *Sistemi* centuriali *e opere di assetto agrario tra età romana e primo medioevo. Aspetti metodologici, ricostrutivi e interpretatitivi,* Fabrizio Serra Editore, Ravena, 2009, pp. 363–673.

Camerieri, P., Manconi, D. "La centuriazione della colonia latina di *Spoletium* tra via Flaminia e via della Spina. Pianificazione territoriale e forme insediative in età romana", en G. Guerrini, L. Rambotti (Coords.), *Spina e il suo territorio. Storia ambiente e tradizioni popolari*, Pro Loco Spina di Campello, Perugia, 2013, pp. 42–52.

Camerieri, P., de Santis, A., Mattioli, T. "La *limitatio* dell'*Ager Reatinus.* Paradigma del rapporto tra agrimensura e pastorizia, viabilità e assetto idrogeologico del territorio", en P.L. Dall'Agglio, G. Rosada (Coords.), *Sistemi* centuri*ali e opere di assetto agrario* *tra età romana e primo medioevo. Aspetti metodologici, ricostrutivi e interpretatitivi,* Fabrizio Serra Editore, Ravena, 2009, pp. 327–345.

Campos, J.M., Vidal, N.O., Gómez, A. *La cetaria de El Cerro del Trigo (Doñana, Almonte, Huelva) en el contexto de la producción romana de salazones del sur peninsular,* Universidad de Huelva, Huelva, 2014.

Campos Carrasco, J.M. "La estructura urbana de la Colonia Iulia Romula Hispalis en Época Imperial", *Anales de arqueología cordobesa* 4, 1993, pp. 181–219.

Campbell, A. "Surveyors, topography, and definitions of landholding in ancient Rome", en D. Conso, A. González, J.Y. Guillaumin, (Eds.), *Les vocabulaires techniques des arpenteurs romaines. Actes du colloque international,* PUFC, Besanzón, 2002, pp. 173–181.

Cañizar Palacios, J.L. "Aproximación histórica al concepto latino de los humedales: la terminología usada en las fuentes escritas", en L. Lagóstena Barrios (coord.), *Qui lacus aquae stagna paludes sunt: Estudios históricos sobre humedales en la Bética,* Cádiz, 2015, pp. 29–60.

Cañizar Palacios, J.L. "Salubritas e insalubritas. El espacio de los humedales en el imaginario romano", en L. Lagóstena Barrios (ed.), *Lacus autem idem et stagnus, ubi inmensa aqua convenit. Estudios históricos sobre humedales en la Bética* (II), Cádiz, 2016, pp. 1–14.

Capogrossi Colognesi, L. *L'agricoltura romana*, Laterza, Roma 1982.

Carandini, A. "Il vigneto e la villa del fondo diSettefinestre nel Cosano: Un caso di produzione agricla per il mercato trasmarino", *Memoirs of the American Academy in Rome* 36, 1980.

Carandini, A. "Columella's vineyards and the rationality of the Roman economy", *Opus* 2.1, 1983, pp. 150–177.

Carandini, A. "L'economia italica fra Repubblica e Medio Impero considerata dal punto di vista di una merce: il vino" *Amphores Romaines et Histoire Économique: dix ans de recherche*, Roma, 1989, pp. 505–521.

Carandini, A. "I paesaggi agrari dell'Italia Romana visti a partire dell'Etruria", *Publications de l'École Française de Rome* 198, 1994, pp. 167–174.

Carlsen, J. "Land, labour and legislation in late republican Italy", en J. Carlsen, E. Lo Cascio (eds.), *Agricoltura e scambi nell'Italia tardo-repubblicana*, Edipuglia, Bari, 2010, pp. 303–315.

Carneiro, A. "A villa romana, enter la construçao literaria e a realidade construída", *AAC* 27, 2016, pp. 77–96.

Caro Bellido, A. "Conobaria. Contribución al estudio en torno a su localización", *Mélanges de la casa de Velázquez*, 1985, pp. 9–18.

Carreras Monfort, C. "Producción de Haltern 70 y Dressel 7–11 en las inmediaciones del Lacus Ligustinus (Las Marismas, Bajo Guadalquivir)", en *Congreso Internacional Ex Baetica Amphorae. Conservas, aceite y vino de la Bética en el Imperio Romano*, Editorial Gráficas, Écija 2001, pp. 419–426.

Carreras Monfort, C. "4. Geografia de la producción de les Haltern 70", *Culip VIII i les àmfores Haltern 70. Monografies del Casc 5,* 2004, pp. 75–83.

Carreras Monfort, C. "Estat de la questió sobre els continguts de les ámfores Haltern 70", *Culip VIII i les àmfores Haltern 70. Monografies del Casc 5,* 2004, pp. 117–118.

Carreras, C., Martín, A. "Los naufragios béticos de ánforas Haltern 70", en R. Morais, H. Graja, A. Morillo (eds.), *O irado Mar Atlântico: o naufragio bético augustano de Esposende (Norte de Portugal),* Braga, Braga, 2013, pp. 283–308.

Carretero Poblete. P.A. "Las *villae* agrícolas púnico-turdetanas de la campiña gaditana (Cádiz-España)", *CEFYP* III, Adra, 2004, pp. 187–208.

Carretero Poblete, P.A. *Agricultura y comercio púnico-turdetano en el Bajo Guadalquivir*, BAR International Series 1703, BAR Publishing, Oxford, 2007.

Carrillo Díaz-Pinés, R.J. "Técnicas constructivas en las *villae* romanas de Andalucía", *AAC 3,* 1992, pp. 309–341.

Carrillo Díaz-Pinés, R.J. "Olearium aut vinarium? Un problema de identificación arqueológica", *Almirez 6,* 1997, pp. 99–122.

Carrillo Díaz-Pinés, R.J. "Evidencias del comercio en época romana en la subbética cordobesa", *Romula* 11, 2012, pp. 59–64.

Carrión, J.S. (coord.) *Paleoflora y paleovegetación de la Península Ibérica e islas baleares Paleoflora y paleovegetacióndelaPenínsulaIbéricaeIslasBaleares: Plioceno-Cuaternario,* Universidad de Murcia, Murcia, 2012.

Casarotto, J.L., Pelgrom, J, Steck, T.D. "Testing settlement models in the early Roman colonial landscapes ov Venusia (291 B.C.), Cosa (273 B.C.) and Aesernia (263 B.C)", *Journal of Field Archaeology* 41.5, 2016, pp. 568–86.

Castillo Pascual, M.J. "*Ager arcifinius*: significado etimológico y naturaleza real", *Gerión* 11, 1993, pp. 233–249

Castillo Pascual, M.J. *Espacio en orden: el modelo gromático-romano de ordenación del territorio,* Universidad de la Rioja, Madrid, 2011.

Castro García, M.M. *La gestión del agua en época romana. Percepción postclásica y construcción historiográfica,* Cádiz, 2016.

Castro García, M.M. "La desnaturalización de los espacios: *Lacus* y *stagnum* en su acepción de infraestructuras hidráulicas", en L. Lagóstena Barrios (ed.), *Lacus autem ídem et stagnus, ubi inmensa aqua convenit. Estudios históricos sobre humedales en la Bética II*, Cádiz, 2016, pp. 85–105.

Celestino Pérez, S., Blánquez Pérez, J. "Origen y desarrollo del cultivo del vino en el mediterráneo: la Península Ibérica", *Universum* 22, 2007, pp. 32–60.

Celestino Pérez, S., Blánquez Pérez J. (coords.), *Patrimonio cultural de la vid y el vino*, UAM Ediciones, Madrid, 2012.

Cerrillo, E. "La producción doméstica del vino en la Antigüedad romana. Entre las recomendaciones de los agrónomos y las evidencias arqueológicas", en S. Celestino (ed.), *El vino en la Antigüedad romana: II Simposio de Arqueología del Vino*, Universidad Autónoma de Madrid, Madrid, 1999, pp. 63–78.

Ceballos, L., Martín Bolañoz, M. *Estudio sobre la vegetación forestal de la provincia de Cádiz*, 1930.

Chacón Mohedano, C. "Nuevas estructuras arqueológicas documentadas en el yacimiento de Puente Melchor, Puerto Real, Cádiz", *Mainake,* 34, 2013, pp. 77–94.

Chamorro, J.G. "Flotation Strategy: Method and Sampling Plant Dietary Resources of Tartessian Times at Doña Blanca", en *Castillo de Doña Blanca. Archaeo-environmental investigations in the Bay of Cádiz, Spain (750–500 B.C)*. BAR International Series 593, BAR Publishing, Oxford, 1994, pp. 170–171.

Chevallier, R. "Cité et territoire. Solutions romaines aux problemes de l'organization de l'espace. Problematique 1848–1973", *Aufstieg und Niedergang der Romischen Welt* 2, 1974, pp. 762–766.

Chic García, G. "Gades y la desembocadura del Guadalquivir", *Gades* 3, 1979, pp. 7–24.

Chic García, G. "Acerca de un ánfora con pepitas de uvas encontrada en la Punta de la Nao (Cádiz)", *Boletín del Museo de Cádiz* 1, 1980, pp. 37–41.

Chic García, G. "La campaña de Catón en la Ulterior. El caso de Seguntia", *Gades* 15, 1987, pp. 23–27.

Chic García, G. *La navegación por el Guadalquivir entre Córdoba y Sevilla en época romana,* Athenaica Ediciones Universitarias, Sevilla, 1990.

Chic García, G. "Lucubraciones en torno al conventus de Hasta (Estrabón, III, 2, 2. 141)" en S. M. Ordóñez Aguila, P. Sáez Fernández (coords.) *Homenaje al profesor Presedo*, Universidad de Sevilla, Sevilla, 1995.

Chic García, G. "El comercio de la Bética altoimperial", *Habis* 36, 2005, pp. 313–332.

Chic García, G. *Economía de prestigio "versus" economía de mercado*, Universidad de Sevilla, Sevilla, 2006.

Chic García, G. "La Ordenación Territorial En La Bahía de Cádiz Durante El Alto Imperio Romano", *Rampas* 10, 2008, pp. 325–352.

Chic García, G. "Las rutas comerciales de la zona ceretana", *Actas de las XV jornadas de historia de Jerez. El Ager Ceretanus. De las leyendas a la realidad histórica*, Jerez, 2009, pp. 14–37.

Chouquer, G., Favory, F. *L'arpentage romain. Histoire des textes, droit, techniques*, Cambridge University Press, Cambridge, 2001.

Chouquer, G. "Els agrimensors Romans, cartògrafs de territoris", *Mètode: Revista de difusió de la investigación* 53, 2007, pp. 60–67.

Chouquer, G. *La terre dans le monde romain. Anthropologie, droit, géographie,* Editions Errance, París, 2010.

Ciacci, A., Rendini, P. A. Zifferero (coords.) *Archeologia della vite e del vino in Toscana en el Lazio,* All'Insegna del Giglio, Roma, 2012.

Ciarrocchi, G. "La produzione del vino nell'area cuprense in età romana. Macchine, attrezzature e trasporto marittimo", *Mediterraneo. Archaeologia e civiltà del vino. Produzione, scambi, barche traffici dall'antichità ad oggi Cattolica,* Roma, 2010.

Cibecchini, C., de Juan, C., Marlier, S. "Das Wrack Ouest Giraglia 2 vor Korsika – zum Phänomen der Tanker in der frühen Kaiserzeit", en M. Reinfeld (coord.), *Archäologie im Mittelmeer. Auf der Suche nach versunkenen Schiffswracks und vergessenen Häfen. Zaberns Bildbände zur Archäologie, Sonderbände der Antiken Welt*, Verlag Philipp von Zabern, Mainz, 2013.

Clavero Salvador, A., Morerira Madaueño, J.M., Palma Silgado, M.J., Zoydo Naranjo, F. *Cádiz y su provincia. Tomo I. Geografía. La Naturaleza, los Hombres y la Organización del Espacio en la Provincia de Cádiz,* Sevilla, 1984.

Colls, D., Etienne, R., Lequément, R., Liou, B., Mayet, F. "L'épave Port-Vendres II etl le commerce de la Bétique à l'époque de Claude", *Archaeonautica* 1, 1977, pp. 3–145.

Compatangelo, R. "Le cadastre de Pierre de la Péninsule sallentine: polysémie des formes de *limitatio* d'un cadastre Antique", *Mefra* 101, 1989, pp. 365–402.

Compatangelo, R. "Unité de mesure agraire et cadastres romains: stabilité et variabilité des mesures en Italie méridionale", *Histoire & mesure* 3.4, 1990, pp. 221–257.

Conesa García, A., Pérez Cutillas, P., García Lorenzo, R., Martínez Salvador, A. "Cambios históricos recientes de cauces y llanuras aluviales inducidos por la acción el hombre", *Nimbus* 29–30, 2012, pp. 159–176.

Conso, D. "Comment definir et délimiter le vocabulaire technique des arpenteurs latins?", en D. Conso, A. González, J.Y. Guillaumin, (eds.), *Les vocabulaires techniques des arpenteurs romaines. Actes du colloque international,* PUFC, Besanzón, 2002, pp. 11–23.

Correa, J.A. "La distribución de las oclusivas orales en la toponimia prerromana de la Bética", *Palaeohispanica* 2, 2002, pp. 133–139.

Cortijo Cerezo, M.L. "El *pagus* en la administración territorial romana: los *pagi* de la Bética", *Flor.* 2, 1991, pp. 99–116.

Cortijo Cerezo, M.L. "El Itinerario de Antonino y la provincia Baetica" *Habis* 39, 2008, pp. 285–308.

Corzo Sánchez, J.R. "Munda y las vías de comunicación en el *Bellum Hispaniense", Habis* 4, 1973, pp. 241–252.

Corzo Sánchez, J.R. "Notas sobre la organización agrícola de la Bética", *Segovia y la arqueología romana*, Segovia, 1977, pp. 163–170.

Corzo Sánchez, J.R., Toscano San Gil, M. *Las vías romanas de Andalucía*, Sevilla, 1992.

Courault, C. "Le concept d'*oppidum* en *Hispania*: entre synthèse et réflexion", *Munibe* 66, 2015, pp. 259–270.

Cuadrado Román, A.M. "Los canales de Jerez", *Revista historia de Jerez* 14–15, 2008–2009, pp. 67–90.

Curchin, L.A. "Vici and pagi in Roman Spain", *Revue des études anciennes*, 87, 1985, pp. 327–343.

Dambrine, E., Dupouey, J.L., Laut, L., Humbert, L., Thinon, M., Beaufils, T., Richard, H. "Present forest biodiversity patterns in France related to former Roman agriculture", *Ecology* 88 6, 2007, pp. 1430–1439.

de Luque, L. "El Impacto de eventos catastróficos costeros en el litoral del golfo de Cádiz" *Rampas* 10, 2008, pp. 131–153.

de Soto, P. "El sistema de transporte del suroeste peninsular en época romana. Análisis del funcionamiento de sus infraestructuras", *VI Encuentro de Arqueología Del Suroeste Peninsular*, 2004, pp. 1551–1576.

Dell'Amico, P., Pallarés, F. "Il relitto di diano marina e le navi a *Dolia*: nuove considerazioni", en T. Cortis, T. Gabmin (ed.), *De Triremibus, Festschirift in honour of J. Muscat,* San Gwann, Malta, 2005.

Demougin, S. *L'ordre équestre sous les Julio-claudiens*, École francaise de Rome, Rome 1988.

Dias Viegas, C., Carretero, P.A., Petit Domínguez, M.D., Rucandio, M.I., Vigil de la Villa, R., García Giménez, R. "Characterization of *Dolia* from the Guadalquivir valley and found in the southern lusitanian sites (Algarve, Portugal), en J. F. Moreau, R. Auger, J. Chabot, A. Herzog (eds.), *Proceedings actes ISA 2006. 36th International Symposium on Archaeometry,* CELAT, Quebec, 2009, pp. 243–251.

Dilke, O.A.W. *The Roman land surveyors,* Newton Abbot, 1971.

Djaoui, D. "Les amphores de type Haltern 70: olives ou *defrutum?* Et que faire des *tituli picti* concernant la *sapa,* le *mulsum*, la *muria* et *l'hallex?",* en D. Djaoui (ed.), *Histoires matérielles: terre cuite, bois, métal et autres objets. Des pots et des potes: Mélanges offerts à Lucien Rivet,* MERGOIL, París, 2016, pp. 489–512.

Domínguez Pérez, J.C. "La dialéctica Turdetano-Fenicio occidental como estrategia de implantación territorial postcolonial. Una propuesta de discriminación funcional de los yacimientos según su aportación al modo productivo y a la estructura de la propiedad", *Rampas* 8, 2006, pp. 139–198.

Domínguez Petit, R. "Fuentes literarias para la agricultura cartaginesa: el tratado de Magón", *Habis* 25, 2004, pp. 179–192.

Doody, A. "Virgil the farmer? critiques of the Georgics in Columella and Pliny", *Classical Philology* 102v, 2007, pp. 180–197.

Eitan, D. "Selected oil and wine installations in ancient Israel", *La production du vin et de l'huile en Méditerranee*, Ecole Francaise d'Athènes, Atenas, 1993, pp. 91–106.

El Bouzidi, S. "La conception de la *villa* rustica chez Caton. Entreprise agricole oú simple ferme rurale?", *Gerión* 21.1, 2003, pp. 167–196.

Erdkamp, P. "Agriculture, underemployment and the cost of rural labour in the Roman world", *Classical Quarterly* 49, 1999, pp. 556–572.

Erdkamp, P. "Supplying armies in the Iberian Peninsula during the republic", en C. Carreras, R. Morais (eds.), *The western Roman Atlantic façade. A study of the economy and trade in the mar exterior from the republic to the Principate,* BAR International Series 2162, BAR Publishing, Oxford, 2010, pp. 135–143.

Erdkamp, P. "Soldiers, Roman citizens and latin colonists in mid-republican Italy", *Ancient society* 41, 2011, pp. 109–146.

Erdkamp, P. "How modern was the market economy of the Roman world?", *Oeconomia* 3, 2013, pp. 225–235.

Erdkamp, P. "The food supply of the capital", en P. Erdkamp (ed.), *The Cambridge Companion to Ancient Rome.* Cambridge University Press, Cambridge, 2013, pp. 262–277.

Erdkamp, P. "Seasonal labour and rural-urban migration in Roman Italy", en L. de ligt, L.E Tacoma (eds.), *Migration in the Early Roman Empire*, Brill, Leiden, 2015, pp. 33–49.

Esteban López, R.J. *Los peregrini durante el Alto Imperio. Exclusión e inclusión desde el siglo I hasta el 212 d.C.,* Tesis doctoral Universidad de Concepción, Santiago, 2016, pp. 21–24.

Esteve Guerrero, M. *Excavaciones de Asta Regia (Mesas de Asta, Jerez) campaña de 1942–43,* Madrid, 1945.

Esteve Guerrero, M. *Excavaciones de Asta Regia (Mesas de Asta, Jerez); campaña de 1945–46*, Madrid, 1950.

Esteve Guerrero, M. *Excavaciones de Asta Regia (Mesas de Asta, Jerez), campañas de 149–50 y de 1955–56,* Jerez de la Frontera, 1962.

Esteve Guerrero, M. *Miscelánea arqueológica jerezana,* Jerez de la Frontera, 1979.

Etienne, R. "Production vinicole et esclavage chez Columelle", *Index* 8, 1978–1979, pp. 206–213.

Ettlinger, E. "Aspects of amphora-typology, seen from the North", *Méthodes classiques et methods formelles dans l'étude typologique des amphores, Actes du colloque de Rome,* École française de Rome, Roma, 1977, pp. 9–16.

Gardner, J.F. *Being a Roman citizen,* Routledge, Londres, 1993.

Fábrega Álvarez, P., Parcero Oubiña, C. "Proposals for an archaeological analysis of pathways and movement", *Archeologia e Calcolatori* 18, 2007, pp. 121–140.

Fear, A.T. *Rome and Betica. Urbanization in Southern Spain C. 50 BC-AD 150,* Oxford Classical Monographs, Oxford, 1996.

Fernández Ochoa, C., Salido Dominguez, J., Zarzalejos Prieto, M. "Las formas de ocupación rural en Hispania. Entre la terminología y la proaxis arqueológica", *CuPAUAM* 40, 2014, pp. 111–136.

Fernández Corrales, J.M. "Consideraciones para la distribución y delimitación de las ciudades romanas", en E. S. Higs (ed.), *Paleoconomy,* 1975, pp. 173–176.

Fernández-Chicarro, C. "Noticia de un capítulo de dudosa autenticidad, según un documento del siglo XVII", *Revista de archivos, bibliotecas y museos* 66, 1961, pp.301–304.

Ferrer Albelda, E. "Confusiones contemporáneas sobre geografía antigua. A propósito del *sinus tartesii* y del *lacus ligustinus*", *Spal* 21, 2012, pp. 57–67.

Figueiral, I., Bouby, L., Buffat, L., Petitet, H., Terral, J.F. "Archaeobotany, vine growing and wine producing in Roman Southern France: The site of Gasquinoy (Béziers, Hérault)", *Journal of Archaeological Science* 37(1), 2010, pp. 139–149.

Finley, M. *Esclavitud antigua e ideología moderna,* Crítica, Madrid, 1982.

Fornell Muñoz, A. "Poblamiento romano en el valle del Guadalete (Cádiz)", *Flor.* 15, 2004, pp. 73–113.

Fornell Muñoz, A. "Las epístolas de Plinio el Joven como fuente para el estudio de las uillae romanas", *Circe* 13, 2009, pp. 139–155.

Frankel, R. *Wine and oil production in antiquity in Israel and other Mediterranean countries,* Continuum International Publishing Group, Sheffield, 1999.

Freixas, A. "Acerca del Edicto del 301", *Anales de Historia Antigua y Medieval,* 1961–1962, pp. 9–15.

Fumadó Ortega, I. "*Oppidum.* Reflexiones acerca de los usos antiguos y modernos de un término urbano", *Spal* 22, 2012, 173–184.

Galán Huertos, E., Aparicio Fernández, P. "Materias primas para la industria cerámica" en M. A. García del Cura, J.C. Cañaveras Jiménez (coords.), *Utilización de rocas y minerales industriales,* Universidad de Alicante, Alicante, 2006, pp. 31–48.

Galtier, G. *Le commerce des vins dans l'empire romain,* Lyon, 1953.

García Armendáriz, J.I. *Agronomía y tradición clásica. Columela en España,* Universidad de Sevilla, Sevilla, 1995.

García-Bellido, M.P., Blázquez, C. *Diccionario de cecas y pueblos hispánicos*, CSIC, Madrid, 2001.

García Jiménez, I., Zuleta Alejandro, F., Prieto Reina, O. "El yacimiento romano del Torno-Cementerio de San Isidro del Guadalete", en D. Bernal, L. Lagóstena (eds.), *Figlinae Baeticae. Talleres alfareros y producciones cerámicas en la Bética romana (ss. II a.C. – VII d.C.),* BAR International Series 1266, BAR Publishing, Oxford, 2004, pp. 663–666.

García de Luján, A., Bernabé, G. "La conducción de la viña en el mundo romano, según Columela", *L'avventura del vino nel Bacino del Mediterraneo. Itinerari storici ed archeologici prima e dopo Roma. Simposio internazionale,* Istituto Sperimentale per la Viticoltura, Conegliano, 2000, pp. 279–287.

García del Barrio Ambrosy, I. *Mapa de suelos de la provincia de Cádiz (1). Jerez de la Frontera,* Jerez de la Frontera, 1988.

García Martínez, M.B. *Cambios Hidromorfológicos en el Guadalquivir y sus afluentes Guadalbarcar, Rivera de Huéznar y Rivera de Huelva (Sector, Palma del Río-Sevilla),* Tesis doctoral Universidad de Sevilla, Sevilla, 2015.

García Moreno, L.A. "La tecnología rural en España durante la Antigüedad Tardía (SS. V-VII)", *Memorias de Historia Antigua* 3, 1979, pp. 217–237.

García-Murillo, P., Fernández-Zamudio, R., Cirujano, S., Sousa, A., Nieto, I., Andújar, J., León, D. "Flora y vegetación de la marisma de Doñana en el marco del proyecto de restauración ecológica Doñana 2005", *Limnetica* 26–2, 2007, pp. 319–330.

García Romero, F.A. "A modo de prólogo Ceret" *Actas de las XV jornadas de Historia de Jerez. El Ager Ceretanus. De las leyendas a la realidad histórica,* 2009, pp. 7–14.

García Vargas, E. "Las ánforas del alfar romano de "El Gallinero" (Puerto Real, Cádiz) en el contexto de las producciones anfóricas gaditanas", *3ª Jornadas de historia de Puerto Real*, 1995, pp. 33–81.

García Vargas, E., Ferrer Albelda, E., García Fernández, F.J. "La Romanización Del Bajo Guadalquivir: Ciudad, Territorio Y Economía (Siglos II-I a.C.)", *Mainake* 30, 2008, pp. 247–270.

García Vargas, E. "Agricultura, ganadería y pesca: Estado actual de la investigación y perspectivas de estudio", en M.D. López de la Orden, E. García Alfonso (eds.), *Cádiz y Huelva, puertos fenicios del Atlántico,* Universidad de Sevilla, Sevilla, 2010, pp. 139–44.

García Vargas, E. "Producciones anfóricas tardorrepublicanas y tempranoaugusteas del valle del Guadalquivir. Formas y ritmos de la romanización en Turdetania a través del artesanado cerámico", en D, Bernal Casasola, A. Ribera I Lacomba (eds.), *Cerámicas hispanorromanas II. Producciones regionales,* Universidad de Cádiz, Cádiz, 2012, pp. 177–206.

García Vargas, E., López Rosendo, E. "El alfar de Rabatún (Jerez de la Frontera, Cádiz) y la producción de ánforas y cerámica común en la campiña del Guadalete en época altoimperial romana", *Spal* 17, 2008, pp. 281–313.

García Vargas, E., Roberto de Almeida, R., González Cesteros, H. "Los tipos anfóricos del Guadalquivir en el marco de los envases hispanos del siglo I a.C. Un universo heterogéneo entre la imitación y la estandarización", *Spal* 20, 2011, pp. 185–284.

Garcia-Dils de la Vega, S. *Colonia Augusta Firma Astigi*, Universidad de Sevilla, Sevilla, 2015.

D'Ors, A. *Epigrafía jurídica de la España Romana,* Instituto Nacional de Estudios Jurídicos, Madrid, 1953.

García y Bellido, A. "Las colonias romanas de Hispania". *Sumario Año 1959*, 1959, pp. 449–515.

Garrido González, P. *La ocupación romana del Valle del Guadiamar y la conexión minera*, Universidad de Sevilla, Sevilla, 2011.

Garrote, E., Marimon, P. "Geografia del transport de les Haltern 70", *Culip VIII i les àmfores Haltern 70. Monografies del Casc 5,* 2004, pp. 83–93.

Galsterer-Kröll, B. "Zu den spanischen Städtelisten des Plinius", *Archivo español de arqueología* 48, 1975, pp. 120–128.

Gavala y Laborde, J. *Mapa geológico de la provincia de Cádiz,* Cádiz, 1924.

Gavala y Laborde, J. *Geología de la costa y Bahía de Cádiz*, Cádiz, 1958.

Gavala y Laborde, J. *Geología de la Costa y Bahía de Cádiz: El poema Ora marítima de Avieno*, Cádiz, 1992.

Girón Anguiozar, L. *La cerámica común romana en la bahía gaditana en época romana. Alfarería y centros de producción,* Tesis doctoral Universidad de Cádiz, Cádiz, 2018.

Gómez Cruz, M. *Atlas histórico-forestal de Andalucía, siglo XVIII,* Universidad de Granada, Granada, 1991.

González-Campos Baeza, T., Fernández Cacho, S. "Las bases de datos: Zonas Arqueológicas de Andalucía", *PH: Boletín del Instituto Andaluz de Patrimonio Histórico* 4–16, 1996, pp. 112–118.

González Dorado, A. Sevilla*: Centralidad regional y organización interna de su espacio urbano*, Ayuntamiento de Sevilla, Sevilla 1997.

González Fernández, J. *Inscripciones romanas de la provincia de Cádiz*, Diputación provincial de Cádiz, Cádiz, 1982.

González Fernández, J. *Urso: ¿Tribu Sergia o Galeria?*, en J. Gónzalez Fernández (Coord.), *Estudios sobre Urso Colonia Iulia Genetiva*, Alfar, Sevilla, 1989, pp. 133–153.

González Fernández, J. *Epigrafía jurídica de la Bética*, L'erma di Bretschneider, Roma, 2008.

González Fernández, J. "Hasta regia y el edicto de Emilio Paulo", en J. González Fernández, P. Pavón Torrejón, (eds.), *Andalucía romana y visigoda. Ordenación y vertebración del territorio*, L'Erma di Bretschneider, Roma, 2009, pp. 127–134.

González Fernández, J. "*Colonia Hasta qvae Regia dicitvr*", en J. González, J.C. Saquete, (Eds.), *Colonias de César y Augusto en la Andalucía romana,* L'Erma di Bretschneider, Roma, 2011, pp. 223–247.

González Fernández, J. "*Asido quae caesarina*", en J. González, J.C. Saquete, (Eds.), *Colonias de César y Augusto en la Andalucía romana,* L'Erma di Bretschneider, Roma, 2011, pp. 273–278.

González Fernández, J. "Inscripción romana del yacimiento de Gibalbín (Cádiz) con indicación de su condición de municipio", *Spal* 23, 2014, pp. 191–196.

González Gordon, M. *Jerez-Xerez-Sherry, Noticias sobre el origen de la ciudad, su historia y su vino*, Jerez de la Frontera, 1970.

González Rodríguez, R. "Excavaciones de urgencia en el Cerro Naranja (Jerez de la Frontera, Cádiz)", *Anuario Arqueológico de Andalucía,* 1985, pp. 90–96.

González Rodríguez, R., Barrionuevo Contreras, F. "intervenciones de urgencia en el entorno inmediato del yacimiento arqueológico de Mesas de Asta (Jerez de la Frontera, Cádiz)", *Anuario arqueológico de Andalucía,* 1995, 63–66.

González Rodríguez, R., Barrionuevo, F., Aguilar, L., Ruiz Mata, D. "Prospección arqueológica superficial del entorno de las marismas de Mesas (Jerez de la Frontera, Cádiz)", *Anuario Arqueológico de Andalucía,* 1992.

González Rodríguez, R., Barrionuevo, F., Aguilar, L. "Presencia fenicia en el territorio tartésico de los esteros del Guadalquivir", en *Actas del IV Congreso Internacional de Estudios Fenicios y Púnicos*, Universidad de Cádiz, Cádiz, 2000, pp. 785–794.

González Rodríguez, R., Ruiz Mata, D., Aguilar Moya, L. "Prospección arqueológica superficial en la margen izquierda de la marisma del Bujón. Termino municipal de Jerez de la Frontera (Cádiz)" *Anuario Arqueológico de Andalucía,* 1991.

González Rodríguez, R., Ruiz Mata, D. "Prerromano e Historia Antigua de Jerez", en D. Caro (coord.), *Historia de Jerez.* Jerez de la Frontera, 1999.

González Román, C. "La onomástica del Corpus cesariano y la sociedad de la Hispania meridional", *Stvd. Hist., Hª antig.* 4–5, 1986–1987, pp. 65–77.

González Román, C. "Las deductiones de colonias y la *Lex Ursonensis*", *Stvd. Hist., Hª antig.* 15, 1997, pp. 153–170.

González Román, C. "La no ciudad en la Bética", en C. González Román, A. Padilla Arroba, (eds.), *Estudios sobre las ciudades de la Bética,* Universidad de Granada, Granada, 2002, pp. 185–211.

González Román, C. "Ciudad y poblamiento romano en la provincia de Granada durante el Alto Imperio", *Habis* 32, 2011, pp. 271–296.

González Román, C. "Augusto y las colonias de la Hispania meridional", *Gerion* 35, 2017, pp. 349–370.

González Villaescusa, R. *Las formas de los paisajes mediterráneos,* Universidad de Jaén, Jaén, 2002.

Goodchild, H. *Modelling Roman Agricultural Production in the Middle Tiber valley, Central Italy,* University of Birmingham, Birmingham, 2007.

Goodchild, H. "GIS models of Roman agricultural production", en, A. Bowman, A. Wilson (eds.), *The Roman Agricultural Economy: Organization, Investment, and Production,* OUP Oxford, Oxford, 2013, pp. 55–86.

Grau Mira, I. *La organización del territorio en el área central de la Contestania ibérica,* Universidad de Alicante, Alicante, 2002.

Groenhuijzen, M.R., Verhagen, P. "Exploring the dynamics of transport in the Dutch limes", en W. Bebermeier, D. Knitter, O. Nakoinz (eds.), *Bridging the gap. Integrated Approaches in Landscape Archaeology,* eTopoi. Journal for Ancient Studies, 2015, pp. 25–47.

Haisman, M.F., Goldman, R.F. "Effect of terrain on the energy cost of walking with back loads and handcart loads", *Journal of Applied Physiology* 36, 1974, pp. 545–548.

Heras, M.A. "La vitivinicultura altomedieval y la miniatura mozárabe", *Berceo* 129, pp. 97–112.

Hermon, E. "Le concept d'ager publicus et l'équivalence ager occupatorius / ager arcifinius dans la definition des terres publiques par les gromatici", en D. Conso, A. Gonzales, J. Guillaumin (eds.), *Les vocabulaires techniques des arpenteurs romains. Actes du colloque international,* PUFC, Besanzón, 2002, pp. 183–192.

Hermon, E. "Les gromatici entre fiction et faits", en M. Garrido-Hory, A. González (Eds), *Histoire, espaces et marges de l'Antiquité: hommages á Monique clavel-Léveque,* Presses Universitaires de Franche-Comté, Besanzón, 2004, pp. 133–160.

Hermon, E. (dir.), *L'eau comme patrimoine. De la Méditerranée à l'Amérique du Nord,* Presses Université Laval, Québec, 2006.

Hermon, E. (dir.), *Riparia dans l'Empire romain. Pour la définition du concept,* BAR International Series 2066, BAR Publishing, Oxford, 2010.

Hermon, E. "Conceptos environnementaux et la gestión intégrée des bords de l'eau (riparia) dans l'Empire romain: une leçon du passé?", en E. Hermon. A. Watelet (coords.), *Riparia, un patrimoine culturel. La gestión intégrée des bords de l'eau,* BAR International Series 2587, BAR Publishing, Oxford, 2014, pp. 9–21.

Hermon, E. "L'empire romain: un paradigme du modele de gestión intégrée de *Riparia*?", *Riparia* 0, 2014, pp. 1–21.

Hermon, E. "Les *loca sacra* dans le *Corpus agrimensorum romanorum* (CAR)", *CEA* 54, 2017, pp. 69–73.

Hernández Prieto, E. "La economía de guerra romana durante la segunda Guerra Púnica en Hispania", *El futuro del pasado* 1, 2010, pp. 411–23.

Herzog, I. "Theory and practice of cost functions", en F. Contreras, M. Farjas, J.M. Melero (eds.), *Proceedings of the 38th Annual Conference on Computer Applications and Quantitative Methods in Archaeology,* BAR International Series 2494, BAR Publishing, Oxford, 2010, pp. 375–382.

Hidalgo de la Vega, J.M. "El Bronce de Lascuta, un balance historiográfico", *Stvd. Hist., Hª antig.* 7, 1989, pp. 59–66.

Hidalgo, J. *Tratado de Enología,* Mundiprensa, Madrid, 2003.

Indelicato, M. "Una vigna "romana" archeo-sperimentale alle pendici dell'Etna", en D. Malfitana, G. Cacciaguerra (eds.), *Archeologia classica in Sicilia en el Mediterraneo didattica e ricerca nell'esperienza mista CNR et Università,* Catania, 2014, pp. 239–250.

Indelicato, M., Malfitana, D., Cacciaguerra, G. "The archaeology of wine in Italy: a Sicilian experiment", en R. Alonso, D. Canales, J. Baena (eds.), *Playing with the time. Experimental archaeology and the study of the past,* CSIC, Madrid, 2017, pp. 321–325.

Forbes, R.J. *Studies in Ancient Technology II,* Brill, Leiden, 1993.

Jashemski, W.F. "The Discovery of a Large Vineyard at Pompeii: University of Maryland Excavations", *American Journal of Archaeology* 77(1), 1973, pp. 27.

Jasimuddin, S., Zhang, Z. "The symbiosis mechanism for effective knowledge transfer", *Journal of Operational Research Society* 60(5), 2009, pp. 706–716.

Jiménez de Furundarena, A., Corzo Sánchez, R. "Organización territorial de la Baetica", *Archivo Español de Arqueología* 53, 1980, pp. 21–48.

Jiménez Flores, A., García Fernández, J. "Vino y cultura en la Turdetania prerromana", *Habis* 37, 2006, pp. 125–144.

Jiménez Hernández, A., Conlin Hayes, E. "Aproximación al mundo rural romano en el territorio de Carmo", *Romula* 11, 2012, pp. 27–57.

Juan-Tresserras, J., Matamalas, J.C. "Annex 2. Estudio de las resinas y los contenidos de las ánforas Haltern 70 de Culip VIII", *Culip VIII i les àmfores Haltern 70. Monografies del Casc 5,* 2004, pp. 165–166.

Kaye, S. "Observations on marching Roman legionaries: velocities, energy expenditure, colmn formations and distances", *Zenodo,* 2013, pp. 1–45.

Kaye, S. "Roman marching camps in Britain: GIS, statistical analysis and hydrological examination of known camp sites, resulting in the prediction of possible camp sites", *Zenodo,* 2013, pp. 44.

Kolendo, J. *L'agricoltura nell'italia romana,* Editori Riuniti, Roma 1980.

Lagardère, V. "Cépages, Raisin et Vin en Al-Andalus (X-XV Siècle)", *Medievales: Langue, Textes, Histoire* 33, 1997, pp. 81–90.

Lagóstena Barrios, L. "Alfarerías romanas en El Puerto de Santa María: un modelo de transición económica del ámbito cultural púnico al romano en la bahía gaditana", *Revista de Historia de El Puerto* 13, 1994, pp. 9–42.

Lagóstena Barrios, L. "Explotación del salazón en la Bahía de Cádiz en la Antigüedad: Aportación al conocimiento de su evolución a través de la producción de las ánforas Mañá C", *Flor. Il* 7, 1996, pp. 141–169.

Lagóstena Barrios, L. *Alfarería romana en la Bahía de Cádiz*, Universidad de Cádiz, Cádiz, 1996.

Lagóstena Barrios, L. *La producción de salsas y conservas de pescado en la Hispania Romana (II a.C.-VI d.C.),* Instrumenta, Barcelona, 2001.

Lagóstena Barrios, L. "Columela, De re rustica VIII, 16–17: una fuente para el conocimiento de la piscicultura en Baetica", en L. Lagóstena, D. Bernal, A. Arévalo (eds.), *Cetaria 2005. Salsas y salazones de pescado en Occidente durante la Antigüedad. Actas del Congreso Internacional (Cádiz, 7–9 de noviembre de 2005)*, BAR International Series 1886, BAR Publishing, Oxford, 2007, pp. 109–115.

Lagóstena Barrios, L. "Columela: Una visión provincial de la *Pastio Villatica*", en L. Pons Pujol, (ed.), *Hispania et Gallia: Dos provincias del Occidente Romano*, Universidad de Barcelona, Barcelona, 2010, pp. 93–108.

Lagóstena Barrios, L. "Asido Caesarina: la antigüedad romana de Medina Sidonia", en D. Caro Cancela (coord.) *Historia de Medina Sidonia. Tomo I: De los orígenes a la época medieval, Cádiz*, 2011, pp. 117–191.

Lagóstena Barrios, L. "La percepción de la ribera en la costa atlántica de la *provincia Hispania Ulterior Baetica.* El *Lacus Ligutinus", Riparia, un patrimoine culturel. La gestión intégrée des bords de l'eau,* BAR International Series 2587,BAR Publishing, Oxford, 2014, pp. 187–199.

Lagóstena Barrios, L. "El Lacus Ligustinus como agente de articulación urbana y conectividad territorial: De las riberas de Hasta Regia a Carissa Aurelia y el acceso a la serranía", *Stvdia Historica* 34, 2016, pp. 63–86.

Lagóstena Barrios, L. "Estructura de la ocupación rural romana en las campiñas Hastenses y Gaditanas: aportación de la exploración GPR a su conocimiento" *Arqueología y sociedad de los espacios agrarios: en busca de la gente invisible en la materialidad del paisaje,* Mérida 2018, (Anejos de *AEspA*, en prensa).

Lagóstena Barrios, L., Bernal Casasola, D. "Alfares y producciones cerámicas en la provincia de Cádiz. Balance y perspectivas", en D. Bernal, L. Lagóstena, *Figlinae baeticae. Talleres alfareros y producciones cerámicas en la Bética romana (ss. II a.C. – VII d.C.),* BAR International Series 1266, BAR Publishing, Oxford, 2004, pp. 39–124.

Lagóstena Barrios, L., Ruiz Gil, J.A. "A methodological proposal on GPR Techniques", en M.J. Mosquera, M.L. Almoraima Gil (eds.), *Conserving Cultural Heritage,* CRC Press, 2018, pp. 111–112.

Lagóstena Barrios, L., Trapero Fernández, P. "La localización de los viñedos de Marco Columela: literatura agronómica y análisis GIS en el interfluvio Guadalquivir-Guadalete", en J. Remesal Rodríguez, V. Revilla Calvo, D.J: Martín-Arroyo Sánchez, A. Martín i Oliveras (eds.), *Paisajes productivos y redes comerciales en el imperio romano*, Instrumenta, Barcelona, 2019, pp. 89–114.

Lagóstena Barrios, L., Zuleta Alejandro F. (coords.), *La captación, los usos y la administración del agua en Baetica: estudios sobre el abastecimiento hídrico en comunidades cívicas del Conventus Gaditanus*, Universidad de Cádiz, Cádiz, 2009, pp. 115–170.

Larrañaga, K. "Sobre usos del binomio *ager-saltus* y del termino romanización en relación a los procesos de cambio vividos durante la etapa romana en el área circumpirenaica occidental", *Veleia* 24–25, 2007–2008, pp. 977–988.

Larrea Redondo, A. "La vid y el vino, según Columela", *Homenaje nacional a Lucio Junio Moderato Columela,* A.P.A.E, Cádiz, 1975.

Lavado Florido, M.L. *Carta arqueológica de la margen izquierda de la desembocadura del Guadalquivir: Sanlúcar Norte y Trebujena*, Memoria de licenciatura Universidad de Sevilla, Sevilla, 1987.

Lavado Florido, M.L. "El complejo industrial de Puente Melchor: el centro productor, la organización del espacio y su área de influencia" en L. Lagóstena Barrios, D. Bernal Casasola (eds.), *Figlinae Baeticae: Talleres alfareros y producciones cerámicas en la Bética romana (ss.II a.C.-VII d.c)*, BAR International

Series 1266, BAR Publishing, Oxford, 2004, pp. 473–488.

Lequèment, R. "Le vin africain à l'époque impériale", *Antiquités africaines* 16, 1980, pp. 185–193.

Leveau, P. "*Territorium urbis*: le territoire de la cité romaine et ses divisions: du vocabulaire aux réalités administratives", *Revue des études anciennes* 95, 1993, pp. 459–471.

Llergo López, Y., Ubera Jiménez, J.L. "Cambios en el entorno vegetal de Carmona (Sevilla) desde el Calcolítico hasta el Medievo", *Carel* 6, 2008, pp. 2369–2393.

Llobera, M., Fábrega-Álvarez, P., Parcero-Oubiña, C. "Order in movement: a GIS approach to accessibility", *Journal of Archaeological Science* 38, 2011, pp. 843–851.

Lo Cascio, E. *Crescita e declino: studi di storia dell'economia romana,* L'Erma di Bretschneider, Roma, 2009.

Lomas Salmonte, F.J. *Historia de Cádiz*, Cádiz 2005.

López Amador, J.J., Pérez Fernández, E. *El puerto gaditano de Balbo (El Puerto de Santa María),* El Puerto de Santa María, 2013.

López Amador, J.J., Ruiz Gil, J.A. "Arqueología de la repoblación Alfonsí: Pocito Chico en La Laguna del Gallo de El Puerto de Santa María (Cádiz, España)" *Revista de Historia de El Puerto* 35, 2005, pp. 11–51.

López Amador, J.J., Ruiz Gil, J.A. "Arqueología de los vegetales y la agricultura en El Puerto de Santa María", *Revista de Historia de El Puerto* 39, 2007, pp. 11–39.

López Amador, J.J., Ruiz Gil, J.A. "Arqueología de la vid y el vino en El Puerto de Santa María", *Revista de Historia del Puerto* 38, 2007, pp. 11–36.

López Amador, J.J., Ruiz Mata, D., Ruiz Gil, J.A. "El entorno de la Bahía de Cádiz a fines de la Edad del Bronce e inicios de la Edad del Hierro", *Rampas* 10, 2008, pp. 215–236.

López Castro, J.L. *Hispania poena. Los fenicios en la Hispania romana (206 a.C. – 96 d.C.),* Crítica, Barcelona, 1995.

López Castro, J.L., Martínez Hahnmüller, V., Pardo Barrionuevo, C.A. "La ciudad de *Baria* y su territorio", *Mainake* 32–1, 2010, pp. 109–132.

López García, P., Arnanz, A.M., Uzquiano, J.A. "Estudio palinológico de los sedimentos arqueológicos del yacimiento del Llanete de los Moros (Córdoba)", *Trabajos de prehistoria* 51, 1994, pp. 179–186.

López Medina, M.J. "Algunas cuestiones sobre la familia campesina en el Alto Imperio: el ejemplo del sureste peninsular", *Gerión* 18, 2000, pp. 361–397.

López Medina, M.J. *Ciudad y territorio en el sureste peninsular durante época romana,* Ediciones Clásicas, Madrid, 2004.

López Medina, M.J. "Las *civitates* del sureste península r entre el Alto y el Bajo imperio. Un modelo de análisis territorial", en J. Mangas Manjarrés, M. Ángel Novillo (coords.), *El territorio ciudades romanas*, Granada, 2008, pp. 107–128

López Medina, M.J. "Lagos y humedales en época romana: algunas reflexiones a partir del Digesto", en L. Lagóstena Barrios (ed.), *qui lacus aquae stagna paludes sunt,* Cádiz, 2015, pp.1–29.

López Paz, P. *La economía política de los romanos, I: La ciudad romana ideal, 1. El territorio,* Editorial de la Historia, Santiago de Compostela, 1994.

López Rosendo, E. "El yacimiento arqueológico de los *Villa*res/Monte Alto y los orígenes tartésicos y romanos de la población de Jerez", *Revista Historia de Jerez* 13, 2007, pp. 9–34.

Maier, J. "Jorge Bonsor (1855–1930) Un académico correspondiente de la Real Academia de la Historia y la Arqueología Española", *Real Academia de la Historia,* Madrid, 1999, pp. 280–296.

Manacorda, D. "Il Kalendarium Vegetianum e le anfore della Betica", *Mélanges de l'Ecole Française de Rome. Antiquité* 89, 1, 1977, pp. 313–332.

Manacorda, D. "Le anfore dell'Italie Repubblicana: aspetti economici e sociali", *Publications de l'école française de Rome* 114, 1986, pp. 443–467.

Manacorda, D. "Produzione agricola, produzione ceramica e proprietà della terra nella Calabrìa romana tra Repubblica e Impero", *Actes de la VIIe Rencontre franco-italienne sur l'épigraphie du monde romain,* 1992, pp. 3–59.

Marangou, A. "Le plus agréable des vins grecs", en D. Tomasi, C. Cremonesi (eds.), *L'avventura del vino nel Bacino del Mediterraneo. Itinerari storici ed archaeologici prima e dopo Roma. Simposio internazionale*, Istituto Sperimentale per la Viticoltura, Conegliano, 2000, pp. 71–85.

Marcone, A. *Storia dell'agricoltura romana,* Carocci, Urbino 1997.

Marfil Ruiz, P.F., Puentedura Bejar, M. "Loma de Ceres, un centro de producción anfórico", *Actas del II congresso peninsular de Historia Antiga,* 1993, pp. 972–995.

Marín Díaz, M.A. *Emigración, colonización y municipalización en la Hispania republicana,* Universidad de Granada, Granada, 1988.

Marín Díaz, M.A., Hita Ruiz, J.M., Marfil Ruiz, P. "Informe de la excavación arqueológica de emergencia en Loma de Ceres. 1987–88. Molvizar-Granada", *Anuario arqueológico de Andalucía,* 1989, pp. 220–227.

Marín, N., Prieto, A. "Observaciones sobre la forma de producción y circulación del vino en la provincia romana de la Bética", *El vi a l'antiquitat economía producción i comerç al Mediterrani Occidental,* Museo de Badalona, Barcelona, 1987, pp. 369–376.

Marina Díaz, M.A., González Román, G. "El Bellum Hispaniense y la romanización del sur de la Península", *Hispania antiqua* 11–12, 1981–1985, pp. 17–36.

Marlière, E. "Le tonneau en Gaule romaine", *Gallia* 58, 2001, pp. 181–201.

Marlière, E. "Toneaux et amphores a *Vindolanda*: contribution à la connaissance de l'approvisionament des troupes stationnées sur le frontière Nord de l'Empire", en A. Birley (ed.), *Vindolanda excavations 2001–2002. Volume I*, 2002, pp. 125–179.

Marlière, E. "Aproche comparative des inscriptions sur tonneaux et sur amphores", en: J. Remesal Rodríguez (ed.), *Epigrafía Anfórica,* Instrumenta, Barcelona, 2004, pp. 307–315.

Marlière, E. "Les campagnes militaires et l'expansion de l'usaage du tonneau dans l'Empire romain", en J. Pèrard, M. Perrot (eds.), *De la cave au vin: une fructueuse Alliance. Rencontres du Clos-Vougeot*, Centre Georges Chevrier, Dijon, 2013, pp. 47–61.

Martín, R. *Recherches sur les agronomes latins et leurs conceptions économiques et sociales*, Societé d'édition les belles lettres, París, 1971.

Martín Gutiérrez, E. "Aproximación al repartimiento rural en Jerez de la Frontera: la aldea de Grañina", *En la España Medieval* 22, 1999, pp. 355–368.

Martín Gutiérrez, E. *El mundo rural jerezano a fines de la Edad Media,* tesis doctoral Universidad de Cádiz, Cádiz, 2002.

Martín Gutiérrez, E. "Análisis de la toponimia y aplicación al estudio del poblamiento, el Alfoz de Jerez de la Frontera durante la baja edad media", *HID* 30, 2003, pp. 257–300.

Martín Gutiérrez, E. "El aprovechamiento de humedales y marismas en el término de Cádiz: segunda mitad del siglo XIII" en L. Lagóstena Barrios (ed.), *qui lacus aquae stagna paludes sunt*, 2015 pp. 121–149.

Martín Gutiérrez, E. "Entre la costa y la sierra gaditanas. De los paisajes rurales a la interacción sociedad-medio ambiente en el siglo XV", *Arqueología y Territorio Medieval* 25, 2018 pp. 227–259.

Martín Oliveras, A "Nuevas vías de investigación del cultivo de la vid en época clásica. Técnicas de estudio, caracterización e identificación de variedades de uva antiguas para su plantación en viñedo romano experimental", en A. Paomo, R. Piqué, X. Terradas (eds.), *Experimentación en arqueología. Estudio y difusión del pasado,* Museo de Arqueología de Cataluña, Gerona, 2013, pp. 327–335.

Martín Oliveras, A. *Arqueologia del vi a l'època romana. Del cultiu al consum. Marc teòric i epistemològic,* Sociedad Catalana de Arqueología, Barcelona, 2015.

Martín Oliveras, A., Martín-Arroyo Sánchez, D.J., Re*villa* Calvo, V. "The wine economy in Roman Hispania. Archaeological data and modellization", Instrumenta, Barcelona, 2017, pp. 189–238.

Martín-Arroyo Sánchez, D. "La intervención romana sobre los medios ribereños. Aproximación al estero de Hasta Regia (Jerez de la Frontera, Cádiz)", en J. A. López-Geta, G. Ramos González, R. Fernández Rubio, D. Lorca Fernández, (eds.), *El Agua en Andalucía. Retos y avances en el inicio del milenio. SIAGA,* Madrid, 2012, pp. 761–771.

Martín-Arroyo Sánchez, D. *Proyección territorial y colonización romana. El caso de Hasta Regia*, Tesis doctoral Universidad de Cádiz, Cádiz, 2013.

Martín-Arroyo Sánchez, D. "Modelización de la ratio *riparia/vinea*: el emparrado romano entre *Hasta Regia* y *Gades"*, en L. Lagóstena Barrios (ed.), *Lacus autem ídem et stagnus, ubi inmensa aqua convenit. Estudios históricos sobre humedales en la Bética II*, 2016, Cádiz, pp. 105–125.

Martín-Arroyo Sánchez, D. "Interpretatio de la titulatura cívica de Hasta Regia a partir del culto a Juno Regina", *Dialogues d'histoire ancienne* 43, 2017, pp. 175–211.

Martín-Arroyo Sánchez, D. *Colonización romana y territorio en Hispania. El caso de Hasta Regia,* Instrumenta, Barcelona, 2018.

Martín-Arroyo Sánchez, D., Castro García, M. "GIS-based Modelling for the Riparia/Vinea Ratio: from Portus Gaditanus to Nabrissa Veneria", en J. Remesal Rodríguez, V. Revilla Calvo, D.J. Martín-Arroyo Sánchez, A. Martín i Oliveras (eds.), *Paisajes productivos y redes comerciales en el imperio romano*, Instrumenta, Barcelona, 2019, pp. 73–88.

Martín-Arroyo Sánchez, D., Remesal Rodríguez, J. "Modelado GIS de la agricultura romana en un marco colonial teórico. Vegetación de ribera y viticultura en *Hasta Regia*", *Spal 27.1*, 2018, pp. 211–235.

Martín-Arroyo Sánchez, D., Trapero Fernández, P. "La explotación romana de la vegetación *riparia* y el análisis espacial de la ocupación rural", en L. Lagóstena Barrios (ed.), *qui lacus aquae stagna paludes sunt,* Cádiz, 2015, pp.243–260.

Martínez Hahnmuller, V. "Comercio en tiempos de guerra: la distribución anfórica cartaginesa durante el período bárquida", *Spal* 25, 2016, pp. 83–111.

Martínez Maganto, J., Petit, M.D. "La pez y la impermeabilización de envases anfóricos romanos. Estudio analítico de una muestra e interpretaciones histórico-económicas", AEspA 71, 1998, pp. 265–274.

Martínez Morcillo, J.A. "Lucio Emilio Paulo y el derecho de guerra", *SHHA H.ª antig.* 30, 2012, pp. 271–292.

Mata Almonte, E., Lagóstena Barrios, L. "Ocupación Antigua de La Sierra de San Critobal (El Puerto de Santa María, Cádiz)", *Revista de historia de El Puerto* 18, 1997, pp. 13–45.

Mata Almonte, E., Trapero Fernández, P. "Entre Portus Gaditanus y Hasta: Poblamiento y aprovechamiento de recursos en torno a Laguna Salada", en L. Lagóstena Barrios (ed.), *Estudios Históricos sobre humedales en la Bética* II, Cádiz, 2016, pp. 125–142.

Mattingly, D.J. "Painting, presses and perfume production at Pompeii", *Oja* 9, 1990, pp. 71–90.

Maune, S. "La *villa* gallo-romaine de "Vareilles" à Paulhan (Hérault ; fouille de l'autoroute A75). Un centre domanial du Haut-Empire spécialisé dans la viticulture ?" *Revue archéologique de Picardie* 1–2, 2003, pp. 309–337.

Meiggs, R. "Farm forestry in the ancient Mediterranean*",* *Network Paper* 8b, 1989, pp. 1–15.

Menanteau, L. "Les anciens etiers de rive gauche des marismas du Guadalquivir: un exemple d'utilisation des données archéologiques en géomophologie littorale", *Mélanges de La Casa de Velázquez* 14, 1978, pp. 35–72.

Menanteau, L. "Emploi de l'imagerie satellitaire SPOT pour l'analyse de la transformation des paysages littoraux: le cas des marismas de la Basse-Andalousie (Espagne)", *Les cahiers nantais* 47–48, 1997, pp. 321–328.

Menanteau, L., Gracia Prieto, F.J., Alonso Villalobos, C. "las salinas de la Bahía de Cádiz durante la Antigüedad: visión geoarqueológica de un problema histórico", *Spal* 12, 2003, pp. 317–332.

Menanteau, L., Vanney, J.R. "Geohistoria de la desembocadura del Guadalquivir", en J. Rubiales Torrejón (coord.), *El río Guadalquivir, del mar a la marisma* 2, Junta de Andalucía, Sanlucar de Barrameda, 2011, pp. 17–27.

Mezquíriz, M.A. "La producción de vino en época romana a través de los hallazgos en territorio Navarro", *Trabajos de arqueología Navarra* 12, 1995–1996, pp. 63–90.

Molina, J. "Producción y distribución de vinos de baja calidad altoimperiales: La Hirtiola", *Le vi a l'Antiguitat II,* 1998, pp. 461–464.

Montero Fernández, R., Sáez Romero, M.A., Montero Fernández, A.I., Mata Almonte, E. "El alfar romano de El Palomar (El Puerto de Santa María, Cádiz). Estudio preliminar", *Hispania romana actas do IV congreso de arqueología peninsular*, Universidad de Algarve, Faro, 2008, pp. 89–102.

Montero Vítores, J. "La Colonización romana en Hasta Regia en época de César", *Anuario de Investigaciones Hespérides* 5, 1998, 43–52.

Montero Vítores, J. "Asta Regia. Desarrollo y caída de un reino turdetano", *Centro de estudios históricos Jerezanos,* 2011.

Montero Vítores, J. "Hasta Regia. La ciudad en el contexto de la colonización romana", *Suplemento digital de la revista de historia de Jerez,* 2012, pp. 1–22.

Morais, R. "La terra sigillata Itálica: Abriendo los caminos del Imperio Capita selecta", en C. Fernández Ochoa, A. Morillo, M. Zarzalejos (Eds.), *Manual de cerámica ormana II. Cerámicas romanas de época altoimperial en Hispania. Importación y producción,* Madrid, 2015, pp. 15–78.

Morena López, J.A, Sánchez Ramos, I.M. "Recientes metodologías para la caracteración arqueológica del paisaje de la colonia Itvci Virtvs Ivlia (Torreparedones, España), durante las épocas romana y tardoantigua", *Romvla* 15, 2016, pp. 87–128.

Morillo, A., Fernández Ochoa, C., Salido Domínguez, J. "Hispania and the Atlantic route in Roman times: new approaches to ports and trade", *Oxford Journal of Archaeology* 35, 2016, pp. 267–284.

Morillo, A., Salido Domínguez, J. "Military *Vici* in roman Spain", *22 International Congress of Roman Frontier Studies*, 2012, pp. 519–531.

Moros Díaz, J., Berni Millet, P. "3. Epigrafia sobre àmfores Haltern 70 bètiques. Catálogo de sellos", *Culip VIII i les Amfores Haltern 70. Monografies del Casc, 5,* Gerona, 2004.

Nieto-Prieto, J. "Cargamento principal y cargamento secundario", *CH* 33, 3–4, 1988, pp. 379–395.

Niveau de Villedary y Mariñas, A.M., Ruiz Mata, D. "El poblado de Las Cumbres (Castillo de Doña Blanca): urbanismo y materiales del s. III a.C.", *Actas del IV° Congreso de Estudios Fenicios y Púnicos* II, 2000, pp. 893–903.

Noguera Celdrán, J.M., Antolinos Marín, J.A. (coords.), *De vino et oleo Hispaniae. Áreas de producción y procesos tecnológicos del vino y el aceite en la Hispania romana,* Anales de prerromano y arqueología, Murcia, 2012.

Novillo López, M.A. "*Amiticia* y relaciones clientelares durante el *Bellum Hispaniense", Espacio, tiempo y forma, serie II, Historia Antigua* 22, 2009, pp. 127–139.

Ochoa, A., Gómez, E., Sánchez, S., Torrecilla, A. "Los dolios y otros envases de almacenaje", en D. Bernal, L. Lorenzo (eds.), *Excavaciones arqueológicas en la villa romana del Puente Grande (los Altos del Ringo Rango, Los Barrios, Cádiz),* Universidad de Cádiz, Cádiz, 2002, pp. 469–476.

Ojeda, J.F., Luginbuhl, Y. "Paisajes de Sanlúcar de Barrameda", en, J. Rubiales (coord.), *El Río Guadalquivir. Vol. II: Del mar a la marisma.* Junta de Andalucía, Sanlúcar de Barrameda, 2011, pp. 37–48.

Olesti Vila, O. "La sortitio de Ilici un ejemplo de la precisión agrimensoria", en D. Conso, A. Gonzales, J. Guillaumin (eds.), *Les vocabulaires techniques des arpenteurs romains. Actes du colloque international,* 2002, PUFC, Besanzón, pp. 47–61.

Olesti Vila, O., Carreras Monfort, C. "Le paysage social de la production vitivinicole dans l'ager Barcinonensis: exclaves, affranchise et institores", *Dialogues d'histoire ancienne* 39, 2013, pp. 147–189.

Oliveira, C., Morais, R. "Estudos de cromatografia aplicados à arqueologia romana: apresentaçáo de resultados preliminares", *Revista da Facultade de Letras, ciências e técnicas do património* XIII, 2014, pp. 37–60.

Olson, L. "Columella and the Beginning of Soil Science", *Agricultural History Society* 17, 1943, pp. 65–72.

Ordóñez Agulla, S., García-Dils de la Vega, S. "*Colonia Augusta Firma.* -Consideraciones sobre su papel económico y político en su contexto fundacional", *Revista de Historiografía* 25, 2016, pp. 191–217.

Ordóñez Agulla, S., Gónzalez Acuña, D. "*Colonia Romula Hispalis.* Líneas esenciales de su dinámica histórica y arqueológica", en J. González, J.C. Saquete, (eds.), *Colonias de César y Augusto en la Andalucía Romana,* L'Erma di Bretschneider, Roma, 2011, pp. 47–98.

Orejas, A., del Árbol, M.R., Sastre Prat, I. "L'*ager mensura comprehensus* et le sol provincial: L'Occident de la Péninsule Ibérique", en D. Conso, A. Gonzales, J. Guillaumin (eds.), *Les vocabulaires techniques des arpenteurs romains. Actes du colloque international,* Besanzón, PUFC, 2002, pp. 193–199.

Orfila Pons, M. "Las *villa*e agropecuarias", *Las villas romanas de la Bética,* Universidad de Sevilla, Sevilla, 2016, pp. 93–114.

Ortiz Córdoba, J. "Colonización y emigración en el Alto Guadalquivir (Siglos I a.C. – II d.C.), *Espacio, tiempo y forma. Serie II Historia Antigua* 30, 2017, pp. 271–298.

Pachón Romero, J.A. "De la *Urso* tardo-republicana a la colonia *Genetiva Iulia.* Un análisis desde la historiografía y la arqueología", en J. González, J.C. Saquete, (eds.), *Colonias de César y Augusto en la Andalucía romana,* L'Erma di Bretschneider, Roma, 2011, pp. 187–222.

Palao vicente, J.A. "El regreso de los veteranos legionarios hispanos a la Península Ibérica", *Hispania Antiqua* 33–34, 2009–2010, pp. 85–110.

Panella, C., Tchernia, A. "Produits agricoles transportés en amphores : L'huile et surtout le vin", *Publications de l'École Française de Rome* 198, 1994, pp. 145–165.

Parodi Álvarez, M.J. *Ríos y lagunas de Hispania como vías de comunicación: La navegación interior en la Hispania romana,* Grafias Sol, Écija, 2001.

Pascual Barea, S. Reseña a E. Nieto Ballester, *Breve diccionario de topónimos españoles,* en *Excerta philologica* 7–8, 1997–1998, 321–323.

Pascual Belranga, G., Ribera I Lacomba, A. "El material más apreciado por los antiguos. Las ánforas" en A. Ribera i Lacomba, *Manual de cerámica romana: el mundo helenístico al Imperio Romano,* Museo Arqueológico Regional, Madrid, 2013, pp. 215–290.

Pemán, C. "Nuevas Contribuciones Al Estudio Del Problema de Tartessos", *Archivo Español de Arqueología,* 1941, 177–87.

Pemán, C. "Alfares y embarcaderos romanos en la provincia de Cádiz", *AEArq* XXXII, 1959.

Peña Cervantes, Y. *Torcularia. La producción de vino y aceite en Hispania,* Institut Català d'Arqueologia Clàssica, Tarragona, 2010.

Peña Cervantes, Y. "Variantes tecnológicas hispanas en los procesos de elaboración de vino y aceite en época romana", *De vino et oleo Hispaniae. Areas de producción y procesos tecnológicos del vino y el aceite en la Hispania romana,* Anales de Prehistoria y Arqueología, Murcia, 2012, pp. 37–57.

Peña Cervantes, Y. "Instalaciones productivas agropecuarias", *Las villas romanas de la Bética,* Universidad de Sevilla, Sevilla, 2016, pp. 283–322.

Pereira Menaut, G. "El Edicto de Domiciano sobre el vino y la economía política romana en el Alto Imperio", *El vi a L'atiguitat economia poducció I comerç al Mediterrani Occidental,* Museo de Badalona, Barcelona, 1985, pp. 349–364.

Pereira, P., Morais, R. "Estudo crono-tipológico de *dolia* romanos em Portugal", en A. Martínez Salcedo, M. Esteban y E. Alcorta (eds.), *Cerámicas de época romana en el Norte de Hispania y en Aquitania, Ex Officina Hispana.* Cuadernos de la SECAH 2, Madrid, 2015, pp. 33–44.

Pérez Marrero, J. "Route of Roman Aqueduct of Cádiz", *BABESCH Supplement* 27, 2016.

Pérez Marrero, J., Bestué Cardiel, I. "Avance del estudio hidráulico del acueducto romano de Gades", *IV congreso de las obras públicas en la ciudad romana,* 2008, pp. 235–249.

Perkins, P. "10. Reconstructing the population history of the Albegna Valley and Ager Cosanus, Tuscany, Italy, in the Etruscan period", en M. Gilling, D. Mattingly, J. van Dalen (eds.), *Geographical Information Systems and Landscape Archaeology,* Oxbow Books, Oxford, 1999, pp. 103–115.

Petit, M.D., Martínez Maganto, J. "Transporte de alimentos y ánforas romanas: la pez y sus componentes a través de análisis orgánicos", *Caesaraugusta* 73, 1999, pp. 309–318.

Peyras, J. "Les *riparia* dans les écrits gromatiques", *Riparia, un patrimoine culturel. La gestión intégrée des bords de l'eau,* BAR International Series 2587, BAR Publishing, Oxford, 2014, pp. 243–255.

Picornell Buendía, M.R., Melero Martínez, J. "Historia del cultivo de la vid y el vino; su expresión en la biblia", *Ensayos* 27, 2012, pp. 217–246.

Piganiol, A. *Les documents cadastraux de la colonie romaine d'Orange,* París, 1962.

Piqueras Haba, J. *La vid y el vino en España. Edades Antigua y Media,* Universidad de Valencia, Valencia, 2014.

Pitillas Salañer, E. "Una aproximación a las reacciones indígenas frente al expansionismo romano en Hispania (205- al 133 a.n.e.)", *Memorias de Historia Antigua* 17, 1996, pp. 133–155.

Poley y Poley, A. *Cádiz y su provincial. Descripción geográfica y estadística ilustrada con mapas,* Madrid, 1901.

Ponsich, P. *Implantation rurale Antique sur le Bas-Guadalquivir (tome IV),* Casa de Velázquez, Madrid, 1991.

Porta, J., López-Acevedo, M., Roquero, C. *Edafología para la agricultura y el medio ambiente*, Mundiprensa, Madrid, 2003.

Poux, JP. Brun, M.L. Hervé-Monteil (coords.), *La vigne et le vin dans les Trois Gaules*, CNRS, Lyon, 2011.

Poux, X., Narcy, J.B., Ramain, B. "Le saltus: un concept historique pour mieux penser aujourd'hui les relations entre agricultura et biodiversité", *Courrier de l'environnement de L'INRA* 57, 2009, pp. 23–34.

Prados Martínez, F. "El desarrollo de la viticultura y el consumo del vino en el ámbito cartaginés", *Espacio, Tiempo y Forma, Serie II, Historia Antigua* 13, 2000, pp. 45–64.

Prieto, A. "Espacio social y organización territorial de la Hispania romana", *SHHA* 20, 2002, pp. 139–170.

Puig, A. "Evolució de les Haltern 70", *Culip VIII i les àmfores Haltern 70.* Monografies del Casc 5, Gerona, 2004, pp. 23–32.

N. Purcell, "Wine and wealth in ancient Italy", *JRS* 75, 1985, pp. 1–19.

M.A. Rabanal, "El vino en el mundo antiguo", *Hispania antiqua* 23, 1999, pp. 285–319.

Rambla Torralvo, J.A. "Torre Melgarejo 2 (Jerez de la Frontera)", en R. Hidalgo Prieto (coord.), *Las villas romanas de la Bética*, Universidad de Sevilla, Sevilla, 2016, pp. 68–72.

Rambla Torralvo, J.A, Carretero Poblete, P.A., González Toraya, B. "Trabajos de arqueología sobre yacimientos romanos situados en las inmediaciones de Torre Melgarejo. AAP desarrollada durante la ejecución de la autovía A-382, tramo I: Autopista A-4 al P.K. 7+900. Jerez de la Frontera. Cádiz", *Anuario Arqueológico de Andalucía, Cádiz,* 2005, pp. 411–421.

Ramos Muñoz, J., González Rodríguez, R. "Prospección arqueológica superficial en el término municipal de Jerez de la Frontera (Cádiz). Campaña 1990", *Anuario Arqueológico de Andalucía,* 1990p, pp. 64–75.

Rees, S.E. *Agricultural implements in Prehistoric and Roman Britain*, BAR British Series 69, BAR Publishing, Oxford, 1979.

Remesal Rodríguez, J. *La annona militaris y la exportación de aceite Bético a Germania*, Universidad Complutense de Madrid, Madrid, 1986.

Remesal Rodríguez, J. "Las ánforas dressel 20 y su sistema epigráfico", en J. Remesal Rodríguez (ed.), *Epigrafía Anfórica,* Instrumenta, Barcelona, 2004, pp. 127–148.

Remesal Rodríguez, J. "Producción y comercio del aceite, del vino y las salazones en la España romana", en J.M. Blázquez Martínez, *Historia económica de la España en la antigüedad*, Real academia de la Historia, Madrid, 2011, pp. 193–234.

Remesal Rodríguez, J. "De re rustica Baeticae", *Las villas romanas de la Bética*, Universidad de Sevilla, Sevilla, 2016, pp. 27–39.

Remesal, J., Carreras, C. "Història de la recerca", *Culip VIII i les àmfores Haltern 70. Monografies del Casc 5,* Gerona, 2004, pp. 19–23.

Revilla Calvo, V. *Producción cerámica, viticultura y propiedad rural en Hispania Tarraconensis (Siglos I a.C.–III d.C.),* Instrumenta, Barcelona, 1995.

Revilla Calvo, V. "Viticultura y actividades complementarias en el "fundus": el ejemplo de la "Hispania Tarraconensis", *Latomus: revue d'ètudes latines* 58, 1, 1999, pp. 30–55.

Revilla Calvo, V., Zamora Moreno, D., Cela Espín, X. "L'Hort dels Vidals: un tugurium del segle I d.C. al territori d'lluro (Mataró), *Laietania: Estudis d'historia i d'arqueologia de Mataró i del Maresme* 13, 2002, pp. 159–176.

Revilla Calvo, V. "Viticultura, territorio y hábitat en el litorial nororiental de Hispania Citerior durante el Alto Imperio", en J.M. Noguera Celdrán, J.A. Antolinos Marín (eds), *De vino et oleo Hispaniae. Areas de producción y procesos tecnológicos del vino y el aceite en la Hispania romana,* Anales de Prehistoria y Arqueología, Murcia, 2012, pp. 79–95.

Revilla Calvo, V. "La introducción del sistema de la *villa* en Hispania: vino y viticultura en el litoral oriental de la Península Ibérica", en M.D. Dopico Cainzos, M. Villanueva Acuña (coords.), *Clausus est Ianus. Augusto e a transformación do Noroeste hispano,* Diputación de Lugo, Lugo, 2016, pp. 361–384.

Revilla Calvo, V. "Hàbitat rural, sistemes agraris i dinàmiques de la romanització a les terres de l'ebre", *Miscel-lània del CERE* 28, 2018, pp. 247–262.

Riesco García, F. *Carta Arqueológica de la desembocadura del Guadalquivir: zona sur,* Memoria de licenciatura Universidad de Sevilla, 1987.

Roca Roumens, M., Fernández García, M.I. *Introducción al estudio de la cerámica romana. Una breve guía de referencia*, Universidad de Málaga, Málaga, 2005.

Rodríguez Morales, J. "La divisoria de los términos de las ciudades del centro de la Península en época romana y su posterior perduración", en G. Bravo Castañeda, R. González Salinero (eds.), *La aportación romana a la formación de Europa: naciones, lenguas y culturas,* Signifer Libros, Madrid, 2004, pp. 104–140.

Rodríguez Morales, J. "Imagen y realidad de las calzadas romanas", *El Nuevo Miliario, 16,* 2013, pp. 3–29.

Rodríguez López, R., *El huerto en la Roma antigua, su problemática urbanística y agraria*, Monografías de derecho romano, Madrid, 2008.

Rodríguez Neila, J.F. "Ciudad y territorio en la provincia romana de la Bética", *Flor.* 4–5, 1994, pp. 445–484.

Rodríguez Neila, J.F. "*Hispani principes.* Algunas reflexiones sobre los grupos dirigentes de la Hispania prerromana", *Cuadernos de Arqueología* 6, 1998, pp. 99–137.

Rodríguez Mellado, J. *La implantación territorial romana en la costa noreste de Cádiz: el Lacus Ligustinus como eje vertebrador del poblamiento*, Tesis doctoral, Universidad de Sevilla, Sevilla, 2017.

Rodríguez-Vidal, J., Ruiz, F., Cáceres, M., Abad, M., González-Regalado, M.J., Pozo, M., Carretero, M.I., Monge Soares, A.M., Gómez Toscano, F. "Geomarkers of the 218–209 BC Atlantic Tsunami in the Roman Lacus Ligustinus (SW Spain): A Palaeogeographical Approach", *Quaternary International* 1,242, 2011, pp. 201–212.

Roldán Gómez, L., "La presencia del vino en el entorno de Jerez en época romana. Elementos arqueológicos e iconográficos", *II simposio de arqueología del vino, Varia* 4, 1996, pp. 201–224.

Roos, A.M., Arteaga Matute, O. "Geoarchälogische Forschungen im Umkreis der Marismas am Río Guadalquivir (Niederadalusien), *Madrider Mitteilungen* 36, 1995, pp. 199–218.

Roos, A.M., Schulz, H.D., Arteaga, O., Schulz, H. "El problema del Lacus Ligustinus. Investigaciones geoarqueológicas en torno a las marismas del bajo Guadalquivir", *Tartessos: 25 años después, 1968–1993: Jerez de la Frontera*, 1995, pp. 99–135.

Ruiz Castellanos, A., Vega Geán, E.J., García Romero, F.A. *Inscripciones latinas de Jerez de la Frontera. Epigrafía y contexto*, Universidad de Cádiz, Cádiz, 2016.

Ruiz Pilares, E.J. *El poder en el concejo de Jerez de la Frontera durante el reinado de los Reyes Católicos (1474–1504): espacios, ámbitos y recursos,* Tesis doctoral Universidad de Cádiz, Cádiz, 2017.

Ruiz Pilares, E.J. "Jerez de la Frontera: el gran centro productor del complejo portuario de la Bahía de Cádiz a finales de la Edad Media" *Estudios sobre Patrimonio, Cultura y Ciencias Medievales* 20, 2018, pp. 355–386.

Ruiz Gil, J.A., Lagóstena Barrios, L. "Digital Heritage on SW Spain: The UCA Agenda", en M.J. Mosquera, M.L. Almoraima Gil (eds.), *Conserving Cultural Heritage,* CRC Press, 2018, pp. 113–115.

Ruiz Gil, J.A, Lagóstena Barrios, L., Pérez Marrero, J., Martín Mochales, D., Trapero Fernández, P., Catalán González, J. "Villae y Figlinae a orillas del Lacus Ligustinus. Análisis GIS y prospección geofísica en el territorium ribereño de Hasta Regia", en J. Remesal Rodríguez, V. Revilla Calvo, D.J. Martín-Arroyo Sánchez, A. Martín i Oliveras (eds.), *Paisajes productivos y redes comerciales en el imperio romano,* Instrumenta, Barcelona, 2019, pp. 115–138.

Ruiz Mata, D. "Turdetanos: origen, territorio y delimitación del tiempo histórico", *Revista de Estudios Ibéricos* 3, 1998, pp. 153–221.

Ruiz Mata, D. "Varios aspectos sobre el vino y la bodega turdetana-púnica de la sierra de San Cristóbal, en El Puerto de Santa María (Cádiz), *Revista de historia de El Puerto* 60, 2018, pp. 9–131.

Sáez Fernández, P. "Columela, De R. R. XII 52,6 canalis et solea", *Habis* 14, 1983, pp. 147–152.

Sáez Fernández, P. *Agricultura romana de la Bética*, Departamento de Historia Antigua de la Universidad de Sevilla, Sevilla, 1987.

Sáez Fernández, P. "Sobre algunos tipos de tierras vitícolas de la Bética", *Actas I congreso peninsular de Historia Antigua,* Coimbra, 1988, pp. 521–531.

Sáez Fernández, P. "El vino en la Bética romana", en J.J. Iglesias rodríguez, (ed.), *Historia y cultura del vino en Andalucía,* Universidad de Sevilla, Sevilla, 1995, pp. 13–32.

Sáez Fernández, P. "Algunas consideraciones sobre el territorio de las ciudades de la Bética", en C. González Román, A. Padilla Arroba, (eds.), *Estudios sobre las ciudades de la Bética,* Universidad de Granada, Granada, 2002, pp. 389–445.

Sáez Fernández, P., Lomas Salmonte, F.J. "El *Kalendarium Vegetianum,* la *annona* y el comercio del aceite", *Mélanges de la Casa de Velazquez* 17, 1982, pp. 55–84.

Sáez Fernández, P., Ordóñez Agulla, S., García Vargas, E., García-Dils de la Vega, S. "Aplicaciones de los S.I.G. al territorio y caso urbano de Écija (Sevilla) (proyecto AstiGIS)", *Astigi Vetus* 1, 2001, pp. 15–31.

Sáez Fernández, P., Ordóñez Águila, S.M., García-Dils de la Vega, S. "Paisaje agrario y territorio en la campiña occidental de la Baetica", *Arqueología Espacial* 26, 2006, pp. 143–170.

Salcedo, F. "La iconografía del vino en el mundo Romano", en S. Celestino (ed.), *El vino en la Antigüedad romana: II Simposio de Arqueología del Vino*, Universidad Autónoma de Madrid, Madrid, 1999, pp. 97–115.

Salido Domínguez, J. "4. Los *Dolia* en *Hispania*: caracterización funcionalidad y tipología", en C. Fernández Ochoa, A. Morillo, M. Zarzalejos (eds.), *Manual de cerámica romana III,* Madrid, 2017, pp. 237–309.

Santapau Pastor, M.R. "La categoría jurídica de la tierra en Hispania romana", *Lvcentum* 21–22, 2003, pp. 191–205.

Serrano Delgado, J.M. "Colonia Augusta Gemella Tucci", *Habis* 12, 1981, pp. 203–222.

Schulten, A. "Asta Regia", *Archivo Español de Arqueología* 14, 1941, pp. 249–256.

Sciallano, M., Sibella, P. *Amphores, comment les identifier?*, Edisud, París, 1991.

Segura Munguía, S., Torres Ripa, J. *Historia de las plantas en el mundo antiguo*, Universidad de Deusto, Bilbao, 2009.

Sheldon Weaverdyck, E.J. *Rich farm, poor farm: a geographic study of urban-rural relations in Severan Pannonia,* Tesis doctoral California, Berkeley, 2010.

Sillières, P. "La via Augusta de Cordoue à Cadix (documents su XVIII S. et photographies aériennes pour une étude de topographie historique)", *Mélanges de La Casa de Velázquez* 12, 1976, pp. 27–67.

Sillières, P. "Prospections le long de la via Augusta", *Habis* 8, 1977, pp. 331–43.

Sillières, P. *Les voies de communication de l'Hispanie Méridionale*, Centre Pierre Paris, Paris, 1990.

Sillières, P. "Comercialización del aceite y el vino hispánicos", en J. Morilla Critz, J. Gómez-Pantoja Fernández-Salguero, P. Cressier (eds.), *Impactos exteriores sobre el mundo rural mediterráneo: del imperio romano a nuestros días,* 1997, pp. 87–110.

Sillières, P. "Voies d'eau et essor economique de l'hispanie. Vías marítimas, fluviales y desarrollo económico de hispania", *Zephyrus* 53–54, 2000, pp. 433–442.

Sillières, P. "Vías marítimas, fluviales y desarrollo económico de Hispania", *Zephyrus* 53–54, 2000 2001, pp. 433–442.

Silvino, T., Poux, M., Garnier N. "¿Où est passé le vin de Bétique? nouvelles données sur le contenu des Amphores dites à sauces de poisson et à aaumures des types dressel 7/11, pompéi VII", *Actes du congrès de Blois, SFECAG* 2005, pp. 501–514.

Simon, B. "Roman settlement pattern and LCP modelling in ancient Northeastern Pannonia (Hungary)", En D. Bartus (ed.), *Dissertationes archaeologicae ex instituo archaeologico universitatis de Rolando Eotvos nominatae* 3, Budapest, 2015, pp. 105–126

Sirago, V.A. *L'agricoltura italiana nel II secolo a.C.,* Napoles, 1975.

Stancic, Z., Veljanovski, T., Podobnikar, T. "Understanding Roman settlement patterns through multivariate statistics and predictive modelling", *Nato asi series a life sciences* 321, 2000, pp. 147–156.

Stefano, R. "Lènologia di Columella", En D. Tomasi, C. Cremonesi, (eds.), *L'avventura del vino nel Bacino del Mediterraneo. Itinerari storici ed archeologici prima e dopo Roma. Simposio internazionale,* Istituto Sperimentale per la Viticoltura, Conegliano, 2000, pp. 269–277.

Steiner, G. "The fortunate farmer. Life of the small farm in ancient Italy", *The Classical Journal*, 1955, pp 57–67.

Stubert, L., Martín i Oliveras, A., Märker, M., Schernthanner, H., Vogel, S. "Viticulture in the Laetanian Region (Spain) during the Roman Period: Predictive Modelling and Geomatic Analysis", *Geosciences* 10, 206, 2020, 1–28.

Tamayo Errazquin, J.A. "Alimenta, una institución a caballo entre la munificencia y la propaganda", *RIDA* 57, 2001, pp. 435–466.

Tchernia, A. "Mòdeles èconomiques et comerce du vin à la fin de la république et a u début de l'empire", *El vi a l'atiguitat economia producció i comerç al Mediterrani occidental*, 1985, pp. 327–336.

Tchernia, A. *Le vin de l'italie romaine*, E. de francaise de Rome, Roma, 1986.

Tchernia, A. "la vinification des romains", en G. Garrier (ed.), *Le vin des historiens: actes du 1er symposium vin et histoire*, 1990, pp. 65–74.

Tchernia, A. "Le vignoble italien du I siècle avant note ère au III si+ecle de notre ère : répartition et évolution", *BCH,* 1993, pp. 283–296.

Tchernia, A., Brun, J.P. *Le vin romain antique,* Glenat, Paris, 1999.

Tejera Gaspar, A. "Panorama arqueológico de la marisma del Guadalquivir", *Habis* 8, 1977, pp. 207–216.

Teichner, F., Peña Cervantes, Y. "Archäologisches zur Herstellung von Olivenol und Wein im römischen Hispanien", *Bjb* 210–211, 2012, pp. 95–178.

Tereso, J.P., Ramil-Rego, P., Almeida-da-Silva, R. "Roman agriculture in the conventus Bracaraugustanus (NW Iberia)", *Journal of Archaeological Science* 40(6), 2012, pp. 2848–2858.

Tovar LLorente, A. "Columela y el vino de Jerez", *Homenaje nacional a Lucio Junio Moderato Columela,* A.P.A.E, Cádiz, 1975, pp. 93–99.

Trapero Fernández, P. "Roman viticulture analysis based on Latin agronomists and the applications of a geographic information system in lower Guadalquivir", *Virtual Archaeology Review* 7(14), 2016, 53–60.

Trapero Fernández, P. "Perspectives about the analysis of Roman viticulture in Guadalquivir estuary river", *Riparia* 2, 2016, pp. 55–74.

Trapero Fernández, P. "Ways to make history and archaeology with non-invasive techniques. The application of GIS, RPA and GPR in Hasta Regia Roman city", en M.J. Mosquera, M.L. Almoraima Gil (eds.), *Conserving Cultural Heritage,* CRC Press, 2018, pp. 129–131.

Trapero Fernández, P. "Conectividad en el estuario del Guadalquivir entre Turris Caepionis y Nabrissa Veneria. Aprovechamientos económicos, comunicaciones, embarcaderos y zonas navegables". *Economía de los humedales. 2019. Prácticas sostenibles y aprovechamientos históricos.* Instrumenta, Barcelona, pp. 179 - 195.

Urueña Alonso, J. "Los conventus de la provincia baetica a partir de la descripción geográfica de Ptolomeo", *Habis* 42, 2011, pp. 209–227.

Vallejo Sánchez, J., Castro Páez, E., Niveau de Villedary y Mariñas, A.M. "Los orígenes del vino en la Bahía de Cádiz: Testimonios arqueológicos y literarios", *Duoro* Vol. VII 1, 2002, pp. 47–63.

Van Limbergen, D. "*Vinum picenum* and *olive picena.* Wine and oil presses in central Adriatic Italy between the Late Republic and the Early Empire. Evidence and problems", *Babesch* 86, 2011, pp. 71–94.

Vanney, J.R., Menanteau, L. "Types de reliefs littoraux et dunaires en Base-Andalousie (de la ría de Huelva à l'embochure du Guadalquivir)", *Melanges de la casa de Velázquez* 15, 1979, pp. 5–52.

Vargas-Molina, J. "Consecuencias del megaproyecto de dragado de profundización en el sistema socio-ecológico del estuario del Guadalquivir, España", *Agua y territorio* 4, 2014, pp. 23–34.

Vegas, M. *Cerámica común romana del Mediterráneo occidental*, Universidad de Barcelona, Barcelona, 1973.

Verhagen, P., Brughmans, T., Nuninger, L., Bertoncello, F. "The long and winding road: combining least cost paths and network analysis techniques for settlement location analysis and predictive modelling", en I. Romanowska, P. Murrieta Flores, C. Papadopoulos, A. Chrysanthi (coords.), *Proceedings of the 40th Conference in Computer Applications and Quantitative Methods in Archaeology*, Amsterdam University Press, Amsterdam, 2013, pp. 357–366.

Viitanen, E.M. *Locus Bonus, the relationship of the Roman villa to its environment in the vicinity of Rome*, Helsinki University Print, Helsinki 2010.

Villaronga, L. *Corpus nummorum hispaniae ante augusti aetatem*, Madrid, 1994.

Wheeler, D. "Early instrumental weather data from Cádiz. A study of late eighteenth and early nineteenth century records", *International Journal of Climatology* 15, 1995, pp. 801–810.

White, K.D. *Farm equipment of the Roman World,* Cambridge University Press, Cambridge 1975.

White, K.D. *Roman Farming*, Cornell University Press, London, 1970.

White, K.D. *Agricultural implements of the Roman World,* Cambridge University Press, Cambridge, 2010.

Volpe, R. "Vino, vigneti ed anfore in Roma Republicana", *Suburbium* 2, 2009, pp. 1000–1014.

Wilson, A. "Quantifying Roman economic performance by means of proxies: pitfalls and potential", en F. De Catalay (ed.), *Quantifying the Greco-roman Economy and Beyond*, Edipuglia, Bari, 2014, pp. 147–167.

Witcher, R.E. "Agrarian spaces in Roman Italy: Society, economy and Mediterranean agriculture", *Arqueología espacial: paisajes agrarios* 26, 2006, pp. 341–359.

Yañez Camacho, C., Rodríguez Ramírez, A., Carrión García, J.S. "Cambios en la vegetación de la franja litoral de las Marismas de Doñana (Huelva, España) durante el holoceno reciente", *Anales de Biología* 28, 2006, pp. 85–94.

Zaccagnini, C. (ed.), *Mercanti e política nel mondo antico,* Roma, 2003.

11

Anexo. Fichas de *villae*

En este anexo hemos resumido la información principal de las distintas *villae* y alfares del territorio. No se pretende realizar una ficha completa de los yacimientos, sino un complemento a la información que se ha sintetizado gracias a los distintos estudios bibliográficos, de materiales y prospecciones realizados, de manera que se agilice la propia lectura del texto y se tenga una breve ficha de apoyo para complementar la información de cada yacimiento. Se comentan en una distribución de ausencia/presencia los principales materiales que han sido estudiados, ya sean por la bibliografía precedente, prospecciones de campo o estudio de materiales; así como una breve descripción, acompañada de los principales materiales anfóricos reconocidos y su bibliografía.

La cronología se corresponde a nivel orientativo con los momentos anteriores y posteriores al momento que estudiamos, no expresándose la cronología altoimperial, ya que todos los yacimientos que analizamos tienen ocupación en estos momentos.

En el caso de yacimientos con cronología prerromana, está ejemplificando yacimientos donde tenemos materiales turdetanos o púnicos, principalmente. El caso republicano es muy importante, por el hecho de poder decir cuáles de estas *villae* se fundan en dicha época, siendo en general la cerámica barniz negro la que mejor define a estos momentos. Más problemática puede existir con momentos posteriores al altoimperio, el cual hemos contextualizado como "tardorromano", especialmente para los casos donde los materiales nos muestran una pervivencia en algún momento posterior a este ya comentado. Los indicadores en este sentido serían sigillatas o ánforas tardías. Por último, se ha añadido un campo de materiales medievales, ya que aunque no han sido estudiados, puede ser la evidencia de la permanencia de estos asentamientos a través del tiempo. La cronología medieval se corresponde fundamentalmente con la aparición de cerámicas almohades y modernas cristianas.

Junto a esta ficha, se realiza una breve descripción de los yacimientos analizados, así como del material anfórico de los mismos y otros materiales relevantes. Finalmente se expone la bibliografía procedente del yacimiento en cuestión.

<table>
<tr><td rowspan="2" colspan="2">1</td><td colspan="2">Denominación</td><td colspan="4">Alventus</td><td colspan="4">Otras denominaciones</td><td colspan="2"></td></tr>
<tr><td colspan="2">Tipología</td><td colspan="4">Villa</td><td colspan="4">Signatura</td><td colspan="2"></td></tr>
<tr><td colspan="14">Cronología</td></tr>
<tr><td colspan="2">Prerromano</td><td>1</td><td colspan="2">Republicano</td><td>0</td><td colspan="2">Tardorromano</td><td>1</td><td colspan="3">Medieval</td><td colspan="2">1</td></tr>
<tr><td colspan="14">Materiales</td></tr>
<tr><td>C. Común</td><td>1</td><td>Barniz negro</td><td>0</td><td>Sigillata itálica</td><td>1</td><td>Otras sigillatas</td><td>1</td><td>Paredes finas</td><td>0</td><td>Vidrio</td><td>0</td><td>Estucos</td><td>0</td></tr>
<tr><td>Constructivo</td><td>0</td><td>Opus signinum</td><td>0</td><td>Mármol</td><td>1</td><td>Dolia</td><td>1</td><td>Escoria de alfar</td><td>0</td><td>Pesas de telar</td><td>0</td><td>Laterculi</td><td>0</td></tr>
<tr><td colspan="14">Descripción</td></tr>
<tr><td colspan="14">Importante yacimiento en contacto con la marisma. Según Lavado, se encontró un muro, con pavimento a 1,5 metros en la superficie por una hondonada del terreno, destruyéndose durante las obras. Igualmente se encontró parte de un ara funeraria que está en el palacio de la duquesa de Medina Sidonia. La continuidad del yacimiento, esta atestiguada por la importancia de este lugar, como embarcadero desde donde salían los vinos de Jerez en época medieval. En el mismo, se pueden localizar dos zonas perfectamente diferenciadas, al Este del actual cortijo abundan los materiales romanos, en torno a un rebaje del terreno, que probablemente coincida con la destrucción comentada por Lavado, donde además se pueden apreciar lo que parecen ser restos de muros en superficie en sus cercanías. Al Oeste del mismo cortijo, y también en contacto con la marisma, se encuentra otra zona de concentración, en este caso de materiales islámicos y castellanos.</td></tr>
<tr><td colspan="14">Materiales anfóricos</td></tr>
<tr><td colspan="14">Haltern 70, Dressel 1, Dressel 8, Dressel 12 y ánfora tardía Keay XIII.</td></tr>
<tr><td colspan="14">Otros materiales</td></tr>
<tr><td colspan="14"></td></tr>
<tr><td colspan="14">Bibliografía</td></tr>
<tr><td colspan="14">M.L. Lavado Florido, Carta arqueológica de la margen izquierda…, p. 252; F. Barrionuevo, L. Aguilar, R. González, "Prospección arqueológica superficial del extremo noroccidental...", p. 35.</td></tr>
</table>

2	**Denominación**	Berango I		**Otras denominaciones**									
	Tipología	*Villa*		**Signatura**									
Cronología													
Prerromano	0	**Republicano**	0	**Tardorromano**	0	**Medieval**	0						
Materiales													
C. Común	0	**Barniz negro**	0	**Sigillata itálica**	0	**Otras sigillatas**	0	**Paredes finas**	0	**Vidrio**	0	**Estucos**	0
Constructivo	0	*Opus signinum*	0	**Mármol**	0	*Dolia*	0	**Escoria de alfar**	0	**Pesas de telar**	0	*Laterculi*	0
Descripción													
Villa catalogada como tal por la prospección del año 1992, sin que hayamos podido acceder a contrastar los materiales allí recogidos.													
Materiales anfóricos													
Otros materiales													
Bibliografía													
R. González, F. Barrionuevo, L. Aguilar, D. Ruíz Mata, "Prospección arqueológica superficial del entorno ...", p. 73.													

3	**Denominación**	Los villares		**Otras denominaciones**	El Tesorillo o Camino de Monasterejos								
	Tipología	*Villa*		**Signatura**									
Cronología													
Prerromano	0	**Republicano**	0	**Tardorromano**	0	**Medieval**	1						
Materiales													
C. Común	0	**Barniz negro**	0	**Sigillata itálica**	1	**Otras sigillatas**	0	**Paredes finas**	0	**Vidrio**	0	**Estucos**	0
Constructivo	0	*Opus signinum*	1	**Mármol**	1	*Dolia*	1	**Escoria de alfar**	0	**Pesas de telar**	0	*Laterculi*	0
Descripción													
Yacimiento muy alterado, atravesado por un camino, entre la actual población de Trebujena y el cortijo de Monasterejos. Es un lugar bastante transitado, por lo que los materiales en superficie están rodados. A pesar de ello, la dispersión de materiales es grande, alcanzando un área total de 1,16 ha. Aparte de esta concentración, en el cerro cercano se encuentran fragmentos de opus signinum, posible lugar de algún tipo de estructura hidráulica. Lavado lo cita como Los *Villa*res o El Tesorillo, donde destaca importantes sillares y una posible tumba de cremación, por una huella pequeña oscura.													
Materiales anfóricos													
Dressel 10.													
Otros materiales													
Bibliografía													
M.L. Lavado Florido, Carta arqueológica de la margen izquierda…, p. 365; M. Ponsich, Implantation rurale antique…, p. 186; F. Barrionuevo, L. Aguilar, R. González, "Prospección arqueológica superficial del extremo noroccidental...", p. 35 .													

4	**Denominación**	Carranza	**Otras denominaciones**	
	Tipología	*Villa*	**Signatura**	

Cronología

Prerromano	0	**Republicano**	0	**Tardorromano**	0	**Medieval**	1

Materiales

C. Común	0	**Barniz negro**	0	**Sigillata itálica**	0	**Otras sigillatas**	0	**Paredes finas**	0	**Vidrio**	0	**Estucos**	1
Constructivo	1	*Opus signinum*	0	**Mármol**	0	*Dolia*	1	**Escoria de alfar**	0	**Pesas de telar**	0	*Laterculi*	1

Descripción

Según Lavado y Ponsich, se encuentran fragmentos de ladrillos de suelo, que pueden ser interpretados como laterculi, así como abundantes fragmentos de *Dolia* y de estucos.

Materiales anfóricos

Dressel 1.

Otros materiales

Bibliografía

M.L. Lavado Florido, Carta arqueológica de la margen izquierda..., p. 74; M. Ponsich, Implantation rurale antique..., p. 201; F. Barrionuevo, "Prospección arqueológica superficial del extremo noroccidental...", p. 27.

5	**Denominación**	Casa de Águila	**Otras denominaciones**	
	Tipología	*Villa*	**Signatura**	

Cronología

Prerromano	0	**Republicano**	0	**Tardorromano**	0	**Medieval**	0

Materiales

C. Común	0	**Barniz negro**	0	**Sigillata itálica**	0	**Otras sigillatas**	0	**Paredes finas**	0	**Vidrio**	0	**Estucos**	0
Constructivo	1	*Opus signinum*	0	**Mármol**	0	*Dolia*	0	**Escoria de alfar**	0	**Pesas de telar**	0	*Laterculi*	0

Descripción

Puede ser confundido por cercanía con el yacimiento de Loma de Maina. Lavado menciona grandes bloques de materiales, *dolia*, ánforas y material constructivo. Ponsich repite este mismo esquema, haciendo hincapié en la profusión de *dolia.*

Materiales anfóricos

Otros materiales

Bibliografía

M.L. Lavado Florido, Carta arqueológica de la margen izquierda..., p. 70; M. Ponsich, Implantation rurale antique..., p. 206.

6	**Denominación**	Casa de la Gallarda	**Otras denominaciones**	
	Tipología	*Villa*	**Signatura**	

Cronología

Prerromano	0	**Republicano**	0	**Tardorromano**	0	**Medieval**	0

Materiales

C. Común	0	**Barniz negro**	0	**Sigillata itálica**	1	**Otras sigillatas**	0	**Paredes finas**	0	**Vidrio**	0	**Estucos**	0
Constructivo	0	*Opus signinum*	1	**Mármol**	0	*Dolia*	0	**Escoria de alfar**	0	**Pesas de telar**	0	*Laterculi*	0

Descripción

Según Ponsich, importantes restos de morteros romanos y sigillatas. Se ha elegido esta localización como posible emplazamiento de una *villa*, por la cercanía de otros yacimientos menores de importancia, donde éste ocupa una situación central, así como la muestra de materiales susceptibles de ser considerados como *villa*ticos.

Materiales anfóricos

Otros materiales

Bibliografía

M. Ponsich, Implantation rurale antique..., p. 213.

7	Denominación	Caserón de Evorilla	Otras denominaciones	
	Tipología	*Villa*	Signatura	

Cronología							
Prerromano	1	Republicano	0	Tardorromano	0	Medieval	0

Materiales													
C. Común	0	Barniz negro	0	Sigillata itálica	1	Otras sigillatas	0	Paredes finas	0	Vidrio	0	Estucos	1
Constructivo	1	*Opus signinum*	0	Mármol	0	*Dolia*	0	Escoria de alfar	0	Pesas de telar	0	*Laterculi*	0

Descripción

Yacimiento conocido por el hallazgo de una espada y lanza de época imperial, según Lavado. Ponsich menciona ruinas en sus inmediaciones, con tégulas, sigillatas y fragmentos de estuco. Curiosamente, no aparece referida en la prospección de Barrionuevo.

Materiales anfóricos

Otros materiales

Bibliografía

M.L. Lavado Florido, Carta arqueológica de la margen izquierda…, p. 113 ; M. Ponsich, Implantation rurale antique…, p. 203.

8	Denominación	Casita Palomares	Otras denominaciones	
	Tipología	*Villa*	Signatura	

Cronología							
Prerromano	1	Republicano	0	Tardorromano	0	Medieval	1

Materiales													
C. Común	0	Barniz negro	0	Sigillata itálica	1	Otras sigillatas	0	Paredes finas	0	Vidrio	0	Estucos	0
Constructivo	1	*Opus signinum*	1	Mármol	0	*Dolia*	0	Escoria de alfar	0	Pesas de telar	0	*Laterculi*	1

Descripción

Importante yacimiento de amplia cronología, donde Lavado menciona una columna de piedra ostionera y fragmentos de laterculi. El lugar es conocido en Trebujena, pues según la leyenda ésta es la localización donde se encontró la virgen patrona de la ciudad. De entre los materiales prospectados, destacan los medievales, especialmente almohades. Los materiales ocupan una extension máxima de 1,086 ha.

Materiales anfóricos

Posible Haltern 70 y Pellicer D.

Otros materiales

Múltiples fragmentos de lebrillos.

Bibliografía

M.L. Lavado Florido, Carta arqueológica de la margen izquierda…, p. 343; F. Barrionuevo, L. Aguilar, R. González, "Prospección arqueológica superficial del extremo noroccidental...", p. 35; AA.VV., Plan general de ordenación urbanística. Trebujena. 1.c. Catálogo, Trebujena, 2006, p. 57.

9	Denominación	Cerro Capita		Otras denominaciones	
	Tipología	*Villa*		Signatura	CAP-87

Cronología							
Prerromano	1	Republicano	1	Tardorromano	0	Medieval	0

Materiales															
C. Común	1	Barniz negro	1	Sigillata itálica	1	Otras sigillatas	0	Paredes finas	0	Vidrio	0	Estucos	0
Constructivo	1	*Opus signinum*	0	Mármol	0	*Dolia*	1	Escoria de alfar	0	Pesas de telar	0	*Laterculi*	0

Descripción

Yacimiento catalogado como alfar y *villa*. En la prospección de 1991 aparecen dos lugares de concentración. Nosotros hemos elegido esta localización como centro de la posible *villa*, por la importante cantidad de materiales allí encontrados. En prospección, 2,37 ha. ocupa esta concentración de materiales en superficie.

Materiales anfóricos

Haltern 70.

Otros materiales

Bibliografía

R. González Rodríguez, D. Ruíz Mata, L. Aguilar Moya, "Prospección arqueológica superficial en la margen izquierda...", p. 86.

10	Denominación	Cerro Gibraltar	Otras denominaciones	
	Tipología	*Villa*	Signatura	GIB-87 y GIB-91

Cronología							
Prerromano	1	Republicano	1	Tardorromano	0	Medieval	0

Materiales													
C. Común	1	Barniz negro	1	Sigillata itálica	1	Otras sigillatas	0	Paredes finas	0	Vidrio	0	Estucos	0
Constructivo	1	*Opus signinum*	0	Mármol	1	*Dolia*	1	Escoria de alfar	0	Pesas de telar	0	*Laterculi*	0

Descripción

Lugar de concentración de materiales romanos, que puede ser referido a Cortijo de Capita mencionado por Ponsich en pagina 187. La localización del lugar ha sido revisada, pues distaba bastante del actual cortijo, que no muestra materiales antiguos, a excepción de una muela de molino y una piedra que pudiera ser parte de un aparejo de prensa. Estos materiales no pueden ser relacionados con la zona, pues los mismos dueños y encargados nos comentaron que estos materiales provienen de otras tierras en Cabezas de San Juan. El yacimiento se ha trasladado a la posición revisada dada por la prospección de Gonzalez Rodriguez *et al.*

Materiales anfóricos

Dressel 7–11, Haltern 70, Dressel 1,

Otros materiales

Un posible dado.

Bibliografía

R. González Rodríguez, D. Ruíz Mata, L. Aguilar Moya, "Prospección arqueológica superficial en la margen izquierda...", p. 86.

11	Denominación	Corchitos 2	Otras denominaciones	
	Tipología	*Villa*	Signatura	COR-2–89 y COR-2–90

Cronología							
Prerromano	1	Republicano	0	Tardorromano	1	Medieval	0

Materiales													
C. Común	1	Barniz negro	0	Sigillata itálica	1	Otras sigillatas	1	Paredes finas	1	Vidrio	1	Estucos	1
Constructivo	1	*Opus signinum*	0	Mármol	1	*Dolia*	1	Escoria de alfar	0	Pesas de telar	0	*Laterculi*	0

Descripción
Importante yacimiento conocido por la prospección de 1990. Los materiales en el museo son muy abundantes y de calidad, mostrándonos una de las *villae* más suntuosas de la zona.
Materiales anfóricos
Representación de los distintos tipos de Dressel 7–11, así como Haltern 70, Dressel 20 y/o 23.
Otros materiales
Piezas de mortero de piedra, asa probable de Dressel 20 con sello LVM.
Bibliografía
J. Ramos Muñoz, R. González Rodríguez, "Prospección arqueológica superficial…", p. 72.

12	Denominación	Corchitos 3	Otras denominaciones	
	Tipología	*Villa*	Signatura	COR-3–89 y COR-3–90

Cronología							
Prerromano	0	Republicano	0	Tardorromano	1	Medieval	1

Materiales													
C. Común	1	Barniz negro	0	Sigillata itálica	1	Otras sigillatas	1	Paredes finas	1	Vidrio	0	Estucos	0
Constructivo	1	*Opus signinum*	0	Mármol	0	*Dolia*	1	Escoria de alfar	0	Pesas de telar	0	*Laterculi*	0

Descripción
Yacimiento muy cercano a su homónimo Corchitos 2. Aunque éste debió ser el centro principal de una importante *villa*, la localización de restos cerámicos, tanto cualitativa, como cuantitativamente, nos ha hecho considerar esta otra ubicación como posible centro de una *villa*, a pesar de la aparente cercanía de ambos enclaves.
Materiales anfóricos
Dressel 7–11, Haltern 70, Beltrán IIB y Dressel 28.
Otros materiales
Sigillata itálica con sello EXOPF.
Bibliografía
J. Ramos Muñoz, R. González Rodríguez, "Prospección arqueológica superficial…", p. 72.

13	Denominación	Cortijo de Alijar	Otras denominaciones	
	Tipología	*Villa*	Signatura	ALI-90

Cronología

Prerromano	0	Republicano	0	Tardorromano	0	Medieval	0

Materiales

C. Común	0	Barniz negro	0	Sigillata itálica	0	Otras sigillatas	0	Paredes finas	0	Vidrio	0	Estucos	0
Constructivo	1	*Opus signinum*	0	Mármol	0	*Dolia*	1	Escoria de alfar	0	Pesas de telar	0	*Laterculi*	0

Descripción

Según Ponsich se encontraron elementos de muros en la zona. En la actualidad no se localizan ningún tipo de estructuras, tan solo una pequeña concentración de materiales. Ponsich menciona una muela de aceitunas en el cortijo que todavía subsiste allí. En el estudio de los materiales de museo, se encuentran diversos fragmentos de *Dolia*, que han sido asociados con este yacimiento. Ha sido elegido en este estudio como potencial *villa*, por ser el lugar con estructuras y restos edilicios más importantes de sus alrededores, donde hay otras concentraciones de materiales en yacimientos secundarios.

Materiales anfóricos

Otros materiales

Bibliografía

M. Ponsich, Implantation rurale antique..., p. 216.

14	Denominación	Cortijo de Cestelo	Otras denominaciones	
	Tipología	*Villa*	Signatura	

Cronología

Prerromano	0	Republicano	0	Tardorromano	0	Medieval	1

Materiales

C. Común	0	Barniz negro	0	Sigillata itálica	1	Otras sigillatas	0	Paredes finas	0	Vidrio	0	Estucos	0
Constructivo	1	*Opus signinum*	0	Mármol	0	*Dolia*	0	Escoria de alfar	0	Pesas de telar	0	*Laterculi*	0

Descripción

Localización según Ponsich. Yacimiento situado en el mismo cortijo de Cestelo, que ocupa una importante extensión, más de 4 ha. de materiales poco abundantes y muy rodados. La propia configuración del cerro puede hacer que estos materiales, tengan una dispersión mayor a la real. Probablemente el centro del yacimiento esté justo debajo del cortijo actual. En la zona se ha realizado un proyecto de parque eólico, hacia el sur del yacimiento, en el que no se han encontrados yacimientos, siendo éste el más importante de la zona.

Materiales anfóricos

Otros materiales

Bibliografía

M. Ponsich, Implantation rurale antique..., p. 213.

15	**Denominación**	Cortijo de Ébora 5	**Otras denominaciones**	
	Tipología	*Villa*	**Signatura**	

Cronología

Prerromano	1	**Republicano**	0	**Tardorromano**	0	**Medieval**	0

Materiales

C. Común	0	**Barniz negro**	0	**Sigillata itálica**	0	**Otras sigillatas**	0	**Paredes finas**	0	**Vidrio**	0	**Estucos**	0
Constructivo	1	*Opus signinum*	1	**Mármol**	0	*Dolia*	0	**Escoria de alfar**	0	**Pesas de telar**	0	*Laterculi*	0

Descripción

Posición difícil de interpretar ya que está mencionada por varios autores, sin que se pueda definir una posición clara. El propio cortijo de Ébora, se configura como la posible ciudad prerromana mencionada por las fuentes y lugar del hallazgo del famoso tesoro de Ébora. Sin embargo, esta otra localización, está situada más hacia la línea de costa. El problema se presenta en la historiografía al no cuadrar los criterios de denominación y ubicación de Lavado y Ponsich. Seguimos a Barrionuevo en este sentido, solo considerando esta potencial *villa* en la costa. El yacimiento principal, no está considerado dentro de este estudio, pues consideramos que su entidad sería mayor, potencialmente un *vicus*.

Materiales anfóricos

Otros materiales

Bibliografía

M.L. Lavado Florido, Carta arqueológica de la margen izquierda…, p. 86; M. Ponsich, Implantation rurale antique…, p. 203; F. Barrionuevo, "Prospección arqueológica superficial del extremo noroccidental...", p. 27.

16	**Denominación**	Cortijo de Monteagudo	**Otras denominaciones**	Monteagudo OesteMonteagudo Oeste
	Tipología	*Villa*	**Signatura**	

Cronología

Prerromano	0	**Republicano**	0	**Tardorromano**	0	**Medieval**	0

Materiales

C. Común	1	**Barniz negro**	0	**Sigillata itálica**	0	**Otras sigillatas**	0	**Paredes finas**	0	**Vidrio**	0	**Estucos**	0
Constructivo	1	*Opus signinum*	0	**Mármol**	0	*Dolia*	1	**Escoria de alfar**	0	**Pesas de telar**	0	*Laterculi*	0

Descripción

Localización conocida por Ponsich y Lavado, a la que no nos ha sido posible acceder, a pesar de las importantes referencias de estos autores. Según Ponsich se localiza en la zona una cisterna excavada. De la misma manera, aparece en la zona el topónimo de "la Mazmorrilla", hecho que hace pensar en la posible existencia de algún tipo de estructura hidráulica compleja en la zona. En su defecto, podríamos estar hablando de algún tipo de aprovechamiento similar al minero. De entre las distintas localizaciones que nos meciona Lavado, ésta es la más importante, por la cita de Ponsich respecto a dicha estructura.

Materiales anfóricos

Dressel 10.

Otros materiales

Bibliografía

M.L. Lavado Florido, Carta arqueológica de la margen izquierda…, p. 150; M. Ponsich, Implantation rurale antique…, p. 207; F. Barrionuevo, L. Aguilar, R. González, "Prospección arqueológica superficial del extremo noroccidental...", p. 35.

17	**Denominación**	El Pastor	**Otras denominaciones**	
	Tipología	*Villa*	**Signatura**	PAS-87 y PAS-91

Cronología

Prerromano	1	**Republicano**	0	**Tardorromano**	0	**Medieval**	0

Materiales

C. Común	1	**Barniz negro**	0	**Sigillata itálica**	1	**Otras sigillatas**	0	**Paredes finas**	0	**Vidrio**	0	**Estucos**	0
Constructivo	0	*Opus signinum*	0	**Mármol**	0	*Dolia*	1	**Escoria de alfar**	0	**Pesas de telar**	0	*Laterculi*	0

Descripción

Yacimiento mencionado como *villa* por la prospección de 1991. En superficie, se encuentra una importante concentración de materiales, aunque ocupa un área de 1,7 ha.

Materiales anfóricos

Otros materiales

Bibliografía

R. González Rodríguez, D. Ruíz Mata, L. Aguilar Moya, "Prospección arqueológica superficial en la margen izquierda...", p. 86.

18	**Denominación**	*Espartina*	**Otras denominaciones**	
	Tipología	*Villa*	**Signatura**	*ESP-I-91*

Cronología

Prerromano	0	**Republicano**	0	**Tardorromano**	0	**Medieval**	0

Materiales

C. Común	0	**Barniz negro**	0	**Sigillata itálica**	0	**Otras sigillatas**	0	**Paredes finas**	1	**Vidrio**	0	**Estucos**	0
Constructivo	1	*Opus signinum*	0	**Mármol**	0	*Dolia*	0	**Escoria de alfar**	0	**Pesas de telar**	0	*Laterculi*	0

Descripción

Lugar de difícil acceso y precisión, que no ha podido ser localizado con seguridad. El espacio debe de estar muy alterado, pues las referencias que tenemos por los propios vecinos de la zona nos mencionan el hallazgo de columnas y materiales constructivos romanos durante las obras de construcción del cortijo antiguo de Espartina.

Materiales anfóricos

Otros materiales

Bibliografía

R. González Rodríguez, D. Ruíz Mata, L. Aguilar Moya, "Prospección arqueológica superficial en la margen izquierda...", p. 86.

19	**Denominación**	Finca el Olivillo	**Otras denominaciones**	
	Tipología	*Villa*	**Signatura**	OLIV-88-A-85

Cronología

Prerromano	0	**Republicano**	0	**Tardorromano**	0	**Medieval**	0

Materiales

C. Común	1	**Barniz negro**	0	**Sigillata itálica**	0	**Otras sigillatas**	0	**Paredes finas**	0	**Vidrio**	0	**Estucos**	0
Constructivo	1	*Opus signinum*	0	**Mármol**	0	*Dolia*	1	**Escoria de alfar**	0	**Pesas de telar**	0	*Laterculi*	0

Descripción

Villa en el territorio, con abundantes materiales que no ha podido ser completamente prospectada por encontrarse bajo cultivo. A pesar de ello, la localización mencionada por la historiografía coincide perfectamente con el lugar del hallazgo, donde pudimos recoger fragmentos de ánforas y similares en torno al camino de acceso a un aerogenerador cercano.

Materiales anfóricos

Dressel 7–11 y Haltern 70.

Otros materiales

Bibliografía

R. González Rodríguez, D. Ruíz Mata, L. Aguilar Moya, "Prospección arqueológica superficial en la margen izquierda...", p. 86.

20	**Denominación**	Haza de la Torre 2	**Otras denominaciones**	
	Tipología	*Villa*	**Signatura**	HT-89 y HT-90

Cronología

Prerromano	1	**Republicano**	0	**Tardorromano**	1	**Medieval**	1

Materiales

C. Común	1	**Barniz negro**	0	**Sigillata itálica**	1	**Otras sigillatas**	1	**Paredes finas**	1	**Vidrio**	0	**Estucos**	0
Constructivo	1	*Opus signinum*	0	**Mármol**	1	*Dolia*	1	**Escoria de alfar**	0	**Pesas de telar**	0	*Laterculi*	0

Descripción

Importante *villa* de la zona, conocida por la prospección de 1990, ocupando una extensión aproximada de más de 5 ha. Dada su posición como límite de nuestra propuesta territorial y la consideración de su propia toponímia, que hace alusión a las torres defensivas que limitaban el término de Jerez en época moderna, bien pudiera ser un punto clave para comprender el límite territorial de esta zona.

Materiales anfóricos

Dressel 7–11, Dressel 20 y Beltrán IIB.

Otros materiales

Ánfora tardía posible keay XII.

Bibliografía

J. Ramos Muñoz, R. González Rodríguez, "Prospección arqueológica superficial…", p. 72.

21	**Denominación**	La Galguera	**Otras denominaciones**	
	Tipología	*Villa*	**Signatura**	MA-93

Cronología

Prerromano	0	**Republicano**	0	**Tardorromano**	1	**Medieval**	0

Materiales

C. Común	1	**Barniz negro**	0	**Sigillata itálica**	1	**Otras sigillatas**	1	**Paredes finas**	0	**Vidrio**	1	**Estucos**	0
Constructivo	0	*Opus signinum*	0	**Mármol**	0	*Dolia*	0	**Escoria de alfar**	0	**Pesas de telar**	0	*Laterculi*	0

Descripción

Pequeño yacimiento al Suroeste de Mesas de Asta, que no ocupa en la actualidad más de 1 ha. Los materiales aquí encontrados son muy pobres, a pesar de que existen importantes hallazgos, como una columna que se encuentra en el museo de Jerez, sin que podamos situar concretamente si ésta se encontró en el yacimiento, o si por el contrario provendría de la ciudad principal en las Mesas de Asta.

Materiales anfóricos

Otros materiales

Bibliografía

R. González, F. Barrionuevo, L. Aguilar, D. Ruíz Mata, "Prospección arqueológica superficial del entorno ...", p. 73.

22	**Denominación**	Loma de Cartuja 3	**Otras denominaciones**	
	Tipología	*Villa*	**Signatura**	LC-2–88 y LC-3–88-844

Cronología

Prerromano	0	**Republicano**	0	**Tardorromano**	0	**Medieval**	0

Materiales

C. Común	1	**Barniz negro**	0	**Sigillata itálica**	1	**Otras sigillatas**	0	**Paredes finas**	0	**Vidrio**	0	**Estucos**	0
Constructivo	1	*Opus signinum*	0	**Mármol**	1	*Dolia*	1	**Escoria de alfar**	0	**Pesas de telar**	1	*Laterculi*	0

Descripción

Posición conocida por Ponsich con importantes bloques de piedra, que no ha sido posible visitar. Nos basamos en esta información, para situar aquí una potencial *villa* del territorio.

Materiales anfóricos

Otros materiales

Bibliografía

M. Ponsich, Implantation rurale antique…, p. 213; F. Barrionuevo, L. Aguilar, R. González, "Prospección arqueológica superficial del extremo noroccidental...", p. 35.

23	**Denominación**	Loma de Maina	**Otras denominaciones**	Casa de Neva
	Tipología	*Villa*	**Signatura**	

Cronología

Prerromano	0	**Republicano**	1	**Tardorromano**	0	**Medieval**	1

Materiales

C. Común	0	**Barniz negro**	1	**Sigillata itálica**	1	**Otras sigillatas**	0	**Paredes finas**	0	**Vidrio**	0	**Estucos**	0
Constructivo	1	*Opus signinum*	0	**Mármol**	0	*Dolia*	0	**Escoria de alfar**	0	**Pesas de telar**	0	*Laterculi*	0

Descripción

Según Lavado, importante yacimiento con material constructivo en abundancia, donde además se menciona la existencia de una posible necrópolis, asociada al yacimiento.

Materiales anfóricos

Dressel 7–11.

Otros materiales

Bibliografía

M.L. Lavado Florido, Carta arqueológica de la margen izquierda…, p. 126; F. Riesco García, Carta Arqueológica de la desembocadura del Guadalquivir..., p. 97; F. Barrionuevo, "Prospección arqueológica superficial del extremo noroccidental...", p. 27.

24	**Denominación**	Loma de Ventosilla	**Otras denominaciones**	Venta de la Ventosilla
	Tipología	*Villa*	**Signatura**	

Cronología

Prerromano	0	**Republicano**	1	**Tardorromano**	0	**Medieval**	1

Materiales

C. Común	0	**Barniz negro**	1	**Sigillata itálica**	1	**Otras sigillatas**	0	**Paredes finas**	0	**Vidrio**	0	**Estucos**	0
Constructivo	1	*Opus signinum*	0	**Mármol**	0	*Dolia*	0	**Escoria de alfar**	0	**Pesas de telar**	0	*Laterculi*	0

Descripción

Yacimiento de difícil precisión, ya que no coincide con los puntos registrados en la Delegación Territorial de Cultura, ya que no guarda relación con lo mencionado por Lavado. En toda la zona, se ha propuesto una localización accesoria, donde se ha atestiguado una concentración de materiales en la parte alta de un cerro, que entendemos como un desplazamiento de posición respecto a la prospección de Lavado. En la posición más al norte, donde supuestamente estaría el yacimiento, no se localizan restos cerámicos en superficie.

Materiales anfóricos

Otros materiales

Bibliografía

M.L. Lavado Florido, Carta arqueológica de la margen izquierda…, p. 235; M. Ponsich, Implantation rurale antique…, p. 217; F. Barrionuevo, L. Aguilar, R. González, "Prospección arqueológica superficial del extremo noroccidental...", p. 35.

25	**Denominación**	Loma del Alijar	**Otras denominaciones**	
	Tipología	*Villa*	**Signatura**	

Cronología

Prerromano	0	**Republicano**	0	**Tardorromano**	0	**Medieval**	0

Materiales

C. Común	0	**Barniz negro**	0	**Sigillata itálica**	0	**Otras sigillatas**	0	**Paredes finas**	0	**Vidrio**	0	**Estucos**	0
Constructivo	1	*Opus signinum*	1	**Mármol**	0	*Dolia*	0	**Escoria de alfar**	0	**Pesas de telar**	0	*Laterculi*	0

Descripción

Lugar contextualizado por Ponsich, considerado en este estudio como *villa* por los importantes materiales constructivos, ánforas y morteros que este autor nos remite.

Materiales anfóricos

Otros materiales

Bibliografía

M. Ponsich, Implantation rurale antique…, p. 216.

26	**Denominación**	Mojón Blanco II	**Otras denominaciones**	
	Tipología	*Villa*	**Signatura**	

Cronología

Prerromano	0	**Republicano**	0	**Tardorromano**	1	**Medieval**	1

Materiales

C. Común	0	**Barniz negro**	0	**Sigillata itálica**	1	**Otras sigillatas**	1	**Paredes finas**	0	**Vidrio**	0	**Estucos**	0		
Constructivo	1	*Opus signinum*	1	**Mármol**	1	*Dolia*	1	**Escoria de alfar**	0	**Pesas de telar**	0	*Laterculi*	0		

Descripción

Importante yacimiento, conocido por Ponsich y Lavado, que muestra restos cerámicos, así como de materiales nobles, distintos fragmentos de mármoles de revestimiento, según nuestro estudio de materiales en el museo de Jerez. Seguimos la localización proporcionada por Ponsich, aunque no hemos podido visitar el yacimiento.

Materiales anfóricos

Otros materiales

Bibliografía

M. Ponsich, Implantation rurale antique…, p. 187.

27	**Denominación**	Molino de Monteagudo 1	**Otras denominaciones**	Molino de Monteagudo Oeste
	Tipología	*Villa*	**Signatura**	

Cronología

Prerromano	0	**Republicano**	0	**Tardorromano**	0	**Medieval**	1

Materiales

C. Común	0	**Barniz negro**	0	**Sigillata itálica**	0	**Otras sigillatas**	0	**Paredes finas**	0	**Vidrio**	0	**Estucos**	0
Constructivo	1	*Opus signinum*	0	**Mármol**	0	*Dolia*	0	**Escoria de alfar**	0	**Pesas de telar**	0	*Laterculi*	0

Descripción

Ponsich menciona esta localización como Molino de Monteagudo Oeste, así como grandes piedras en superficie y restos de construcciones, junto con gran acumulación de ladrillos y tégulas.

Materiales anfóricos

Otros materiales

Sigillatas con sello ATEI y OFEICVN.

Bibliografía

M. Ponsich, Implantation rurale antique…, p. 206; F. Barrionuevo, L. Aguilar, R. González, "Prospección arqueológica superficial del extremo noroccidental...", p. 35; F. Barrionuevo, "Prospección arqueológica superficial del extremo noroccidental...", p.

28	**Denominación**	Monjas	**Otras denominaciones**	
	Tipología	*Villa*	**Signatura**	

Cronología							
Prerromano	0	**Republicano**	0	**Tardorromano**	0	**Medieval**	0

Materiales													
C. Común	0	**Barniz negro**	0	**Sigillata itálica**	0	**Otras sigillatas**	0	**Paredes finas**	0	**Vidrio**	0	**Estucos**	0
Constructivo	1	*Opus signinum*	1	**Mármol**	0	*Dolia*	1	**Escoria de alfar**	0	**Pesas de telar**	0	*Laterculi*	0

Descripción
Localización asegurada en un cerro, donde aparecen fragmentos muy rodados, principalmente de *Dolia*.
Materiales anfóricos
Otros materiales
Bibliografía
M. Ponsich, Implantation rurale antique…, p. 211.

29	**Denominación**	Painobo	**Otras denominaciones**	
	Tipología	*Villa*	**Signatura**	

Cronología							
Prerromano	1	**Republicano**	0	**Tardorromano**	0	**Medieval**	1

Materiales													
C. Común	0	**Barniz negro**	0	**Sigillata itálica**	1	**Otras sigillatas**	0	**Paredes finas**	0	**Vidrio**	0	**Estucos**	0
Constructivo	1	*Opus signinum*	1	**Mármol**	0	*Dolia*	0	**Escoria de alfar**	0	**Pesas de telar**	0	*Laterculi*	0

Descripción
Lugar que presenta muy pocos fragmentos en superficie a pesar de encontrarse en una viña. Para el caso de este tipo de yacimientos, como las viñas requieren agujeros muy profundos, los materiales en supeficie suelen ser muy abundantes. Dudosa localización de *villa* por los materiales prospectados, aunque la historiografía refiere a muchos fragmentos cerámicos e incluso una posible necrópolis en el cortijo actual. Precisamente en el mismo cortijo, lo único destacable es una torre palomar de época moderna, en un estado lamentable de conservación.
Materiales anfóricos
Otros materiales
Bibliografía
M. Ponsich, Implantation rurale antique…, p. 211; F. Barrionuevo, L. Aguilar, R. González, "Prospección arqueológica superficial del extremo noroccidental...", p. 35.

30	**Denominación**	Portugalejo I	**Otras denominaciones**	
	Tipología	*Villa*	**Signatura**	POR-I-89–865

Cronología

Prerromano	1	**Republicano**	1	**Tardorromano**	1	**Medieval**	0

Materiales

C. Común	1	**Barniz negro**	1	**Sigillata itálica**	1	**Otras sigillatas**	1	**Paredes finas**	0	**Vidrio**	0	**Estucos**	0
Constructivo	1	*Opus signinum*	0	**Mármol**	0	*Dolia*	1	**Escoria de alfar**	0	**Pesas de telar**	0	*Laterculi*	0

Descripción

Importante yacimiento en el interior de la región Este de nuestra zona de estudio, bien conocido por las prospecciones de 1990 y uno de los que más cerámica ofrece a partir del estudio de materiales realizado. Su extensión aproximada es de 6 ha. de yacimiento.

Materiales anfóricos

Haltern 70, Dressel 1, Dressel 20 y grecoitálica.

Otros materiales

Sigillata tipología Hayes 61, así como abundante material lítico y sílex.

Bibliografía

J. Ramos Muñoz, R. González Rodríguez, "Prospección arqueológica superficial…", p. 72.

31	**Denominación**	Portugalejo II	**Otras denominaciones**	
	Tipología	*Villa*	**Signatura**	POR-II-89

Cronología

Prerromano	1	**Republicano**	0	**Tardorromano**	0	**Medieval**	1

Materiales

C. Común	1	**Barniz negro**	0	**Sigillata itálica**	1	**Otras sigillatas**	0	**Paredes finas**	0	**Vidrio**	0	**Estucos**	0
Constructivo	1	*Opus signinum*	0	**Mármol**	0	*Dolia*	0	**Escoria de alfar**	0	**Pesas de telar**	0	*Laterculi*	0

Descripción

Misma circunstancia que para el caso de Portugalejo I, solo que en esta ocasión contamos con menos restos encontrados. Sin embargo, dada la posible entidad del yacimiento, mencionado como *villa* por la prospección de 1990 y la lejanía con su homólogo Portugalejo I, nos hace plantearnos la posición de otra *villa* en esta localización.

Materiales anfóricos

Otros materiales

Bibliografía

J. Ramos Muñoz, R. González Rodríguez, "Prospección arqueológica superficial…", p. 72.

<table>
<tr><td rowspan="2" colspan="2">32</td><td colspan="2">Denominación</td><td colspan="3">Pozos del Rosario</td><td colspan="4">Otras denominaciones</td><td colspan="3"></td></tr>
<tr><td colspan="2">Tipología</td><td colspan="3">Villa</td><td colspan="4">Signatura</td><td colspan="3"></td></tr>
<tr><td colspan="14">Cronología</td></tr>
<tr><td colspan="2">Prerromano</td><td colspan="2">0</td><td colspan="2">Republicano</td><td>0</td><td colspan="3">Tardorromano</td><td>0</td><td colspan="2">Medieval</td><td>0</td></tr>
<tr><td colspan="14">Materiales</td></tr>
<tr><td>C. Común</td><td>0</td><td>Barniz negro</td><td>0</td><td>Sigillata itálica</td><td>0</td><td>Otras sigillatas</td><td>0</td><td>Paredes finas</td><td>0</td><td>Vidrio</td><td>0</td><td>Estucos</td><td>0</td></tr>
<tr><td>Constructivo</td><td>0</td><td>Opus signinum</td><td>0</td><td>Mármol</td><td>0</td><td>Dolia</td><td>0</td><td>Escoria de alfar</td><td>0</td><td>Pesas de telar</td><td>0</td><td>Laterculi</td><td>0</td></tr>
<tr><td colspan="14">Descripción</td></tr>
<tr><td colspan="14">Localización de difícil acceso, pues se encuentra en la actualidad construida en la propia pedanía de Mesas de Asta. Conocemos sus materiales gracias al estudio del museo.</td></tr>
<tr><td colspan="14">Materiales anfóricos</td></tr>
<tr><td colspan="14">Dressel 7–11, Haltern 70 y Dressel 1.</td></tr>
<tr><td colspan="14">Otros materiales</td></tr>
<tr><td colspan="14"></td></tr>
<tr><td colspan="14">Bibliografía</td></tr>
<tr><td colspan="14">R. González, F. Barrionuevo, L. Aguilar, D. Ruíz Mata, “Prospección arqueológica superficial del entorno ...”, p. 73.</td></tr>
</table>

<table>
<tr><td rowspan="2" colspan="2">33</td><td colspan="2">Denominación</td><td colspan="3">Regajo 1</td><td colspan="4">Otras denominaciones</td><td colspan="3"></td></tr>
<tr><td colspan="2">Tipología</td><td colspan="3">Villa</td><td colspan="4">Signatura</td><td colspan="3">I-92</td></tr>
<tr><td colspan="14">Cronología</td></tr>
<tr><td colspan="2">Prerromano</td><td colspan="2">0</td><td colspan="2">Republicano</td><td>0</td><td colspan="3">Tardorromano</td><td>0</td><td colspan="2">Medieval</td><td>0</td></tr>
<tr><td colspan="14">Materiales</td></tr>
<tr><td>C. Común</td><td>1</td><td>Barniz negro</td><td>0</td><td>Sigillata itálica</td><td>1</td><td>Otras sigillatas</td><td>0</td><td>Paredes finas</td><td>0</td><td>Vidrio</td><td>0</td><td>Estucos</td><td>0</td></tr>
<tr><td>Constructivo</td><td>0</td><td>Opus signinum</td><td>0</td><td>Mármol</td><td>0</td><td>Dolia</td><td>0</td><td>Escoria de alfar</td><td>0</td><td>Pesas de telar</td><td>0</td><td>Laterculi</td><td>0</td></tr>
<tr><td colspan="14">Descripción</td></tr>
<tr><td colspan="14">Catalogado como villa por la prospección de 1992. No hemos podido contextualizar con seguridad esto, por la falta de materiales localizadas en las zonas prospectadas. Sin embargo, la consideramos como parte de las posibles villae periurbanas de la ciudad de Hasta Regia.</td></tr>
<tr><td colspan="14">Materiales anfóricos</td></tr>
<tr><td colspan="14"></td></tr>
<tr><td colspan="14">Otros materiales</td></tr>
<tr><td colspan="14"></td></tr>
<tr><td colspan="14">Bibliografía</td></tr>
<tr><td colspan="14">R. González, F. Barrionuevo, L. Aguilar, D. Ruíz Mata, “Prospección arqueológica superficial del entorno ...”, p. 73.</td></tr>
</table>

34	Denominación	Regajo 3	Otras denominaciones	
	Tipología	*Villa*	Signatura	

Cronología

Prerromano		Republicano		Tardorromano		Medieval	
0		0		0		0	

Materiales

C. Común	0	Barniz negro	0	Sigillata itálica	0	Otras sigillatas	0	Paredes finas	0	Vidrio	0	Estucos	0
Constructivo	0	*Opus signinum*	0	Mármol	0	*Dolia*	0	Escoria de alfar	0	Pesas de telar	0	*Laterculi*	0

Descripción

Catalogado como *villa* por la prospección de 1992. No hemos podido contextualizar con seguridad esto, por la falta de materiales localizadas en las zonas prospectadas. Sin embargo, la consideramos como parte de las posibles *villae* periurbanas de la ciudad de Hasta Regia.

Materiales anfóricos

Dressel 7–11.

Otros materiales

Bibliografía

R. González, F. Barrionuevo, L. Aguilar, D. Ruíz Mata, "Prospección arqueológica superficial del entorno ...", p. 73.

35	Denominación	Viña Cabeza Alcaide	Otras denominaciones	
	Tipología	*Villa*	Signatura	

Cronología

Prerromano		Republicano		Tardorromano		Medieval	
1		1		1		1	

Materiales

C. Común	1	Barniz negro	1	Sigillata itálica	1	Otras sigillatas	1	Paredes finas	1	Vidrio	0	Estucos	0
Constructivo	1	*Opus signinum*	0	Mármol	1	*Dolia*	1	Escoria de alfar	0	Pesas de telar	0	*Laterculi*	0

Descripción

En los materiales de prospección, se ha podido concretar la *villa* y la posible necrópolis, aunque no ha sido posible su localización en superficie. A pesar de ello, es un yacimiento que ocupa más de 7 ha. Su cronología es amplísma, por los materiales recogidos, al menos desde cronología prerromana hasta el siglo IV. Dentro de las sigillatas recogidas, se encuentran representadas prácticamente todos los tipos importantes de la zona: hispania, gálica, lucense, clara, etc. También apareció una tumba de tégulas tapada con una laja de piedra ostionera. Según Lavado, se localizó un voluminoso capitel de piedra ostionera y ara funeraria de un servus.

Materiales anfóricos

Representación de toda la seriación Dressel 7–11, Haltern 70, Dressel 1, Dressel 20, Dressel 28, posible ánfora tripolítana africana, anfora púnica y Keay XII.

Otros materiales

Escoria metálica y un trozo de mármol de fondo de algún tipo de recipiente.

Bibliografía

M.L. Lavado Florido, Carta arqueológica de la margen izquierda…, p. 36; M. Ponsich, Implantation rurale antique…, p. 208; F. Barrionuevo, L. Aguilar, R. González, "Prospección arqueológica superficial del extremo noroccidental...", p. 35.

36	**Denominación**	Viña de Arcade	**Otras denominaciones**	
	Tipología	*Villa*	**Signatura**	

Cronología

Prerromano	0	**Republicano**	0	**Tardorromano**	0	**Medieval**	0

Materiales

C. Común	0	**Barniz negro**	0	**Sigillata itálica**	1	**Otras sigillatas**	0	**Paredes finas**	0	**Vidrio**	0	**Estucos**	0
Constructivo	0	*Opus signinum*	1	**Mármol**	0	*Dolia*	1	**Escoria de alfar**	0	**Pesas de telar**	0	*Laterculi*	0

Descripción

Villa localizada según Ponsich con importantes restos materiales constructivos.

Materiales anfóricos

Otros materiales

Bibliografía

M. Ponsich, Implantation rurale antique…, p. 214.

37	**Denominación**	Viña Rosario	**Otras denominaciones**	
	Tipología	*Villa*	**Signatura**	VR-94

Cronología

Prerromano	0	**Republicano**	0	**Tardorromano**	0	**Medieval**	0

Materiales

C. Común	1	**Barniz negro**	0	**Sigillata itálica**	1	**Otras sigillatas**	0	**Paredes finas**	0	**Vidrio**	0	**Estucos**	0
Constructivo	0	*Opus signinum*	0	**Mármol**	0	*Dolia*	0	**Escoria de alfar**	0	**Pesas de telar**	0	*Laterculi*	0

Descripción

Yacimiento localizado al Noroeste de Mesas de Asta, como una de las posibles *villae* periurbanas de la ciudad. En superficie se han localizado varios fragmentos de materiales altoimperiales.

Materiales anfóricos

Otros materiales

Bibliografía

F. Barrionuevo, L. Aguilar, R. González, "Prospección arqueológica superficial del extremo noroccidental...", p. 35.

38	**Denominación**	Zarpa 2	**Otras denominaciones**	
	Tipología	*Villa*	**Signatura**	

Cronología							
Prerromano	0	**Republicano**	1	**Tardorromano**	0	**Medieval**	0

Materiales													
C. Común	0	**Barniz negro**	1	**Sigillata itálica**	0	**Otras sigillatas**	0	**Paredes finas**	0	**Vidrio**	0	**Estucos**	0
Constructivo	0	*Opus signinum*	0	**Mármol**	0	*Dolia*	0	**Escoria de alfar**	0	**Pesas de telar**	0	*Laterculi*	0

Descripción

Villa de materiales principalmente republicanos según la historiografía.

Materiales anfóricos

Otros materiales

Bibliografía

R. González, F. Barrionuevo, L. Aguilar, D. Ruíz Mata, "Prospección arqueológica superficial del entorno ...", p. 73.

39	**Denominación**	Alamedinilla III	**Otras denominaciones**	
	Tipología	*Villa* y alfar	**Signatura**	ALM-IIIC-91

Cronología							
Prerromano	1	**Republicano**	1	**Tardorromano**	1	**Medieval**	0

Materiales													
C. Común	1	**Barniz negro**	1	**Sigillata itálica**	1	**Otras sigillatas**	1	**Paredes finas**	1	**Vidrio**	1	**Estucos**	1
Constructivo	1	*Opus signinum*	1	**Mármol**	1	*Dolia*	1	**Escoria de alfar**	1	**Pesas de telar**	0	*Laterculi*	0

Descripción

Área central de materiales que aparece como III y IIIC en Prospección 91. Pero en revisión superficial la concentración principal de materiales se localizan en el polígono delimitado como C. La dispersión se corta, por el camino, por lo que puede ser acción antrópica. A ambos lados del camino aparecen materiales. Los materiales referidos por las prospecciones superficiales del 91 son variados. Consideramos los dos yacimientos como uno, por lo que se unifican los dos polígonos. Los materiales de prospecciones anteriores y los recogidos por nosotros, muestran una cronología muy amplia.

Materiales anfóricos

Posible grecoitálica, Maña C, Dressel 7–11, Haltern 70, Beltrán 2A y Ramón T-7433.

Otros materiales

Fragmentos líticos, cerámica prerromana y fragmento de lucerna.

Bibliografía

R. González Rodríguez, D. Ruíz Mata, L. Aguilar Moya, "Prospección arqueológica superficial en la margen izquierda...", p. 86.

40	**Denominación**	Casa del Hornillo	**Otras denominaciones**	
	Tipología	*Villa* y alfar	**Signatura**	

Cronología

Prerromano	0	**Republicano**	1	**Tardorromano**	0	**Medieval**	1

Materiales

C. Común	0	**Barniz negro**	1	**Sigillata itálica**	0	**Otras sigillatas**	0	**Paredes finas**	0	**Vidrio**	0	**Estucos**	0		
Constructivo	1	*Opus signinum*	0	**Mármol**	0	*Dolia*	1	**Escoria de alfar**	0	**Pesas de telar**	0	*Laterculi*	0		

Descripción
Potencial *villa* con alfar. Lavado da referencia a *Dolia*, constructivo y materiales que continúan en época árabe. Lavado, además, menciona en la zona la existencia de cinabrio en superficie, por lo que pudiera ser un potencial aprovechamiento.
Materiales anfóricos
Otros materiales
Bibliografía
M.L. Lavado Florido, Carta arqueológica de la margen izquierda…, p. 122; M. Ponsich, Implantation rurale antique…, p. 206; F. Barrionuevo, "Prospección arqueológica superficial del extremo noroccidental...", p. 27.

41	**Denominación**	Casarejo 3	**Otras denominaciones**	El Tejar
	Tipología	*Villa* y alfar	**Signatura**	TEJ-87

Cronología

Prerromano	1	**Republicano**	0	**Tardorromano**	1	**Medieval**	0

Materiales

C. Común	1	**Barniz negro**	0	**Sigillata itálica**	1	**Otras sigillatas**	1	**Paredes finas**	0	**Vidrio**	0	**Estucos**	0
Constructivo	1	*Opus signinum*	0	**Mármol**	1	*Dolia*	1	**Escoria de alfar**	1	**Pesas de telar**	0	*Laterculi*	0

Descripción
Lugar mencionado por las prospecciones como Casarejo 3 el Tejar. Puede que exista algún tipo de problemática a la hora de su localización, especialmente por otro yacimiento cercano como Las Grullas Casarejo 1. Éste, sin embargo, no ha sido considerado como *villa*, por la falta de materiales relevantes en superficie. En cualquier caso no podemos confundir los yacimientos, ya que nos encontramos con que los dos se encuentran separados por la carretera Jerez-Trebujena.
Materiales anfóricos
Dressel 7–11, Dressel 1, Dressel 20, Ramon T-7433, Keay XII.
Otros materiales
Sigillata Hayen 9 y Ostia 1–261.
Bibliografía
F. Barrionuevo, L. Aguilar, R. González, "Prospección arqueológica superficial del extremo noroccidental...", p. 35.

<table>
<tr><td rowspan="2" colspan="2">42</td><td colspan="2">Denominación</td><td colspan="4">Cerro de las Vacas</td><td colspan="4">Otras denominaciones</td><td colspan="2"></td></tr>
<tr><td colspan="2">Tipología</td><td colspan="4">Villa y alfar</td><td colspan="4">Signatura</td><td colspan="2"></td></tr>
<tr><td colspan="14">Cronología</td></tr>
<tr><td colspan="2">Prerromano</td><td colspan="2">1</td><td colspan="2">Republicano</td><td colspan="2">1</td><td colspan="2">Tardorromano</td><td>1</td><td colspan="2">Medieval</td><td>0</td></tr>
<tr><td colspan="14">Materiales</td></tr>
<tr><td>C. Común</td><td>0</td><td>Barniz negro</td><td>1</td><td>Sigillata itálica</td><td>1</td><td>Otras sigillatas</td><td>1</td><td>Paredes finas</td><td>0</td><td>Vidrio</td><td>0</td><td>Estucos</td><td>0</td></tr>
<tr><td>Constructivo</td><td>1</td><td>Opus signinum</td><td>1</td><td>Mármol</td><td>1</td><td>Dolia</td><td>1</td><td>Escoria de alfar</td><td>1</td><td>Pesas de telar</td><td>0</td><td>Laterculi</td><td>0</td></tr>
<tr><td colspan="14">Descripción</td></tr>
<tr><td colspan="14">Probablemente el yacimiento más importante en las inmediaciones de Trebujena. Su extensión como yacimiento es de 6 ha. Ha sido confundido historiográficamente por la cantidad y relevancia de sus materiales en superficie incluso con la ciudad romana de Connobaria. En el centro del mismo, plantado de viñas, se encuentra un enorme majano de restos constructivos y múltiples fragmentos de opus signinum, que refuerza la idea de un yacimiento de importancia. Dado esto también, es potencialmente un yacimiento muy destruido. En su ángulo suroriental, se han localizado restos de escoria de alfar y es por ello que se ha planteado una recogida de los materiales asociados en una pequeña región cercana. Probablemente estemos hablando de una gran villa con alfar y potencial comunicación hacia la paleocosta hacia el Este del mismo yacimiento. El Cerro de las Vacas, corona precisamente uno de los antiguos acantilados de la zona, por lo que, además, tiene una gran visibilidad.</td></tr>
<tr><td colspan="14">Materiales anfóricos</td></tr>
<tr><td colspan="14">Dressel 23, Dressel 28 y Beltrán IIA.</td></tr>
<tr><td colspan="14">Otros materiales</td></tr>
<tr><td colspan="14"></td></tr>
<tr><td colspan="14">Bibliografía</td></tr>
<tr><td colspan="14">M.L. Lavado Florido, Carta arqueológica de la margen izquierda…, p. 364; M. Ponsich, Implantation rurale antique…, p. 178; F. Barrionuevo, L. Aguilar, R. González, “Prospección arqueológica superficial del extremo noroccidental...”, p. 35; A. Caro Bellido, “Conobaria. Contribución al estudio...”, pp. 9–18.</td></tr>
</table>

<table>
<tr><td rowspan="2" colspan="2">43</td><td colspan="2">Denominación</td><td colspan="4">Cerro de los Castillejos</td><td colspan="4">Otras denominaciones</td><td colspan="2"></td></tr>
<tr><td colspan="2">Tipología</td><td colspan="4">Villa y alfar</td><td colspan="4">Signatura</td><td colspan="2"></td></tr>
<tr><td colspan="14">Cronología</td></tr>
<tr><td colspan="2">Prerromano</td><td colspan="2">1</td><td colspan="2">Republicano</td><td colspan="2">1</td><td colspan="2">Tardorromano</td><td>1</td><td colspan="2">Medieval</td><td>1</td></tr>
<tr><td colspan="14">Materiales</td></tr>
<tr><td>C. Común</td><td>1</td><td>Barniz negro</td><td>1</td><td>Sigillata itálica</td><td>0</td><td>Otras sigillatas</td><td>1</td><td>Paredes finas</td><td>0</td><td>Vidrio</td><td>0</td><td>Estucos</td><td>0</td></tr>
<tr><td>Constructivo</td><td>0</td><td>Opus signinum</td><td>0</td><td>Mármol</td><td>0</td><td>Dolia</td><td>0</td><td>Escoria de alfar</td><td>0</td><td>Pesas de telar</td><td>0</td><td>Laterculi</td><td>0</td></tr>
<tr><td colspan="14">Descripción</td></tr>
<tr><td colspan="14">Yacimiento que no ha podido ser localizado en superficie. Aparece mencionado por múltiples autores, entre ellos Pemán en 1959 y Chic 1979. Sin embargo, en la localización propuesta no se ha podido encontrar el yacimiento señalado, haciéndose una prospección mayor hacia los cerros circundantes, sin poder dar con la localización de este yacimiento. Lavado, en su prospección llega a la misma idea que nosotros, por lo que , aunque consideramos la veracidad de estos datos, no podemos más que repetir este potencial error. Pudiera caber la posibilidad de un error de localización que no podemos arreglar. Quizás se trate del yacimiento al otro lado de la carretera que Ponsich menciona como pk 28000 y que ha sido destruido por una cantera de áridos, denominado como Bustos por otros autores y donde no aparecen supuestamente materiales romanos.</td></tr>
<tr><td colspan="14">Bibliografía</td></tr>
<tr><td colspan="14">C. Pemán, “Alfares y embarcaderos romanos...”, p. 169; G. Chic García, “Gades y la desembocadura...”, p. 11; M.L. Lavado Florido, Carta arqueológica de la margen izquierda…, p. 292; M. Ponsich, Implantation rurale antique…, p. 186; F. Barrionuevo, L. Ag</td></tr>
</table>

44	Denominación	Cortijo de la Fuente 1	Otras denominaciones	Haza del Moral, Norieta Grande
	Tipología	*Villa* y alfar	Signatura	

Cronología

Prerromano	1	Republicano	0	Tardorromano	0	Medieval	1

Materiales

C. Común	0	Barniz negro	0	Sigillata itálica	1	Otras sigillatas	0	Paredes finas	0	Vidrio	0	Estucos	1
Constructivo	1	*Opus signinum*	0	Mármol	0	*Dolia*	1	Escoria de alfar	0	Pesas de telar	0	*Laterculi*	1

Descripción

Prospectando la finca, sólo se ha podido localizar una importante concentración de materiales en torno al sur de la Norieta Grande. El resto de posiciones dadas por las prospecciones no muestran en la práctica materiales. Este lugar central, no ha podido ser prospectado completamente al encontrarse cerrado. Sin embargo, se ha podido delimitar aproximadamente sus límites y los materiales asociados. Destacan materiales islámicos y modernos, aunque hay algunos galbos de cerámica romana. Se mencionan materiales como laterculi, *Dolia*, y está catalogado como *villa* con alfar y necrópolis. En este sentido, creo que lo más plausible es considerar simplemente la localización aquí descrita y descartar el resto que figuran dentro de la misma zona. La razón de esto es la traida de arenas del pinar de la Algaida para bonificar los suelos de la zona, una constante que se ve en la actualidad.

Materiales anfóricos

Otros materiales

Bibliografía

M.L. Lavado Florido, Carta arqueológica de la margen izquierda…, pp. 158–172; M. Ponsich, Implantation rurale antique…, pp. 202–206; F. Barrionuevo, "Prospección arqueológica superficial del extremo noroccidental...", p. 27.

45	Denominación	Crespellina	Otras denominaciones	
	Tipología	*Villa* y alfar	Signatura	CR-87 y CR-94

Cronología

Prerromano	0	Republicano	1	Tardorromano	1	Medieval	1

Materiales

C. Común	1	Barniz negro	1	Sigillata itálica	1	Otras sigillatas	1	Paredes finas	0	Vidrio	0	Estucos	0
Constructivo	1	*Opus signinum*	1	Mármol	0	*Dolia*	1	Escoria de alfar	1	Pesas de telar	0	*Laterculi*	1

Descripción

Importante *villa* en el territorio, donde se localizan unas estructuras en forma de piletas rectangulares y un capítulo (*Publius Vincencius vixit annos LXXIII Requievit in Christo 7 anno Reg. Domos Romnini Reccesiuto (sic) Rege)*. La extensión del yacimiento es de 5,13 ha. y se localizan una enorme cantidad de materiales de calidad, que bien pueden ser fruto de los profundos agujeros hechos por las viñas. Se comenta más pormenorizadamente estas cuestiones en 3.3.2. Indicadores en el territorio.

Materiales anfóricos

Dressel 7.11, Haltern 70, Dressel 2–4, Dressel 20, beltrán IIB, ánfora Keay IX, posible Keay XIII y posible grecoitalica.

Otros materiales

Sigillata marmorata, lucernas y abundantes materiales islámicos, principalmente almohades.

Bibliografía

F. Barrionuevo, L. Aguilar, R. González, "Prospección arqueológica superficial del extremo noroccidental...", p. 35; C. Fernández-Chicarro, "Noticia de un capítulo de dudosa autenticidad…, pp.301–304.

46	Denominación	El Cementerio	Otras denominaciones	
	Tipología	*Villa* y alfar	Signatura	CM-I-91 CM-II-91 y CM-III-91

Cronología

Prerromano	0	Republicano	1	Tardorromano	0	Medieval	0

Materiales

C. Común	1	Barniz negro	0	Sigillata itálica	1	Otras sigillatas	0	Paredes finas	0	Vidrio	1	Estucos	0
Constructivo	1	*Opus signinum*	0	Mármol	1	*Dolia*	1	Escoria de alfar	1	Pesas de telar	0	*Laterculi*	1

Descripción

Este yacimiento, es rico en gran cantidad y calidad de materiales, destacando los mármoles y los ladrillos de laterculi, estando localizado en una posición especialmente favorable para la consideración de un posible embarcadero. Su cota con respecto al nivel del mar es de menos de 2 metros, formado en una pequeña elevación sobre las marismas de Hasta.

Materiales anfóricos

Dressel 7–11, Haltern 70, Dressel 20, Dressel 23 y posible grecoitalica.

Otros materiales

Bibliografía

R. González Rodríguez, D. Ruíz Mata, L. Aguilar Moya, "Prospección arqueológica superficial en la margen izquierda...", p. 86.

47	Denominación	El Olivar Casarejo	Otras denominaciones	
	Tipología	*Villa* y alfar	Signatura	OL-87 y OL-4A-94

Cronología

Prerromano	0	Republicano	0	Tardorromano	1	Medieval	0

Materiales

C. Común	1	Barniz negro	0	Sigillata itálica	1	Otras sigillatas	0	Paredes finas	1	Vidrio	1	Estucos	1
Constructivo	1	*Opus signinum*	1	Mármol	1	*Dolia*	1	Escoria de alfar	1	Pesas de telar	0	*Laterculi*	0

Descripción

Importante *villa*, con configuración similar a la de Crespellina. Se encuentra parcialmente ocupada por viñas, un camino y parte de tierra de labor, su extensión es de 2 ha. Destacan sigillatas itálicas en gran cantidad y calidad aunque existen de otras cronologías.

Materiales anfóricos

Haltern 70, Dressel 1, Dressel 20 y Keay XIII.

Otros materiales

Sigillata Lamb 10 A, Hayen 9, Ostia 3.267, y Ostia 1.261.

Bibliografía

F. Barrionuevo, L. Aguilar, R. González, "Prospección arqueológica superficial del extremo noroccidental...", p. 35.

48	**Denominación**	El Peñon	**Otras denominaciones**	
	Tipología	*Villa* y alfar	**Signatura**	PEÑ-87 y PEÑ-91

Cronología

Prerromano	1	**Republicano**	1	**Tardorromano**	0	**Medieval**	0

Materiales

C. Común	1	**Barniz negro**	1	**Sigillata itálica**	1	**Otras sigillatas**	0	**Paredes finas**	0	**Vidrio**	0	**Estucos**	0
Constructivo	1	*Opus signinum*	0	**Mármol**	0	*Dolia*	1	**Escoria de alfar**	1	**Pesas de telar**	0	*Laterculi*	0

Descripción

Yacimiento catalogado como alfar y *villa* por la prospección de 1991. Se ha confirmado la localización del mismo, con un área de dispersión de materiales aproximadamente 1,1 ha.

Materiales anfóricos

Dressel 7–11, Haltern 70 y Dressel 1.

Otros materiales

Bibliografía

R. González Rodríguez, D. Ruíz Mata, L. Aguilar Moya, "Prospección arqueológica superficial en la margen izquierda...", p. 86.

49	**Denominación**	El Pino 1	**Otras denominaciones**	
	Tipología	*Villa* y alfar	**Signatura**	PIN-I-95

Cronología

Prerromano	0	**Republicano**	0	**Tardorromano**	1	**Medieval**	0

Materiales

C. Común	1	**Barniz negro**	0	**Sigillata itálica**	1	**Otras sigillatas**	1	**Paredes finas**	0	**Vidrio**	1	**Estucos**	1
Constructivo	1	*Opus signinum*	1	**Mármol**	0	*Dolia*	1	**Escoria de alfar**	1	**Pesas de telar**	0	*Laterculi*	0

Descripción

Materiales conocidos gracias al en el museo de Jerez.

Materiales anfóricos

Dressel 7–11, Beltrán IIB.

Otros materiales

Sigillata H9 y Ostia 1.261, junto con fragmentos de huesos y de metal.

Bibliografía

50	Denominación	Loma de Espartina VIII	Otras denominaciones	
	Tipología	*Villa* y alfar	Signatura	LES-8 (a,b,c y d)-91

Cronología

Prerromano	1	Republicano	1	Tardorromano	1	Medieval	1

Materiales

C. Común	1	Barniz negro	1	Sigillata itálica	1	Otras sigillatas	1	Paredes finas	1	Vidrio	0	Estucos	0
Constructivo	1	*Opus signinum*	0	Mármol	0	*Dolia*	1	Escoria de alfar	1	Pesas de telar	0	*Laterculi*	0

Descripción

V*illa* localizada en la loma principal, jalonada con varios yacimientos que tienen como función principal ser alfares, por lo que debemos entender a esta loma de Espartina, como centro organizador de estas producciones. Su cronología, se traslada desde época prerromana hasta finales del mundo antiguo. Se han encontrado fragmentos de escoria de alfar de gran tamaño en la zona Oeste del cerro, asociado a lo que debe ser la *villa* principal, situada en la actual casa del guarda en la parte alta de la loma.

Materiales anfóricos

Dressel 1, Dressel 2–4, Beltrán IIB y Maña C.

Otros materiales

Bibliografía

R. González Rodríguez, D. Ruíz Mata, L. Aguilar Moya, "Prospección arqueológica superficial en la margen izquierda...", p. 86.

51	Denominación	Mojón Blanco	Otras denominaciones	
	Tipología	*Villa* y alfar	Signatura	MJD-87 y MJB-(I,II,III)-91

Cronología

Prerromano	0	Republicano	0	Tardorromano	1	Medieval	1

Materiales

C. Común	1	Barniz negro	0	Sigillata itálica	1	Otras sigillatas	1	Paredes finas	0	Vidrio	1	Estucos	0
Constructivo	1	*Opus signinum*	0	Mármol	1	*Dolia*	1	Escoria de alfar	1	Pesas de telar	0	*Laterculi*	0

Descripción

Importante yacimiento, que muestra una enorme dispersión de materiales, que por otra parte pueden ser fruto de la propia labor agrícola en la zona. El yacimiento en su defecto, de seguro ocupa la parte principal de los cerros. Ponsich sitúa esta posición cercana a la cañada, lo cual asociamos con algún tipo de error de localización. No se ha podido prospectar toda la extensión, por cultivo. En cualquier caso, los materiales recogidos en el museo de Jerez, muestran una importante *villa*, decenas de fragmentos de sigillata recogidos, así como materiales nobles tipo mármol.

Materiales anfóricos

Dressel 1 y Dressel 20.

Otros materiales

Una tesela, una *Dolia* de gran tamaño, Sigillata 9A , Hayen 9 y Hayen 61.

Bibliografía

R. González Rodríguez, D. Ruíz Mata, L. Aguilar Moya, "Prospección arqueológica superficial en la margen izquierda...", p. 86.

52	Denominación	Montegil de Buenavista1A/1B	Otras denominaciones	
	Tipología	*Villa* y alfar	Signatura	MB-1-A y B-89

Cronología							
Prerromano	1	Republicano	0	Tardorromano	1	Medieval	0

Materiales													
C. Común	1	Barniz negro	0	Sigillata itálica	0	Otras sigillatas	1	Paredes finas	0	Vidrio	0	Estucos	0
Constructivo	1	*Opus signinum*	0	Mármol	0	*Dolia*	1	Escoria de alfar	1	Pesas de telar	0	*Laterculi*	0

Descripción
Yacimiento prospectado en las campañas de 1990, que muestra una gran cantidad y calidad de materiales asociados, así como restos de escoria, por lo que debe ser contextualizado como alfar. A través de Ponsich sabemos que se han encontrado varios silos en su localización
Materiales anfóricos
Dressel 7–11, Dressel 1, Haltern 70, Beltrán IIA y ánforas de tipología púnica indeterminadas.
Otros materiales
Bibliografía
J. Ramos Muñoz, R. González Rodríguez, "Prospección arqueológica superficial…", p. 72.

53	Denominación	Olivillo Alto	Otras denominaciones	
	Tipología	*Villa* y alfar	Signatura	

Cronología							
Prerromano	0	Republicano	1	Tardorromano	1	Medieval	1

Materiales													
C. Común	1	Barniz negro	1	Sigillata itálica	1	Otras sigillatas	1	Paredes finas	0	Vidrio	0	Estucos	0
Constructivo	0	*Opus signinum*	1	Mármol	0	*Dolia*	0	Escoria de alfar	1	Pesas de telar	0	*Laterculi*	0

Descripción
Dos concentraciones de materiales conforman este yacimiento. De un lado, tenemos al Noreste del cerro una concentración de materiales romanos de 0,6 ha., abundando las sigillatas itálicas. Por otro lado, al Suroeste del mismo cerro, con 1,2 ha. y separado solamente por 70 metros entre ambos, se encuentra una importante concentración de restos islámicos de diversa cronología. A pesar de la existencia de cerámicas romanas e islámicas en ambas concentraciones, está claro que en este yacimiento existe un desplazamiento del centro habitacional y productivo. En cualquier caso, se trata de una potencial *villa* con alfar, aunque no se han encontrado ánforas asociadas reconocibles.
Materiales anfóricos
Otros materiales
Bibliografía
F. Barrionuevo, L. Aguilar, R. González, "Prospección arqueológica superficial del extremo noroccidental...", p. 35.

54	**Denominación**	Redondón	**Otras denominaciones**	
	Tipología	*Villa* y alfar	**Signatura**	

Cronología

Prerromano	1	**Republicano**	1	**Tardorromano**	0	**Medieval**	0

Materiales

C. Común	0	**Barniz negro**	1	**Sigillata itálica**	0	**Otras sigillatas**	0	**Paredes finas**	0	**Vidrio**	0	**Estucos**	0
Constructivo	0	*Opus signinum*	0	**Mármol**	0	*Dolia*	0	**Escoria de alfar**	0	**Pesas de telar**	1	*Laterculi*	1

Descripción

Probablemente junto con Alventus y Cerro de las Vacas, se trate de uno de los yacimientos más importantes de la zona cercana a Trebujena. Situado en una viña, con múltiples materiales, entre los que destacan muchos fragmentos de Dressel 1 y Haltern 70. La existencia de escoria de alfar en los alrededores, nos hace pensar que tenga este tipo de estructuras asociadas asociado.

Materiales anfóricos

Haltern 70 y Dressel 1.

Otros materiales

Bibliografía

M.L. Lavado Florido, Carta arqueológica de la margen izquierda..., p. 354; F. Barrionuevo, L. Aguilar, R. González, "Prospección arqueológica superficial del extremo noroccidental...", p. 35; AA.VV., Plan general de ordenación urbanística. Trebujena..., p. 75.

55	**Denominación**	Arroyo de la Compañía	**Otras denominaciones**	
	Tipología	Alfar	**Signatura**	ACP-I-91

Cronología

Prerromano	1	**Republicano**	1	**Tardorromano**	0	**Medieval**	0

Materiales

C. Común	1	**Barniz negro**	1	**Sigillata itálica**	1	**Otras sigillatas**	0	**Paredes finas**	0	**Vidrio**	0	**Estucos**	0
Constructivo	1	*Opus signinum*	0	**Mármol**	0	*Dolia*	1	**Escoria de alfar**	1	**Pesas de telar**	0	*Laterculi*	1

Descripción

Situado al Oeste de Loma de Espartinas. Los materiales aquí encontrados, en la práctica, podrían ser parte del rodamiento de la falda de la loma. Sin embargo, se extiende una importante zona de concentraciones de materiales en toda la llanura. No se trata de un único yacimiento, pero referimos al principal, donde además se han encontrado fragmentos de ánforas en un buen estado de conservación, caso por ejemplo de un cuello prácticamente completo. Por los fragmentos de escoria detectados, debemos considerar este yacimiento como un alfar, sin que tenga suficiente entidad para ser considerado como *villa*.

Materiales anfóricos

Dressel 7–11, Haltern 70, Dressel 1, Dressel 2–4, Dressel 12 y Beltrán IIB.

Otros materiales

Posible fragmento de lucerna.

Bibliografía

R. González Rodríguez, D. Ruíz Mata, L. Aguilar Moya, "Prospección arqueológica superficial en la margen izquierda...", p. 86.

56	Denominación	Cortijo de Monasterejos	Otras denominaciones	
	Tipología	Alfar	Signatura	

Cronología

Prerromano	0	Republicano	0	Tardorromano	0	Medieval	0

Materiales

C. Común	0	Barniz negro	0	Sigillata itálica	1	Otras sigillatas	0	Paredes finas	0	Vidrio	0	Estucos	1
Constructivo	0	*Opus signinum*	1	Mármol	0	*Dolia*	1	Escoria de alfar	1	Pesas de telar	1	*Laterculi*	1

Descripción

Importante alfar en la zona, pues se localizan gran cantidad de ánforas en sus superficie y se ha podido documentar un horno en la localización, fruto probablemente de algún tipo de expolio. La construcción de la cantera en la zona se detuvo precisamente por el hallazgo de estos hornos. Sin embargo, la distancia entre el tajo actual de la cantera y el horno conocido, es pequeña, por lo que nos hace pensar que probablemente se encontraran con otra estructura de estas. Dada esta posibilidad, puede ser un importante complejo alfarero, considerando la potencialidad de más hornos en sus inmediaciones.

Materiales anfóricos

Representación de todas las tipologías de Dressel 7–11 y Haltern 70.

Otros materiales

Posibles ánforas tardías y grecoitálicas.

Bibliografía

M. Ponsich, Implantation rurale antique…, p. 186; F. Barrionuevo, L. Aguilar, R. González, "Prospección arqueológica superficial del extremo noroccidental...", p. 35; AA.VV., Plan general de ordenación urbanística. Trebujena…, p. 85.

57	Denominación	El Bujón	Otras denominaciones	
	Tipología	Alfar	Signatura	BUJ-5D-91

Cronología

Prerromano	0	Republicano	0	Tardorromano	0	Medieval	0

Materiales

C. Común	0	Barniz negro	0	Sigillata itálica	1	Otras sigillatas	0	Paredes finas	0	Vidrio	0	Estucos	0
Constructivo	1	*Opus signinum*	0	Mármol	1	*Dolia*	0	Escoria de alfar	1	Pesas de telar	0	*Laterculi*	1

Descripción

Alfar catalogado por las prospecciones de 1991, al que no hemos podido acceder, pero que conocemos por dichas prospecciones y los materiales estudiados en el museo de Jerez de la Frontera.

Materiales anfóricos

Otros materiales

Bibliografía

R. González Rodríguez, D. Ruíz Mata, L. Aguilar Moya, "Prospección arqueológica superficial en la margen izquierda...", p. 86.

58	**Denominación**	El Pino 2	**Otras denominaciones**	
	Tipología	Alfar	**Signatura**	PIN-II-95

Cronología

Prerromano	0	**Republicano**	0	**Tardorromano**	0	**Medieval**	0

Materiales

C. Común	1	**Barniz negro**	0	**Sigillata itálica**	0	**Otras sigillatas**	0	**Paredes finas**	0	**Vidrio**	0	**Estucos**	0
Constructivo	1	*Opus signinum*	1	**Mármol**	0	*Dolia*	0	**Escoria de alfar**	1	**Pesas de telar**	0	*Laterculi*	1

Descripción

Materiales conocidos gracias al estudiados en el museo de Jerez. Se considera solamente como alfar, ya que estaría asociado de manera clara a El Pino 1, el cual presenta materiales para poder ser descrito como *villa* sin lugar a dudas.

Materiales anfóricos

Haltern 70, Dressel 1 y Dressel 20.

Otros materiales

Bibliografía

59	**Denominación**	El Tesorillo	**Otras denominaciones**	
	Tipología	Alfar	**Signatura**	TES-I-91

Cronología

Prerromano	1	**Republicano**	1	**Tardorromano**	0	**Medieval**	1

Materiales

C. Común	1	**Barniz negro**	1	**Sigillata itálica**	1	**Otras sigillatas**	0	**Paredes finas**	0	**Vidrio**	0	**Estucos**	0
Constructivo	1	*Opus signinum*	0	**Mármol**	0	*Dolia*	0	**Escoria de alfar**	1	**Pesas de telar**	0	*Laterculi*	1

Descripción

Alfar catalogado por las prospecciones de 1991 y los materiales estudiados en el museo de Jerez de la Frontera.

Materiales anfóricos

Otros materiales

Abundan los materiales líticos, una pesa de telar y materiales islámicos.

Bibliografía

R. González Rodríguez, D. Ruíz Mata, L. Aguilar Moya, "Prospección arqueológica superficial en la margen izquierda...", p. 86.

60	**Denominación**	Haza del Camino	**Otras denominaciones**	
	Tipología	Alfar	**Signatura**	HC-88–856)

Cronología

Prerromano	0	**Republicano**	0	**Tardorromano**	0	**Medieval**	1

Materiales

C. Común	1	**Barniz negro**	0	**Sigillata itálica**	1	**Otras sigillatas**	0	**Paredes finas**	0	**Vidrio**	0	**Estucos**	0
Constructivo	1	*Opus signinum*	0	**Mármol**	0	*Dolia*	1	**Escoria de alfar**	1	**Pesas de telar**	0	*Laterculi*	1

Descripción

Alfar catalogado en las prospecciones de 1994. En nuestras prospecciones por la zona, no hemos podido localizar este yacimiento. Por otro lado, conocemos los materiales que hemos podido estudiar en el museo de Jerez.

Materiales anfóricos

Otros materiales

Bibliografía

F. Barrionuevo, L. Aguilar, R. González, "Prospección arqueológica superficial del extremo noroccidental...", p. 35.

61	**Denominación**	Las Carreñas	**Otras denominaciones**	
	Tipología	Alfar	**Signatura**	LC-94

Cronología

Prerromano	0	**Republicano**	0	**Tardorromano**	0	**Medieval**	0

Materiales

C. Común	1	**Barniz negro**	0	**Sigillata itálica**	1	**Otras sigillatas**	0	**Paredes finas**	0	**Vidrio**	0	**Estucos**	0
Constructivo	1	*Opus signinum*	0	**Mármol**	0	*Dolia*	0	**Escoria de alfar**	1	**Pesas de telar**	0	*Laterculi*	1

Descripción

Yacimiento conocido por las prospecciones de 1994, del que no tenemos más información que los materiales recogidos en el museo de Jerez.

Materiales anfóricos

Otros materiales

Bibliografía

F. Barrionuevo, L. Aguilar, R. González, "Prospección arqueológica superficial del extremo noroccidental...", p. 35.

62	**Denominación**	Marisma de Rajaldabas	**Otras denominaciones**	
	Tipología	Alfar	**Signatura**	MR-88–875

Cronología

Prerromano	0	**Republicano**	0	**Tardorromano**	0	**Medieval**	0

Materiales

C. Común	0	**Barniz negro**	0	**Sigillata itálica**	1	**Otras sigillatas**	0	**Paredes finas**	0	**Vidrio**	0	**Estucos**	0
Constructivo	1	*Opus signinum*	1	**Mármol**	0	*Dolia*	1	**Escoria de alfar**	1	**Pesas de telar**	0	*Laterculi*	1

Descripción

Alfar catalogado en las prospecciones de 1994. En nuestras revisión del terreno, no hemos podido localizar este yacimiento, que por otro lado, conocemos por dicha referencia y los materiales que hemos podido estudiar en el museo de Jerez

Materiales anfóricos

Otros materiales

Bibliografía

F. Barrionuevo, L. Aguilar, R. González, "Prospección arqueológica superficial del extremo noroccidental...", p. 35.

63	Denominación	Montegil Cortijo Antiguo				Otras denominaciones							
	Tipología	Alfar				Signatura		MGA-89					
Cronología													
Prerromano	0	Republicano		0		Tardorromano		0		Medieval		0	
Materiales													
C. Común	1	Barniz negro	0	Sigillata itálica	1	Otras sigillatas	0	Paredes finas	0	Vidrio	0	Estucos	0
Constructivo	0	*Opus signinum*	0	Mármol	0	*Dolia*	1	Escoria de alfar	0	Pesas de telar	0	*Laterculi*	1
Descripción													
lfar situado en las cercanías de Montegil, que debe ser uno de los alfares productores de la zona, conocido por la prospección de 1990 y por los materiales estudiados en el museo de Jerez.													
Materiales anfóricos													
Dressel 7–11.													
Otros materiales													
Bibliografía													
J. Ramos Muñoz, R. González Rodríguez, "Prospección arqueológica superficial…", p. 72.													

64	Denominación	Prados de Montegil				Otras denominaciones							
	Tipología	Alfar				Signatura							
Cronología													
Prerromano	0	Republicano		0		Tardorromano		0		Medieval		1	
Materiales													
C. Común	0	Barniz negro	0	Sigillata itálica	1	Otras sigillatas	0	Paredes finas	0	Vidrio	0	Estucos	0
Constructivo	0	*Opus signinum*	0	Mármol	0	*Dolia*	1	Escoria de alfar	1	Pesas de telar	0	*Laterculi*	0
Descripción													
Se excavó de urgencia un horno cuyos productos asociados principales son *Dolia*. En revisión del yacimiento, aparecen en superficie, además, otra serie de fragmentos de importancia. En el museo de Jerez, existen materiales asociados, principalmente fragmentos de panzas y bordes de *Dolia* de mediano tamaño.													
Materiales anfóricos													
Dressel 7–11, Haltern 70 y Dressel 1.													
Otros materiales													
Bibliografía													
J. Ramos Muñoz, R. González Rodríguez, "Prospección arqueológica superficial…", p. 72.													

www.ingramcontent.com/pod-product-compliance
Ingram Content Group UK Ltd.
Pitfield, Milton Keynes, MK11 3LW, UK
UKHW061848041026
15591UKWH00015B/970

9 781407 357966